"十三五"普通高等教育本科系列教材

电气控制与PLC技术应用实训教程

主　编　李胜多　纪　晶
副主编　张　还　于健东　薛长晖
　　　　刘惠敏　刘艳芬　黄国富
编　写　王振刚　王希臣　边晓伟
主　审　范永胜

中国电力出版社
CHINA ELECTRIC POWER PRESS

内 容 提 要

"电气控制与 PLC 技术应用"是一门实践性很强的专业课程，它要求学生有较强的编程及实践操作能力，为此特编写此书，与理论课程配套使用。

本书从实际应用出发，以三菱 FX 系列机型为重点，共分四篇。主要内容包括实验设备硬件配置及相关软件介绍、实验部分、课程设计部分、毕业设计部分。

本书可作为高等院校自动化、电气工程及其自动化、计算机应用、电子信息、机电一体化、机械制造等相关专业的教学用书，也可供相关专业人员学习参考。

图书在版编目（CIP）数据

电气控制与 PLC 技术应用实训教程 / 李胜多，纪晶主编. —北京：中国电力出版社，2019.5（2021.8 重印）

"十三五"普通高等教育本科规划教材

ISBN 978-7-5198-0773-3

Ⅰ. ①电… Ⅱ. ①李…②纪… Ⅲ. ①电气控制－高等学校－教材②PLC 技术－高等学校－教材 Ⅳ. ①TM571

中国版本图书馆 CIP 数据核字（2017）第 112761 号

出版发行：中国电力出版社
地　　址：北京市东城区北京站西街 19 号（邮政编码 100005）
网　　址：http://www.cepp.sgcc.com.cn
责任编辑：陈　硕（010-63412532）　代　旭
责任校对：王小鹏
装帧设计：左　铭
责任印制：钱兴根

印　　刷：三河市航远印刷有限公司
版　　次：2019 年 5 月第一版
印　　次：2021 年 8 月北京第二次印刷
开　　本：787 毫米×1092 毫米　16 开本
印　　张：21.5
字　　数：532 千字
定　　价：55.00 元

版 权 专 有　侵 权 必 究

本书如有印装质量问题，我社营销中心负责退换

前　言

电气控制技术是随着科学技术的不断发展和生产工艺不断提出新的要求而得到飞速发展的。目前，电气控制技术已从最早的手动控制发展到自动控制，从简单的控制设备发展到复杂的控制系统，从有触点的硬接线继电器控制系统发展到以微处理器或计算机为中心的网络化自动控制系统。现代电气控制技术正是综合应用了计算机、自动控制、电子技术、精密测量等许多先进的科学技术成果而迅速发展起来的，并向集成化、智能化、信息化和网络化方向发展。

20 世纪 20 年代，继电接触器被广泛用于开关量的控制系统中。但对于规模较大、控制较为复杂的系统，这种控制就不能满足需要了。并且它的触点接触可靠性差，电路的通用性、灵活性很差，维修不方便等等，所以发展受到了极大的制约。60 年代电子数字计算机诞生了，它的通用性和灵活性极强，那么，在继电器接触控制系统与计算机之间寻求一种综合二者优势的技术的需求，就显得非常迫切。1968 年通用公司提出了研制可编程控制器的设想。1969 年，美国数据设备公司（DEC）研制出了世界上第一台可编程逻辑控制器（Programmable Logic Controller，PLC）。此后，美国、日本以及欧洲各厂商在这方面展开了强劲的角逐。1971 年，日本日立公司研制了日本第一台 PLC。1973 年，西门子（SIEMENS）公司研制了欧洲第一台 PLC。80 年代以来，随着计算机技术的发展，PLC 的发展更是突飞猛进。它的发展趋势主要体现在速度更快、体积更小、集成度更高、功能更强大、联网功能更强等。同时，随着 PLC 技术的飞速发展，PLC 技术与 IPC（即工业控制机）技术、DCS（即分散控制系统）技术、现场总线技术、以及通信技术等的交叉和融合也日益发展。当前，PLC 已经成为电气自动控制系统中应用最为广泛的核心装置，在工业自动控制领域占有十分重要的地位。

本书编写力求深入浅出、注重应用、密切联系实际，具有内容简明，结构严谨，选材合理，应用实例丰富，工程性和实践性较强的特点，可供工程技术人员培训和自学 PLC 的教材使用，也可作为高等院校自动化、电气工程及其自动化、计算机应用、电子信息、机电一体化、机械制造等相关专业的教学用书，是电气控制与 PLC 用户一本实用性与实践性较好的参考书籍。

在本书编写过程中得到了青岛农业大学机电工程学院领导和许多老师的指导和帮助，刘立山和龚丽农两位教授提出了很多中肯和宝贵的意见。同时，本书得到了 2014 年山东省成人高等教育特色课程（STSK1401）资助；本书也得到了青岛农业大学应用型人才培养特色名校建设工程教学研究项目（项目编号 XJG2013040）和青岛农业大学应用型人才培养特色名校建设工程课程建设项目（项目编号：XYX2014021）的基金资助。本书的编写参考了相关文献，在此对原书作者一并表示衷心的感谢！

本书由李胜多统稿，张还、纪晶、于健东、薛长晖、刘惠敏、刘艳芬、刘居林、黄国富参与编写。其中，第一篇由李胜多、纪晶、于健东编写，第三篇由李胜多、薛长晖、刘惠敏、刘艳芬编写，第二篇、第四篇由李胜多、张还、刘居林、黄国富编写。本书由范永胜主审，主审老师提出了许多宝贵的意见和建议，在此深表感谢。

由于编者水平有限，书中难免有不足和疏漏之处，恳请广大读者批评指正。

李胜多

2019 年 1 月

目 录

前言

第一篇 实验设备硬件配置及相关软件介绍

第1章 绪论 …………………………………………………………………………… 1
1.1 课程的目的、任务、方法和要求 ……………………………………………… 1
1.2 对先修课程内容的要求 ………………………………………………………… 1
1.3 实训的目的 ……………………………………………………………………… 1
1.4 电气控制实训室、PLC 实训室实训要求 …………………………………… 2

第2章 实训设备配置及介绍 ………………………………………………………… 3
2.1 概述 ……………………………………………………………………………… 3
2.2 技术指标 ………………………………………………………………………… 4
2.3 使用注意事项 …………………………………………………………………… 4
2.4 基本操作方法 …………………………………………………………………… 4

第3章 三菱 FX 系列 PLC、编程器及编程软件的应用 ………………………… 6
3.1 PLC 的概念 ……………………………………………………………………… 6
3.2 PLC 的分类 ……………………………………………………………………… 6
3.3 PLC 的功能与应用 ……………………………………………………………… 7
3.4 PLC 的主要特点及发展趋势 …………………………………………………… 7
3.5 PLC 的硬件结构 ………………………………………………………………… 8
3.6 PLC 的工作方式 ………………………………………………………………… 10
3.7 FX 系列 PLC 的编程元件 ……………………………………………………… 12
3.8 FX 系列 PLC 型号命名 ………………………………………………………… 20
3.9 FX 系列 PLC 主要性能指标 …………………………………………………… 20
3.10 FX 系列 PLC 的一般技术指标 ………………………………………………… 21
3.11 FX_{2N} 的基本性能 ………………………………………………………………… 22
3.12 FX-20P 型编程器及其使用 …………………………………………………… 25
3.13 SWOPC-FXGP/WIN-C 编程软件简介 ……………………………………… 40
3.14 GX-Developer 和 GX-Simulator 软件的使用 ………………………………… 65

第4章 组态软件介绍及应用 ………………………………………………………… 83
4.1 组态软件介绍 …………………………………………………………………… 83

4.2 组态王组态软件应用 ………………………………………………………… 85
第 5 章 触摸屏简介及应用 ………………………………………………………… 95
5.1 触摸屏的种类与原理 …………………………………………………… 95
5.2 威纶触摸屏的分类和 EasyBuilder8000 软件 ………………………… 98
5.3 工作实例 ………………………………………………………………… 99
第 6 章 变频器原理和应用 ………………………………………………………… 104
6.1 概述 ……………………………………………………………………… 104
6.2 三菱变频器的简介 ……………………………………………………… 108
6.3 变频器应用实例 ………………………………………………………… 123

第二篇 实 验 部 分

第 7 章 电气控制部分实验 ………………………………………………………… 129
7.1 三相异步电动机的启停、点动、连续运行控制实验 ………………… 129
7.2 三相异步电动机的正反转运行及多点控制实验 ……………………… 133
7.3 模拟工作台自动往返循环控制实验 …………………………………… 136
7.4 三相异步电动机星—三角降压启动控制实验 ………………………… 138
7.5 三相异步电动机能耗制动控制实验 …………………………………… 140
第 8 章 PLC 基本指令实验 ………………………………………………………… 143
8.1 基本指令的编程实验 …………………………………………………… 143
8.2 抢答器的设计实验 ……………………………………………………… 151
8.3 逻辑设计法实验 ………………………………………………………… 153
8.4 定时器/计数器实验 ……………………………………………………… 156
第 9 章 PLC 功能指令实验 ………………………………………………………… 162
9.1 程序流控制类指令的应用实验 ………………………………………… 164
9.2 比较传送与数据变换类指令的应用实验 ……………………………… 169
9.3 算术运算、字逻辑运算与浮点数运算指令应用实验 ………………… 175
9.4 循环移位类指令应用实验 ……………………………………………… 181
9.5 数据处理类指令应用实验 ……………………………………………… 187
9.6 高速处理类指令的应用实验 …………………………………………… 189
9.7 时钟指令的应用实验 …………………………………………………… 194
第 10 章 A/D、D/A 模块应用实验 ………………………………………………… 197
10.1 FROM 和 TO 指令应用实验 …………………………………………… 197
10.2 PID 指令应用实验 ……………………………………………………… 219
第 11 章 PLC 的综合设计实验 …………………………………………………… 225
11.1 交通信号灯控制设计实验 ……………………………………………… 225
11.2 机械手模型控制实验 …………………………………………………… 228

11.3　LED 数码显示实验 …………………………………………………………… 233
11.4　大小球分拣实验 ………………………………………………………………… 236

第三篇　课程设计部分

第 12 章　课程设计指南 ………………………………………………………………… 239
12.1　课程设计的目的 ………………………………………………………………… 239
12.2　课程设计的要求 ………………………………………………………………… 239
12.3　设计任务 ………………………………………………………………………… 240
12.4　设计方法 ………………………………………………………………………… 240
12.5　课程设计的内容 ………………………………………………………………… 241
12.6　系统的设计步骤 ………………………………………………………………… 242
12.7　PLC 的选型 ……………………………………………………………………… 244
12.8　PLC 控制系统软件设计 ………………………………………………………… 245
12.9　PLC 的安装与接线 ……………………………………………………………… 245

第 13 章　课程设计课题 ………………………………………………………………… 249
13.1　基于双轴定位模块 FX_{2N}-20GM 的数控钻床设计 …………………………… 249
13.2　农机性能通用监测系统的设计 ………………………………………………… 252
13.3　基于 PLC 的液位控制系统设计 ………………………………………………… 255
13.4　智能窗的控制设计 ……………………………………………………………… 257
13.5　机械手模型控制系统的设计 …………………………………………………… 259
13.6　四层电梯的控制 ………………………………………………………………… 262
13.7　THFLT-1 型立体仓库的控制 …………………………………………………… 265
13.8　全自动售货机的控制 …………………………………………………………… 269
13.9　水塔液位的 PLC 控制 …………………………………………………………… 270
13.10　十字路口带倒计时显示的交通信号灯控制 ………………………………… 272
13.11　自动门控制系统的设计 ………………………………………………………… 273
13.12　全自动洗衣机的控制 …………………………………………………………… 275
13.13　花式喷水池的控制 ……………………………………………………………… 276
13.14　皮带运输机传输系统的控制 …………………………………………………… 277
13.15　材料分拣模型的控制 …………………………………………………………… 278
13.16　锅炉车间输煤机组控制 ………………………………………………………… 282
13.17　抢答器 PLC 控制系统设计 …………………………………………………… 284
13.18　卧式车床电气控制系统 ………………………………………………………… 285
13.19　摇臂钻床电气控制系统 ………………………………………………………… 286
13.20　基于 PLC 的啤酒发酵温度控制系统设计 …………………………………… 289

第四篇　毕业设计部分

第 14 章　毕业设计指南 ··· 292
   14.1　毕业设计的目的和要求 ··· 292
   14.2　PLC 控制系统的施工设计 ··· 292

第 15 章　PLC 毕业设计课题 ·· 297
   15.1　种禽料量控制系统 ·· 297
   15.2　基于组态王的四层电梯模型 PLC 控制系统的设计 ························ 300
   15.3　基于 PLC 和组态王的机械手模型控制系统的设计 ························ 300
   15.4　基于组态王的全自动售货机控制系统的设计 ································ 303
   15.5　基于三菱 PLC 的家居安防系统的设计 ··· 304
   15.6　基于三菱 PLC 的农作物喷灌控制系统的设计 ······························· 305
   15.7　PLC 在三面铣组合机床控制系统中的应用 ··································· 306
   15.8　小型 SBR 废水处理 PLC 电气控制系统的设计 ······························ 309
   15.9　基于 PLC 的变频器液位控制设计 ··· 311
   15.10　基于 PLC 的电子时钟的设计 ··· 312
   15.11　地形扫描仪运动控制系统的设计 ··· 314
   15.12　基于 PLC 的恒压供水控制系统的设计 ····································· 316
   15.13　自动门 PLC 控制系统设计 ·· 317
   15.14　锅炉 PLC 控制系统设计 ··· 318

附录 A　FX 系列 PLC 应用指令简表 ··· 321
附录 B　FX_{2N} 系列 PLC 的特殊 M 和特殊 D 一览（部分） ················· 325

参考文献 ··· 335

第一篇 实验设备硬件配置及相关软件介绍

第 1 章 绪 论

1.1 课程的目的、任务、方法和要求

"电气控制与 PLC 技术应用"是一门专业必修课。它主要包括常用低压电器及其电气控制原理、PLC 的工作原理、PLC 模块硬件组成与软件系统、梯形图编程设计等内容，目的是使学生掌握电气控制设计与 PLC 梯形图编程的方法。"电气控制与 PLC 技术应用实训"是巩固该课程内容、深化所学知识的必需过程。

"电气控制与 PLC 技术应用实训"强调实际操作技能、设计能力、工作能力的培养；注重理论联系实际，重视实验、程序设计、工程实训等教学环节。该课程对学生毕业后从事实际电气控制方向的工作具有重要的指导作用。"电气控制与 PLC 技术应用实训"课程的主要任务是使学生掌握电气控制与 PLC 技术的操作技能和程序设计的方法，具备一定的设备安装、维护，掌握基本的故障诊断方法和检修能力，为学生将来从事工程技术工作打好基础。

"电气控制与 PLC 技术应用实训"是一门实践性很强的课程，必须通过实践观察与操作才能真正掌握所学的知识，所以要特别强调实践操作，要保证学生有充分的实践条件。《电气控制与 PLC 技术应用实训教程》是为该课程编写的配套教材。

1.2 对先修课程内容的要求

（1）实训开始前，学生应系统修完"电气控制与 PLC 技术应用"课程，能熟练设计电气控制电路、编写梯形图程序并能使用可编程控制器实验设备调试程序。

（2）学生应掌握一定的"电工、电子技术"专业基础知识。

1.3 实训的目的

（1）掌握三菱 FX_{2N}、FX_{1N} PLC 的基本指令的应用，懂得应用它们编写简单 PLC 控制系统的 PLC 程序。

（2）掌握三菱 FX_{2N}、FX_{1N} PLC 的一些特殊功能指令（如：传送、移位、时钟等），懂得应用它们编写特殊要求的 PLC 控制系统的 PLC 程序。

（3）认识三菱 FX_{2N}、FX_{1N} PLC 实物，掌握 PLC 各部分硬件的作用，学会根据实际 PLC

控制系统的要求进行 PLC 选型；在认识 PLC 的基础上掌握 PLC 外部接线，学会 SWPOC-FXGP/WIN-C、GX-Developer、GX-Simulator 软件的应用。

（4）应用所学的 PLC 知识进行综合实训（课程设计和毕业设计）：通过 PLC 电气控制系统的设计，主要熟悉 PLC 电气控制系统设计工作的流程，进行 PLC 应用系统的总体设计和 PLC 的配置设计、选择 PLC 模块和确定相关产品的技术规格、进行 PLC 编程和设置、进行外围设备参数设定及配套程序设计、进行控制系统的设计、整体集成、调试与维护。在综合实训中，要求学生从 PLC 的选型、外围电路接线，主电路的选择与设计、PLC 程序的设计和调试、在 PLC 实训台上进行模拟运行、形成了 PLC 程序设计的完整过程，通过综合训练使学生理论联系实际，并且更加贴近实际。

1.4　电气控制实训室、PLC 实训室实训要求

（1）元件摆放时按照一定次序集中摆放，并且元器件之间留有适当间隔。另外元件的布置讲究美观、对称，并遵循便于操作、观察、测量、分析等原则。

（2）导线采用单股硬导线。布线时应讲究横平竖直，避免交叉连接，并且考虑用线最少、最短。

（3）接线要紧固，不能有裸体的线头在外。

（4）故障检查一定要在断电情况下进行，必须通电检查的则注意安全问题。

（5）故障检查依照先主电路，后控制电路的顺序。例如：若是通电后电动机不转情况，则先检查电源电路，如熔断器是否熔断；然后查看接线是否有脱线、松动等现象。最后检查控制电路连接，可用电压测量法，也可用电阻测量法来寻找故障点。

（6）操作过程严格遵守实训规则，注意安全问题。

第 2 章　实训设备配置及介绍

2.1　概　　述

RTPLC 型可编程控制器实验台根据目前我国高等院校自动控制专业及相关专业课程的实验内容，保证了产品的可靠性和使用寿命。实训室配备的是 RTPLC-3 型：演示实验采用面板结构，采用三菱 FX 系列 PLC 主机，点数为 24～60 点。

2.1.1　整机结构

（1）整机由实验桌和实验屏两部分组成。实验桌的右半部分是键盘和鼠标托板，右侧是显示器托板，在使用计算机时，使整体布局紧凑美观。实验桌下部为大容积柜体，可放置相关实验挂箱及仪器设备等。

（2）面板接线插座采用自锁紧式镀金迭插插座（弱电）或自锁紧式香蕉插座（强电），接触电阻小、防氧化、防锈蚀，使用寿命长。

（3）实验插接线采用高纯度多股铜线，手感好、耐弯折，插头采用可拆装式结构，便于维修。

（4）实验台提供 220V AC 电源、24V DC 稳压电源、0～12V DC 可调电源和 0～20mA DC 可调电源，采用电流型鉴幅鉴相漏电保护器（4 型无）、优质漏电保护开关、电压型漏电保护电路（4 型无）等多重防护措施，使实验安全得到充分保障，并能充分满足实验要求。

2.1.2　实验项目

目前可提供的实验清单如下：

（1）基本指令编程练习。
（2）抢答器数码显示。
（3）礼花之光。
（4）十字路口交通灯。
（5）水塔水位控制（实物模拟）。
（6）自动轧钢机。
（7）自动装配流水线。
（8）四相步进电动机（实物模拟）。
（9）液体自动混合。
（10）三相异步电动机星/三角换接启动。
（11）四节传送带（实物模拟）。
（12）机械手动作模拟。
（13）邮件分拣。
（14）直流电动机正反转。
（15）加工中心刀具库。

(16) 自控成型机。
(17) 电梯控制系统。
(18) 立体车库。

2.2 技 术 指 标

2.2.1 整机电源
工作电源：单相三线 220V AC±5％，50Hz±5％。
整机容量：660kVA。
熔丝规格：5×20-3A。

2.2.2 环境条件
工作温度：-10～40℃。
储存温度：-10～60℃。
工作湿度上限：90％RH（40℃）。
储存湿度上限：90％RH（40℃）。
其他要求：避免频繁振动和冲击，周围空气无酸、碱、盐等腐蚀性气体。

2.2.3 电压输出
220V AC、24V DC/3A 稳压电源、0～12V DC 可调电源和 0～20mA DC 可调电源。

2.2.4 PLC 配置
主机：FX_{1N}-40MR/T。
模拟模块：FX_{ON}-3A（2入1出）。
通讯电缆：SC09。
编程软件：SWPOC-FXGP/WIN-C。
手持编程器：FX-20P-E。

2.3 使 用 注 意 事 项

(1) 实验台交流供电电源必须符合产品给定要求（220V AC±10％，50Hz±5％）。
(2) 实验台交流电源必须有安全接地端。
(3) 更换电源熔丝时必须关掉实验台总开关，以防发生触电。
(4) 各输出端口应避免对地短路。
(5) 为了确保产品性能，使用时请远离强电磁等干扰源。
(6) 其他安全问题，请参阅相应 PLC 厂家提供的《使用手册》。

2.4 基 本 操 作 方 法

1. 实验台通电前

须检查实验台面板上有无元器件及插接线等物并清理干净。

2. 实验台启动

(1) 将电源线正确地插在插座上(单相三线),其地线必须可靠接地,以保证实验人员的人身安全。

(2) 将电源总开关开启。

(3) 启动故障原因:

1) 上述开关/按钮未扳到指定位置。

2) 3A 熔丝熔断,需要更换。

3. 关闭实验台

(1) 扳下电源总开关。

(2) 拔下电源线。

4. PLC 主机部分

(1) PLC 主机电源为 220V AC,开关位于主机正下方。

(2) PLC 各个输入/输出量(包括数字量和模拟量)已经引出到实验台面板上,具体接线即可。

第 3 章　三菱 FX 系列 PLC、编程器及编程软件的应用

3.1　PLC 的概念

可编程控制器（programmble controller）简称 PC 或 PLC，为了与个人计算机的 PC 相区别，习惯用 PLC 表示。目前，可编程控制器已成为现代工业自动化的三大支柱（PLC、机器人、CAD/CAM）之一。

国际电工委员会（IEC）于 1987 年颁布了可编程控制器标准草案第三稿。并且在草案中对可编程控制器做了如下定义："可编程控制器是一种数字运算操作的电子系统，专为在工业环境下应用而设计。它采用可编程序的存储器，用来在其内部存储执行逻辑运算、顺序控制、定时、计数和算术运算等操作的指令，并通过数字式和模拟式的输入和输出，控制各种类型的机械或生产过程。可编程控制器及其有关外围设备，都应按易于与工业系统联成一个整体，易于扩充其功能的原则设计。"

从定义中可以看出，可编程控制器能够直接应用于工业环境，它必须具有很强的抗干扰能力、广阔的应用范围和广泛的适应能力。同时，它是通过软件方式来实现"可编程序"的，与传统继电器接触控制装置中通过硬件或硬接线的变更来改变程序的有着本质区别。定义还强调了可编程控制器是"数字运算操作的电子系统"，所以它也是一种计算机，采用"面向用户的指令"，因此具有编程方便的特点。

3.2　PLC 的分类

可编程控制器的产品种类繁多，其功能、产地、结构、规模也各不相同，对于其分类，一般按照两种分类方法来分类。

1. 根据硬件结构形式分类

根据硬件结构的不同，分为整体式、模块式和叠装式三类。

（1）整体式 PLC。整体式 PLC 又称为单元式 PLC 或箱体式 PLC。它是把电源、CPU、I/O 接口等部件都集中装在一个箱体内，具有结构紧凑、体积小、重量轻、价格低的优点。整体式 PLC 又分为基本单元（又称主机）和扩展单元。二者的区别是前者内部有 CPU 模块而后者没有 CPU 模块。当我们进行扩展规模时，只需用扁平电缆将基本单元和一定数量的扩展单元联接起来即可。整体式 PLC 的典型产品：三菱公司的 F_1、F_2、FX_2 系列 PLC，OMRON 公司的 P 系列等。

（2）模块式 PLC。模块式 PLC 是由机架和模块组成，可根据需要选配不同的模块，如 CPU 模块、I/O 模块、电源模块以及各种功能模块，只需将模块插入模块插座上即可。这种结构配置非常灵活方便，大型、中型 PLC 通常多采用此种结构。模块式 PLC 的典型产品：AB 公司的 PLC-5 系列，SIEMENS 公司的 S5-115U、S5-135U、S5-155U 及 S7 系列等。

(3) 叠装式 PLC。叠装式 PLC 的 CPU、电源、I/O 接口等也是独立的模块，它们之间是通过电缆进行连接，且各模块一层层地叠装，具有整体式和模块式共同的特点。叠装式 PLC 配置灵活、体积小巧。

2. 根据 I/O 点数分类

根据 PLC 的 I/O 点数的不同，可将 PLC 分为小型、中型和大型三类：

(1) 小型 PLC。I/O 点数小于 256 点为小型 PLC。

(2) 中型 PLC。I/O 点数在 256～2048 之间的为中型 PLC。

(3) 大型 PLC。I/O 点数大于 2048 点的为大型 PLC。

3.3 PLC 的功能与应用

可编程控制器内置高速计数器，有输入输出刷新、中断、输入滤波时间调整、恒定扫描时间等功能，现在不少产品还具有点位控制、PID 控制、过程控制、数据处理以及通信联网等功能，已经远远超越了开关量控制的概念。

目前，可编程控制器已经广泛应用在所有的工业部门，主要有开关量逻辑控制、运动控制、闭环过程控制、数据处理、通信联网等功能。

3.4 PLC 的主要特点及发展趋势

可编程控制器技术的高速发展，主要因为它具有以下特点。

1. 可靠性高，抗干扰能力强

这是用户选择控制装置的首要条件。可靠性高、抗干扰能力强是 PLC 最重要的特点。因为可编程控制器在硬件方面、软件设计上采取了抗干扰和对故障进行诊断的各种措施，如屏蔽、隔离、滤波、对故障的诊断、对程序的后备电池保护等，使它可以直接用于工业现场，并且可以无故障工作时间达几十万个小时，这一点使它拥有了众多的用户。

2. 编程简单方便，易于使用

目前，大多数 PLC 采用的编程语言是梯形图语言，梯形图与继电器控制线路图极为相似，形象、直观，工程技术人员很容易掌握。近几年，又发展了顺控流程图语言（sequential function chart，SFC），也称功能图，使得编程更容易，深受电气技术人员的欢迎。同时，PLC 的编程器和编程软件的操作和使用也很简单，使得 PLC 得以普及和推广。

3. 系统设计、安装简单，调试方便

由于 PLC 用软件（即程序）代替了传统继电器控制系统的硬件接线，所以控制柜的设计安装、接线工作量大大减少，并且设计人员在实验室就能进行模拟调试。PLC 产品齐全，用户构建系统时，设计、安装、调试都极其容易，与一般控制系统相比，大大缩短了安装调试周期。

4. 适应性、灵活性强，应用范围广

现在可编程控制器产品品种齐全，大多采用模块式的硬件结构，这样使用起来组合和扩展更加方便，为满足系统控制要求的不同，用户可根据需要灵活选用。并且可根据不同的需求通过更新软件来实现，故其适应性极强，它广泛应用于机械制造、化工、石化、医疗、电力、纺织、轻工、冶金、建材、煤炭、食品等各生产线中。

5. 体积小、重量轻、维修方便

可编程控制器的结构紧凑、体积小。具有自诊断功能，它能及时显示故障代码，工作人员通过它可以查出故障原因，所以排除故障比较顺利、简单。

6. 功能完善

除了能实现基本的逻辑控制、定时、计数、算术运算等功能外，现在不少产品还具有点位控制、PID 控制、过程控制、数据处理以及通信联网等功能，已经远远超越了开关量控制的概念。

3.5 PLC 的硬件结构

1. 可编程控制器的基本结构

可编程控制器实质上是一种工业控制用专用计算机。按照计算机组成的理论，它实际上是由硬件和软件两部分组成。可编程控制器硬件主要由中央处理单元、输入接口、输出接口、电源等组成，基本结构框图如图 3-1 所示；而软件主要包括系统软件和用户软件。

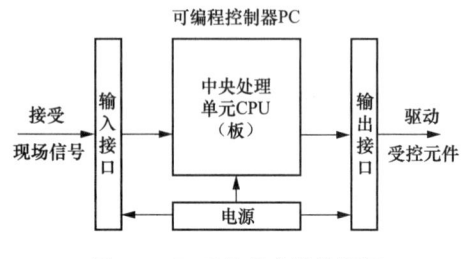

图 3-1 PLC 的基本结构框图

（1）中央处理单元（central process unit, CPU）。中央处理单元主要由微处理器和存储器组成，是 PLC 的核心部分。它的功能：用扫描的方式读取现场输入装置的状态或数据，并存入输入映像寄存器，同时，诊断电源、PLC 工作状态和程序的语法错误等，经诊断无误后，运行用户程序存储器中的用户程序，得到运算结构，并存储到输出映像寄存器；最后将输出映像寄存器的内容通过输出接口驱动外部执行结构。存储器是用于存放系统程序、用户程序和工作数据的。

（2）I/O 接口。CPU 是通过输入/输出接口与外围设备连接的。输入接口用于采集控制现场输入信号，并变换成 CPU 能接受的信号，对其进行滤波、电平转换、隔离、放大等；输出接口用于将 CPU 的输出信号变换成驱动执行机构的控制信号（包括开关量或模拟量），并对输出信号进行功率放大，隔离 PLC 内部电路和外部执行机构等。根据输出形式不同，输出接口通常有：继电器式、晶体管式和晶闸管式三种形式。

（3）电源模块。电源模块主要用途是为 PLC 提供工作电源。一般为 220V 交流电源，有的还为输入电路提供 24V 的直流电源。而外部执行机构的电源一般由用户提供。

（4）PLC 的外围设备。外围设备主要有编程设备、监控设备、存储设备、输入输出设备等。编程设备主要用于编制用户程序、对系统参数进行设置或监控 PLC 的运行状态等；有简易编程器和智能图形编程器，近年来普及以普通的个人计算机配以专门的编程软件，通过屏幕对话方式进行编制程序。监控设备分数据监视器和图形监视器，通过数据或图形监控系统的运行情况。存储设备有存储卡、存储磁带、软磁盘或只读存储器，用于存储用户程序或数据。输入/输出设备用于接收信号或输出信号，有条码读入器、打印机等。

（5）PLC 的通信联网。现在几乎所有的 PLC 产品都有通信联网功能，它具有通信接口，通过双绞线、同轴电缆或光缆实现 PLC 与 PLC 之间、PLC 与上位计算机以及其他智能设备之间联网。

2. 数字量 I/O 接口电路

生产过程中的信号是多种多样的，控制系统配置的执行机构也是有多种类型的，而 PLC 的 CPU 所处理的信号只能是标准电平，而为了使 PLC 能直接应用于控制系统，设计了 I/O 接口。I/O 接口是 PLC 与工业控制现场各类信号连接的接口部件。PLC 提供了多种操作电平和驱动能力的 I/O 接口供用户选用。I/O 接口的主要类型：数字量（开关量）输入、数字量（开关量）输出、模拟量输入、模拟量输出等。

（1）数字量输入接口。常用的数字量输入接口按其使用的电源不同又分为直流输入接口、交流输入接口和交/直流输入接口三种类型，其基本原理电路如图 3-2 所示。

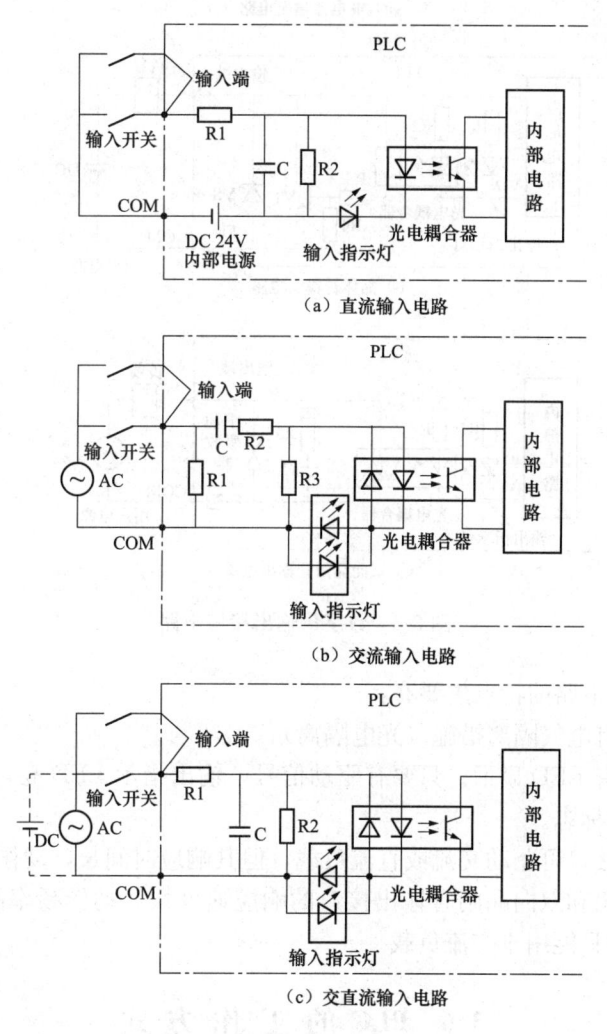

图 3-2 数字量输入接口电路

数字量输入接口电路的特点主要有：
1）输入信号的电源均可由用户提供，直流输入信号的电源也可由 PLC 自身提供。
2）每路输入信号均经过光电隔离、滤波，然后送入输入缓冲器等待 CPU 采样。

3) 每路输入信号均有 LED 显示,以指明信号是否到达 PLC 的输入端子。

(2) 数字量输出接口。数字量输出接口按输出开关器件不同可分为继电器输出、晶体管输出和双向晶闸管输出三种类型,其基本原理电路如图 3-3 所示。

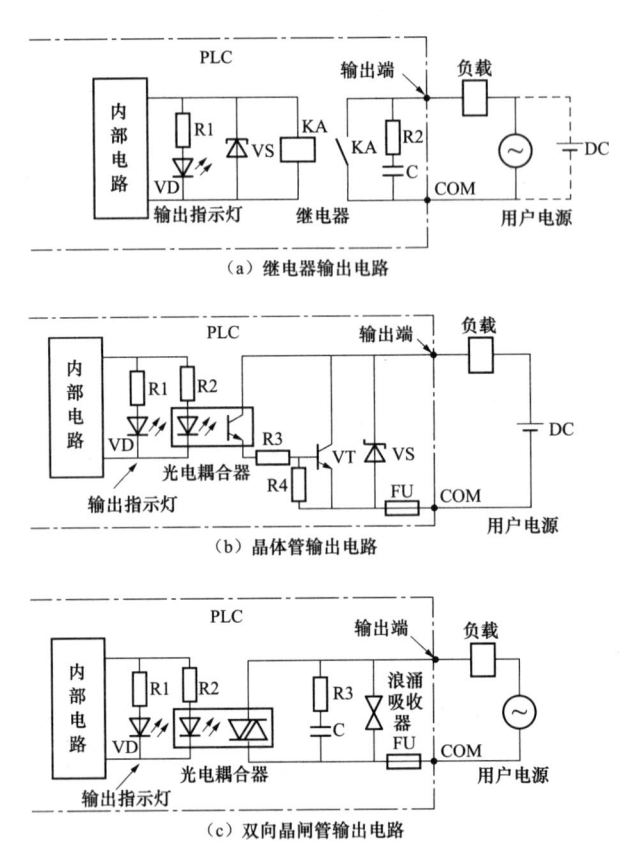

图 3-3 数字量输出接口电路

数字量输出接口电路的特点主要有:
1) 各路输出均有电气隔离措施(光电隔离)。
2) 各路输出均有 LED 显示。只要有驱动信号,输出指示 LED 亮,为观察 PLC 的工作状况或故障分析提供标志。
3) 继电器输出接口可驱动交流或直流负载,但其响应时间长,动作频率低。
4) 而晶体管输出和双向晶闸管输出接口的响应速度快,动作频率高,但前者只能用于驱动直流负载,后者只能用于交流负载。

3.6 PLC 的工作方式

可编程控制器与继电器逻辑控制电路相类似,都是根据现场的输入和系统的控制要求来实现控制的。但是不同的是,继电器逻辑控制是根据逻辑电路的组合和电路器件并行运行的方式来实现控制要求,而可编程控制器是通过执行用户程序来完成控制任务的。

可编程控制器工作模式有两种:运行(RUN)和停止(STOP)。当处于运行模式时,PLC

通过执行用户程序来实现控制功能,为了使 PLC 的输出能够及时地响应随时变化的输入信号,不断地重复执行,直到 PLC 停机或者是切换到停止模式。PLC 的这种周而复始的循环工作方式称为循环扫描工作方式。每一个循环即为一个扫描周期。每一个扫描周期均分为内部诊断、输入采样、执行用户程序、输出刷新、通信服务五个阶段。当处于停止工作模式时,PLC 只进行内部处理和通信服务等内容。扫描过程如图 3-4 所示,下面对每个阶段分别进行介绍。

1. 内部诊断

上电后,PLC 对 CPU、存储器、I/O 接口、时间监视器 WDT 等进行检查,如果发现异常,需要停止 PLC 的运行。确认无误后,PLC 才能进行其他的操作。

图 3-4　扫描过程

2. 输入采样

在输入采样阶段,PLC 对所有外部输入电路的接通/断开状态进行采集,并把各状态存入输入映像寄存器,然后进入程序执行阶段,这时即使外部输入状态发生变化,输入映像寄存器的内容也不会改变,在下一个扫描周期再采样。扫描过程示意图如图 3-5 所示(图 3-5 只是画出了扫描过程中的三个阶段)。

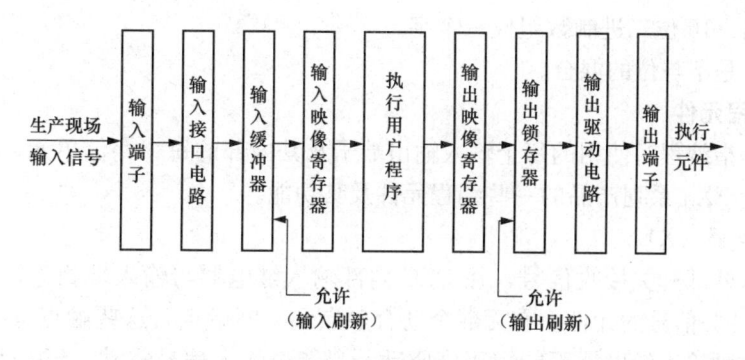

图 3-5　扫描过程示意图

3. 执行用户程序

先从输入映像寄存器中读入输入状态,将读入的内部辅助继电器、定时器、计数器的状态。然后,执行程序进行逻辑运算,并将运算结果存入输出映像寄存器。

4. 输出刷新

在程序执行完成以后,进入输出刷新阶段,将输出映像寄存器中所有输出继电器的状态输出到输出锁存器,驱动所有外部输出电路。

5. 通信服务

配有网络的 PLC,在通信服务阶段,进行 PLC 之间以及 PLC 与计算机之间的信息交换。例如:响应编程器的命令、更新编程器的显示内容等。

从以上分析可见,从 PLC 的输入信号发生变化的时刻到 PLC 输出端对该输入产生相应的变化时刻的时间间隔为 PLC 的输入/输出响应滞后。这种响应滞后是由 PLC 扫描工作方式所决定的,主要与 PLC 输入接口的滤波环节、输出接口中驱动器件的动作时间和用户程序的设计有关。滞后时间是设计 PLC 控制系统时应注意的一个方面。

3.7 FX 系列 PLC 的编程元件

3.7.1 数据形式及结构

1. 数据形式

用户应用程序中和 PLC 的内部有着大量的数据。这些数据具有以下几种形式：

(1) 十进制数。十进制数大家比较熟悉，像定时器和计数器的设定值 K、辅助继电器、定时器、计数器、状态继电器等的编号都是十进制数。

(2) 八进制数。FX 系列 PLC 的输入继电器、输出继电器的地址编号采用的是八进制。

(3) 十六进制数。定时器和计数器的设定值 H 即为十六进制数。

(4) 二进制数。它主要存在于各类继电器、定时器、计数器的触点及线圈。

(5) BCD 码。在 PLC 中一般把十进制数以 BCD 码的形式出现，它还常用于 BCD 输出形式的数字开关或七段码的显示器控制等方面。

2. 数据结构

FX 系列 PLC 有两种数据结构：

(1) 位数据：只有两种状态，如触点的通断、线圈的得电/失电等。

(2) 字数据：16 位二进制数组成一个字。

(3) 还有就是字与位的混合。

3.7.2 编程元件

编程元件是指编程时使用的每个输入输出端子及其内部的每个存储单元。下面我们着重介绍三菱公司的 FX_{2N} 系列产品的一些编程元件及其功能。

1. 输入继电器（X）

输入端子从外部开关接收信号，在 PLC 内部输入继电器与输入端相连，它是专门用来接收 PLC 外部开关信号的元件。有无数个动合触点和动断触点，这些触点可在 PLC 编程时无限次使用。这种输入继电器不能用程序驱动，只能由输入信号驱动。FX_{2N} 系列 PLC 的输入继电器的编号采用八进制编号。PLC 扩展时最多可达 184 点输入继电器，其编号为 X0～X267。基本单元输入继电器的编号是固定的，而扩展单元和扩展模块的编号，是从与基本单元最近的开始，顺序进行编号。例如：基本单元 FX_{2N}-48M 的输入继电器编号为 X0～X27（24 点），如果有扩展单元或扩展模块，则扩展的输入继电器从 X30 开始编号。如图 3-6 所示为输入继电器 X0 的等效电路。

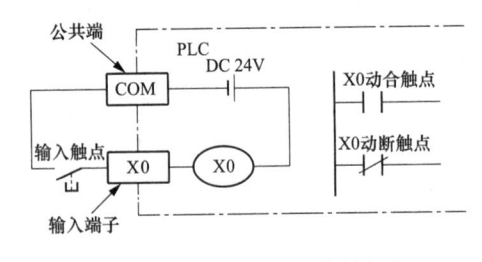

图 3-6 输入继电器的等效电路

2. 输出继电器（Y）

输出继电器是 PLC 中用来将运算结果经输出接口电路及输出端子，控制外部负载的继电器。它有无数个的动合触点与动断触点，这些触点在 PLC 编程时可以随意使用。输出继电器线圈是由 PLC 内部程序驱动，线圈状态送给输出单元，再由输出单元对应的触点来驱动外部执行机构。

如图 3-7 所示为输出继电器 Y0 的等效电路。

FX_{2N} 系列 PLC 的输出继电器的编号也是八进制编号，其编号范围为 Y000～Y267（184

点）。与输入继电器一样，基本单元的输出继电器编号是固定的，扩展单元和扩展模块的编号也是从与基本单元最近开始，顺序进行编号。

3. 辅助继电器（M）

辅助继电器与继电器接触控制系统中的中间继电器相似，是 PLC 程序中用的数量较多的一种继电器，辅助继电器只供内部编程使用。不能直接驱动外部执行机构，执行机构只能由输出继电器的触点驱动。辅助继电器的动合和动断触点可以无限次使用。辅助继电器用 M 表示，采用十进制数编号（只有输入输出继电器才用八进制数）。

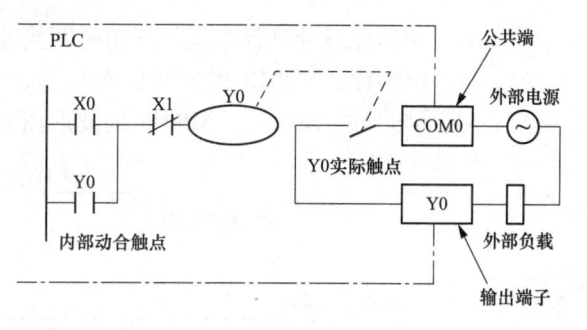

图 3-7 输出继电器 Y0 的等效电路

(1) 通用辅助继电器（M0～M499）。FX_{2N} 系列共有 500 点的通用辅助继电器。在 PLC 运行时，如果电源突然断电通用辅助继电器的线圈全部为 OFF 状态。当再次接通电源时，除了由外部输入信号而变为 ON 的以外，其余的均保持 OFF 状态，因此可见，通用的辅助继电器没有断电保持功能。在逻辑运算中用于辅助运算、移位等。可以根据需要通过程序设定，将 M0～M499 变为下面我们将要介绍的保持型辅助继电器。

(2) 保持型辅助继电器（M500～M3071）。FX_{2N} 系列有 M500～M3071 共 2572 个保持型辅助继电器。保持型辅助继电器用于保存停电前的状态，并在再次运行时能够再现该状态。具有断电保护功能，是因为电源中断时用 PLC 中的锂电池的后背支持。其中 M500～M1023 可同过软件设定为通用辅助继电器。

下面通过一个例子来说明保持型辅助继电器的应用，断电保持辅助继电器的作用如图 3-8 所示。

小车的正反向运动中，用 M500、M501 控制输出继电器驱动小车运动。X1、X2 为限位输入信号。运行的过程是 X1＝ON→M500＝ON→Y1＝ON→小车右行→停电→小车中途停止→上电（M500＝ON→Y1＝ON）再右行→X2＝ON→M500＝OFF、M501＝ON→Y0＝ON（左行）。可见由于 M500 和 M501 具有断电保持，所以在小车中途因停电停止后，一旦电源恢复，M500 或 M501 仍记忆原来的状态，将由它们控制相应输出继电器，小车继续原方向运动。若不用断电保护辅助继电器当小车中途断电后，再次得电小车也不能运动。

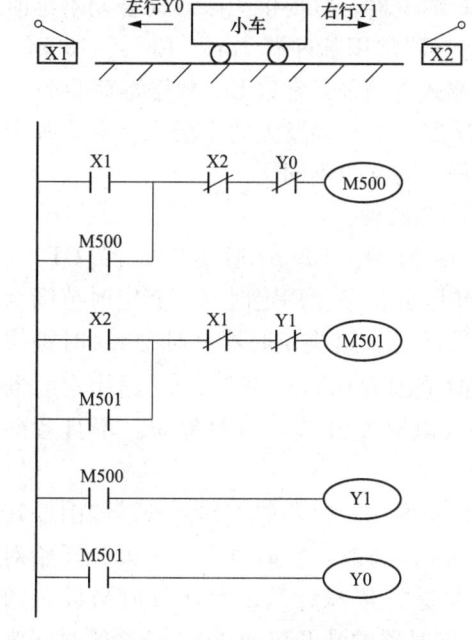

图 3-8 断电保持辅助继电器的作用

(3) 特殊辅助继电器。PLC 内部有大量的特殊辅助继电器，它们有着特殊的功能。FX_{2N} 系列共有 M8000～M8255（256 点）256 个特殊辅助继电器，可分两大类：

一类是触点型，这类继电器的线圈由 PLC 自动驱动，用户只可使用其触点。例如：M8000：运行监视（PLC 运行时接通），M8001 与 M8000 逻辑相反。

M8002：初始化脉冲（仅在运行开始瞬间接通），M8003 与 M8002 逻辑相反。

M8011、M8012、M8013 和 M8014 分别是 10ms、100ms、1s 和 1min 时钟脉冲。

M8000、M8002、M8012、M8013 的波形图如 3-9 所示。

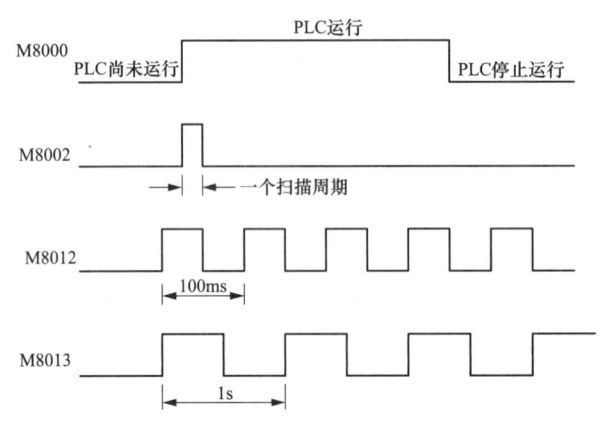

图 3-9　M8000、M8002、M8012、M8013 波形图

另一类是线圈型，用户程序驱动线圈后 PLC 作特定的动作。

M8033：PLC 停止时保持输出。

M8034：PLC 的输出全部禁止。

M8039：定时扫描。

4．定时器（T）

定时器（T）相当于继电器接触控制系统中的时间继电器。它提供无限对动合动断延时触点，是通过对某一脉冲累积个数来完成定时的。定时器常用脉冲有 1ms、10ms、100ms，当达到设定值时，其输出触点动作。定时器的设定值方式有两种：常数 K、数据寄存器 D 的内容。它有一个设定值寄存器（字）、一个当前值寄存器（字）以及无数个触点。对于每个定时器，这三个量使用同一个名称，但使用场合不一样，意义也不同。

FX_{2N} 系列中定时器时可分为通用定时器、积算定时器两种。

（1）通用定时器。通用定时器有 100ms 和 10ms 两种。100ms 通用定时器（T0～T199）共 200 点，其中 T192～T199 为子程序和中断服务程序专用定时器。其定时范围为 0.1～3276.7s。10ms 通用定时器（T200～T245）共 46 点。这类定时器是对 10ms 时钟累积计数，其定时范围为 0.01～327.67s。通用定时器的特点是当输入电路断开或停电时复位。不具备断电保持功能。

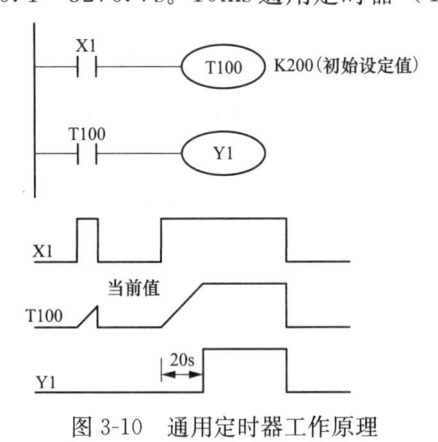

下面举例说明通用定时器的工作原理。如图 3-10 所示，当输入 X1 接通时，定时器 T100 从 0 开始对 100ms 时钟脉冲进行累积计数，当计数值与设定值 K200 相等时，定时器的常开接通 Y1，经过的时间为 200×0.1s＝20s。当 X1 断开后定时器复位，计数值变为 0，其动合触点断开，Y1 也随之 OFF。若外部电源断电，定时器也将复位。

图 3-10　通用定时器工作原理

(2) 积算定时器。积算定时器有 1ms 和 100ms 两种。1ms 积算定时器 (T246～T249) 共 4 点,是对 1ms 时钟脉冲进行累积计数的,定时的时间范围为 0.001～32.767s。100ms 积算定时器 (T250～T255) 共 6 点,是对 100ms 时钟脉冲进行累积计数的,定时的时间范围为 0.1～3276.7s。在定时过程中如果断电或定时器线圈 OFF,积算定时器将保持当前值,当通电或定时器线圈 ON 后继续累积计数,只有将积算定时器复位,当前值才变为 0。

下面举例说明积算定时器的工作原理。如图 3-11 所示,当 X1 接通时,T255 当前值计数器开始累积 100ms 的时钟脉冲的个数。当 X1 经 t_1 后断开,而 T255 尚未计数到设定值 K123,其计数的当前值保留。当 X1 再次接通,T255 从保留的当前值开始继续累积,经过 t_2 时间,当前值达到 K123 时,定时器的触点动作。累积的时间为 $t_1+t_2=0.1×123=12.3$ (s)。当复位输入 X2 接通时,定时器才复位,当前值变为 0,触点也跟随复位。

5. 计数器 (C)

计数器根据其记录开关量的频率可分为内部计数器和高速计数器。它的设定值除了用常数 K 设定外,还可以通过数据寄存器间接设定。

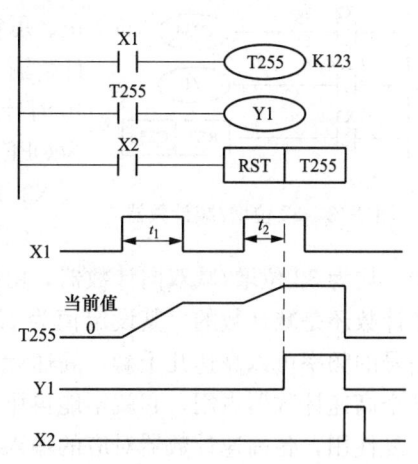

图 3-11 积算定时器工作原理

(1) 内部计数器。内部计数器是用来对内部信号 X、Y、M、S、T 等的信号进行计数。当计数次数达到计数器的设定值时,计数器触点动作,从而完成某种控制功能。内部计数器的输入信号的接通和断开时间,大于 PLC 的扫描周期。

1) 16 位增计数器 (C0～C199)。其中 C0～C99 (100 点),设定值区间为 K1～K32767 为通用型;C100～C199 (100 点),设定区间为 K1～K32767 共 100 点为断电保持型。这些计数器为加计数,首先对其值进行设定,当输入信号(上升沿)个数达到设定值时,计数器动作,其动合触点闭合、动断触点断开。

通用型 16 位增计数器工作原理,如图 3-12 所示,X2 为复位信号,当 X2 为 ON 时 C0 复位。X1 是计数输入,每当 X1 接通一次计数器当前值增加 1(注意:X2 断开,计数器不会复位)。当计数器计数当前值为设定值 8 时,计数器 C0 的输出触点动作,Y0 被接通。此后即使输入 X1 再接通,计数器的当前值也保持不变。当复位输入 X2 接通时,执行 RST 复位指令,计数器复位,输出触点也复位,Y0 被断开。

2) 32 位增/减计数器 (C200～C234)。计数器可用常数 K 或数据寄存器 D 的内容作为设定值。共有 35 点 32 位加/减计数器其中 32 位通用增/减双向计数器:C200～C219 (20 点);设定值区间为 K (-2147483648～+214783648)。

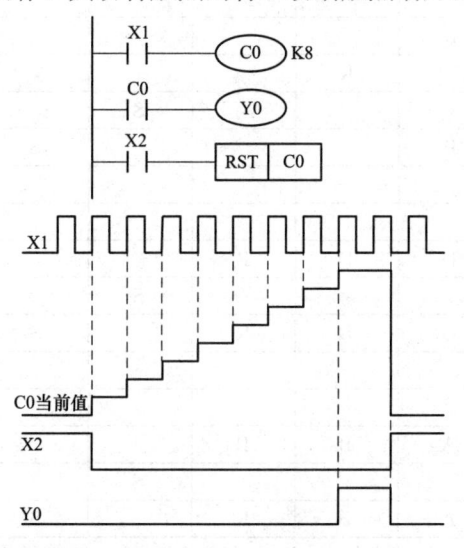

图 3-12 通用型 16 位增计数器工作原理

32 位停电保持增/减双向计数器:C220～C234

(15点)；设定值区间为 K（-2147483648～+214783648），它的最大的特点在于它能通过控制实现加/减双向计数。32 位增/减计数器是由特殊辅助继电器 M8200～M8234 来设定。计数器对应的特殊辅助继电器被置为 ON 状态时为减计数，置为 OFF 状态时为增计数。

32 位增/减计数器如图 3-13 所示，X1 用来控制 M8234，X1 闭合时为减计数方式。X2 为计数输入，C234 的设定值为 10（可正、可负）。设 C234 置为增计数方式（M8234 为 OFF），当 X2 计数输入累加由 9→10 时，计数器的输出触点动作。当前值大于 10 时计数器仍为 ON 状态。只有当前值由 10→9 时，计数器才变为 OFF。只要当前值小于 9，则输出则保持为 OFF 状态。复位输入 X3 接通时，计数器的当前值为 0，输出触点也随之复位。

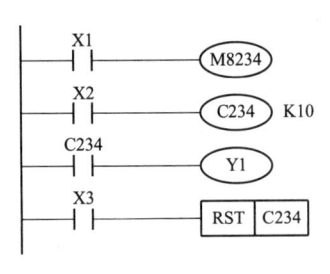

图 3-13 32 位增/减计数器

（2）高速计数器。FX_{2N} 有 C235～C255 共 21 点高速计数器，均为 32 位增/减双向计数器，由指定的特殊辅助继电器决定或由指定的输入端子决定其增计数还是减计数的，其设定值为 K（-2147483648～+214783648）。允许输入频率较高，信号的频率可以高达几千赫。高速计数器输入端口有 X0～X7。注意某一个输入端如果已被某个高速计数器占用，它就不能再用于其他高速计数器，也不能用做它用。即 X0～X7 不能重复使用，各高速计数器对应的输入端见表 3-1。

表 3-1 高 速 计 数 器 表

计数器	输入	X0	X1	X2	X3	X4	X5	X6	X7
1相1计数输入	C235	U/D							
	C236		U/D						
	C237			U/D					
	C238				U/D				
	C239					U/D			
	C240						U/D		
	C241	U/D	R						
	C242			U/D	R				
	C243					U/D	R		
	C244	U/D	R					S	
	C245			U/D	R				S
1相2计数输入	C246	U	D						
	C247	U	D	R					
	C248				U	D	R		
	C249	U	D	R				S	
	C250				U	D	R		S
2相2计数输入	C251	A	B						
	C252	A	B	R					
	C253				A	B	R		
	C254	A	B	R				S	
	C255				A	B	R		S

注 U——增计数输入；D——减计数输入；A——A相输入；B——B相输入；R——复位输入；S——启动输入。X6、X7 只能用作启动信号，而不能用作计数信号。

从表中可知，高数计数器分三类：

1）1 相 1 计数输入高速计数器（C235～C245）。1 相 1 计数输入高速计数器又分为无启动/复位端（C235～C240）和带启动/复位端（C241～C245），可实现增或减计数（取决于 M8235～M8245 的状态）。

如图 3-14（a）所示为无启动/复位端 1 相 1 计数输入高速计数器的应用。当 X11 断开，M8240 为 OFF，此时 C240 为增计数方式（反之为减计数）。由 X12 选中 C240，从表 3-1 中可知其输入信号来自于 X5，C240 对 X5 信号增计数，当前值达到 1000 时，C240 动合接通，Y0 得电。X13 为复位信号，当 X13 接通时，C240 复位。

如图 3-14（b）所示为带启动/复位端 1 相 1 计数输入高速计数器的应用。由表 3-1 可知，X1 和 X6 分别为复位输入端和启动输入端。利用 X11 通过 M8244 可设定其增/减计数方式。当 X12 为接通，且 X6 也接通时，则开始计数，计数的输入信号来自于 X0，C244 的设定值由 D0 和 D1 指定。除了可用 X1 立即复位外，也可用梯形图中的 X13 复位。

（2）1 相 2 计数输入高速计数器（C246～C250）。这类高速计数器具有一个输入端用于增计数，另一个输入端用于减计数，可实现增或减计数（取决于 M8246～M8250 的状态）。

单相双计数输入高速计数器如图 3-15 所示，X12 为复位信号，其有效（ON）则 C250 复位。由表 3-1 可知，也可利用 X5 对其复位。当 X11 接通时，选中 C250，输入来自 X3 和 X4。

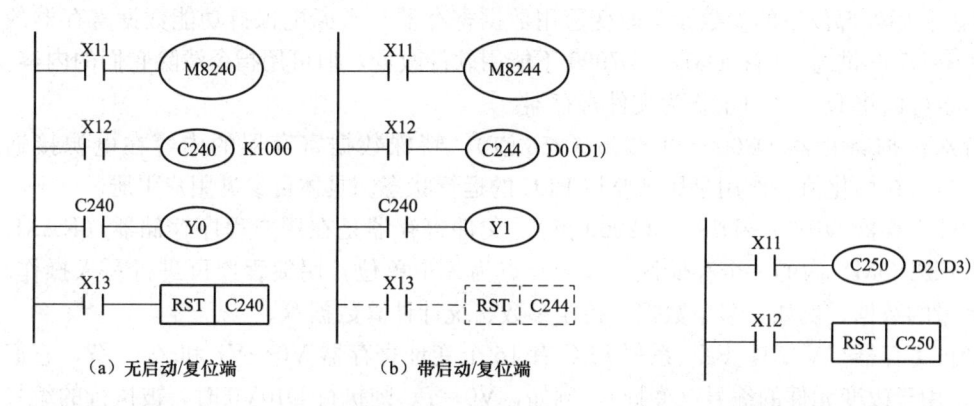

图 3-14　单相单计数输入高速计数器

图 3-15　单相双计数输入高速计数器

（3）2 相 2 计数输入的高速计数器（C251～C255）。A 相和 B 相信号决定了计数器是增计数还是减计数。

当 A 相为 ON 时，B 相由 OFF 到 ON，则为增计数；当 A 相为 ON 时，若 B 相由 ON 到 OFF，则为减计数，如图 3-16（a）所示。

如图 3-16（b）所示，当 X11 接通时，C251 计数开始。由表 3-1 可知，其输入来自 X0（A 相）和 X1（B 相）。只有当计数使当前值超过设定值，则 Y1 为 ON。如果 X12 接通，则计数器复位。根据不同的计数方向，Y2 为 ON（增计数）或为 OFF（减计数），即用 M8251～M8255，可监视 C251～C255 的加/减计数状态。

6. 数据寄存器（D）

可编程控制器中的数据寄存器是计算机必不可少的元件，用于存放各种数据及工作参

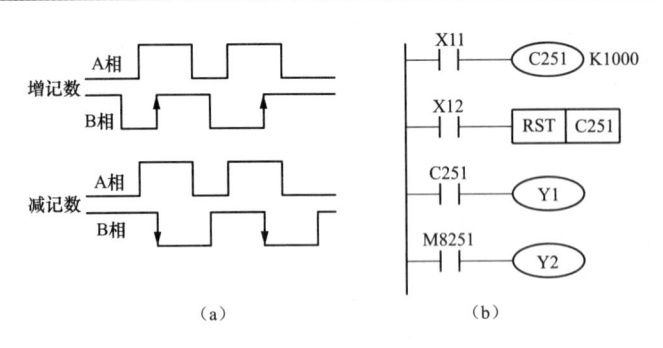

图 3-16 双相高速计数器

数。FX$_{2N}$中每一个数据寄存器都是 16 位（最高位为符号位），也可用两个数据寄存器合并起来存储 32 位数据（最高位为符号位）。数据寄存器有以下几种类型：

(1) 通用数据寄存器 D。通用数据寄存器 D0～D199（200 点）只要不写入其他数据，则已写入的数据不会变化。但是，PLC 状态由运行模式（RUN）切换到停止模式（STOP）时全部数据清零。如果特殊辅助继电器 M8033 为 1 状态，则在 PLC 由 RUN 转为 STOP 时，数据可以保持。

(2) 保持型数据寄存器 D，保持型数据寄存器 D200～D7999（7800 点），不管电源接通与否，PLC 运行与否，其内容均不会变化；只有改写才会修改其内容。其中 D200～D511（12 点）可以利用外部设备的参数设定改变通用数据寄存器与有断电保持功能数据寄存器的分配；D490～D509 供通信用；D512～D7999 不能用软件改变，但可用指令清除它们的内容。根据参数设定可以将 D1000 以上作为文件寄存器。

(3) 特殊数据寄存器 D8000～D8255（256 点）。特殊数据寄存器的内容在电源接通（ON）时，写入初始化值，作用是用来监控 PLC 的运行状态。具体可参见用户手册。

(4) 文件寄存器 D1000～D7999（2000 点）。文件寄存器是在用户程序存储器（RAM、EEPROM、EPROM）内的一个存储区，以 500 点为一个单位，用编程器可进行写入操作。用于存储大量的数据，例如，采集数据、控制参数、统计计算数据等。

(5) 变址寄存器（V/Z）。FX$_{2N}$系列 PLC 有 16 个变址寄存器 V0～V7 和 Z0～Z7，它们都是 16 位。用于改变元件的编号（变址），例如，V0＝7，则执行 D10V0 时，被执行的编号为 D10（D10+7）。需要进行 32 位操作时，可将 V、Z 串联使用（Z 为低位，V 为高位）。

7. 状态继电器 S

状态继电器是用于步进顺控系统控制的一种编程元件。它与后述的步进顺控指令 STL 配合应用。状态继电器包括供初始状态用的 S0～S9（10 点）；供回原点的 S10～S19（10 点）；通用型的 S20～S499（480 点）；断电保持型的 S500～S899（400 点）；供报警用的 S900～S999（100 点）5 种类型。

如图 3-17 所示，我们用红灯绿灯黄灯循环点亮作为例子简单介绍状态继电器 S 的作用。当启动信号 X1 有效时，红灯点亮（Y1 为 ON），定时器 T1 开始定时。到定时器 T1 定时 15s 到时，红灯熄灭，绿灯点亮（Y2 为 ON），定时器 T2 开始定时。到定时器 T2 定时 20s 到时，绿灯熄灭，黄灯点亮（Y3 为 ON），定时器 T3 开始定时。到定时器 T3 定时 5s 到时，红灯点亮（Y1 为 ON），定时器 T1 开始定时，往后依次循环。整个过程可分为 3 步，每一步都用一个状态器 S21、S22、S23 记录。每个状态器都有各自的置位和复位信号（如 S22 由

T1 置位，T2 复位），并有各自要做的操作（驱动 Y1、Y2、Y3、T1、T2、T3）。从启动开始由上至下随着状态动作的转移，下一状态动作则上面状态自动返回原状。这样使每一步的工作互不干扰，不必考虑不同步之间元件的互锁，使设计清晰简洁。

8. 指针（P、I）和常数

指针是用于指示跳转目标和中断程序的入口标号，分为分支用指针和中断指针。

(1) 分支用指针（P0～P127）。分支指针用来指示子程序调用指令（CALL）调用子程序的入口地址或跳转指令（CJ）的跳转目标。FX_{2N} 共 128 点分支用指针。

如图 3-18 所示，当 X2 动合接通时，执行跳转指令 CJ P0，PLC 跳到标号为 P0 处之后的程序去执行。

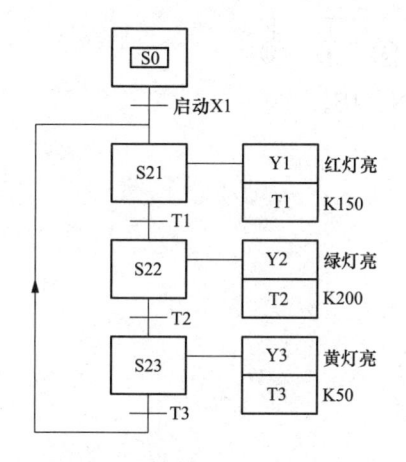

图 3-17　状态继电器 S 的作用　　　　图 3-18　分支用指针

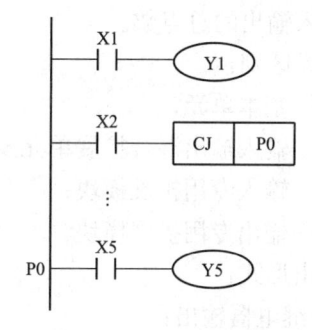

(2) 中断指针（I0□□～I8□□）。中断指针是用来指示某一中断程序的入口地址。遇到 IRET（中断返回）指令，则返回主程序。中断用指针又分为以下 3 种类型：

1) 输入中断用指针（I00□～I50□）共 6 点，它是用来指示由特定输入端的输入信号而产生中断的中断服务程序的入口位置，这类中断不受 PLC 扫描周期的影响，可以及时处理外界信息。输入中断用指针的编号格式如下：

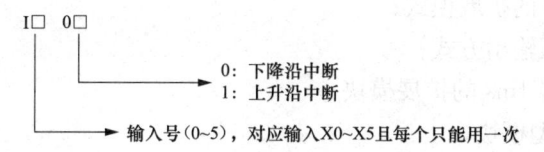

I□ 0□
　　　　　0：下降沿中断
　　　　　1：上升沿中断
输入号（0～5），对应输入 X0～X5 且每个只能用一次

例如：I101 为当输入 X1 从 OFF→ON 变化时，执行以 I101 为标号后面的中断程序，并根据 IRET 指令返回。

2) 定时器中断用指针（I6□□～I8□□）共 3 点，是用来指示周期定时中断的中断服务程序的入口位置，这类中断的作用是 PLC 以指定的周期定时执行中断服务程序，定时循环处理某些任务。处理的时间也不受 PLC 扫描周期的限制。□□表示定时范围，可在 10～99ms 中选取。

3) 计数器中断用指针（I010～I060）共 6 点，它们用在 PLC 内置的高速计数器中。根据高速计数器的计数当前值与计数设定值之关系确定是否执行中断服务程序。它常用于利用高速计数器优先处理计数结果的场合。

(3) 常数。K 是表示十进制整数的符号，主要用来指定定时器或计数器的设定值及应用功能指令操作数中的数值；H 是表示十六进制数，主要用来表示应用功能指令的操作数值。例如，20 用十进制表示为 K20，用十六进制则表示为 H14。

3.8 FX 系列 PLC 型号命名

三菱 FX 系列小型可编程控制器，有 FX_0、FX_2、FX_{0N}、FX_{0S}、FX_{2C}、FX_{2N}、FX_{2NC}、FX_{1N}、FX_{1S} 等系列。它的型号命名的基本格式：

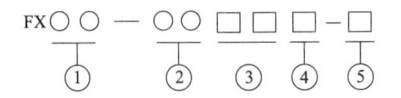

$$FX\bigcirc\bigcirc - \bigcirc\bigcirc\square\square\square-\square$$
$$\quad\;\;① \quad\;\; ② \;\; ③ \; ④ \; ⑤$$

① 系列序号 0、2、0N、0S、2C、2NC、1N、1S。
② 输入输出的总点数。
③ 单元区别：
　M——基本单元；
　E——输入输出混合扩展单元及扩展模块；
EX——输入专用扩展模块；
EY——输出专用扩展模块。
④ 输出形式：
R——继电器输出；
T——晶体管输出；
S——晶闸管输出。
⑤ 特殊物品的区别：
　D——DC 电源，DC 输入；
A1——AC 电源，AC 输入（AC 100~120V）或 AC 输入模块；
　H——大电流输出扩展模块；
　V——立式端子排的扩展模式；
　C——接插口输入输出方式；
　F——输入滤波器 1ms 的扩展模块；
　L——TTL 输入型模块；
　S——独立端子（无公共端）扩展模块。

3.9 FX 系列 PLC 主要性能指标

1. 输入/输出点数

输入/输出点数是指可编程控制器外部输入、输出端子数总合。I/O 点数越多，外部可接的输入设备和输出设备就越多，控制规模就越大。

2. 扫描速度

一般以执行 1000 步指令所需的时间来衡量，单位为 ms/千步。

3. 存储器容量

可编程控制器的存储器分为系统程序存储器、用户程序存储器和数据存储器 3 部分。程序指令是按"步"存放的,一"步"占用两个字节。例如,存储容量为 1000 步的可编程控制器,其存储容量为 2KByte。

4. 编程语言

可编程控制器采用的编程语言包括梯形图、助记符、功能模块图等编程语言。不同的 PLC,它的编程语言可能也不同。

5. 指令功能

编程指令的功能越强、数量越多,PLC 的控制能力也越强,用户编程也越简单和方便,越容易实现复杂的控制任务。

另外,可编程控制器的可扩展性、可靠性、联网功能的扩展等性能指标在选择可编程控制器时也是必须注意的指标。

3.10 FX 系列 PLC 的一般技术指标

FX 系列可编程控制器由基本单元、扩展单元、扩展模块及特殊功能单元构成。基本单元 (basic unit) 是 PLC 的主要部分,由 CPU、输入/输出及电源组成。扩展单元 (extension unit) 一般用于扩展可编程控制器输入/输出点数。扩展模块 (extension module) 内部没有电源,用来改变可编程控制器输入/输出点数比例。FX 系列主要有 FX_{0S}、FX_{0N}、FX_{1N}、FX_{2N} 等,FX 系列 PLC 主要产品的性能比较见表 3-2。

表 3-2　　　　　　　　　　FX 系列 PLC 主要产品的性能比较

型号	I/O 点数	基本指令执行时间 (μs)	功能指令	模拟模块量	通信
FX_{0S}	10～30	1.6～3.6	50	无	无
FX_{0N}	24～128	1.6～3.6	55	有	较强
FX_{1N}	14～128	0.55～0.7	177	有	较强
FX_{2N}	16～256	0.08	298	有	强

FX 系列 PLC 的环境指标要求见表 3-3。

表 3-3　　　　　　　　　　FX 系列 PLC 的环境指标

环境温度	使用温度 0～55℃,储存温度 -20～70℃
环境湿度	使用时 35%～85%RH(无凝露)
防震性能	JISC0911 标准,10～55Hz,0.5mm(最大 2GHz),3 轴方向各 2 次(但用 DIN 导轨安装时为 0.5GHz)
抗冲击性能	JISC0912 标准,10GHz,3 轴方向各 3 次
抗噪声能力	用噪声模拟器产生电压为 1000V(峰—峰值)、脉宽 1μs、30～100Hz 的噪声
绝缘耐压	AC 1500V,1min(接地端与其他端子间)
绝缘电阻	5MΩ 以上(DC 500V 绝缘电阻表测量,接地端与其他端子间)
接地电阻	第三种接地,如接地有困难,可以不接
使用环境	无腐蚀性气体,无尘埃

FX 系列 PLC 对输入信号的技术要求见表 3-4。

表 3-4　　　　　　　　　　FX 系列 PLC 的输入技术指标

项目＼输入端	X0~X3（FX$_{0S}$）	X4~X17（FX$_{0S}$）、X0~X7（FX$_{0N}$、FX$_{1S}$、FX$_{1N}$、FX$_{2N}$）	X10~（FX$_{0N}$、FX$_{1S}$、FX$_{1N}$、FX$_{2N}$）	X0~X3（FX$_{0S}$）	X4~X17（FX$_{0S}$）
输入电压	DC24V±10%			DC12V±10%	
输入电流	8.5mA	7mA	5mA	9mA	10mA
输入阻抗	2.7kΩ	3.3kΩ	4.3kΩ	1kΩ	1.2kΩ
输入 ON 电流	4.5mA 以上	4.5mA 以上	3.5mA 以上	4.5mA 以上	4.5mA 以上
输入 OFF 电流	1.5mA 以下	1.5mA 以下	1.5mA 以下	1.5mA 以下	1.5mA 以下
输入响应时间	约 10ms，其中：FX$_{0S}$、FX$_{1N}$ 的 X0~X17 和 FX$_{0N}$ 的 X0~X7 为 0~15ms 可变，FX$_{2N}$ 的 X0~X17 为 0~60ms 可变				
输入信号形式	无电压触点，或 NPN 集电极开路晶体管				
电路隔离	光电耦合器隔离				
输入状态显示	输入 ON 时 LED 灯亮				

FX 系列 PLC 对输出信号的技术要求见表 3-5。

表 3-5　　　　　　　　　　FX 系列 PLC 的输出技术指标

项目	继电器输入	晶闸管输出	晶体管输出
外部电源	AC 250V 或 DC 30V 以下	AC 85~240V	DC 5V~30V
最大电阻负载	2A/1 点、8A/4 点、8A/8 点	0.3A/点、0.8A/4 点（1A/1 点 2A/4 点）	0.5A/1 点、0.8A/4 点（0.1A/1 点、0.4A/4 点）（1A/1 点、2A/4 点）（0.3A/1 点、1.6A/16 点）
最大感性负载	80VA	15VA/AC 100V、30VA/AC 200V	12W/DC 24V
最大灯负载	100W	30W	1.5W/DC 24V
开路漏电流	—	1mA/AC 100V 2mA/AC 200V	0.1mA 以下
响应时间	约 10ms	ON：1ms, OFF：10ms	ON：<0.2ms OFF：<0.2ms 大电流 OFF 为 0.4ms 以下
电路隔离	继电器隔离	光电晶闸管隔离	光电耦合器隔离
输出动作显示	输出 ON 时 LED 亮		

3.11　FX$_{2N}$ 的基本性能

3.11.1　FX$_{2N}$ 内部软元件（编程元件）和指令系统

1. FX$_{2N}$ 内部软元件（编程元件）

不同厂家的 PLC，它内部的软继电器（编程元件）的功能和编号也不相同，因此在编制程序前，必须先熟悉选用 PLC 的指令、编程元件的功能和编号。

本书是以 FX$_{2N}$ 为例进行讲解的，FX$_{2N}$ 内部软元件基本性能表见表 3-6。

表 3-6　　　　　　　　　　　　　FX_{2N} 内部软元件基本性能表

项目			性能规格
辅助继电器	通用①		M000～M499① 500 点
	保持型		M500～M1023② 524 点，M1024～M3071③ 2048 点，合计 2572 点
	特殊		M8000～M8255 256 点
状态寄存器	初始化用		S0～S9 10 点
	通用		S10～S499① 490 点
	保持型		S500～S899② 400 点
	报警用		S900～S999③ 100 点
定时器	100ms		T0～T199（0.1～3276.7s） 200 点
	10ms		T200～T245（0.01～327.67s） 46 点
	1ms（累计型）		T246～T249③（0.001～32.767s） 4 点
	100ms（累计型）		T250～T255③（0.1～3276.7s） 6 点
	模拟定时器（内置）		1 点③
计数器	加计数	通用	C0～C99①（0～32767）（16 位） 100 点
		保持型	C100～C199②（0～32767）（16 位） 100 点
	加/减计数用	通用	C200～C219①（32 位） 20 点
		保持型	C220～C234②（32 位） 15 点
	高速用		C235～C255 中有：1 相 60kHz 2 点，10kHz 4 点或 2 相 30kHz 1 点，5kHz 1 点
数据寄存器	通用数据寄存器	通用	D0～D199①（16 位）
		保持型	D200～D511②（16 位）312 点，D512～D7999③（16 位） 7488 点
	特殊用		D8000～D8195（16 位）
	变址用		V0～V7，Z0～Z7（16 位） 16 点
	文件寄存器		通用寄存器的 D1000③以后可每 500 点为单位设定文件寄存器（最大 7000 点）
指针	跳转、调用		P0～P127 128 点
	输入中断、定时中断		I 0□□～I 8□□ 9 点
	计数中断		I 010～I 060 6 点
	嵌套（主控）		N0～N7 8 点
常数	十进制 K		16 位：-32768～+32767，32 位：-2147483648～+2147483647
	十六进制 H		16 位：0～FFFF（H），32 位：0～FFFFFFFF（H）

① 非后备锂电池保持区。通过参数设置，可改为后备锂电池保持区。
② 后备锂电池保持区，通过参数设置，可改为非后备锂电池保持区。
③ 后备锂电池固定保持区固定，该区域特性不可改变。

2. FX_{2N} 指令系统

FX_{2N} 指令系统主要包括基本逻辑指令、应用指令（功能指令）及步进梯形指令。其中，共有 27 条基本逻辑指令，除此之外，FX_{2N} 系列 PLC 还具有种类丰富、数量很大的应用指令，共有程序流向控制、传送与比较、算术与逻辑运算、循环与移位等 19 类一百多条应用指令和 2 条步进指令。

3.11.2　FX 系列的 PLC 各部分的名称

三菱 FX 系列的 PLC 各部分的名称如图 3-19 所示。

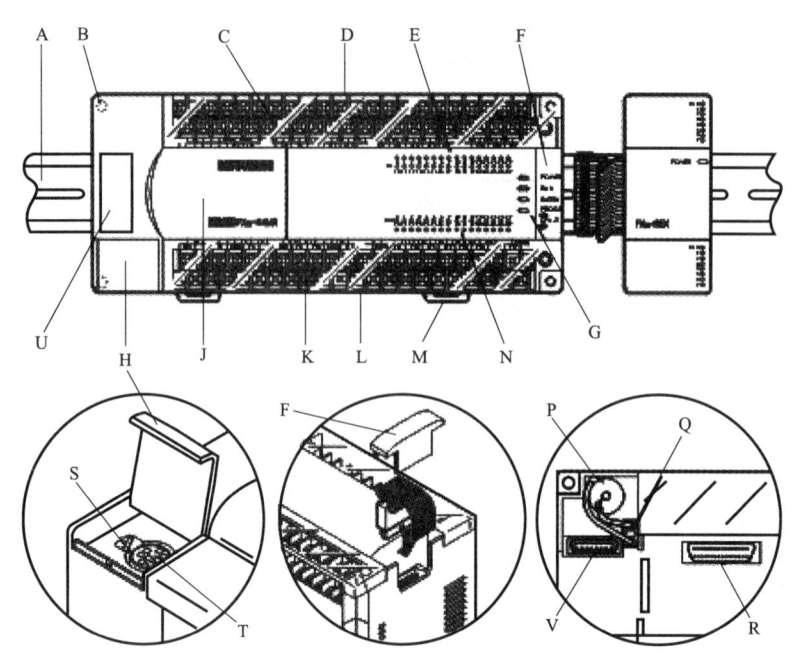

图 3-19 三菱 FX 系列的 PLC 各部分的名称

A——35mm 宽 DIN 导轨；

B——安装孔 4 个（32 点以下者两个）；

C——电源、辅助电源、输入信号用的装卸式端子台；

D——输入盖板（FX_{2N}-16M 除外）；

E——输入指示灯；

F——扩展单元、扩展模块、特殊单元、特殊模块、接线插座改版；

G——动作指示灯；

Power——电源指示；

Run——运行指示灯；

Batt.v——电池电压下降指示；

Prog-e——出错指示闪烁（程序出错）；

Cpu-e——出错指示灯点亮（CPU 出错）；

H——外围设备接线插座、盖板；

J——面盖板；

K——输出信号用的装卸式端子台；

L——输出盖板；

M——DIN 导轨装卸用卡子；

N——输出指示灯；

P——锂电池；

Q——锂电池连接插座；

R——另选存储器滤波器安装插座；

S——内置 RUN/STOP 开关；

T——编程设备、数据存储单元接线插座；
V——功能扩展板安装插座。

3.12 FX-20P 型编程器及其使用

3.12.1 FX-20P 型便携式简易编程器概述

FX-20P 型便携式简易编程器（简称 HPP）可与 MELSEC-FX 系列可编程控制器（简称 PLC）相连接，向 PLC 写入程序（顺序控制程序及参数）并可用来监测 PLC 的运行状况。

HPP 是由手持式程序编制及监测装置、16 字符×4 行的液晶显示器（带后照明）、安装 ROM 写入器等模块用的接口和安装程控器用存储卡匣的接口，以及专用的键盘（功能键、指令键、软元件符号键、数字键）组成的。HPP 为轻巧型手持编程器，使用 FX-20P-CAB0 型电缆（1.5m），可与 PLC 连接，也可安装 ROM 写入特殊模块。

HPP 面板的组成如图 3-20 所示。

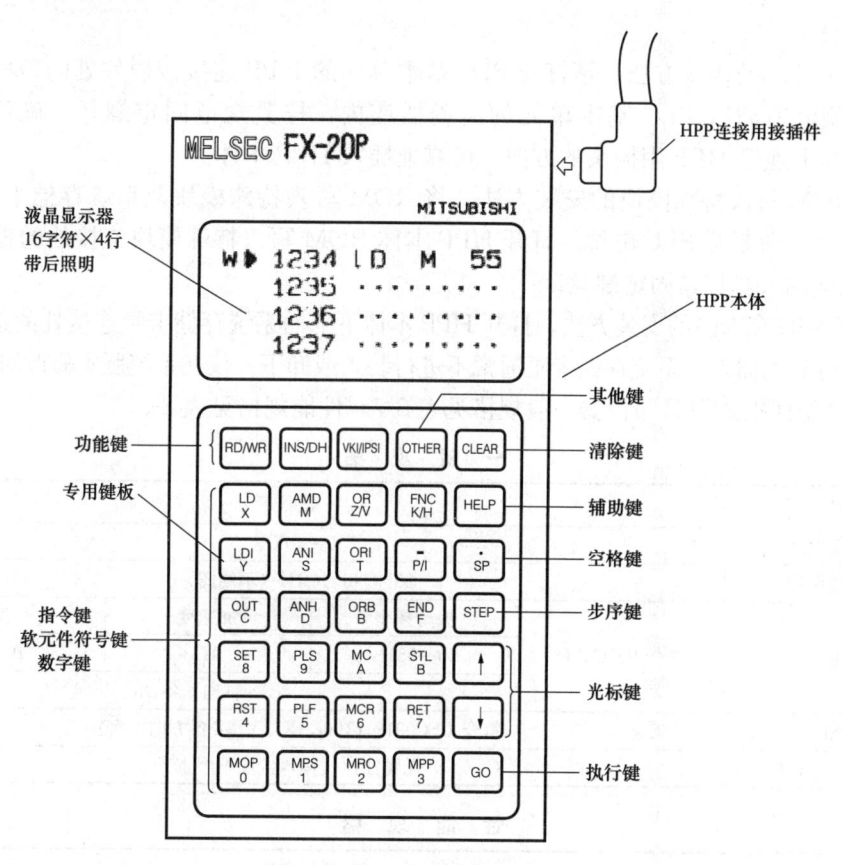

图 3-20 HPP 面板的组成

HPP 面板的功能介绍如下。

（1）功能键（读出/写入、插入/删除、监测/测试）。各功能键交替作用（按一次时选择键左上方表示的功能；再按一次，则选择右下方表示的功能）。

（2）其他键。在任何状态下按该键，将显示方式项目单选择画面。安装 ROM 写入器模块时，在脱机方式项目单上进行项目选择。

（3）清除键。取消按 GO 键以前（即确认前）的键输入，清除错误信息，恢复到原来的画面。

（4）辅助键。显示应用指令一览表；监测功能时，进行十进制和十六进制的切换，起到键输入时的辅助功能。

（5）空格键。在输入时，进行指定软元件地址号、指定常数，要用到空格键。

（6）步序键。设定步序号时按该键。

（7）光标键。移动行光标及提示符，指定已指定软元件前一个或后一个地址号的软元件行的滚动。

（8）执行键。进行指令的确认、执行、显示后面画面的滚动以及再检索。

（9）指令、软元件符号、数字键。上部为指令，下部为软元件符号及数字。上、下部的功能对应于键操作的进行，通常为自动切换。下部符号中 Z/V、K/H、P/I 交替作用（反复按键时，互相切换）。

连接方法：

（10）和 PLC 的连接方法。请打开 PLC 基本单元的 HPP 连接接插件处的盖板，将 FX-20P-CAB0 型电缆插入 PLC 基本单元的编程插座内，拧紧规范固定螺丝。确认 FX-20P-CAB0 型电缆上连接 HPP 用插头的方向，可靠地插入 HPP 本体。

（11）ROM 写入特殊模块的安装方法。将 ROM 写入特殊模块及系统存储卡匣从 HPP 本体上脱开时，请断开 PLC 电源。打开 HPP 本体 ROM 写入特殊模块连接处的盖板，将连接模块可靠地插入，拧紧固定螺丝。

（12）系统储存卡匣的安装方法。打开 HPP 本体下部的系统存储卡匣连接处的盖板，将系统存储卡匣可靠地插入。系统存储卡匣通常不进行装入或卸下。仅在系统版本修改时更换。

FX-20P 型便携式简易编程器一般规格见表 3-7，性能规格见表 3-8。

表 3-7　　　　　　　　　　　　一　般　规　格

项目	一般规格		
使用环境温度	0～40℃		
使用环境湿度	35%～85%RH（不结露）		
抗振	符合 JIS C0912	振动频率	加速度	振幅
		10～55Hz	1G	0.1mm
		3 轴向，各 2h		
耐冲击	符合 JISC0912（10G，X、Y、Z 各方向 3 次）		
使用环境，气体	无腐蚀性气体，尘埃不严重		

表 3-8　　　　　　　　　　　　性　能　规　格

项目	性能规格
电源电压	DC 5V±5%　由可编程控制器供电
消耗电流	15mA
用户存储器容量	RAM=16KByte（8K 步）
存储器停电保持	应用超级电容器，可供电 1h，可在停电 3 天内保持 RAM 数据
显示部分	带后照明，液晶显示

项目		性能规格	
显示内容	图形显示	1字符；8×5＝40点，其中最下部1×5点为提示符用	
	字符显示数	16字符×4行　64字符	
	字符种类	英文字母、数字、片假名	
键盘部分		35键	
内藏接口	PLC I/F	符合EIA RS422标准，通过FX-20P-CAB0型电缆接FX可编程控器	
	扩展I/F	连接扩展模块用	
ROM写入器功能		通过连接专用模块可使用之（写入、读出、校核、擦除检查）	
外形尺寸（mm）		170×90×30	
质量（kg）		0.4	

3.12.2 编程操作简介

编程时主要是按以下步骤进行。

1. 操作准备

按照上述的方法正确地将HPP与PLC连接起来。

2. 方式的选择

在方式选择时，用HPP的键操作进行联机/脱机方式的选择以及功能选择。初始状态时，光标显示联机方式。请按 GO 键，请选择功能，由于下一步为写入程序，请选择写入功能。 读出/写入 为交替键，按两次即为"写入方式"，此时功能方式显示为"W"（W：Write）。

3. 程序实例

程序生成时，首先将NOP成批写入（抹去全部程序）PLC内部的RAM存储器，然后通过键操作将简单的程序例写入。操作前，请确认PLC的 RUN 输入端子为OFF。使用的程序实例如图3-21所示。

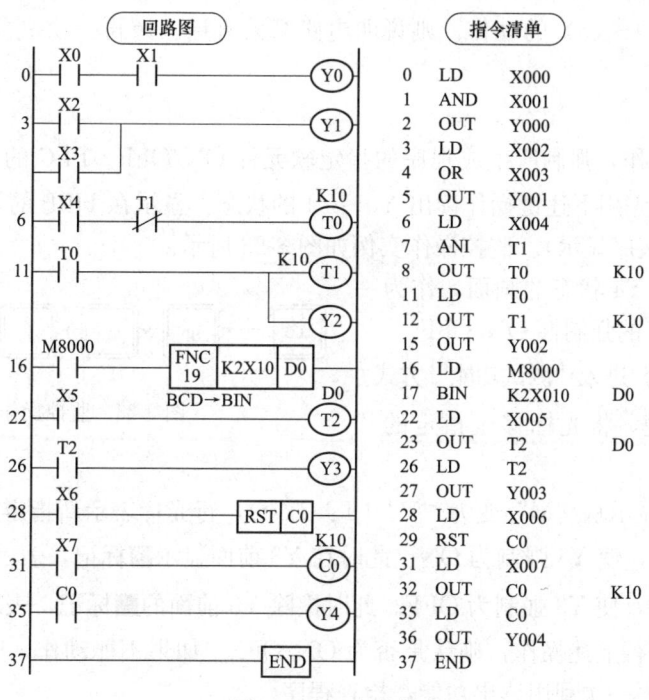

回路图

指令清单

步	指令	操作数	
0	LD	X000	
1	AND	X001	
2	OUT	Y000	
3	LD	X002	
4	OR	X003	
5	OUT	Y001	
6	LD	X004	
7	ANI	T1	
8	OUT	T0	K10
11	LD	T0	
12	OUT	T1	K10
15	OUT	Y002	
16	LD	M8000	
17	BIN	K2X010	D0
22	LD	X005	
23	OUT	T2	D0
26	LD	T2	
27	OUT	Y003	
28	LD	X006	
29	RST	C0	
31	LD	X007	
32	OUT	C0	K10
35	LD	C0	
36	OUT	Y004	
37	END		

图3-21　程序实例

程序写入完毕后，按 读出/写入 键读出程序，并检查是否正确。

4. 监测

用模拟开关，确认所编的程序的动作。首先将模拟开关和 PLC 连接。通过 HPP 的键操作，指定软元件，确认动作。请将电源接通，RUN 输入置于 ON。用下述操作，读出 Y0～Y4 的每一个 HPP 显示画面，并按照指示，操作模拟开关从 X0 到 X17。监测操作实例如图 3-22 所示。

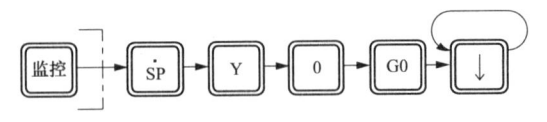

图 3-22 监测操作实例

上图中，表示数次重复按 ↓ 键。

当模拟开关从 X0 至 X17 操作时，请用 HPP 显示画面确认 Y0～Y4 是否如下所示那样进行动作，（X0～X17 均从 OFF 开始操作）。

从 Y0 到 Y4，用 Y 前的■标记表示 ON。

（1）当 X0 和 X1 置于 ON 时，Y0 为 ON。
（2）当 X2 或 X3 的任何一个置于 ON 时，Y1 为 ON。
（3）当 X4 置于 ON 时，Y2 为 OFF。
（4）将 X7 接通 10 次后，Y4 为 ON。Y4 为 ON 后，令 X6 为 ON，则 Y4 为 OFF。
（5）请见表 3-9 设定 X10～X17 的 ON/OFF。

表 3-9　　　　　　　　　　　　　X10～X17 设定表

X10	X11	X12	X13	X14	X15	X16	X17
ON	OFF	ON	OFF	ON	OFF	ON	OFF

设定后，令 X5 为 ON，Y3 在 3.5s 后为 ON。

如不能实现（1）～（5）的动作。则说明电路某处有错。请再一次利用读出功能，检查程序。

5. 测试

试用 HPP 键操作，强制所生成程序的指定软元件 ON/OFF。PLC 的 RUN 开关一定要处于 OFF 状态。首先用下述键操作读出 Y0～Y4 的状态，显示在 HPP 的显示画面（按测试功能读出时相同的次序显示）。监控操作实例如图 3-23 所示。

读出显示 Y0～Y4 状态的画面，作为一个例子，试执行 Y3 的强制性 ON/OFF。

（1）按 测试 键，进入"测试功能"方式。
（2）使用 ↕ 键，将光标移至指定的软元件。

图 3-23 监控操作实例

（3）功能方式显示从"M"变为"T"（T：Test），行光标表示新指定的 Y3。
（4）按 SET 键，使 Y3 强制为 ON。此时在 Y3 前面显示■标记，表示 Y3 为 ON。
（5）按 RST 键，使 Y3 强制为 OFF。此时擦除 Y3 前面的■标记，表示 Y3 为 OFF。

从 Y0 到 Y4 进行上述操作，确认是否为 ON/OFF。如果不能动作，则说明所编的程序电路某处有错。请再一次利用读出功能，检查程序。

3.12.3 联机编程

3.12.3.1 什么是联机方式

所谓联机方式是一种由 HPP 对 PLC 用户程序存储器进行直接操作、存取的方法。在写入程序时，若没在 PLC 内装上 EEPROM 存储器卡盒时，程序写入 PLC 内部 RAM；若 PLC 装有 EEPROM 存储器卡盒时，则程序写入该存储器卡盒。但是，存储器卡盒为 EPROM 时，程序不能直接写入。即使存储器卡盒为 EEPROM，而存储器保护开关处于 ON 时，程序也不能写入。通过 HPP 的操作，也可进行 PLC 内部 RAM 和安装在 PLC 中的存储器卡盒之间的程序传递。

3.12.3.2 程序功能概要

根据指令表编制程序，由于联机方式和脱机方式的不同，所编制的程序最先写入的存储器也不同。联机方式时直接写入 PLC 内的存储器；而脱机方式时，则写入 HPP 内部存储器。

以联机方式说明程序编制的基本方法。联机方式时，程序编制按下述步骤进行。

(1) 准备。将 HPP 与 PLC 连接。
(2) 启动系统。接通 PLC 电源及 HPP 复位（RST—GO）。
(3) 设定联机方式。应用方式设定画面，选择联机方式按 GO 键。
(4) 编程操作。利用写入、读出、插入、删除功能，生成及编写程序（编程功能的选择）。
(5) 结束。程序生成结束。

在联机方式中，由于直接将程序写入 PLC 内部的用户程序存储器，因此，程序生成结束后，不必向 PLC 中传送。此外，即使在编程过程中，按 功能 键或 其他 键，也可转到其他功能及项目单。操作结束时，请将 PLC 的电源断开。

3.12.3.3 读出的基本操作

1. 根据步序号读出

通过指定步序号，从用户程序存储器读出并显示程序。

【例 1】 读出第 55 步的程序。

(1) 选择读出功能。
(2) 按 STEP 键，接着键入指定的步序号，即 55。
(3) 按 GO 键，执行读出。以指定的步序号指令为第 1 行，读出并显示 4 行程序。当指定的步序号为 T、C 设定值等操作数时，以该指令部分为第一行，读出、显示 4 行程序。如反复按 GO 键，则进行显示指令的第 5 行以后的画面滚动，也可操作光标键，进行逐行滚动。

联机方式时，PLC 状态为 RUN，需要读出指令时，只能根据该步的序号进行读出。若 PLC 状态为 STOP 时，还可根据指令读出，根据软元件读出，以及根据指针读出。脱机方式时无论 PLC 状态为 RUN 还是 STOP，所有的读出方法均有效。

2. 根据指令读出

指定指令，从用户程序存储器读出并显示程序（PLC 处于 STOP 状态）。

【例 2】 读出 PLS M 104 的指令。

(1) 选择读出功能。
(2) 按指令键，对需要软元件的指令，进一步指定软元件地址号，键入之。本例按 PLS 键，M 键，然后输入 104。

(3) 按 GO 键从 0 步起依次检索所指定的指令，并在画面上显示以最先检索到的指令为首行的 4 行程序。

(4) 反复按 GO 键，从所检出的下一步开始，检索同样条件的指令。

(5) 指定指令全部检索完毕以及未发现指定指令时，显示无所指的程序信息。END 指令以后，不能读出。操作光标键，变成按步序读出。在根据指针及软元件读出的场合也一样。

3. 根据指针读出

指定指针，从用户程序存储器读出并显示程序（PLC 处于 STOP 状态中）。

【例 3】 读出指针编号为 3 的标号显示出来。

(1) 选择读出功能。

(2) 按 P 键后，键入指针的编号，再按 GO 键，即根据指定的指针读出标号，即输入数字 3。读出并显示以指定标号为首行的 4 行程序。若找不到指定的标号，则显示中文意思是无所指的程序的信息。END 指令以后，不能读出。

根据指针读出是一种读出作为标号的指针的方法，如果被指定的指针是作为应用指令中的操作数，则不能用此方法检索。P（指针）是在程序转移指令中，指定转移起始步序的编号。标号用指针编号表示的指定转移起始点的标记。I（中断用指针）放在中断程序的起始处。在其后面一定要有 IRET（中断返回）指令。

4. 根据软元件读出

通过指定软元件符号＋软元件地址号，从用户程序存储器读出并显示程序（PLC 处于 STOP 状态中）。

【例 4】 将 Y123 读出显示出来。

(1) 选择读出功能。

(2) 按 SP 键后，键入指定的软元件符号及其地址号，即按 Y 然后输入数字 123，再按 GO 键执行之。从 0 步起依次检索指定软元件，再显示在画面上，显示以最先检出的指令为首的 4 行程序。反复按 GO 键，由检出的下一步起，检索具有相同条件的软元件。所指定软元件全部检索完毕，或找不到所指定软元件时，显示无对应程序信息。END 指令以后，不能读出。

根据软元件读出时，只检索基本指令的 X、Y、M、S、T、C、D、V、Z 等软元件。其中，检索 D 时，只检索用于定时器、计数器的 OUT 指令后面的 D。此外，不检索作为变址用的 V 和 Z。

3.12.4 写入的基本操作

1. 基本指令的输入

基本指令和顺序步进指令的输入有仅输入指令、输入必需的指令和软元件、以及输入必需的指令、第 1 软元件和第 2 软元件三种情况。下面分别说明各种情况下的输入方法。

(1) 输入只需指令即可执行写入的指令。输入只需指令即可执行写入的指令包括 ANB、ORB、MPS、MRD、MPP、RET、END、NOP。下例说明输入（写入）ORB 指令时的显示和键入方法。

1) 选择写入功能。

2) 按 ORB 键后，再按 GO 键即写入完毕。

(2) 输入用指令及软元件执行写入的指令。输入用指令和软元件执行写入的指令包括 LD、LDI、AND、ANI、OR、ORI、SET、RST、PLS、MCR、PLF、STL、OUT（除 T、C 外）。下例说明输入（写入）LD X0 指令时的显示例和输入方法。

1) 选择写入功能。

2) 按 $\boxed{\text{LD}}$ 键后，键入 $\boxed{\text{X}}$、$\boxed{0}$。在等待键入软元件符号及其地址号时，在其末尾出现提示符。

3) 按 $\boxed{\text{GO}}$ 键，写入完毕。

(3) 输入用指令及第 1 软元件、第 2 软元件执行写入的指令。用指令及第 1 软元件、第 2 软元件执行写入的指令有 MC、OUT（T, C）。下例说明输入（写入）OUT T 100 K 19 指令时的显示例和输入方法。

1) 选择写入功能。

2) 按 $\boxed{\text{OUT}}$ 键后，键入 $\boxed{\text{T}}$、$\boxed{1}$、$\boxed{0}$、$\boxed{0}$，接着再按 $\boxed{\text{SP}}$ 键，键入 $\boxed{\text{K}}$、$\boxed{1}$、$\boxed{9}$，最后按 $\boxed{\text{GO}}$ 键，即写入完毕。在等待输入各软元件符号及其地址号时出现提示符。

(4) 确认前的修改方法。在指令输入过程，可按下述要领进行修改。

1) 带操作数的指令的修改（确认前）。

【例 5】 输入（写入）OUT T0，K10 指令，确认前（按 $\boxed{\text{GO}}$ 键前），欲将 K10 修改为 D9，说明其显示例及输入方法。

a. 选择写入功能。

b. 按指令键，键入第 1 软元件及第 2 软元件。

c. 为取消第 2 软元件，按一次清除键。

d. 键入变更后的第 2 软元件。

e. 按 GO 键，指令写入完毕。

2) 带操作数的指令的修改（确认后）。

【例 6】 输入（写入）OUT T0，K10 指令，在确认后（按 GO 键后），欲将 K10 修改为 D9，说明其显示例及输入方法。

a. 选择写入功能。

b. 按指令键，键入第 1 软元件第 2 软元件。

c. 按 GO 键，b. 的输入（写入）完毕，行光标移向下一步。

d. 将行光标移到 K10 的位置上。

e. 键入变更后的第 2 软元件。

f. 按 GO 键，指令写入完毕。

2. 应用指令的输入

在输入应用指令时，在 $\boxed{\text{FNC}}$ 键后再输入应用指令编号。不能像输入基本指令那样，使用软元件符号键。

在输入应用指令编号时，有下述两种方法：①直接输入编号；②借助于 HELP 功能，由指令符号一览表检索编号，并输入之。

直接键入编号，输入指令的方法：在已知应用指令编号时，在按 FNC 键后直接键入编号。

【例 7】 写入 DMOVP D0，D2 指令。

1) 按 FNC 键。

2) 指定 32 位指令（D：Double）时，在键入应用指令编号之前或之后，按 D 键。

3) 键入应用指令编号。

4) 在指定 P 指令（脉冲）时，键入应用指令编号后按 P 键。

5) 写入软元件时，按 SP 键后，按软元件符号及其地址号的次序，键入之。在应用指令显示画面上，在显示指令编号的同时，自动显示指令符号。

6) 按 GO 键，指令写入完毕。

3. 软元件的输入

软元件输入方法的详细说明，在连续指令输入时再叙述。

【例8】 写入 MOV K1 X10 ZD1。

(1) 根据连续写入操作步骤，进行指令及指令编号输入。

(2) 必要时要进行位数指定。位数指定 K1~K4（16 位指令），K1~K8（32 位指令）是有效的，1 表示 4 个二进制位。

(3) 输入软元件符号。MC（主控）、MCR（主控复位）指令时嵌套级符号 N 自动显示，不必再键入 N，要键入 N 的编号。

(4) 键入软元件地址号，变址寄存器 Z、V 附加在软元件地址号上使用。

4. 标号（P、I）的输入

将顺序控制程序中的 P（指针）、I（中断指针）作为标号使用时，其输入方法和指令相同。

(1) 标号（P、I）的输入方法。下例说明如何写入标号编号 3。

1) 选择写入功能。

2) 按 P 键（指针）或按 I（中断指针）键，键入标号编号。作为标号的 P、I，其处理方法与指令相同。

3) 若按 GO 键，则写入指针或中断指针。

(2) 数值的输入方法。在程序写入操作中，指定步序号、软元件地址号、指针编号、应用指令编号时，数字键的输入为 1~4 位。输入通常是从右端开始，每次输入时，将以前的输入数字左移。数字输入是将键入数字依次向上一位移动，并显示之。因此，当键入超过可显示位数的数字时，以最先键入的数字起，依次从显示画面上消失。当软元件符号为 X、Y 时，若不满 3 位，则高位自动显示零。由于接受输入时留在显示画面上的是后输入的数字，因此，键入时请特别注意。

5. 改写、NOP 的写入

(1) 指令、指针的写入读出程序，以一个指令为单位重写所指定的步。

【例9】 在 100 步上写入指令 OUT T50 K123。

1) 根据步序编号读出程序。

2) 按写入键后，依次键入指令，软元件符号及其地址号。写入以指令、指针为单位进行。

3) 写入第 2 软元件以后部分时，按 SP 键，然后键入软元件符号及地址号。

4) 按 GO 键，写入键入指令或指针。在需继续重写读出程序附近的指令或指针时，请将行光标直接移到指定处。

(2) 软元件的写入。只需写指定的指令的操作数。

【例 10】 将第 100 步的 MOVP 指令的软元件 X1 改写为 K1 X0。

1) 根据步序号读出程序。

2) 按写入键后，将行光标移到要改写的软元件的位置上。

3) 在要指定位数时，按 K 键，键入数值。

4) 键入软元件符号及其地址号，若再按 GO 键，则改写了所指定的软元件。可改写的行仅限于无步序号的行。改写有步序编号的行时，请按指令写入的操作方法进行。

(3) NOP 的成批写入。在指定范围内，将 NOP 成批写入。

【例 11】 在 1014 步到 1024 步范围内成批写入 NOP。

1) 按 读出 · 写入 键后，将行光标移动到写入 NOP 的起始步序位置上（在没有步序编号的行上，不能写入）。

2) 接着依次按 NOP、K 键，再键入终止步序号。

3) 按 GO 键，则再指定范围内成批写入 NOP，当指定的终止步序号为多步指令的步序号时，该指令的最后步即为终止步。

例如，在全范围内写入 NOP。

1) 按 读出 · 写入 键后，接着按 NOP 键、A 键。此时，行光标的位置，与写入范围无关。

2) 按 GO 键，则显示确认全清 all clear? 的信息。

3) 对全清信息回答 OK，按 GO 键，行光标移到 0 步，完成程序的全清（整个范围成批写入 NOP）。

在全范围内成批写入 NOP 完毕的同时，将执行前的参数值改为缺省约定值，也可对之进行锁定清除。因此，注释区为 0 块，文件寄存器区的 0 块，存储器容量为 2K 步（脱机方式或无 ROM 存储卡盒的联机方式）不变。而在装有 ROM 存储卡盒的联机方式时，则取决于 ROM 存储卡盒的容量。

6. 插入

读出程序，在指定的位置上插入指令或指针。

【例 12】 在第 200 步前插入指令 AND M5。

(1) 根据步序号读出相应的程序，按 插入 键。在行光标指定的步的前面，进行插入。无步序号的行不能指定。

(2) 键入指令、软元件符号及其地址号（或指针的符号及其编号）。

(3) 按 GO 键，插入键入的指令或指针。在读出程序附近继续插入时，请将行光标直接移到指定处。

7. 删除

(1) 指令、指针的删除。读出程序，逐个删除用光标指定的指令和指针。

【例 13】 要删除第 100 步的 AND 的指令。

1) 据步序号读出相应的程序，按 插入 · 删除 键。

2) 按 GO 键，则删除行光标指定的指令或指针，并将以后各步的步序号自动向前提。

需继续删除读出程序附近的指令和指针时，请将行光标直接移到指定处。成为删除对象的指令及指针必须是行光标指定的行，不能对无步序号的行进行删除。

(2) NOP 的成批删除。

【例 14】 将程序中所有的 NOP 一起删除。

1）依次按 插入 · 删除 键、NOP 键。

2）然后按 GO 键，执行程序中 NOP 的成批删除。NOP 成批删除完毕后，画面显示从 0 步为首行的程序。删除程序的 NOP，步序号提前。

(3) 指定范围的删除。将从指定的起始步序号到终止步序号之间的程序，成批删除。

【例 15】 删除步序号从 10 到 40 的范围。

1）依次按 插入 · 清除 键、STEP 键，然后键入删除范围起始步序号。当键入的步序号为多步指令而跳号时，以该指令的起始步序号作为删除开始步。

2）按 SP 键。

3）按 步 键，然后键入删除范围的终止步序号。当键入的步序号为多步指令而跳号时，以该指令的最后步，作为删除终止步（在操作例中，尽管指定的终止步序号编号为 40，而其结果为第 42 步）。

4）按 GO 键，删除指定的范围，显示画面显示出已被删除起始步为首行的程序。

取消设定的方法：在按 GO 键前，按 清除 键。可依次取消终止步序号、起始步序号等键入数据。

3.12.5 联机监测/测试

1. 功能概要

(1) 监测/测试基本步骤。

1）准备。与 PLC 连接。

2）启动系统。接通 PLC 电源及 HPP 复位（RST + GO）。

3）设定联机方式。利用方法设定画面，按 GO 键，选择联机方式。

4）监测/检验操作。利用监测/测试功能，检查、确认程序（监测/测试功能的选择）。

(2) 监测。监测功能是通过 HPP 的显示屏监测和确认联机方式下 PLC 的动作和控制状态。

1）软元件监测。监测指定软元件的 ON/OFF 状态，T，C，D 及文件寄存器的设定值和当前值。

2）导通检查。读出程序，监测接点导通及线圈动作。

3）动作状态监测。以软元件地址号的顺序监视动作中的状态，可观察其变化。

(3) 测试。

1）强制 ON/OFF。通过 HPP 的操作，强制指定位软元件 ON/OFF（变更软元件存储器的内容）。

2）T、C、D、Z、V 的当前值的变更。变更 T、C、D、Z、V 的当前值（变更软元件存储器的内容）。

3）T、C 的设定值的变更。变更 T、C 的设定（变更程序存储器的内容）。

4）文件寄存器的写入。可对程序存储器内文件寄存器进行数值的写入及改写。

可编程控器 RUN 时，对 RAM 有效；可编程控器 STOP 时，对 RAM、EEPROM（存储器保护开关为 OFF）有效，而对 EPROM 无效。

2. 软元件监测

软元件监测即为指定软元件，监测它的 ON/OFF 状态、设定值及当前值。

(1) 软元件为 X、Y、M、Z 时。

【例 16】 依次监测 X0 和它以后的输入继电器。

1) 按 监控 键后，按 SP 键，键入软元件符号及其地址号。

2) 按 GO 键，则根据有/无■标记，监测所键入软元件的 ON/OFF 状态。

3) 通过按 ↑ ↓ 键，按照软元件地址号依次对指定软元件地址号前后地址的 ON/OFF 监视。一个画面最多可监视 8 个位软元件。此外，也可在同一画面上，混合监视不同的软元件。

(2) 软元件为 D、Z、V（16 位）时。

【例 17】 依次监测 D250 和它以后的数据寄存器。

键操作步骤同【例 15】的 1)~3) 步。在显示画面上监视当前值。一个画面最多可监视 4 个字软元件。

(3) 要素为 D、Z（32 位）时。

【例 18】 在已监测 D119，D120 的情况下，监视它以后的数据寄存器。

键入软元件前按 D 键，指定 32 位。此外，其步骤同操作【例 15】的 1)~2)。由于是 32 位，因此将指定数据寄存器地址号的后一个地址号配对监视之（本例中为 D119 和 D112，D120 和 D121）。

(4) 软元件为 T、C（16 位）时。

【例 19】 测 T100 和 C99。

键操作步骤同操作【例 15】的 1)~3)。软元件为 T（定时器）C（计数器）时，监视当前值和设定值，而通过有/无■标记，监视输出触点和复位线圈的 ON/OFF 状态。

【例 20】 将 100 步的 MOVP 指令的软元件 X1 改写为 K1 X0。

步骤同操作【例 15】的 1)~3)，而当前值和设定值为 32 位数据。监视内容为操作【例 18】的内容加上加/减计数（■表示 UP，即加计数）。

3. 导通检查

根据步序号或指令读出程序，监视软元件的接点导通及线圈动作。

【例 21】 读出第 126 步，导通检查。

(1) 按 监控 键，然后准备读出功能。

(2) 根据步读出：按 STEP 键，键入该步序号，再按 GO 键，则准备完毕。根据指令读出：按指定的指令键，对必需软元件的指令，指定到第 1 软元件为止，然后按 GO，则准备完毕。读出以指定步序号为首行的 4 行指令，利用显示在软元件左侧的■标记监视接点导通和线圈动作的状态。利用 ↑ ↓ 键，进行行的滚动。在进入监视方式前需显示程序时，通过按键 监控，在当前显示状态下，监视导通检验和线圈动作。

4. 动作状态的监视

应用顺序步进指令，监视 S 的地址号从小到大、最多为 8 点的动作状态。依次按 监控、

STL 键，再按 GO 键，则在画面上监视 S 地址从小到大、最多为 8 点的动作状态。

伴随着状态的移行，自动显示地址号，可知机械的动作状况。可监视的状态，限于 S0～899 的范围。S900 以后（信号报警器用）不能这样监视。若辅助继电器 M8047 不处于 ON 状态，则动作状态监视无效。

5. 强制 ON/OFF

进行软元件的强制 ON/OFF，先进行软元件监测，而后进入测试功能。

【例 22】 对 Y100 进行强制 ON/OFF。

(1) 应用监视功能，对该软元件进行软元件监视。

(2) 按监控键，若此时被监视软元件为 OFF 状态，则按 SET 键，强制 ON；若此时 Y100 为 ON 状态，则按 RST 键，强制 Y100 处于 OFF 状态。

由于强制 ON/OFF 操作只在 1 个运算周期内有效，因此，当 PLC 在运行时的强制 ON/OFF 对于定时、计数、置位、复位电路及自保持电路具有实质性的效力。

6. 变更 T、C、D、Z、V 的当前值

先进行软元件监视后，再进入测试功能，并变更 T、C、D、Z、V 的当前值。

【例 23】 将 32 位计数器的设定值寄存器（D1，D0）的当前值 K-12345 变更为 K10。

(1) 应用监测功能，对该数据寄存器进行监视，显示"—"号。

(2) 按 监控 键后，按 SP 键，再按 K 或 K·H 键（常数 K 为十进制数设定，H 为十六进制数设定），键入新的当前值。

(3) 按 GO 键，当前值变更完毕。

再次按 HELP，可将十进制显示的当前值转换为十六进制显示，也可将十六进制显示的当前值转换为十进制显示。

向文件寄存器写入数据，用这种方式进行。在 PLC 运行时有效的程序存储器是 RAM。在 PLC 处于 STOP 时，有效的程序存储器是 RAM，EEPROM。文件寄存器以外，对 T、C、V、D、Z 进行当前值的变更，与 PLC 的 RUN/STOP 以及程序存储器形式无关。

7. 变更 T、C 设定值

软元件监控或导通检查后，转到测试功能，可变更 T、C 的设定值。当 PLC 运行时有效的程序存储器为 RAM；当 PLC 处于 STOP 时，有效的程序存储器为 RAM，EEPROM。

【例 24】 将 T5 的设定值 K300 变更为 K500。

(1) 应用监测功能对 T5 进行监视。

(2) 按 监控 键后，按一下 SP 键，则提示符出现在当前值的显示位置上。

(3) 再按一下 SP 键，提示符移到设定值的显示位置上。

(4) 键入新的设定值，按 GO 键，设定值变更完毕。

按软元件监测方法改变设定值是对程序中最先出现的 OUT T，C 指令进行的，对于特定的 OUT T，C 指令进行设定值变更时，请通过导通检查进行之。

【例 25】 将 T10 的设定值 D123 变更为 D234。

(1) 应用监控功能对 T10 进行监视。

(2) 按两次 SP 键，提示符移到设定值用数据寄存器地址号的位置上，键入变更的数据

寄存器地址号。

(3) 按 GO 键，变更完毕。

【例26】 将第 251 步的 OUT T 指令的设定值 K1234 变更为 K123。

(1) 应用监控功能，将该软元件显示于导通检查画面。

(2) 将行光标移到设定值行。

(3) 按 监控 键后，键入新的设定值，按 GO 键，设定值变更完毕。

定时、计数场合，不切换到写入功能，也可实行监控功能。按监控键，转入测试功能，对行光标移动没什么妨碍。

3.12.6 联机方式项目单

1. 基本步骤

联机方式项目单操作按下述步骤进行。

(1) 准备。与 PLC 连接。

(2) 启动系统。接通 PLC 电源及 HPP 复位（RST + GO）。

(3) 设定联机方式。利用方法设定画面，按 GO 键，选择联机方式。

(4) 用 其他 键，显示项目单一览表，进行方式的切换、程序检查、存储卡盒传送、参数设定、软元件变换、蜂鸣器音量调整、锁存清零。方式项目单选择：即使是在编程操作过程中，只要按其他键，即显示方式项目单选择画面。

2. 方式的切换

下面详细说明联机方式中项目单的操作方法。

各项目单项目选择步骤概要：在联机项目单显示中，按所需项目的编号，将光标对准所需项目，按 GO 键，显示各项目单项目。

由联机方式切换到脱机方式：为了确认按 GO 键，进行联机脱机的方式切换。按 清除 键，则变成方式项目单显示。

3. 程序检查

程序检查时，有"无错"和"有错"两种显示。有错时，显示有错的步序号、错误信息以及错误代码（在一次操作中只显示最先出现的一个错误）。有错和无错时，只要按 清除 键或 其他 键，则显示方式项目单。改正错误后再次进行程序检查，然后可编程控器的特殊辅助继电器 M8068 和特殊数据寄存器 D8068 自动复位。当还存在其他错误时，D8068 存储出错步序号。

4. 存储器卡盒传送

在 PLC 内部 RAM 和装在 PLC 上的存储卡盒之间传送程序及参数。传送后，进一步核对双方的内容。

用 ↕ 键令光标对准选定项目，然后按 GO 键。

PLC 内部 RAM 和存储卡盒之间的传送，随着存储器种类（RAM、EPROM、EEPROM）的不同，项目单显示的项目也不同。FXRAM→EEPROM 时，请将 EEPROM 卡盒内的存储器保护开关置于 OFF。

5. 软元件变换

在同一类软元件内进行地址号变换（程序中的该软元件地址号，不管 END 指令，全部置换)。

【例 27】 将 X0 变换为 X3。

(1) 输入要变换的原软元件,按 GO 键。

(2) 输入变换的软元件,按 GO 键。

(3) 按清除键,取消指定的要变换的现软元件地址号及原软元件地址号。然而只限于在变换现软元件地址号确认之前(即按 GO 键前)。

6. 蜂鸣器音量调整

要调整蜂鸣器的音量,可用光标键调整显示条的长度,条越长,音量越大;可用无条的状态设定无声(共 10 级);用 其他 或 清除 键确认返回方式项目单。

7. 锁存清除

软元件的锁存清除方法:在画面上显示可锁存的软元件,用光标键进行移行,用光标键选择欲清除锁存的软元件,按 GO 键,清除完毕。

程序存储器为 EPROM 时,该操作不能用来进行文件寄存器的清除。在程序存储器为 EEPROM 时,存储器保护开关处于 ON 状态时,也不能进行文件寄存器内容的清除。

文件寄存器以外的软元件,无论存储器的形式为 RAM、EEPROM、EPROM 中的任何一种,其锁存清除均有效。

3.12.7 脱机方式及其方式项目单

1. 何为脱机方式

所谓脱机方式是对 HPP 内部存储器的存取方式。

HPP 内部 RAM 上写入的程序,可成批地传送到 PLC 内部 RAM 或装在 PLC 上的存储器卡盒,而往 ROM 写入器的传送,也可以脱机方式下进行。

2. 脱机编程

脱机方式下的程序生成按下述步骤进行。

(1) 准备。与 PLC 连接。

(2) 启动系统。接通 PLC 电源及 HPP 复位(RST + GO)。

(3) 设定联机方式。利用方法设定画面,按 GO 键,选择脱机方式。

(4) 编程操作。利用写入、读出、插入、删除功能,生成并编辑程序(编程功能的选择)。

(5) 结束。程序生成完毕。

脱机方式的编程操作可与联机方式同样进行。脱机方式生成的程序写入 HPP 内部 RAM。若需要传送到 PLC,PLC 原有的程序将消失,请注意。若使用特殊模块的 ROM 写入器,可将程序从 HPP 传送到存储器卡盒。操作结束时,请断开 PLC 电源。

脱机方式中,所编程序存放在 HPP 内部 RAM。脱机方式中使用程序化的 HPP。而在联机方式中,所编程序存放在 PLC 中。HPP 内的程序原封不动地保存着。但是,在脱机方式下,将 PLC 的程序向 HPP 传送,则 HPP 中原有的程序将消失。

HPP 内部 RAM,用超级电容器进行停电保护(充电 1h,可保持 3 天以上)。因此,可将在实验室里脱机生成的 HPP 程序,传送给它装在现场的 PLC。

3. 脱机方式项目单

(1) 基本步骤。脱机方式项目单按下述步骤进行。

1) 准备。与 PLC 连接。

2) 启动系统。接通 PLC 电源及 HPP 复位（$\boxed{\text{RST}}+\boxed{\text{GO}}$）。

3) 设定联机方式。利用方式设定画面，按 $\boxed{\text{GO}}$ 键，选择脱机方式。

4) 利用其他键，显示项目单一览表进行方式的切换、程序检验、HPP-FX 间传送、参数设定、软元件变换、蜂鸣器音量调整、模块间传送（方式项目单选择）。

即使在程序过程中，只要按其他键，方式项目单就可显示选择画面。脱机方式项目单中有 7 个项目：在线切换、程序检查、HPP-FX 传输、参数、软元件转换、蜂鸣器音量调整、模块。利用光标键可切换画面，请确认项目单选择画面，进行选择。

(2) 联机切换。脱机方式的各项目单，除联机切换、HPP-FX 间传送外，均可采用与联机方式相同的项目单选择操作。方式项目单显示时，按所选的项目的编号或用光标对准所选项目，并按 $\boxed{\text{GO}}$ 键，即显示各项目单的项目。

(3) HPP-FX 间的传送。在 HPP 和 PLC 之间成批地传送程序和参数。

1) 无存储器卡盒的场合。

a. 从 HPP 内部 RAM 往 PLC 内部 RAM 成批传送程序和参数（PLC 处于 STOP 状态中）。

b. 从 PLC 内部 RAM 往 HPP 内部 RAM 成批传送程序和参数。

c. 校核 HPP 内部 RAM 和 PLC 内部 RAM 的程序和参数。用":"表示）。

d. 应用 $\boxed{\updownarrow}$ 键，对准光标，然后 $\boxed{\text{GO}}$ 键。

当 PLC 上安装存储器卡盒时，操作要领与无存储器卡盒的场合相同。在 EEPROM 写入时，请使 PLC 处于 STOP 状态，并将存储器保护开关置于 OFF。对 EPROM 不能进行写入。

2) PLC 和 HPP 的关键字不一致的场合。HPP 和 PLC 间关键字不一致时，为了使传送成为可能，在联机方式下删除 PLC 侧的关键字，或在脱机方式中用与 PLC 相同的关键字登记在 HPP 上。按 $\boxed{\text{清除}}$、$\boxed{\text{其他}}$ 键，显示"方式项目单"。

3) 参数不一致的场合。当 HPP 和 PLC 间参数（除关键字外）不一致时，选择"YES"，按 $\boxed{\text{GO}}$ 键，显示为"完成"。选择"NO"，按 $\boxed{\text{GO}}$ 后，显示 HPP—FX 间传送项目单。

4) 参数一致的场合。HPP 和 PLC 间的关键字和参数均一致的场合，按 $\boxed{\text{GO}}$ 键，实行 HPP 和 PLC 间的传送。按清除键，则显示 HPP-FX 间传送项目单。

3.12.8 模块方式

1. 模块方式介绍

通过在 HPP 本体上安装特殊模块进而可进行选择的方式，称为模块方式。连接特殊模块时，HPP 自动识别模块，并显示对应的项目备选单。基本步骤介绍如下。

(1) 准备。与 PLC 连接。

(2) 启动系统。接通 PLC 电源及 HPP 复位（$\boxed{\text{RST}}+\boxed{\text{GO}}$）。

(3) 设定联机方式。利用方式设定画面，按 $\boxed{\text{GO}}$ 键，选择脱机方式。

(4) 其他。显示脱机项目选择画面。

(5) 输入 $\boxed{7}$。显示安装特殊模块方式项目单选择画面。

(6) 模块方式项目单画面。进行特殊模块方式时项目备选单操作。

2. ROM 写入器

接入 ROM 写入器，自动识别特殊模块，项目备选单，接入 ROM 写入器时自动判断

ROM 卡盒的种类，并工作之。移动光标，并通过 $\boxed{\text{GO}}$ 键，选择、确认项目单，按 $\boxed{\text{GO}}$ 键，实行项目单操作。选择后，若按 $\boxed{\text{清除}}$ 键，则回到初始项目单画面。

（1）写入。将行光标置于"HPP-ROM"（写入）的位置上，执行写入功能。装在 ROM 写入器上的存储器片盒为 EPROM 时，若存储器内的内容未完全消除，则不能写入，这一点请注意。而卡盒为 EEPROM 时，必须将存储器保护开关置于 OFF。结束时显示"完成"信息。

（2）读出。将行光标移到"HPP-ROM"（读出）的位置上，执行读出功能。对读出程序修改等操作，按 $\boxed{\text{写入}}$、$\boxed{\text{插入}}$、$\boxed{\text{清除}}$ 键进行。当 EPROM 内容已清除时，以及关键字不一致时，不能读出。

（3）校核。将行光标移到"HPP：ROM"（校核）的位置上，执行校核功能。有不一致的地方时，显示"校验出错"信息。

（4）清除检查。将行光标移到"清除确认"位置上，执行清除功能。检查被检存储器卡盒是否未写入任何内容。若未清除，则显示"清除出错"信息。

安装的存储器卡盒是 EEPROM 时，也相同。然而对 EEPROM 卡盒进行清除检查时，显示"ROM 未连接"信息表示不执行。

按 $\boxed{\text{其他}}$ 键，则回到脱机方式画面。按 $\boxed{\text{清除}}$ 键，则回到传送方向选择画面。在执行过程中按上述两个键均不会被接受。

3.13　SWOPC-FXGP/WIN-C 编程软件简介

3.13.1　SWOPC-FXGP/WIN-C 编程软件的功能

SWOPC-FXGP/WIN-C 是应用于 FX 系列 PLC 的编程软件，可在 Windows 下运行。在该软件中，可通过梯形图、指令表及 SFC 符号来编写 PLC 程序，建立注释数据及设置寄存器数据等。创建的程序可在串行系统中与 PLC 进行通信、文件传送、操作监控以及完成各种测试功能。也可将其存储为文件，用打印机打印出来。

3.13.2　产品构成与配置

SWOPC-FXGP/WIN-C 主要由系统操作软件、操作手册、软件登记卡、接口单元及电缆线（任选）组成。

可供选择的接口单元有：

（1）FX-232AWC 型 RS-232C/RS-422 转换器（便携式）。

（2）FX-232AW 型 RS-232C/RS-422 转换器（内置式）。

［RS-232C 缆线］有：

（1）F2-232CAB 型 RS-232C 缆线（用于 PC-9800，25 针 D 型接头，3m）。

（2）F2-232CAB-2 型 RS-232C 缆线（用于 PC-9800，14 针接头，3m）。

（3）F2-232CAB-1 型 RS-232C 缆线（用于 PC/AT，9 针 D 型接头，3m）。

［RS-422 缆线］有：

（1）FX-422CAB0 型 RS-422 缆线（用于 FX_0，FX_{0S}，FX_{0N} 型 PLC，1.5m）。

（2）FX-422CAB 型 RS-422 缆线（用于 FX_1，FX_2，FX_{2C} 型 PLC，0.3m）。

（3）FX-422CAB-150 型 RS-422 缆线（用于 FX_1，FX_2，FX_{2C} 型 PLC，1.5m）。

SWOPC-FXGP/WIN-C 软件运行所要求的 PC（个人电脑）环境：IBM PC/AT（兼容）；CPU：i486SX 或更高；内存：8M 或更高（推荐 16M 以上）；硬盘、鼠标；显示器：解析度为 800×600 点，16 色或更高。

3.13.3　SWOPC-FXGP/WIN-C 的操作界面

安装好软件后，用鼠标双击计算机桌面上的该图标，可打开编程软件。执行菜单中［文件］—［退出］，将退出编程软件。

执行菜单中［文件］—［新建］，可创建一个新的用户程序，在弹出的窗口中选择 PLC 的型号后单击［确认］，此时计算机屏幕的显示如图 3-24 所示。［文件］菜单中的其他命令与 Windows 软件的操作相似，不再说明。

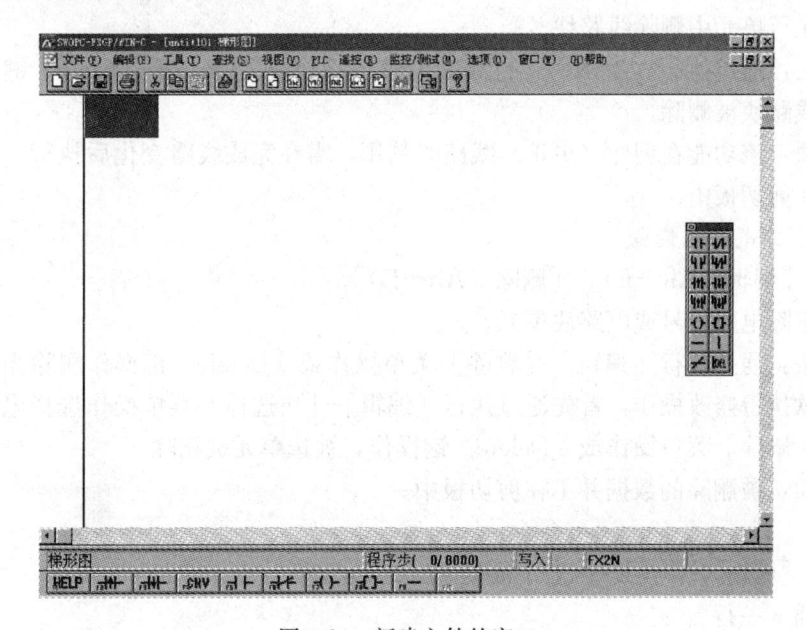

图 3-24　新建文件的窗口

3.13.4　梯形图编制操作介绍

1. 梯形图剪切

快捷键：［编辑（Alt+E）］—［剪切（Alt+T）］。

功能：将电路块单元剪切掉。

操作方法：通过［编辑］—［块选择］菜单操作选择电路块。再通过［编辑］—［剪切］菜单操作或［Ctrl］+［X］键操作，被选中的电路块被剪切掉。被剪切的数据保存在剪切板中。

注意事项：如果被剪切的数据超过了剪切板的容量，剪切操作被取消。

2. 梯形图复制

快捷键：［编辑（Alt+E）］—［拷贝（Alt+C）］。

功能：拷贝电路块单元。

操作方法：通过［编辑］—［块选择］菜单操作选择电路块。再通过［编辑］—［拷贝］菜单操作或［Ctrl］+［C］键操作，被选中的电路块数据被保存在剪切板中。

注意事项：如果被拷贝的数据超过了剪切板的容量，拷贝操作被取消。

3. 梯形图粘贴

快捷键：[编辑（Alt+E）]—[粘贴（Alt+P）]。

功能：粘贴电路块单元。

操作方法：通过[编辑]—[粘贴]菜单操作，或[Ctrl]+[V]键操作，被选择的电路块被粘贴上。被粘贴上的电路块数据来自于执行剪切或拷贝命令时存储在剪切板上的数据。

注意事项：如果剪切板中的数据未被确认为电路块，剪切操作被禁止。

4. 梯形图的行删除

快捷键：[编辑（Alt+E）]—[行删除（Alt+L）]。

功能：在行单元中删除线路块。

操作方法：通过执行[编辑]—[行删除]菜单操作或[Ctrl]+[Delete]键盘操作，光标所在行的线路块被删除。

注意事项：该功能在创建（更正）线路时禁用，需在完成线路变化后执行；被删除的数据并未存储在剪切板中。

5. 梯形图的电路块删除

快捷键：[编辑（Alt+E）]—[删除（Alt+D）]。

功能：删除电路符号或电路块单元。

操作方法：通过执行[编辑]—[删除]菜单操作或[Delete]键操作删除光标所在处的电路符号。欲执行修改操作，首先通过执行[编辑]—[块选择]菜单操作选择电路块。再通过[编辑]—[删除]菜单操作或[Delete]键操作，被选单元被删除。

注意事项：被删除的数据并不在剪切板中。

6. 行插入

快捷键：[编辑（Alt+E）]—[行插入（Alt+I）]。

功能：插入一行。

操作方法：通过执行[编辑]—[行插入]菜单操作，在光标位置上插入一行。

7. 块选择

快捷键：[编辑（Alt+E）]—[块选择（Alt+B）]—[向上（Alt+U）]。

快捷键：[编辑（Alt+E）]—[块选择（Alt+B）]—[向下（Alt+D）]。

功能：在块单元中选择电路．欲执行剪切＆粘贴或复制＆粘贴前应以此来选择电路块。

操作方法：电路块是通过[编辑]—[块选择]—[向上]或[编辑]—[块选择]—[向下]菜单操作或[Ctrl]+[?]键操作来选定的。通过重复同样的操作，可在屏幕的竖直方向上选定电路块。

8. 元件名

快捷键：[编辑（Alt+E）]—[元件名（Alt+N）…]。

功能：在进行线路编辑时输入一个元件名。

操作方法：在执行[编辑]—[元件名]菜单操作时，屏幕显示元件名输入对话框。当元件名已被登录，随即便被显示。在输入栏输入元件名并按[Enter]键或确认按钮，光标所在电路符号的元件名被登录。

注意事项：元件名可为字母数字及符号，长度不得超过8位；复制时不得同名。

9. 元件注释

快捷键：[编辑（Alt+E）]—[元件注释（Alt+V）…]。

功能：在进行电路编辑时输入元件注释。

操作方法：在执行[编辑]—[元件注释]菜单操作时，元件注释输入对话框被打开。元件注释被登录后即被显示。在输入栏中输入元件注释再按[Enter]键或按确认按钮，光标所在电路符号的元件注释便被登录。

注意事项：元件注释不得超过50字符。

10. 线圈注释

快捷键：[编辑（Alt+E）]—[线圈注释（Alt+O）…]。

功能：在进行电路编辑时输入线圈注释。

操作方法：在执行[编辑]—[线圈注释]菜单操作时，线圈注释输入对话框被显示。当线圈注释被登录时即被显示。在输入栏中输入线圈注释并按[Enter]键或确认按钮，光标所在处线圈的注释即被登录以备线圈命令或其他应用指令所用。

注意事项：线圈注释不受字数限制。

11. 块注释

快捷键：[编辑（Alt+E）]—[块注释（Alt+C）…]。

功能：在进行电路编辑时输入程序块注释。

操作方法：在执行[编辑]—[块注释]菜单操作时，块注释输入对话框被显示。当块注释被登录时即被显示。在输入栏中输入块注释再按[Enter]键或确认按钮，光标所在处的电路块注释即被登录。

注意事项：程序块注释不受字数限制。

12. 触点

快捷键：[工具（Alt+T）]—[触点（Alt+N）]—[—| |—…]。

快捷键：[工具（Alt+T）]—[触点（Alt+N）]—[—|/|—…]。

快捷键：[工具（Alt+T）]—[触点（Alt+N）]—[—|P|—…]。

快捷键：[工具（Alt+T）]—[触点（Alt+N）]—[—|F|—…]。

功能：输入电路符号中的触点符号。

操作方法：在执行[工具]—[触点]—[—| |—]菜单操作时，选中一个常开触点符号，显示元件输入对话框。执行[工具]—[触点]—[—|/|—]菜单操作选中常闭触点。执行[工具]—[触点]—[—|P|—]菜单操作选择脉冲触点符号，或执行[工具]—[触点]—[—|F|—]菜单操作选择下降沿触发触点符号。在元件输入栏中输入元件，按[Enter]键或确认按钮后，光标所在处的便有一个元件被登录。若单击参照按钮，则显示元件说明对话框，可完成更多的设置。

13. 线圈

快捷键：[工具（Alt+T）]—[线圈（Alt+O）]。

功能：在电路符号中输入输出线圈。

操作方法：在进行[工具]—[线圈]菜单操作时，元件输入对话框被显示。在输入栏中输入元件，按[Enter]键或确认按钮，于是光标所在地的输出线圈符号被登录。单击参照按钮显示元件说明对话框，可进行进一步的特殊设置。

快捷键：[工具（Alt+T）]—[功能]。

功能：输入功能线圈命令等。

操作方法：在执行[工具]—[功能]菜单操作时，命令输入对话框显出。在输入栏中输入元件，按[Enter]键或确认按钮，光标所在地的应用命令被登录。再单击参照按钮，命令说明对话框被打开，可进行进一步的特殊设置。

14. 连线

快捷键：[工具（Alt+T）]—[连线（Alt+W）]—[｜]。

快捷键：[工具（Alt+T）]—[连线（Alt+W）]—[—]。

快捷键：[工具（Alt+T）]—[连线（Alt+W）]—[—／—]。

快捷键：[工具（Alt+T）]—[连线（Alt+W）]—[｜删除]。

功能：输入垂直及水平线，删除垂直线。

操作方法：垂直线被菜单操作[工具]—[连线]—[｜]登录，水平线被菜单操作[工具]—[连线]—[—]登录，翻转线菜单操作[被工具]—[连线]—[—／—]登录，垂直线被菜单操作[工具]—[连线]—[｜删除]删除。

15. 清除

快捷键：[工具（Alt+T）]—[全部清除（Alt+A）…]。

功能：清除程序区（NOP命令）。

操作方法：点击[工具]—[全部清除]菜单，显示清除对话框。通过按[Enter]键或单击确认按钮，执行清除过程。

注意事项：所清除的仅仅是程序区，而参数的设置值未被改变。

16. 转换

快捷键：[工具（Alt+T）]—[转换（Alt+C）]。

功能：将创建的电路图转换格式存入计算机中。

操作方法：执行[工具]—[转换]菜单操作或按[转换]按钮（F4键）。在转换过程中，显示信息电路转换中。

注意事项：如果在不完成转换的情况下关闭电路窗口，被创建的电路图被抹去。

17. 到顶/到底查找

快捷键：[查找（Alt+S）]—[到顶（Alt+T）]。

功能：在开始步的位置显示程序。

操作方法：执行[查找]—[到顶]菜单操作，或[Ctrl]+[HOME]键操作。

快捷键：[查找（Alt+S）]—[到底（Alt+N）]。

功能：到程序的最后一步显示程序。

操作方法：执行[查找]—[到底]菜单操作，或[Ctrl]+[End]键操作也可。

18. 元件名查找

快捷键：[查找（Alt+S）]—[元件名查找（Alt+N）…]。

功能：在字符串单元中查找元件名。

操作方法：通过[查找]—[元件名查找]菜单操作，显示元件名查找对话框。输入待查找的元件名，单击运行按钮或[Enter]键，执行元件名查找操作，光标移动到包含元件名的字符串所在的位置，此时显示已被改变。

19. 元件查找

快捷键：[查找（Alt+S）]—[元件查找（Alt+D)…]。

功能：确认并且查找元件。

操作方法：执行[查找]—[元件查找]菜单操作时，显示元件查找对话框。输入待查元件，单击运行按钮或按[Enter]键，执行元件查找指令，光标移动到输入元件处，此时显示被改变。

20. 指令查找

快捷键：[查找（Alt+S）]—[指令查找…]。

功能：确认并查找指令。

操作方法：在执行[查找]—[指令查找]菜单操作时，屏幕显示指令查找对话框。输入待查找的命令，单击运行按钮或按[Enter]键，执行指令查找命令，光标移动到查找的指令处，同时改变显示。

21. 触点/线圈查找

快捷键：[查找（Alt+S）]—[触点/线圈查找（Alt+O)…]。

功能：确认并查找一个任意的触点或线圈。

操作方法：在执行[查找]—[触点/线圈查找]菜单操作时，触点/线圈查找对话框显现。键入待查找的触点或线圈单击运行按钮或按[Enter]键，执行指令，光标移动到已寻到的触点或线圈处，同时改变显示。

22. 到指定程序步

快捷键：[查找（Alt+S）]—[到指定步数…]。

功能：确认并查找一个任意程序步。

操作方法：在执行[查找]—[到指定步数]菜单操作时，屏幕上显示程序步查找对话框。输入待查的程序步，单击运行按钮或按[Enter]键，执行指令，光标移动到待查步处同时改变显示。

23. 改变元件号

快捷键：[查找（Alt+S）]—[改变元件号（Alt+V)…]。

功能：改变特定软元件地址。

操作方法：执行[查找]—[改变元件号]菜单操作，屏幕显示改变元件的对话框。设置好将被改变的元件及范围，单击运行按钮或[Enter]键执行命令。

注意事项：被指定的元件仅限于同类元件。

24. 改变位元件

快捷键：[查找（Alt+S）]—[改变位元件（Alt+B)…]。

功能：将A触点与B触点互换。

操作方法：执行[查找]—[改变位元件]菜单操作，改变A、B触点的对话框出现。指定待换元件范围，单击运行按钮或按[Enter]键，改变A、B触点的变换得到执行，可选择顺序改变或成批改变。

注意事项：被指定的元件仅限于同类元件。

25. 交换元件号

快捷键：[查找（Alt+S）]—[交换元件号（Alt+E)…]。

功能：互换两个指定元件。

操作方法：执行［查找］—［交换元件号］菜单操作，屏幕显示互换元件对话框。指定互换元件，单击运行按钮或按［Enter］键执行命令。操纵者可指定逐次交换或成批交换。

注意事项：只能指定同类元件进行互换。

26．标签设置

快捷键：［查找（Alt+S）］—［标签设置（Alt+G）］。

功能：为运行程序到指定步数而设置。

操作方法：执行［查找］—［标签设置］菜单操作，光标所在处的程序步即被标定。在线路窗口中，线路块的起始步被设置。

注意事项：至多可设定 5 个步数。

27．跳向标签

快捷键：［查找（Alt+S）］—［跳向标签］。

功能：跳至标签设置处。

操作方法：执行［查找］—［跳向标签］菜单操作，屏幕显示跳向标签对话框。选择设置标签的位置，再单击运行按钮或按［Enter］键予以执行。

28．梯形图视图

快捷键：［视图（Alt+V）］—［梯形图视图（Alt+L）］。

功能：打开电路图视图或激活已打开的电路图视图。

操作方法：单击［视图］—［梯形图视图］菜单，窗口显示被改变。

29．指令表视图

快捷键：［视图（Alt+V）］—［指令表视图（Alt+I）］。

功能：打开指令表视图或激活已被打开的指令表视图。

操作方法：单击［视图］—［指令表视图］菜单，窗口显示被改变。

30．SFC 视图

快捷键：［视图（Alt+V）］—［SFC 视图（Alt+S）］。

功能：打开 SFC 视图或激活已被打开的 SFC 视图。

操作方法：单击［视图］—［SFC 视图］菜单，窗口显示被改变。

31．注释视图

快捷键：［视图（Alt+V）］—［注释视图（Alt+C）］。

功能：打开注释窗口或激活已被打开的注释窗口视图。

操作方法：执行［视图］—［注释视图］菜单操作，改变窗口显示。

32．寄存器视图

快捷键：［视图（Alt+V）］—［寄存器视图（Alt+R）］。

功能：打开寄存器视窗或激活已被打开的寄存器视图。

操作方法：执行［视图］—［寄存器视图］菜单操作，改变窗口显示。

33．工具栏

工具栏显示与菜单操作相应的快捷按钮，单击一下按钮，菜单操作被执行。

34．状态栏

状态栏显示与消息或程序相关的信息。

35. 功能键

在功能键中，与窗口相应的功能被设置在各个按钮中。它们同样相当于键盘上的 F1 至 F10 功能键。

36. 触点/线圈列表

快捷键：［视图（Alt＋V）］—［触点/线圈列表（Alt＋N）］。

功能：显示触点及线圈的使用状态。

操作方法：在指令表窗口的激活状态下，执行［视图］—［触点/线圈列表］菜单操作，显示可用指令表视图。若在此处指定元件，则该元件的使用状态被显示。在此使用状态的显示区域或移动光标到目的地，按［Enter］键即可。目标元件：X、Y、M、S、T、C、D、P、I、N、V、Z。

37. 已用元件显示

快捷键：［视图（Alt＋V）］—［已用元件显示（Alt＋D）］。

功能：显示程序中元件的使用状态。

操作方法：在指令表视图的激活状态下，执行［视图］—［已用元件显示］菜单操作，屏幕显示已用元件列表。如果在此指定起始元件，随后元件的使用状态也被显示。

目标元件：X、Y、M、S、T、C、D、P、I、N。

显示内容：

—||—及—( )—表明正被使用的触点和线圈，上面数字表示被使用次数。

显示 E 意味着元件仅仅只能被用作触点或线圈二者之一。

38. TC 设置表

快捷键：［视图（Alt＋V）］—［TC 设置表（Alt＋E）］。

功能：显示程序中计数器及计时器的设置表。

操作方法：在指令表的激活状态下，执行［视图］—［TC 设置表］菜单操作，显示使用列表窗口。此时，如果在列表窗口中光标处显示 T 或 C，则元件被标为起始点。或如果即无 T 或 C，指定起始步，在元件显示后可设置 24 处的值。未被输出命令作用的 T、C 的显示区域为空白。目标元素：T、C。

39. 注释显示

快捷键：［视图（Alt＋V）］—［注释显示（Alt＋m）…］。

功能：可设置显示或不显示的各种注释及元件。

操作方法：在［视图］—［注释显示］菜单操作时，注释显示对话框出现。此时可检查将被显示的注释。

40. 缩放

快捷键：［视图（Alt＋V）］—［缩放］。

功能：以缩小或放大的比例显示内容。

操作方法：通过执行［视图］—［缩放］菜单操作可选定缩放比例（可选 50％、75％、100％、125％、150％）。

3.13.5　SFC 编辑操作介绍

1. 删除

快捷键：［编辑（Alt＋E）］—［删除（Alt＋D）］。

功能：在 SFC 信号单元中进行删除。

操作方法：通过执行［编辑］—［删除］菜单操作或［Delete］按键操作删除光标所在位置的 SFC 符号。

2. 清除

快捷键：［工具（Alt+T）］—［全部清除（Alt+A）…］。

功能：清除程序区（NOP 命令）。

操作方法：点击［工具］—［全部清除］菜单，显示清除对话框。通过按［Enter］键或单击确认按钮，执行清除过程。

注意事项：所清除的仅仅是程序区，而参数的设置值未被改变。

3. 转换

快捷键：［工具（Alt+T）］—［转换（Alt+C）］。

功能：将已创建的 SFC 转换成指令表格式，存在计算机内存中。

操作方法：执行［工具］—［转换］菜单操作，或按［转换］功能键（F4 键也可）。转换过程中，显示信息："电路转换中"。

注意事项：如果未进行转换而将 SFC 关闭，创建的 SFC 将被丢失。

4. 到顶

快捷键：［查找（Alt+S）］—［到顶（Alt+T）］。

功能：在开始步的位置显示程序。

操作方法：执行［查找］—［到顶］菜单操作，或［Ctrl］+［HOME］键操作。

5. 到底

快捷键：［查找（Alt+S）］—［到底（Alt+N）］。

功能：到程序的最后一步显示程序。

操作方法：执行［查找］—［到底］菜单操作，或［Ctrl］+［End］键操作也可。

6. 元件名查找

快捷键：［查找（Alt+S）］—［元件名查找（Alt+N）…］。

功能：在字符串单元中查找元件名。

操作方法：通过［查找］—［元件名查找］菜单操作，显示元件名查找对话框。输入待查找的元件名，单击运行按钮或［Enter］键，执行元件名查找操作，光标移动到包含元件名的字符串所在的位置，此时显示已被改变。

7. 元件查找

快捷键：［查找（Alt+S）］—［元件查找（Alt+D）…］。

功能：确认并且查找元件。

操作方法：执行［查找］—［元件查找］菜单操作时，显示元件查找对话框。输入待查元件，单击运行按钮或按［Enter］键，执行元件查找指令，光标移动到输入元件处，此时显示被改变。

3.13.6 指令表编辑

1. 撤销键入

快捷键：［编辑（Alt+E）］—［撤销键入（Alt+U）］。

功能：取消刚刚执行的命令或输入的数据，回到原来状态。

操作方法：敲击［编辑］—［撤销键入（Alt+U）］菜单，或按［Ctrl］+［Z］键。

注意事项：某些操作不可撤销。

2. 剪切

快捷键：[编辑（Alt+E）]—[剪切（Alt+T）]。

功能：在命令单元中剪切。

操作方法：通过执行[编辑]—[剪切]菜单操作，或[Ctrl]+[X]键操作将选中的命剪切掉。被剪切掉的数据被存放在剪切板上。

注意事项：如果被选中的数据超过了剪切板的容量，剪切操作被禁止或存在撤销键入无法运行等情况。

3. 复制

快捷键：[编辑（Alt+E）]—[复制（Alt+C）]。

功能：在命令单元中执行复制。

操作方法：执行[编辑]—[复制]菜单操作，或[Ctrl]+[C]键操作将被选中的命令或数据存储在剪切板中。

注意事项：如果被复制的数据超过剪切板容量，复制操作被禁止或出现撤销键入无法完成等情况。

4. 粘贴

快捷键：[编辑（Alt+E）]—[粘贴（Alt+P）]。

功能：在命令单元中完成粘贴功能。

操作方法：通过完成[编辑]—[粘贴]菜单操作，或[Ctrl]+[V]键操作将剪切板上的命令加以粘贴，被粘贴的命令来自于执行复制或剪切命令时存储在剪切板上的数据。

注意事项：如果剪切板上的数据未被确认为命令指令的话，剪切操作被禁止。

5. 删除

快捷键：[编辑（Alt+E）]—[删除（Alt+D）]。

功能：删除备选中的命令。

操作方法：执行[编辑]—[删除]菜单操作或[Delete]按键操作。

注意事项：执行完命令后，被删除的命令不在剪切板中。

6. NOP 覆盖

快捷键：[编辑（Alt+E）]—[NOP 覆盖（Alt+W）]。

功能：在所有设定范围内写入 NOP。

操作方法：进行[编辑]—[NOP 覆盖]菜单操作时，NOP 覆盖对话框出现。在本对话框中通过程序步栏写入范围，然后按确认按钮或按[Enter]键，使命令得到执行。

注意事项：如果执行了 NOP 成批覆盖，线路显示将受影响而不能正常显示，所以在执行该功能之前应设定好写入范围的起始步。

7. NOP 插入

快捷键：[编辑（Alt+E）]—[NOP 插入（Alt+S）]。

功能：在所设定范围内插入 NOP 指令。

操作方法：执行[编辑]—[NOP 插入]菜单操作命令，显示 NOP 成批插入对话框。在此对话框中，通过指定程序步数指定 NOP 插入范围，敲击确认按钮或按[Enter]键执行命令。

注意事项：所插入的 NOP 数不允许超过程序的最大步数。

8. NOP 删除

快捷键：［编辑（Alt+E）］—［NOP 删除（Alt+E）］。

功能：在设定的范围内删除 NOP 指令，调整后续的指令向前移动。

操作方法：敲击［编辑］—［NOP 删除］菜单项，NOP 批量选择对话框显现。在本对话框中，通过程序步栏确认删除范围，敲击确认按钮或按［Enter］键以执行命令。

9. 指令

快捷键：［工具（Alt+T）］—［指令（Alt+I）…］。

功能：输入基本的指令或功能到对话框中。

操作方法：在执行［工具］—［指令］菜单操作命令时，出现指令选择对话框。在本对话框中按要求进行设置后，单击确认按钮或按［Enter］键加以确认，设定的指令被写入到光标位置。然后，再点击参照按钮，指令说明或元件说明对话框被显示，可输入更多的特定设置。

10. 全部清除

快捷键：［工具（Alt+T）］—［全部清除（Alt+A）…］。

功能：清除程序区（NOP 命令）。

操作方法：点击［工具］—［全部清除］菜单，显示清除对话框。通过按［Enter］键或点击确认按钮，执行清除过程。

注意事项：所清除的仅仅是程序区，而参数的设置值未被改变。

11. 到顶

快捷键：［查找（Alt+S）］—［到顶（Alt+T）］。

功能：在开始步的位置显示程序。

操作方法：执行［查找］—［到顶］菜单操作，或［Ctrl］+［HOME］键操作。

12. 到底

快捷键：［查找（Alt+S）］—［到底（Alt+N）］。

功能：到程序的最后一步显示程序。

操作方法：执行［查找］—［到底］菜单操作，或［Ctrl］+［End］键操作也可。

13. 元件名查找

快捷键：［查找（Alt+S）］—［元件名查找（Alt+N）…］。

功能：在字符串单元中查找元件名。

操作方法：通过［查找］—［元件名查找］菜单操作，显示元件名查找对话框。输入待查找的元件名，单击运行按钮或［Enter］键，执行元件名查找操作，光标移动到包含元件名的字符串所在的位置，此时显示已被改变。

14. 元件查找

快捷键：［查找（Alt+S）］—［元件查找（Alt+D）…］。

功能：确认并且查找元件。

操作方法：执行［查找］—［元件查找］菜单操作时，显示元件查找对话框。输入待查元件，单击运行按钮或按［Enter］键，执行元件查找指令，光标移动到输入元件处，此时显示被改变。

15. 指令查找

快捷键：［查找（Alt+S）］—［指令查找…］。

功能：确认并查找指令。

操作方法：在执行［查找］—［指令查找］菜单操作时，屏幕显示指令查找对话框。输入待查找的命令，单击运行按钮或按［Enter］键，执行指令查找命令，光标移动到查找的指令处，同时改变显示。

16. 触点/线圈查找

快捷键：［查找（Alt+S）］—［触点/线圈查找（Alt+O）…］。

功能：确认并查找一个任意的触点或线圈。

操作方法：在执行［查找］—［触点/线圈查找］菜单操作时，触点/线圈查找对话框显现。键入待查找的触点或线圈，单击运行按钮或按［Enter］键，执行指令，光标移动到已寻到的触点或线圈处，同时改变显示。

17. 到指定步数

快捷键：［查找（Alt+S）］—［到指定步数…］。

功能：确认并查找一个任意程序步。

操作方法：在执行［查找］—［到指定步数］菜单操作时，屏幕上显示程序步查找对话框。输入待查的程序步，单击运行按钮或按［Enter］键，执行指令，光标移动到待查步处同时改变显示。

18. 改变元件号

快捷键：［查找（Alt+S）］—［改变元件号（Alt+V）…］。

功能：改变特定软元件地址。

操作方法：执行［查找］—［改变元件号］菜单操作，屏幕显示改变元件的对话框。设置好将被改变的元件及范围，敲击运行按钮或［Enter］键执行命令。

注意事项：被指定的元件仅限于同类元件。

19. 改变位元件

快捷键：［查找（Alt+S）］—［改变位元件（Alt+B）…］。

功能：将A触点与B触点互换。

操作方法：执行［查找］—［改变位元件］菜单操作，改变A、B触点的对话框出现。指定待换元件范围，单击运行按钮或按［Enter］键，改变A、B触点的变换得到执行。可选择顺序改变或成批改变。

注意事项：被指定的元件仅限于同类元件。

20. 交换元件号

快捷键：［查找（Alt+S）］—［交换元件号（Alt+E）…］。

功能：互换两个指定元件。

操作方法：执行［查找］—［交换元件号］菜单操作，屏幕显示互换元件对话框。指定互换元件，单击运行按钮或按［Enter］键执行命令。操作者可指定逐次交换或成批交换。

注意事项：只能指定同类元件进行互换。

21. 标签设置

快捷键：［查找（Alt+S）］—［标签设置（Alt+G）］。

功能：为运行程序到指定步数而设置。

操作方法：执行［查找］—［标签设置］菜单操作，光标所在处的程序步即被标定。在线路窗口中，线路块的起始步被设置。

注意事项：至多可设定 5 个步数。

22. 跳向标签

快捷键：[查找（Alt+S）]—[跳向标签]。

功能：跳至标签设置处。

操作方法：执行[查找]—[跳向标签]菜单操作，屏幕显示跳向标签对话框。选择设置标签的位置，再单击运行按钮或按[Enter]键予以执行。

23. 梯形图视图

快捷键：[视图（Alt+V）]—[梯形图视图（Alt+L）]。

功能：打开电路图视图或激活已打开的电路图视图。

操作方法：单击[视图]—[梯形图视图]菜单，窗口显示被改变。

24. 指令表视图

快捷键：[视图（Alt+V）]—[指令表视图（Alt+I）]。

功能：打开指令表视图或激活已被打开的指令表视图。

操作方法：单击[视图]—[指令表视图]菜单，窗口显示被改变。

25. 注释视图

快捷键：[视图（Alt+V）]—[注释视图（Alt+C）]。

功能：打开注释窗口或激活已被打开的注释窗口视图。

操作方法：执行[执行视图]—[注释视图]菜单操作，改变窗口显示。

26. 寄存器视图

快捷键：[视图（Alt+V）]—[寄存器视图（Alt+R）]。

功能：打开寄存器视窗或激活已被打开的寄存器视图。

操作方法：执行[视图]—[寄存器视图]菜单操作，改变窗口显示。

27. 工具栏

工具栏显示与菜单操作相应的快捷按钮，单击一下按钮，菜单操作被执行。

28. 状态栏

状态栏显示与消息或程序相关的信息。

29. 功能键

在功能键中，与窗口相应的功能被设置在各个按钮中。

30. 触点/线圈列表

快捷键：[视图（Alt+V）]—[触点/线圈列表（Alt+N）]。

功能：显示触点及线圈的使用状态。

操作方法：在指令表窗口的激活状态下，执行[视图]—[触点/线圈列表]菜单操作，显示可用指令表视图。若在此处指定元件，则该元件的使用状态被显示。在此使用状态的显示区域或移动光标到目的地，按[Enter]键即可。目标元素：X、Y、M、S、T、C、D、P、I、N、V、Z。

31. 已用元件显示

快捷键：[视图（Alt+V）]—[已用元件显示（Alt+D）]。

功能：显示程序中元件的使用状态。

操作方法：在指令表视图的激活状态下，执行［视图］—［已用元件显示］菜单操作，屏幕显示已用元件列表。如果在此指定起始元件，随后元件的使用状态也被显示。目标元件：X、Y、M、S、T、C、D、P、I、N。

显示内容：—||—及—( )—表明正被使用的触点和线圈。上面数字表示被使用次数。显示 E 意味着元件仅仅只能被用作触点或线圈二者之一。

32. TC 设置表

快捷键：［视图（Alt+V）］—［TC 设置表（Alt+E）］。

功能：显示程序中计数器及计时器的设置表。

操作方法：在指令表的激活状态下，执行［视图］—［TC 设置表］菜单操作，显示使用列表窗口。此时，如果在列表窗口中光标处显示 T 或 C，则元件被标为起始点。或如果即无 T 或 C，指定起始步，在元件显示后可设置 24 处的值。未被输出命令作用的 T、C 的显示区域为空白。目标元素：T、C。

33. 注释显示

快捷键：［视图（Alt+V）］—［注释显示（Alt+M）…］。

功能：可设置显示或不显示的各种注释及元件。

操作方法：在［视图］—［注释显示］菜单操作时，注释显示对话框出现，此时可检查将被显示的注释。

34. 缩放

快捷键：［视图（Alt+V）］—［缩放］。

功能：以缩小或放大的比例显示内容。

操作方法：通过执行［视图］—［缩放］菜单操作可选定缩放比例（可选 50％、75％、100％、125％、150％）。

3.13.7 注释编辑

1. 字符查找

快捷键：［查找（Alt+S）］—［字符查找（Alt+C）］。

功能：查找注释中的字符串。

操作方法：执行［查找］—［字符查找］菜单操作，屏幕显示字符查找对话框，在对话框中设定待查字符及查找方向，单击运行按钮或按［Enter］键，以执行查找命令。如果在注释中发现了待查字符，屏幕显示相应位置画面。

2. 字符替换

快捷键：［查找（Alt+S）］—［字符替换（Alt+H）］。

功能：在注释中寻找字符串，再用其他字符串加以代替。

操作方法：执行［查找］—［字符替换］菜单操作，屏幕显示字符替换对话框。然后在对话框中设定好替换的字符串及替换方法，再单击运行按钮或按［Enter］键以执行命令。

3.13.8 寄存器编辑

1. 撤销键入

快捷键：［编辑（Alt+E）］—［键入撤销（Alt+U）］。

功能：取消刚刚执行的命令或输入的数据，回到原来状态。

操作方法：执行［编辑］—［撤销键入（Alt+U）］菜单操作或［Ctrl］+［Z］键操作

命令。

注意事项：某些操作无法撤销。

2. 剪切

快捷键：[编辑（Alt+E）]—[剪切（Alt+T）]。

功能：将所选中的数据剪切掉并存入到剪切板中。

操作方法：执行［编辑］—［剪切］菜单操作或［Ctrl］+［X］键操作，被选中的数据即被剪切掉。

注意事项：如果被选中的数据量超过剪切板的容量，剪切操作被禁止或无法完成键入撤销等功能。

3. 复制

快捷键：[编辑（Alt+E）]—[复制（Alt+C）]。

功能：将所选数据复制到剪切板中。

操作方法：通过［编辑］—［复制］菜单操作，或［Ctrl］+［C］键操作完成命令。

注意事项：如果复制的数据超过剪切板容量，复制操作被禁止或无法执行键入撤销命令等。

4. 粘贴

快捷键：[编辑（Alt+E）]—[粘贴（Alt+P）]。

功能：将内容粘贴在剪切板上。

操作方法：执行［编辑］—［粘贴］菜单操作，或［Ctrl］+［V］键操作。

注意事项：如果剪切板上数据不是寄存器的数据，粘贴操作被禁止。

5. 删除

快捷键：[编辑（Alt+E）]—[删除（Alt+D）]。

功能：将所选数据清零。

操作方法：执行［编辑］—［删除］菜单操作或［Delete］键操作清除数据。

6. 清除

快捷键：[工具（Alt+T）]—[全部清除（Alt+A）]。

功能：将全部所选数据清零。

操作方法：执行［工具］—［全部清除］菜单操作，屏幕显示全部清除对话框。在对话框中选择好待清除项再单击确认按钮或按［Enter］键，执行全部清除命令。

7. 查找到顶

快捷键：[查找（Alt+S）]—[到顶（Alt+T）]。

功能：从起始位置显示寄存器。

操作方法：执行［查找］—［到底］菜单操作，或［Ctrl］+［Home］键操作。

8. 查找到底

快捷键：[查找（Alt+S）]—[到底（Alt+N）]。

功能：从末尾开始显示寄存器。

操作方法：执行［查找］—［到底］菜单操作，或［Ctrl］+［End］键操作即可。

9. 梯形图

快捷键：[视图（Alt+V）]—[梯形图视图（Alt+L）]。

功能：打开电路图视图或激活已打开的电路图视图。

操作方法：点击［视图］—［梯形图视图］菜单，窗口显示被改变。

10. 指令表

快捷键：［视图（Alt+V）］—［指令表视图（Alt+I）］。

功能：打开指令表视图或激活已被打开的指令表视图。

操作方法：点击［视图］—［指令表视图］菜单，窗口显示被改变。

11. SFC

快捷键：［视图（Alt+V）］—［注释视图（Alt+C）］。

功能：打开注释窗口或激活已被打开的注释窗口视图。

操作方法：执行［视图］—［注释视图］菜单操作，改变窗口显示。

12. 注释

快捷键：［视图（Alt+V）］—［注释视图（Alt+C）］。

功能：打开注释窗口或激活已被打开的注释窗口视图。

操作方法：执行［视图］—［注释视图］菜单操作，改变窗口显示。

13. 寄存器

快捷键：［视图（Alt+V）］—［寄存器视图（Alt+R）］。

功能：打开寄存器视窗或激活已被打开的寄存器视图。

操作方法：执行［视图］—［寄存器视图］菜单操作，改变窗口显示。

14. 工具栏

工具栏显示与菜单操作相应的快捷按钮，单击一下按钮，菜单操作被执行。

15. 状态栏

状态栏显示与消息或程序相关的信息。

16. 功能键

在功能键中，与窗口相应的功能被设置在各个按钮中。

17. 改变显示

快捷键：［视图（Alt+V）］—［r寄存器（Alt+R）］。

功能：设置寄存器的显示。

操作方法：选择［视图］—［寄存器］或用鼠标左键双击寄存器视窗左边的寄存器地址显示区来显示设置对话框。在本对话框中，输入以下各项并按［运行］按钮或按［Enter］键完成设置。

18. ［元件］

设置在开始处应显示的数据或文件寄存器。

19. ［显示方式］

列表形式或行表形式均可。

20. ［数据大小］

16位或32位显示均可。

21. ［显示模式］

可选择二进制、十进制、十六进制、ASCII、浮点数的十进制表示方法。应注意的是只有当数据是32位时才能使用浮点数的十进制表示方法。该设置在行表形式下被忽略。

22. [低位]

如果数据为 32 位, 低 16 位的寄存器可设置为偶数或奇数。如果数据为 16 位, 该项设置可不予考虑。

23. 缩放

快捷键: [视图 (Alt+V)]—[缩放]。

功能: 以缩小或放大的比例显示内容。

操作方法: 通过执行 [视图]—[缩放] 菜单操作可选定缩放比例 (可选 50%、75%、100%、125%、150%)。

3.13.9 打印

1. 打印

快捷键: [文件 (Alt+F)]—[打印 (Alt+P)…]。

功能: 依据已有格式打印顺控程序及其注释。

操作方法: 执行 [文件]—[打印] 菜单操作或 [Ctrl]+[P] 键操作, 在 [打印条件] 对话框中可设定诸如连带注释打印等打印条件, 单击确认按钮或按 [Enter] 键开始打印。如果要终止打印, 可单击在 [正在打印] 对话框中的取消键或敲击 Esc 键。

注意事项: 在打印过程中, 确认打印机与计算机或网络相连, 在 [打印设置] 中设置好驱动程序; 当需要连续打印线路图, 指令表或打印诸如寄存器数据之类的特殊数据时, 可在 [批量打印] 中设置。

2. 全部打印

快捷键: [文件 (Alt+F)]—[全部打印 (Alt+T)…]。

功能: 可以以一种已存在的格式, 指定的打印项目及按照顺序批量打印电路图、指令表、SFC、寄存器数据及其他特殊数据。

操作方法: 执行 [文件]—[全部打印] 菜单操作, 在 [批量打印] 对话框中设置打印项目及说明。依照打印项目登录顺序依次打印。单击确认按钮或按 [Enter] 键后开始打印。如要中断打印只要单击 [打印] 对话框中取消按钮或按 [Esc] 键。

3. 页面设置

快捷键: [文件 (Alt+F)]—[页面设置 (Alt+G)…]。

功能: 设置打印时纸张的余量、页眉、页脚及页数。

操作方法: 选择 [文件]—[页面设置] 菜单操作, 在 [纸张设置] 对话框中完成设置。

注意事项: 打印方向及纸张大小在 [文件]—[打印机设置] 里设置。

4. 打印预览

快捷键: [文件 (Alt+F)]—[打印预览 (Alt+V)]。

功能: 显示待打印文档的打印效果。

操作方法: 执行 [文件]—[打印预览] 菜单操作命令, 或在选择 [全部打印] 时在批量打印对话框中敲击预览按钮。

5. 打印设置

快捷键: [文件 (Alt+F)]—[打印设置 (Alt+R)…]。

功能: 可在原来的设置之上设置打印机的模式、打印方向以及纸张大小等。

操作方法: 选择 [文件]—[打印机设置] 菜单, 在 [打印机设置] 对话框中设置。

注意事项：设置的数据应用在［打印］及［批量打印］中。

3.13.10　文件

1. 新文件

快捷键：［文件（Alt+F）］—［新文件（Alt+N）…］。

功能：创建一个新的顺控程序。

操作方法：通过选择［文件］—［新文件］菜单项，或者［Ctrl］+［N］键操作，再在 PC 模式设置对话框中选择顺控程序的目标 PC 模式。

注意事项：当操作［新文件］时，如果顺控程序已被打开，应用 S/W 被重新启动，产生一个新的顺控指令程序。

2. 打开

快捷键：［文件（Alt+F）］—［新文件（Alt+N）…］。

功能：从一个文件列表中打开一个新的顺控程序以及诸如注释数据之类的数据。

操作方法：先选择［文件］—［打开］菜单或按［Ctrl］+［O］键，再在打开的文件菜单中选择一个所需的顺控指令程序。

注意事项：当顺控指令程序已被打开，操作［打开］时，相应的应用 S/W 为重新启动，指定的顺控指令程序已准备好；顺控指令程序以及诸如注释数据等享有同样文件名的数据被集成为一个数据。

3. 关闭并打开

快捷键：［文件（Alt+F）］—［关闭并打开（Alt+L）…］。

功能：将已处于打开状态的顺控程序关闭，再打开一个已有的程序及相应的注释和数据。

操作方法：执行［文件］—［关闭并打开］菜单操作即可，如果现有的顺控程序被改变过或未被保存，［保存确认］对话框出现。

注意事项：如果在［保存确认］中回答［否（Alt+N）］，当前顺控程序被改变的内容将被丢失，如果回答［是（Alt+Y）］，则当前文件被存储。

4. 保存

快捷键：［文件（Alt+F）］—［保存（Alt+S）］。

功能：保存当前顺控程序、注释数据以及其他在同一文件名下的数据。如果是第一次保存，屏幕显示［赋名及保存］对话框，可通过该对话框将它们保存下来。

操作方法：执行［文件］—［保存］菜单操作或［Ctrl］+［S］键操作即可。

5. 赋名及保存

快捷键：［文件（Alt+F）］—［赋名及保存（Alt+A）…］。

功能：指定保存文件的文件名及路径，保存顺控指令程序以及诸如注释文件之类的数据。

操作方法：选择［文件］—［赋名并且保存］操作，［保存文件］对话框将被打开，指定好文件名及路径。你可同时在对话框［程序写入器］中登录注释数据。当 PMC 被录入文件目录时，数据可以被 DOS 环境使用的程序文件格式存入。

注意事项：在输入文件名时可不必输入文件扩展名。所有文件被自动加以扩展名；只有程序+参数（PMC）数据才能以 DOS 文件格式存储，注释文件不在此列。

3.13.11 PLC 菜单操作介绍

1. 传送

快捷键：[PLC]—[传送（Alt+T）]。

功能：将已创建的顺控程序成批传送到可编程控制器中。传送功能包括[读入]、[写出]及[校验]。

[读入]：将 PLC 中的顺控程序传送到计算机中。

[写出]：将计算机中的顺控程序发送到可编程控制器中。

[校验]：将在计算机及可编程控制器中顺控程序加以比较校验。

操作方法：由执行[PLC]—[传送]—[读入]，—[写出]，—[校验]菜单操作而完成。当选择[读入]时，应在[PLC 模式设置]对话框中将已连接的 PLC 模式设置好。

注意事项：计算机的 RS-232C 端口及 PLC 之间必须用指定的缆线及转换器连接；执行完[读入]后，计算机中的顺控程序将被丢失，PLC 模式被改变成被设定的模式，现有的顺控程序被读入的程序替代；在[写出]时，PLC 应停止运行，程序必须在 RAM 或 EE-PROM 内存保护关断的情况下写出。然后自动进行校验。

2. 寄存器传送

快捷键：[PLC]—[寄存器传送（Alt+R）]。

功能：将已创建的寄存器数据成批传送到 PLC 中。其功能包括[读入]、[写出]、[校验]。

(1) [读入]：将设置在 PLC 中的寄存器数据读入计算机中。

(2) [写出]：将计算机中的寄存器数据写入 PLC 中。

(3) [校验]：将计算机中的数据与 PLC 中的数据进行校验。

操作方法：选择[PLC]—[寄存器传送]—[读入]，—[写出]，—[校验]菜单操作。在[各种功能]对话框中设置寄存器类型。

注意事项：计算机的 RS-232C 端口及 PLC 之间必须用指定的缆线及转换器连接；PLC 的模式必须与计算机中设置的 PLC 模式一致。

3. PLC 存储器清除

快捷键：[PLC]—[PLC 存储器清除（Alt+P）…]。

功能：为了初始化 PLC 中的程序及数据，以下三项将被清除：

(1) [PLC 储存器]：顺控程序为 NOP，参数设置为缺省值。

(2) [数据元件存储器]：数据文件缓冲器中数据置零。

(3) [位元件存储器]：X、Y、M、S、T、C 的值被置零。

操作方法：执行[PLC]—[PLC 存储器清除]菜单操作，再在[PLC 存储器清除]中设置清除项。

注意事项：计算机的 RS-232C 端口及 PLC 之间必须用指定的缆线及转换器连接。特殊数据寄存器数据不被清除。

4. 串口设置

快捷键：[PLC]—[串口设置（Alt+E）(8120)]。

功能：使用 RS-232C 适配器及 RS 命令来设置及显示通信格式。所显示的数据是基于 PLC 特殊数据寄存器 D8120 的内容而定。

操作方法：执行[PLC]—[串口设置（D8120）]菜单操作，在[串口设置（D8120）]对话框设置通信格式。

注意事项：计算机的 RS-232C 端口及 PLC 之间必须用指定的缆线及转换器连接。

5. PLC 口令改变、删除

快捷键：[PLC]—[PLC 口令改变，删除（Alt+K）…]。

功能：将与计算机相连的 PLC 口令加以设置，改变或删除。

操作方法：执行 [PLC]—[PLC 口令改变，删除] 菜单操作，在 [PLC 口令登录] 对话框中完成登录。

[新登录]：在文本对话框中输入新口令，敲击确认按钮或按 [Enter] 键完成登录。

[改变]：在原有口令输入文本框中输入原有口令，按 Tab 键，在新口令输入对话框中输入新口令，再敲击确认按钮或按 [Enter] 键完成登录。

[删除]：在原有口令输入对话框中输入 PLC 原有的口令，按 [Tab] 键，在新口令输入对话框中输入空格键，敲击确认按钮或按 [Enter] 键完成登录。

注意事项：计算机的 RS-232C 端口及 PLC 之间必须用指定的缆线及转换器连接；它对计算机中的顺控程序没有影响。

6. 运行时改变程序

快捷键：[PLC]—[运行时改变程序（Alt+U）…]。

功能：将运行中的与计算机相连的 PLC 的顺控程序部分改变。

操作方法：在 [线路编辑] 中，执行 [PLC]—[运行时改变程序] 菜单操作或 [Shift]+[F4] 键操作时出现确认对话框，单击确认按钮或 [Enter] 键执行命令。

注意事项：该功能改变了 PLC 操作，应对其改变内容充分加以确认；计算机的 RS-232C 端口及 PLC 之间必须用指定的缆线及转换器连接；PLC 程序内存必为 RAM；可被改变的顺控程序仅为一个电路块，限于 127 步。依据要求，被改变的电路块中应无高速计数器的应用指令或标签而改变。

7. 遥控运行/停止

快捷键：[PLC]—[遥控运行/停止（Alt+O）…]。

功能：在可编程控制器中以遥控的方式进行运行/停止操作。

操作方法：执行 [PLC]—[遥控运行/停止] 菜单操作命令，在遥控运行/停止对话框中操作。

注意事项：该功能改变顺控程序的操作状态，在操作中需要有相应的注意信号。

8. PLC 诊断

快捷键：[PLC]—[PLC 诊断（Alt+D）…]。

功能：显示与计算机相连的 PLC 状况，与出错信息相关的特殊数据寄存器以及内存的内容。

操作方法：执行 [PLC]—[PLC 诊断] 菜单操作，出现 [PLC 诊断] 对话框，单击确认按钮，或按 [Enter] 键。

注意事项：计算机的 RS-232C 端口及 PLC 之间必须用指定的缆线及转换器连接。

9. 采样跟踪

快捷键：[PLC]—[采样跟踪（Alt+S）]。

功能：采样跟踪的目的在于存储与时间相关的元件数值变化并将其在时间表中加以显

示，或在 PLC 中设置采样条件，显示基于 PLC 中采样数据的时间表。

10．［参数设置］

设置采样的次数、时间及触发条件。采样次数可设为 1～512，采样时间为 0～200×10ms。

（1）［运行］：设置条件被写入 PLC 中，以此规范采样的开始。

（2）［显示］：当 PLC 完成采样，采样数据被读出并被显示。

（3）［记录文件］：采样的数据可从记录文件中读取。

（4）［写入记录文件］：采样结果被写入记录文件。

操作方法：在执行［PLC］—［采样跟踪］—［参数设置］后显示的对话框中设置各项条件，再执行［运行］，—［显示］，—［从记录文件中读入］，［写入记录文件］菜单命令即可。

注意事项：采样由 PLC 执行，其结果也被存入 PLC 中这些数据可被计算机读入并显示；当在 PLC 中进行条件设置时，计算机 RS-232 端口及 PLC 间应正确连接。

11．显示设置

快捷键：［视图（Alt+V）］—［显示设置（Alt+D）…］。

功能：设置显示采样跟踪结果的内容。

操作方法：当［视图］—［显示设置］菜单被选中时，在采样跟踪结果显示窗口的打开状态下可进行菜单选择，显示更改对话框显现。指定显示的起始点，及数据元件的显示格式（十进制或十六进制）。

12．端口设置

快捷键：［PLC］—［端口设置（Alt+S）］。

功能：用计算机 RS-232C 端口与 PLC 相连。

操作方法：执行［PLC］—［端口设置］菜单操作在［通讯设置］对话框中加以设置。

注意事项：使用何种端口取决于使用的计算机的状况。

3.13.12　电话线

1．连接

快捷键：［遥控（Alt+R）］—［连接（Alt+C）］。

功能：连接电话线使得程序数据可依此在 PLC 及计算机间互相传送。

操作方法：执行［遥控］—［连接］—［至 PLC］（至文件传送）菜单操作，屏幕显示电话线连接对话框。在连接目标列表中选择连接电话线的目标，单击连接按钮。在连接目标上，如有诸如电话号码等需要调整的连接信息，应选择要调整的连接目标，单击调整按钮来选择所需。当在连接目标列表中选择好了连接目标后，单击新登录按钮以登录信息。当不需要在连接目标列表中选择连接目标而进行手动连接时，单击手动连接按钮并开始连线。

注意事项：在连线之前应先设置好调制解调器。

2．断开

快捷键：［遥控（Alt+R）］—［断开（Alt+D）］。

功能：将已连接好的电话线断开。

操作方法：执行［遥控］—［断开］菜单操作，切断电话线。

3．文件传输

快捷键：［遥控（Alt+R）］—［文件传输（Alt+F）］。

功能：执行文件的发送和接收。

操作方法：①发送：执行［遥控］—［文件传输］—［发送］菜单操作命令，选择待发送的文件的对话框出现，选择待送文件并完成发送。②接收：执行［遥控］—［文件传输］—［接收］菜单操作命令，接收数据。

4. 环境设置

快捷键：［遥控（Alt＋R）］—［环境设置（Alt＋E）］。

功能：设置待用的调制解调器及通信记录文件。

操作方法：执行［遥控］—［环境设置］—［调制解调器设置］（［记录文件设置］）菜单命令，完成设置。

3.13.13　监控

1. 元件监控

快捷键：［监控/测试（Alt＋M）］—［元件监控（Alt＋N）］。

功能：监控元件单元。

操作方法：执行［监控/测试］—［元件监控］菜单操作命令，屏幕显示元件登录监控窗口。在此登录元件，双击鼠标或按［Enter］键显示元件登录对话框。设置好元件及显示点数再敲击确认按钮或按［Enter］键即可。

2. 功能

设置在元件登录监控中被显示的元件。

操作方法：在元件设置对话框中设置以下各项并点击登录按钮或按［Enter］键。

（1）［元件］：设置待监控的起始元件。有效的元件为 X、Y、M、特殊的 M、S、T、C、D、特殊的 D、V 及 Z。

（2）［显示点数］：设置由元件不断表示的显示点数。最大登录数为 48 点。

（3）［刷新屏幕］：在清除已显示元件加以检查，显示新的指定元件。

3. 显示设置

快捷键：［视图（Alt＋V）］—［显示设置（Alt＋D）…］。

功能：改变在元件登录监控中元件显示格式。

操作方法：执行［视图］—［显示设置（D）］菜单操作命令，屏幕显示［改变显示］对话框。设置显示数据的位数及其格式。

3.13.14　检测

1. 强制 Y 输出

快捷键：［监控/测试（Alt＋M）］—［强制 Y 输出…］。

功能：强制 PLC 输出端口（Y）输出 ON/OFF。

操作方法：执行［监控/测试］—［强制 Y 输出］操作，出现强制 Y 输出对话框。设置元件地址及 ON/OFF，单击运行按钮或按［Enter］键，即可完成特定输出。

2. 强制 ON/OFF

快捷键：［监控/测试（Alt＋M）］—［强制 ON/OFF（Alt＋r）…］。

功能：强行设置或重新设置 PLC 的位元件。

操作方法：执行［监控/测试］—［强制设置，重置］菜单命令，屏幕显示强制设置，重置对话框，设置元件 SET/RST，点击运行按钮或按［Enter］键，使特定元件得到设置或重置。

-SET 有效元件：X、Y、M、特殊元件 M、S、T、C。

-RST 有效元件：X、Y、M、特殊元件 M、S、T、C、D、特殊元件 D、V、Z。

-RST 字元件：当 T 或 C 被重置，其位信息被关闭，当前值被清零。如果是 D，V 或 Z，仅仅是当前值被清零。

3. 改变当前值

快捷键：［监控/测试（Alt+M）］—［改变当前值（Alt+C）…］。

功能：改变 PLC 字元件的当前值。

操作方法：执行［监控/测试］—［改变当前值］菜单选择，屏幕显示改变当前值对话框。在此，选定元件及改变值，单击运行按钮或按［Enter］键，选定元件的当前值则被改变。

(1)［元件范围］：对字元件（T、C、D、特殊 D、V、Z）有效。

(2)［被改变的当前值］：设置加 K 十进制数，H 十六进制数，B 二进制数或 A ASCII，如果为 ASCII 码，最多可设置 8 个数符。

(3)［数据大小］：当选定数据及文件寄存器时，16 位及 32 位均可。

4. 改变设置值

快捷键：［监控/测试（Alt+M）］—［改变设置值（Alt+a）…］。

功能：改变 PLC 中计数器或计时器的设置值。

操作方法：在电路监控中，如果光标所在位置为计数器或计时器的输出命令状态，执行［监控/测试］—［改变设置值］菜单操作命令。屏幕显示改变设置值对话框。在此，设置待改变的值并点击运行按钮或按［Enter］键，指定元件的设置值被改变。如果设置输出命令的是数据寄存器，或光标正在应用命令位置并且 D、V 或 Z 当前可用，该功能同样可被执行。在这种情况下，元件号可被改变。

本功能在如下条件满足时即可执行：

(1) 在 PC 机中的程序与在 PLC 中的程序为一致的。

(2) PLC 的内存为 RAM 或 EEPROM（可被保护开关关断）。

注意事项：该功能仅仅在监控线路图时有效。

3.13.15 选择项

1. 程序检查

快捷键：［选项（Alt+O）］—［程序检查（Alt+c）］。

功能：检查语法，双线圈及创建的顺控程序电路图并显示结果。

［语法检查］：检验命令码及其格式。

［双线圈检查］：检查同一元件或显示顺序输出命令的重复使用状况。

［线路检查］：检查梯形图电路中的缺陷。

操作方法：执行［选项］—［程序检查］菜单操作，在［程序检查］对话框中进行设置，再单击确认按钮或按［Enter］键使命令得到执行。

注意事项：如果在［双线圈检查］或［线路检查］检出错误，它并不一定导致 PLC 或操作方面的错误。特别的，在 PLC 方面，双线圈并不认为是错误的。在步进梯形图中它是被允许的或有特殊用途。

2. 参数设置

快捷键：［选项（Alt+O）］—［参数设置（Alt+P）…］。

功能：设置诸如创建顺控程序大小或决定元件锁存范围大小的内存容量。设置诸如将被创建的顺控程序的程序大小的储存器，或决定元件保存范围的锁存范围。

操作方法：执行［选项］—［参数设置］菜单操作，再在［参数设置］对话框中对各项加以设置。

注意事项：刚刚创建的顺控程序的参数为缺省值；参数设置数据被当作顺控程序的一部分来处理并被存储在 PLC，文件及 ROM 中；注释区域不在此系统中；注释是被存在文件中。

3. 密码设置

快捷键：［选项（Alt+O）］—［密码设置（Alt+K）…］。

功能：重新设置，改变或取消在计算机一方的口令。

操作方法：执行［选项］—［口令设置］菜单操作，在［口令设置］对话框中加以设置。

［新口令］：在新口令栏中输入新口令，敲击确认按钮或按［Enter］键加以确认。

［改变口令］：在旧口令输入栏中输入旧口令，按 Tab 键再输入新口令输入栏中输入新口令，敲击确认按钮或按［Enter］键加以确认。

［删除］：在旧口令输入栏中输入旧口令，按 Tab 键再输入新口令输入栏中输入空格键，敲击确认按钮或按［Enter］键加以确认。

注意事项：该口令对 PLC 无用。

4. PLC 模式设置

快捷键：［选项（Alt+O）］—［PLC 模式设置…］。

功能：在参数区域里设置 PLC 模式。设置内容包括无电池模式的 ON/OFF，调制解调器的初始化，是否运行终端输入以及运行终端输入号的设置。

操作方法：执行［选项］—［PLC 模式设置］菜单操作，在［PLC 模式设置］对话框中完成。

注意事项：内容的设置应在参数设置区域内进行。

5. 串口设置

快捷键：［选项（Alt+O）］—［串口设置（参数）（Alt+e）…］。

功能：在参数区域设置通用通信选项。设置内容为数据位长度，奇偶校验，停止位，波特率，协议，数目校验，传送控制过程，设置站点号。

操作方法：执行［选项］—［串口设置（参数）］菜单操作命令，在显示的［串口设置（参数）］对话框中完成。

注意事项：在此设置的内容被设置在参数表中；设置好通用通信数据后，在运行 PLC 时，数据被复制到特殊数据寄存器 D8120、D1821、D8129 中。

6. 打印文件题头

快捷键：［选项（Alt+O）］—［打印文件题头（Alt+t）…］。

功能：将打印数据加以标志，各项标志被设为缺省，但可被改变。

操作方法：执行［选项］—［打印文件题头］菜单操作命令，在［打印文件题头］输入文本框中输入。

注意事项：［打印文件题头］内数据被存入的顺控程序参数项中。

7. 元件范围设置

快捷键：［选项（Alt+O）］—［元件范围设置（Alt+D）…］。

功能：通常而言，由 PLC 允许范围决定元件最大设置范围，但每个元件仍然可有设置范围。

操作方法：执行［选项］—［元件配置］菜单操作时，屏幕显示［元件范围设置］对话框，在此可对每个元件范围加以设置。

注意事项：当创建顺控程序或检查程序时，在此设置的元件范围是有效的。

8. 移动注释

快捷键：［选项（Alt+O）］—［移动注释（Alt+o）…］。

功能：当在需要将其他编程工具创建的注释供给顺控程序，该注释被复制在元件注释区。

操作方法：执行［选项］—［移动注释］菜单操作命令，屏幕显示［假名注释传送］对话框，再单击确认按钮或按［Enter］键执行。

注意事项：如果已将注释登录在元件注释区，新注释将覆盖旧注释。

9. PLC 类型改变

快捷键：［选项（Alt+O）］—［PLC 类型改变（Alt+h）…］。

功能：改变 PLC 类型。

操作方法：通过执行［选项］—［PLC 类型改变］菜单操作命令，再在［类型改变］对话框上进行设置。

注意事项：作为条件，仅允许从低级类型改动到高级类型，不允许改变为指定目录外的类型；在该变化下，仅改变类型而不改变参数设置；如果需要在改变模式后需要改变参数，应在［参数设置］对话框中设置参数。

10. 参照

快捷键：［选项（Alt+O）］—［参照（Alt+r）…］。

功能：设置各种类型。

操作方法：执行［选项］—［参照］菜单操作命令，在［参照］对话框中依照显示的条目加以选择。

11. EPROM 传送

快捷键：［选项（Alt+O）］—［EPROM 传送（Alt+E）］。

功能：传送顺控程序至与计算机 RS-232C 端口相连的 ROM 写入器。传送功能包括［设置］、［读入］、［写出］、以及［校验］。

［设置］：设置与 ROM 写入器相连的跳向格式，它必须与 ROM 写入器方的设置相符。

［读入］：将 ROM 写入器上磁带盒中顺控程序读入到计算机中。

［写出］：将存在计算机中的顺控程序写入到 ROM 写入器上的磁带盒中。

［校验］：将计算机中存储的顺控程序与 ROM 写入器上的磁带盒中的内容加以比较。

操作方法：执行［选项］—［EEPROM 传送］—［设置］、—［读入］、—［写出］、—［校验］菜单操作，当选中［读入］时，在［PC 模式设置］对话框中设置被连接的 PLC 模式。

注意事项：ROM 写入器必须能提供 RS-232 传送功能，并支持相应格式；ROM 写入器的传送格式为十六进制；当使用 EPROM-8 型 ROM 磁带盒，需要 ROM 适配器。

12. 字体设置

快捷键：［选项［Alt+O］—［字体设置（Alt+F）］。

功能：在各个窗口中设置显示的字体及大小。

操作方法：在［选项］—［字体设置］菜单中［字体设置］中设置。

3.14　GX-Developer 和 GX-Simulator 软件的使用

3.14.1　GX-Developer 编程软件的使用

3.14.1.1　关于工程文件的操作

1. 创建工程

（1）新建工程的步骤。GX-Developer 编程环境中创建一个新工程，步骤如下（以 FX 系列的 FX_{2N} PLC 为例）。

1）双击桌面 GX-Developer 的快捷方式图标，或单击 Windows "开始"菜单，依次选择 "所有程序"→"MELSOFT 应用程序"→"GX-Developer"，鼠标单击后打开 GX-Developer 软件开发环境，如图 3-25 所示。

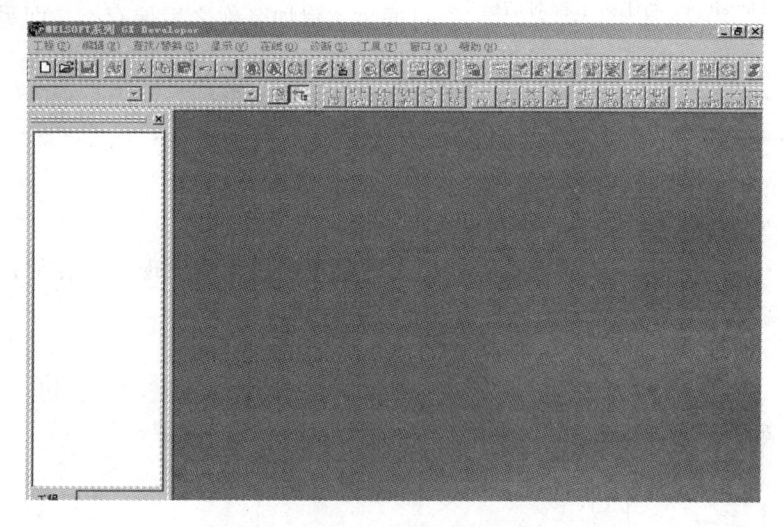

图 3-25　GX-Developer 编程开发环境

2）在菜单栏选择 "工程"→"创建新工程"，或单击工具命令按钮 "工程生成"（或使用快捷键 "Ctrl+N"）。

3）在弹出的 "创建新工程"对话框中，可进行相应项目的选择，如图 3-26 所示。

对话框选项说明：

a. PLC 系列。可以选择 QCPU(Q mode)、QnA、QCPU(A mode)、ACPU、MOTION(SCPU)、FXCPU 和 CNC(M6/M7) 等，这里选择 FXCPU。

b. PLC 类型。可以选择所使用的 CPU 的型号，这里选择 PLC 的类型为 $FX_{2N(c)}$。注意，在 Q 系列中创建远程 I/O 参数时，应在 PLC 系列中选择 QCPU(Qmode) 后，在 PLC 类型中选择 "Remote I/O"。

c. 程序类型。选择梯形图程序或 SFC 程序。在 QCPU（Q 模式）中选择 SFC 时，也可选择 MELSAP-L。在 A 系列中创建 SFC 时，需进行如下设置：在 PLC 参数的内存容量设置标签中设置微机容量；在 "工程"→"编辑数据"→"新建"画面的工程类型中选择

SFC。

d. 标签设定。标签设定分为不使用标签和使用标签两种情况。不使用标签：不创建标签程序时选择此项。使用标签：在使用 ST、FB 结构体时可选择此项。

e. 生成和程序名同名的软元件内存数据。创建新工程时，将软元件内存创建为与程序名相同的名称时可选择此项。

f. 工程名设定。以工程名保存所创建的数据时设置此项。如果在创建程序的同时需要设置工程名，选中复选框。

工程名既可以在创建程序时设置，也可以在创建之后设置。在创建程序之后设置工程名时，可通过"附加名称之后保存"（即另存工程为来保存）。

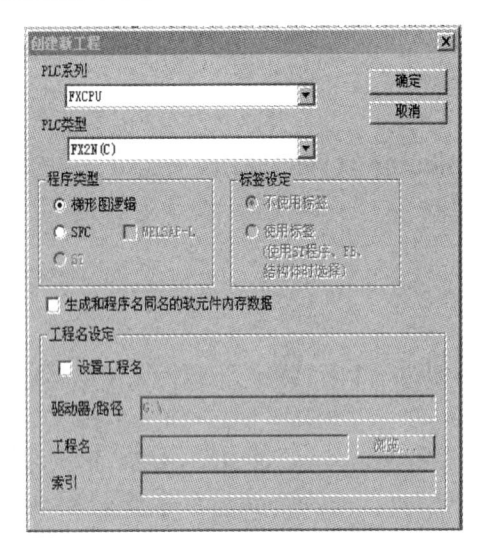

图 3-26　GX-Developer 创建新工程对话框

g. 驱动器/路径。在生成工程前可设定驱动器和路径名程。

h. 工程名。在生成工程前可设定工程的名称。

i. 索引。在生成工程前可标注工程的索引说明。

j. 确定。确定按钮。在设置结束后可点击此按钮退出对话框。

4）在第三步中进行了相关选项设置并单击确定按钮后，将出现 FX 系列 PLC 程序编辑窗口，在程序编辑区就可以进行程序的编写了，如图 3-27 所示。

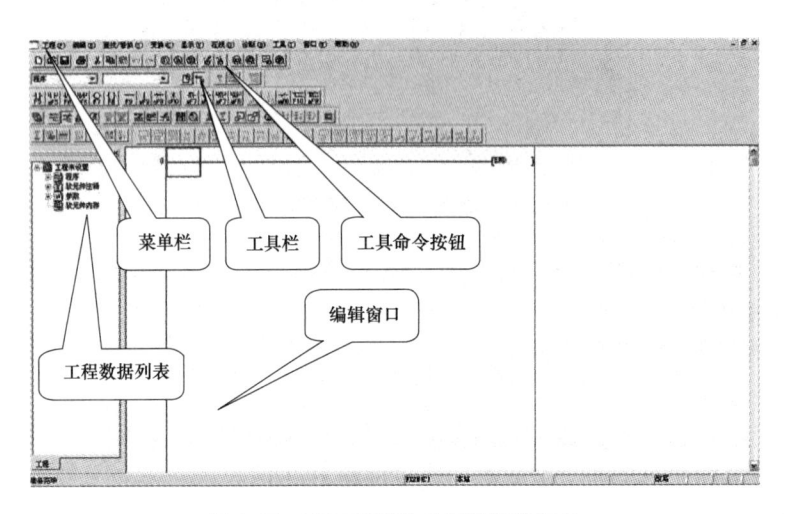

图 3-27　FX 系列 PLC 程序编辑窗口

（2）注意事项。在创建新工程时需注意以下的几点：

1）新建工程中的各数据及数据名。程序：MAIN；注释：COMMENT（共用注释）；参数：PLC 参数、网络参数（仅 A 系列、Q/QnA 系列）。

2）如果创建多个程序或启动了多个 GX-Developer 造成计算机的资源不足，而导致画面不能正常显示的现象时，需要关闭 GX-Developer，或关闭其他应用程序。

3) 如果仅指定了工程名而未指定驱动器/路径（空白），则所创建的工程将保存在默认的驱动器/路径下。

2. 打开工程

"打开工程"将读取已保存的工程文件，操作步骤如下：

"工程"→"打开工程"，或使用快捷键"Ctrl+O"，或单击工具命令按钮"打开工程"。在弹出的打开工程对话框中，选择保存工程的驱动器/路径和工程名，单击"打开"按钮进入工程编程窗口；或单击对话框"取消"按钮，以重新选择已保存的工程。

3. 关闭工程

"关闭工程"将关闭当前编辑的工程，操作步骤："工程"→"关闭工程"。

如果未设置工程名或编辑了数据，选择"关闭工程"之后将会显示询问对话框。

如果要对工程进行变更，单击"是"按钮。如果不保存工程并关闭，单击"否"按钮。

在全局变量设置/局部变量设置中编辑了数据时，关闭工程将显示对话框。如果需要保留所编辑的数据，在单击"否"按钮后，单击全局变量设置/局部变量设置画面中的"登录"按钮，最后关闭工程。

4. 保存工程

选择"保存工程"之后，数据将被覆盖保存到当前的工程文件中。保存当前编辑的工程文件的操作步骤："工程"→"保存工程"，或者使用快捷键"Ctrl+S"。

选择"保存工程"之后，数据将被覆盖保存到当前的工程文件中。

5. 另存工程为

"另存工程为"以工程名称保存当前编辑的工程。操作步骤："工程"→"工程另存为"。设置了工程路径、工程名、索引之后保存工程。

注意，"另存工程为"成立的条件是在现有的路径下原工程已经存在（例如，如果将软盘中的工程打开后要将其取出，可另存工程到其他的驱动器中）。

6. 删除工程

"删除工程"将删除不需要的工程文件。操作步骤："工程"→"删除工程"。选择所要删除的工程之后，单击"删除"按钮。

7. 校验

(1) 校验对话框的说明。"校验"是在 PLC 类型相同的可编程控制器 CPU 工程之间进行数据校验。单击"工程"→"校验"后，将弹出"校验"对话框，如图 3-28 所示。

对话框项目说明：

1) 文件选择选项卡。校验源显示当前打开的工程数据，校验目标显示校验目标的工程数据。

2) 参数选项卡（仅 Q/QnA 系列）。选择参数校验标准，默认为"标准 1"（即水平 1）。选择"标准 2"（即水平 2）时，校验包括用户设置区域和系统设置区域在内的参数区域。在用户设置区域以外的参数区域的校验中检测出不一致时，将显示相应的信息。应根据校验结果信息进行处理。

3) 驱动器/路径、工程名设置要校验数据的驱动器/路径以及工程名。

4) PLC 类型显示工程的 PLC 类型。

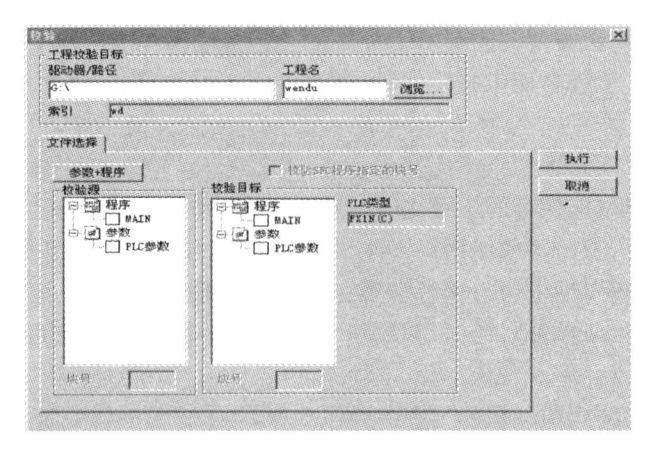

图 3-28 工程校验对话框

5)"执行"按钮。设置结束后点击此按钮。

6)"参数+程序"按钮选择校验源及校验目标参数以及所有的程序数据。选择了多个程序时,所校验的均为相同数据名的程序。

7)校验 SFC 程序指定的块号。在对块号进行指定并校验时选择此项。

8)块号设置所要校验的块号。

(2)步骤。校验的具体步骤:

1)校验目标的驱动器/路径、工程名通过"浏览"按钮进行设置。

2)选中校验源及校验目标数据名的复选框。

3)设置结束后,单击"执行"按钮。

8. 复制工程

"复制工程"将在工程之间进行复制。若在复制目标中存在有复制源中所选择的数据名时,将被替换。操作步骤:"工程"→"复制"。

9. 编辑数据

编辑数据包括新建、复制、删除、改变数据名和改变程序类型。

(1)"新建"数据将新建的程序、共用注释、各程序注释、软元件内存数据添加到工程中。操作步骤:"工程"→"编辑数据"→"新建"。

(2)"复制"将复制工程内的数据。操作步骤:"工程"→"编辑数据"→"复制"。

(3)"删除"数据将删除工程内已有的数据。操作步骤:"工程"→"编辑数据"→"删除"。

(4)"改变数据名"将更改工程内现有的数据名。操作步骤:"工程"→"编辑数据"→"改变数据名"。

(5)"改变程序类型"将已有的梯形图程序变更为 SFC 程序,或将 SFC 程序变更为梯形图程序。操作步骤:"工程"→"编辑数据"→"改变程序类型"。

10. 改变 PLC 类型

"改变 PLC 类型"将已有的数据、编辑中的数据变更为其他 PLC 类型或 PLC 系列。操作步骤:"工程"→"改变 PLC 类型"。

11. 读取其他格式的文件

读取其他格式的文件,在 GX Developer 中读取已有的 GPPQ、GPPA、FXGP(DOS)、

FXGP（WIN）的数据。

启动 GX-Developer 之后，通过下述操作步骤可以读取其他格式的文件。

"工程"→"读取其他格式的文件"→"读取 GPPQ 格式文件"或"读取 GPPA 格式文件"或"读取 FXGP（WIN）格式文件"或"读取 FXGP（DOS）格式文件"。例如，读取 FXGP（WIN）格式文件，将弹出对话框如图 3-29 所示。

对话框项目说明：

（1）驱动器/路径、系统名、机器名。显示 GPPQ、GPPA、FXGP（DOS）、FXGP（WIN）中所创建数据的存储路径。输入驱动器路径所指定数据的系统名、机器名。单击"浏览"按钮后，将出现系统名、机器名的选择对话框，双击指定所要读取的文件。读取 FXGP（DOS）、FXGP（WIN）的数据时，指定文件夹名作为系统名、文件名作为机器名。此外，指定根目录下的程序文件时，将系统名设为空。

图 3-29　读取其他格式的文件对话框
［读取 FXGP（WIN）格式］

（2）读取数据源列表。显示 GPPQ、GPPA、FXGP（DOS）、FXGP（WIN）中所创建的数据。选中数据名前复选框。对于所选择的注释，可以在程序共用选项卡、各程序选项卡中对读取软元件的范围进行设置。

（3）参数＋程序按钮/选择所有按钮。"参数＋程序按钮"只选择读取源的参数数据及程序数据。"选择所有按钮"选择读取源数据列表的全部数据。对于 A 系列中的注释而言，其汉字注释将被选中，对于软元件内存而言将显示数据数量。对于 Q/QnA 系列中的注释及文件寄存器而言，起始的数据名将被选中。

（4）取消选择所有按钮。取消所选择的全部数据。

（5）程序共用选项卡（A 系列画面）。选择此选项卡设置共用注释范围后读取数据（FX 系列除外）。

12. 写入 GPPQ/GPPA/FXGP（DOS）/FXGP（WIN）格式的文件

将 GX-Developer 中所创建的数据保存为 GPPQ、GPPA、FXGP（DOS）、FXGP（WIN）格式，在 GPPQ、GPPA、FXGP（DOS）、FXGP（WIN）中便可以对该数据进行读取或编辑等操作。操作步骤："工程"→"写入其他格式的文件"→"写入 GPPQ 格式文件"或"写入 GPPA 格式文件"或"写入 FXGP（WIN）格式文件"或"写入 FXGP（DOS）格式文件"。

3.14.1.2　梯形图的编辑

在 GX-Developer 软件开发环境中编写 FX 系列或其他系列 PLC 程序时，最好使用在梯形图编辑环境下用指令的输入方式，其方法与使用 FXGP/WIN 软件的编写方法基本相同。

1. 梯形图编辑环境简介

（1）梯形图的创建方法。创建的方法：通过键盘输入指令代号（助记符）的方式创建；通过工具栏的工具按钮创建；通过功能键创建；通过工具栏的菜单创建。上述操作开始后，将显示梯形图输入窗口。如图 3-30 所示。

连续输入按钮 触点线圈 软元件指令输入栏
选择按钮　类型选择

图 3-30　梯形图输入窗口

单击连续输入选择按钮后,按钮将变为▣。此时,将不关闭梯形图输入窗口并连续输入梯形图触点。通过触点线圈类型选择下拉框选择相应的触点或线圈,在软元件指令输入栏输入相应指令,即可完成梯形图模式下元件、指令的输入。

例如,想要在梯形图模式下输入"LD X0"。可以在"触点线圈类型"下拉框中选择常开触点"—||—",在"软元件指令输入栏"中输入 X0,或者在梯形图输入窗口的软元件输入栏中直接输入"LD X0"(LD 与 X0 之间有空格)也可。

(2) 梯形图模式/列表模式的切换(也可用于 SFC 的动作输出、转移条件的切换)。梯形图模式/列表模式的切换,可对编辑画面的显示模式进行切换。

1) 从梯形图编辑画面切换到列表编辑(即用指令表编辑)画面,其方法:"显示"→"列表显示"或单击工具命令按钮▣(或使用快捷键"ALT+F1")。

2) 从列表编辑画面切换到梯形图编辑画面,其方法:"显示"→"梯形图显示"或单击工具命令按钮▣(或使用快捷键"ALT+F1")。

(3) 读出模式/写入模式的切换。

1) 切换到读出模式(读出梯形图时),其方法:"编辑"→"读出模式"或单击工具命令按钮▣(或使用快捷键"Shift+F2")。通过键盘直接输入软元件/步号/指令,可以读出任意部分的梯形图。

2) 切换到写入模式(编辑梯形图时),其方法:"编辑"→"写入模式"或单击工具命令按钮▣(或使用快捷键 F2)。在写入模式下可以对梯形图进行创建、查找/替换等编辑。

(4) 插入模式/改写模式的切换(模式的切换可以通过 Insert 键进行)。

1) 插入模式(光标:紫色)下,在已有的梯形图中插入触点/指令。

2) 改写模式(光标:蓝色)下,在已有的梯形图中改写触点/指令。

(5) 指令帮助。创建梯形图时如果不熟悉指令,即使不阅读编程手册也可以输入指令。GX-Developer 的指令帮助具有以下作用:即使是在对指令不太了解的情况下,也可通过指令帮助选择或输入指令;即使是在对指令名/表达式不太了解的情况下,也可输入;即使是在对各指令中可使用的软元件不太了解的情况下,也可输入。指令帮助的操作步骤:在上面的图 3-30"梯形图输入窗口"中,单击"帮助"按钮,将弹出指令帮助对话框。在"指令类型"选项页,单击"类型一览表"和"指令一览表"可以进一步了解相关指令的详细情况。或者单击"指令查找"选项页,输入待查找的字符查找到所自己需要的指令。

2. 创建梯形图时的限制事项

(1) 梯形图显示画面中的限制事项。梯形图显示画面中的限制事项介绍如下:

1) 1 个画面中最多可显示 12 行梯形图(800×600 像素,画面显示比例为 50%)。

2) 1 个梯形图块应在 24 行以内,否则会出错。

3) 1 行梯形图为 11 个触点+1 个线圈。

4) 注释字符数,如表 3-10 所示。

表 3-10　　　　　　　　　　梯形图显示画面注释字符数

项目	输入文字数	梯形图画面表示文字数
软元件注释①	半角 32 文字（全角 16 文字）	8 文字×4 行
说明	半角 64 文字（全角 32 文字）	设定的文字部分全部表示
注解	半角 32 文字（全角 16 文字）	
机器名	半角 8 文字（全角 4 文字）	

① 软元件注释的编辑文字数可以选择 16 文字或是 32 文字。

说明：如果将程序转换成 GPPA 格式文件或者写入 CPU，那么以上所有注释字符最多为半角 16 个字符（全角 8 个字符）。如果将程序转换成 FXGP（DOS）格式文件，那么软元件注释最多为半角 16 个字符（全角）。

注意：当梯形图块显示为黄色时，表示梯形图块中存在错误。选择"工具"→"程序检查"，可以确认出错内容并修正程序。

（2）梯形图编辑画面中的限制事项。梯形图编辑画面中的限制事项介绍如下：

1）1 个梯形图块最多可编辑 24 行。

2）对于编辑行，1 个梯形图块为 24 行，整个编辑画面最多为 48 行。

3）最多可剪切 48 行数据。1 个程序最大为 124 K 步（取决于 CPU 类型）。

4）最多可复制 48 行数据。1 个程序最大为 124 K 步（取决于 CPU 类型）。

5）在读出模式下不能进行剪切、复制、粘贴等编辑。

6）不能对主控制（MC）符号进行编辑。在读出模式、监视模式下将显示 MC 符号，在写入模式下不能显示 MC 符号。

7）在 1 行中创建有 12 个触点以上的串联梯形图时，将自动换行。换行符号由 K0～K99 构成，OUT（→）与 IN（←）的换行符号必须相同。

8）OUT（→）与 IN（←）之间不能插入其他的梯形图。

9）在执行梯形图写入功能时，即使换行符号不在同一梯形图块内也将被附加连续的编号。但是，对于通过读出功能所读出的梯形图块，换行编号从 0 开始按顺序进行附加，如图 3-31 所示。

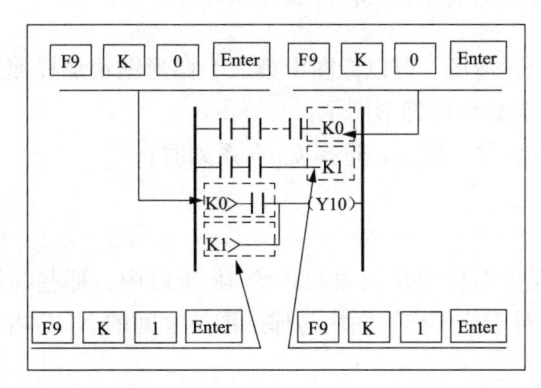

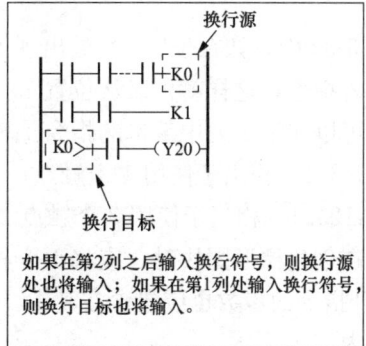

图 3-31　梯形图换行编号示例

10）在改写的触点/线圈跨越了多个触点时，不能通过写入（改写）模式进行梯形图的

```
   X0  X1
───┤├──┤├─────────────────( Y10 )───
    ↑
```
在写入（改写）模式下，在此位置上不能使用像—[＝D0 D1]—这样的使用了多个触点的指令进行替换。

图 3-32　触点替换限制示例

编辑。触点替换示例，如图 3-32 所示。

在对上述示例修改时，可通过写入（插入）模式先将"—[＝D0 D1]—"插入，然后用键盘的"Delete"键将"LD X0"删除。

11）如果在梯形图的第 1 列中插入触点将发生换行，则不能执行触点插入。

12）在指令段内，不能执行列的插入。

13）插入梯形图符号时，由于进行了右对齐及列插入的组合处理，根据梯形图形状，有时可能无法插入。

14）在写入（改写）模式下根据指定的列数/连接线数插入竖线时，应在第 2 列以后通过使用 Ctrl＋Insert 键插入列，之后，在触点的左侧插入触点或列。

15）在写入（改写）模式下根据指定的列数/连接线数插入竖线时，当竖线跨越梯形图符号时，将跳过梯形图符号写入竖线。编辑梯形图时，虽然可以跳过梯形图符号写入竖线，但将无法变换。应将梯形图修正为为竖线与梯形图符号不交叉之后，再进行变换。

16）在 1 个梯形图块为 2 行以上的梯形图中，如果 1 行中放不下 1 个指令，则按以下方式对指令进行换行之后再输入指令。如图 3-33 所示。

图 3-33　梯形图块换行输入指令示例

在图 3-33 中，如在位置 1）处出现上述情形，可以像图中第二个梯形图块那样回送指令后，再输入指令，这样就可以从位置 2）开始编辑梯形图了。

17）可以在第 1 列中编辑的指令＋软元件。例如，选择 QnA 系列时：

U0 G12.1→相当于使用 1 个触点；

U0 G123.1→相当于使用 2 个触点。

18）在创建梯形图块时，应将 1 个梯形图块的步数限制在约 4k 步以内。那些梯形图块中的 NOP 指令的步数也应包含在其中。对于位于梯形图块与梯形图块之间的 NOP 指令则不被计算在内。

19）SWOPC-FXGP/WIN-C 和 GX-Developer 两种编程软件中步进梯形图指令的显示差别及编程注意事项。

在 FXGP（DOS）、FXGP（WIN）编程软件中步进梯形图的显示，如图 3-34 所示。

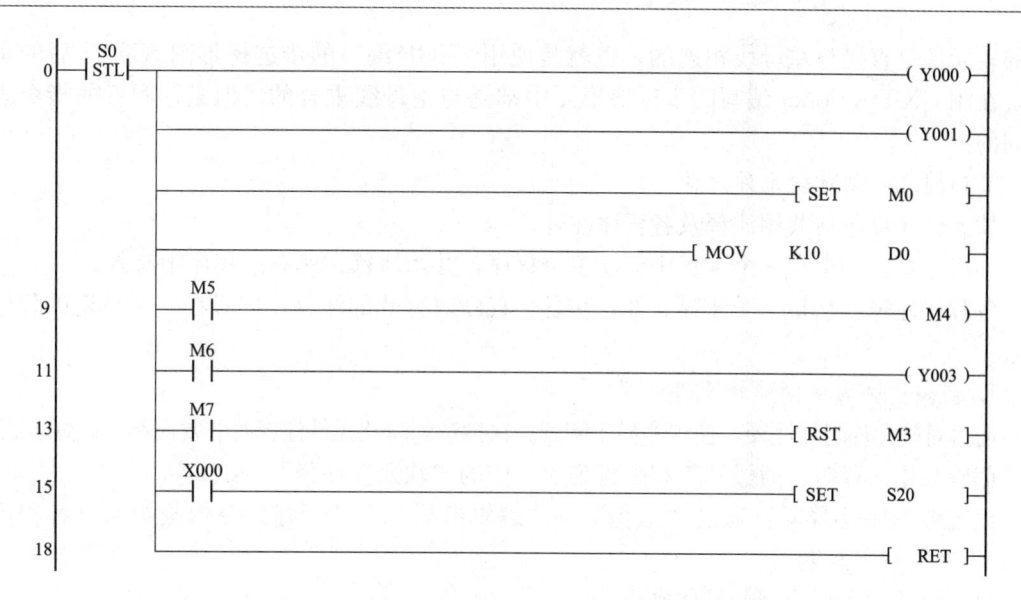

```
 0 ─┤S0├──────────────────────────────────( Y000 )
    │STL│
    │                                      ( Y001 )
    │                                   [ SET   M0 ]
    │                                   [ MOV K10 D0 ]
 9 ─┤M5├──────────────────────────────────( M4 )
11 ─┤M6├──────────────────────────────────( Y003 )
13 ─┤M7├──────────────────────────────[ RST  M3 ]
15 ─┤X000├────────────────────────────[ SET  S20 ]
18 ─────────────────────────────────────[ RET ]
```

图 3-34 SWOPC-FXGP/WIN-C 编写的步进梯形图

在 FX 系列的编程中有关步进梯形图的说明以图 3-34 为例，但是在 GX-Developer 中输入步梯形图指令时，则需按照以下两点操作，如图 3-35 所示。

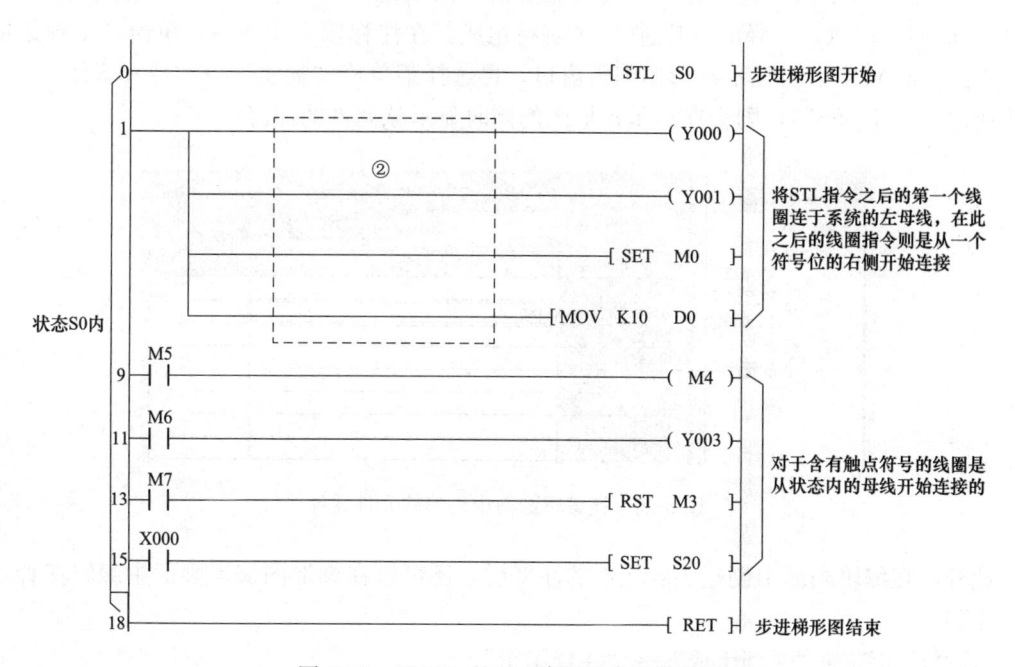

```
 0 ────────────────────────[ STL  S0 ]   步进梯形图开始
 1 ──────────────────────────( Y000 )
                ②            ( Y001 )    将STL指令之后的第一个线
                                          圈连于系统的左母线，在此
                           [ SET  M0 ]    之后的线圈指令则是从一个
                           [ MOV K10 D0 ] 符号位的右侧开始连接
 9 ─┤M5├──────────────────────( M4 )
11 ─┤M6├──────────────────────( Y003 )
13 ─┤M7├──────────────────[ RST  M3 ]    对于含有触点符号的线圈是
15 ─┤X000├────────────────[ SET  S20 ]   从状态内的母线开始连接的
18 ──────────────────────────[ RET ]     步进梯形图结束
```

图 3-35 GX-Developer 编写的步进梯形图

① 在 SFC 程序梯形图的扩大显示中进行编程时，不需要输入 STL/RET 指令。

② 从 STL 指令之后的最初的线圈指令开始连接，不要在线圈指令部分输入触点［输入了触点的梯形图在 FXGP（DOS）、FXGP（WIN）中将不能显示］。在输入触点时，应从母线开始输入。

由上面对比可见，GX-Developer 编写的步进梯形图中，STL 指令表示为线圈，STL 驱动的软元件是直接与左母线相连的,也就是说用 FXGP 编写的步进梯形图 STL 之后的子母线,在用 GX-Developer 编写的步进梯形图中却是与主母线重合的。但是,两者的指令表是相同的。

3.14.1.3 创建软元件注释

软元件注释包括共用注释及各程序注释。

共用注释:如果在一个工程中创建多个程序,共用注释在所有的程序中有效。

各程序注释:它是一个注释文件,在各个程序内有效的注释,即只在一个特定的程序内有效。

1. 在编辑画面中创建软元件注释

通过对软元件附加注释,使程序易于阅读。在批量创建软元件注释时非常便利。设置步骤:

创建共用注释时:通过"工程数据列表"中的"软元件注释"→COMMENT;

创建各程序注释时:通过"工程"→"编辑数据"→"新建"→数据类型(各程序注释),设置数据名及索引。

以创建共用注释为例,具体操作:

单击"工程数据列表"中的"软元件注释"前的"+"号标记,再双击"树"下的"COMMENT"(共用注释),弹出注释编辑窗口,如图 3-36 所示。选择需要注释的软元件,如"X1",在窗口中的"软元件名"文本框中输入需创建注释的软元件名,这里给 X1 输入注释"起动"。注意,注释由不超过 32 个字符组成。在注释输入完毕后,单击"工程数据列表"中的"MAIN"。将显示梯形图编辑窗口,再选择菜单栏"显示"→"注释显示"(或使用快捷键"Ctrl+F5"),则会在显示梯形图的同时显示软元件的注释。

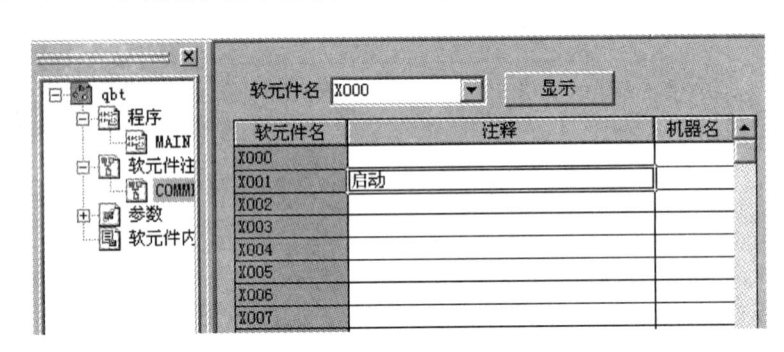

图 3-36 在编辑画面中创建软元件注释

此外,在编辑画面中创建了软元件的注释后,还可以在梯形图编辑画面中编辑注释,其设置步骤:

(1)"编辑"→"文档生成"→"注释编辑"。
(2)将光标移至软元件注释的创建位置。
(3)按 Enter 键后将显示注释输入对话框。
(4)在对话框输入软元件注释后单击"确定"按钮。

2. 在梯形图中创建软元件注释

除了可以在编辑画面中创建软元件注释,在梯形图中修改及添加软元件注释也是十分方便的。设置步骤如图 3-37~图 3-40 所示。注意,在创建注释前,PLC 需切换到写入模式下,如在读出模式下则不能进行软元件注释的创建。

（1）将光标移至创建软元件注释的位置，如图 3-37 所示。

图 3-37　在梯形图中创建软元件注释步骤一

（2）按"Enter"键弹出梯形图输入对话框，如图 3-38 所示。

（3）在梯形图输入窗口进行如下设置。下拉框选择空白状态后，在软元件名前输入 2 个"半角"的分号，在其后面输入等号和具体的注释，如图 3-39 所示。

图 3-38　在梯形图中创建软元件注释步骤二　　图 3-39　在梯形图中创建软元件注释步骤三

（4）选择菜单栏"显示"→"注释显示"（或使用快捷键"Ctrl＋F5"），则注释显示如图 3-40 所示。

图 3-40　在梯形图中创建软元件注释步骤四

当然，也可以在编写完全部梯形图之后创建软元件的注释，需要选中菜单栏"工具"→"选项"中的"指令写入时，继续进行"。其他步骤则和在梯形图中创建软元件的步骤是相似的，这里不再详述。

3. 删除软元件注释

（1）删除全部软元件注释/机器名。需在软元件注释编辑画面中进行，单击"工程数据列表"中"软元件注释"的"COMMENT"，然后选择工具栏"编辑"→全清除（全软元件）。

（2）删除所显示软元件注释/机器名。需在软元件注释编辑画面中进行，单击"工程数据列表"中"软元件注释"的"COMMENT"然后选择工具栏"编辑"→全清除（显示中的软元件）。

3.14.1.4　参数设置

参数设置包括 PLC 参数设置、网络参数设置和设置远程口令等。下面只对参数设置和网络参数设置作一简单的介绍。

1. PLC 参数设置

(1) 各系列 PLC 参数设置项目

各系列的 PLC 参数设置项目见表 3-11。可根据实际需要来设置相应的参数。

表 3-11　　　　　　　　　　　各系列 PLC 参数设置项目

设置内容	A CPU	QnA CPU	QCPU 基本型 QCPU	QCPU 高性能型 QCPU/过程 CPU	QCPU 冗余 CPU	QCPU 远程 I/O	FX CPU
PLC 名称设置	—	○	○	○	○	—	○
PLC 系统设置	○	○	○	○	○	○	○
PLC 文件设置	—	○	○	○	○	—	—
PLC RAS 设置	○	○	○	○	○①	—	—
软元件设置	○	○	○	○	○	—	○
程序设置	—	○	—	○	○	—	—
引导文件设置	—	○	○	○	○	○	—
SFC 设置	—	○	○	○	○	—	—
I/O 分配	○②	○	○	○	○	○	—
内存容量设置	○	—	—	—	—	—	○
操作设置	—	—	—	—	—	○	—
串口通信设置	—	—	○	—	—	—	—

注　"○"代表可以设置；"—"代表无设置项目。
① 在使用冗余 CPU 时，显示为 PLC RAS 设置（1）PLC RAS 设置（2）。
② 在使用 A、FX CPU 时，不可设置 I/O 分配。

(2) FX 系列 PLC 参数设置示例。由于三菱 PLC 的系列众多，下面只以 FX 系列 PLC 为例，简单介绍 PLC 参数设置的情况。FX 系列的 PLC 参数设置项目内容，包括内存容量设置、软元件、PLC 名称设置、I/O 分配设置、PLC 系统（1）和 PLC 系统（2）等。打开 FX 系列 PLC 参数设置的方法：单击"工程数据列表"中的"参数"前的"＋"号标记，再双击"树"下的"PLC 参数"，将弹出"PLC 参数设置"选项卡，如图 3-41 所示。

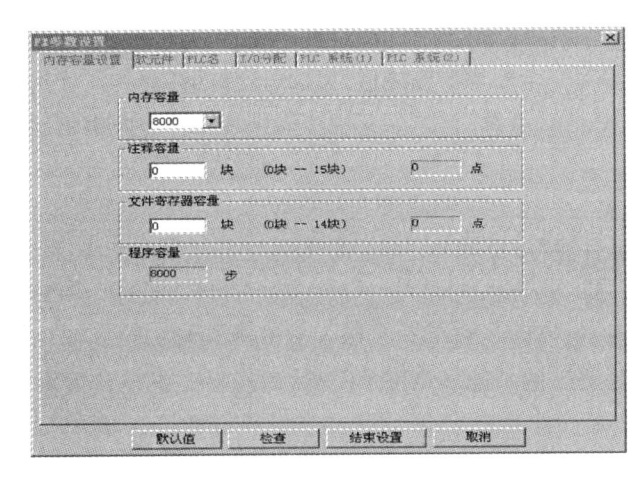

图 3-41　FX 系列 PLC 参数设置

1)内存容量设置（FX_1、FX_{0N}、FX_2、FX_{2C}、FX_{1S}、FX_{1N}、FX_{2N}、FX_{1NC}、FX_{2NC}、FX_{3UC}）。内存容量设置项目包括内存容量、注释容量、文件寄存器容量和程序容量。内存容量设置可编程控制器所具有的内存容量，注释容量设置注释的容量，文件寄存器容量设置文件寄存器容量，程序容量设置顺控程序容量。

2)软元件（FX_1、FX_2、FX_{2N}、FX_{2NC}、FX_{3UC}）设置。软元件设置软元件的锁存范围。

3)PLC 名称设置（FX_1、FX_{0N}、FX_2、FX_{2C}、FX_{1S}、FX_{1N}、FX_{2N}、FX_{1NC}、FX_{2NC}、FX_{3UC}）。PLC 名称设置可对可编程控制器的程序附加注释。

4)I/O 分配设置（全部系列）。I/O 分配设置可设置程序上所使用的输入/输出继电器的起始/结束值。

5)PLC 系统（1）。PLC 系统（1）包括电力不足模式、调制解调器初始化和 RUN 端子输入等项目。它们的含义分别如下，电力不足模式：当可编程控制器 FX_{2N}、FX_{2NC}、FX_{3UC} 无存储备份电池时设置此项；调制解调器初始化：设置 FX_{1S}、FX_{1N}、FX_{2N}、FX_{1NC}、FX_{2NC}、FX_{3UC} 可编程控制器进行远程访问情况下的调制解调器的初始化指令；RUN 端子输入：在将 FX_{1S}、FX_{1N}、FX_{2N}、FX_{1NC}、FX_{2NC}、FX_{3UC} 可编程控制器的输入（X）作为外部 RUN/STOP 端子使用时，设置其输入编号。

6)PLC 系统（2）（FX_{1S}、FX_{1N}、FX_{2N}、FX_{1NC}、FX_{2NC}、FX_{3UC}）。PLC 系统（2）包括协议、数据长度、奇偶性、停止位、传输速率、终端、控制线、H/W 类型、控制模式传送控制顺序、站号设置和超时判定时间等项目。它们的含义分别如下，协议：设置通信协议；数据长度：设置数据长度；奇偶性：设置奇偶性；停止位：设置停止位；传输速率：设置传送速度；起始：设置帧头；终端：将结尾设为有效的情况下进行此设置；控制线：将控制线设为有效的情况下进行此设置；H/W 类型：对普通/RS-232 或者 RS-485 进行选择；控制模式：设置控制模式的内容；总数检查：在附加和检验的情况下进行此设置；传送控制顺序：对形式 1/形式 4 进行选择；站号设置：设置站号；超时判定时间：设置超时时间。

(3) PLC 参数设置画面说明。"读取 PLC 数据"按钮的位置在"PLC 参数"→"I/O 分配"选项卡。

对于 Q 系列，在可编程控制器 CPU 中即使存在参数文件也将读取实际安装状态。在 GX-Developer 中对模块型号、起始 X/Y、基板型号、电源模块型号、扩展电缆型号、插槽数进行设置时，数据将被删除。在 GX-Developer 中设置参数时，将显示是否替换参数数据的对话框。

对于 QnA 系列，在可编程控制器 CPU 中存在参数文件时，则读取参数文件。

在可编程控制器 CPU 中不存在参数文件时（读取实际安装），删除可编程控制器 CPU 的参数文件后，对可编程控制器 CPU 进行 RESET→RUN，然后读出 PLC 数据。在 GX-Developer 中设置模块型号、起始 X/Y、基板、电源模块、扩展电缆时，数据将被删除。

2. 网络参数设置

(1) 各系列网络参数设置。如果需要进行 PLC 的网络连接，可根据实际需要设置网络参数。各系列的网络参数设置项目见表 3-12。

(2) 网络参数设置项目示例（Q 系列）。各系列的网络参数项目各不相同。QCPU 网络参数项目，在远程 I/O 站工程中，只能设置以太网、CC-Link；对于 MELSECNET/H（多任务远程控制）、MELSECNET/H（多任务远程子站），只能选择过程 CPU。

表 3-12　　　　　　　　　　　各系列网络参数设置项目

项目	A			QnA	Q	
	AnNCPU	AnACPU	ANUCPUQCPU（A 模式）		CPU	远程 I/O
MELSECNET	○	○	○	○	—	—
MELSECNET II	—	○	○	○	—	—
MELSECNET/10	—	—	○	○	○	—
MELSECNET/H	—	—	—	—	○	—
MELSECNET/MINI	—	○	○	○	—	—
CC-Link	—	—	—	○	○	○
以太网	—	—	—	○	○	○

注　"○"代表可以设置；"—"代表无设置项目。

1）MELSECNET/10、MELSECNET/H。网络设置项目主要包括网络类型［设置 MELSECNET/H 模式、MELSECNET/10 模式、MELSECNET/H（多重远程主站）、MELSECNET/H（多重远程子站）］、起始 I/O 号（设置起始站号）、网络号（设置网络号）、总（从）站数［设置总（从）站数］、组号（设置组号）、模式（设置模式）、网络分配范围（包括 I/O 主站指定、预约站指定、平均分配、同点分配、辅助设置、固有参数）、刷新参数（设置刷新参数）、中断设置［设置软元件代码、检测方法、中断条件、中断（SI）号等］和冗余设置（设置 B 系统的模式）等。

2）MELSECNET/10-远程 I/O。网络设置项目主要包括网络类型［指定为 MELSECNET/H（远程控制）］、起始 I/O 号（设置起始 I/O 号）、网络号（设置网络号）、总（从）站数［设置总（从）站数］、模式（设置模式）、网络分配范围［共用参数，包括预约站指定（对预约站进行指定）、平均分配（用于设置将链接软元件点数平均分配至所有指定站）、辅助设置（设置恒定链接扫描、一个扫描周期内最大的重新链接站数）］、刷新参数（设置刷新参数）和中断参数［设置软元件代码、检测方法、中断条件、中断（SI）号等］。

3）CC-Link。网络项目主要包括模块数设置、起始 I/O 号、操作设置、类型、数据链接类型、模式设置、总链接数、远程输入（RX）刷新软元件、远程输出（RY）刷新软元件、远程寄存器（RWr）刷新软元件和远程寄存器（RWw）刷新软元件等。

4）以太网。网络设置项目主要包括网络类型（指定为以太网）、起始 I/O 号（设置起始 I/O 号）、网络号（设置网络号）、总（从）站数［设置总（从）站数］、组号（设置组号）、站号（设置站号）、模式（设置模式）、操作设置（设置通信数据格式、初始时间、IP 地址等）、开放设置（设置开放）、站号 IP 关联信息（设置站号 IP 关联信息方式、网络掩码、模式等）、FTP 参数（设置登录名、口令、输入指令监视计时器、PLC 监视计时器）、电子邮件［全部设置（设置口令、邮件地址）、邮件服务器名（设置 SMTP 服务器、IP 地址）、发信设置（设置 SMTP 服务器、IP 地址）、收信设置（设置 POP 服务器、IP 地址）、发信地址设置（设置邮件地址）、新邮件达到通知设置（设置条件软元件、监视条件等）］、中断设置［设置软元件代码、检测方法、中断条件、中断（SI）号等］和冗余设置（设置 B 系统、通信异常是系统切换请求等）。

3.14.1.5 程序的运行与监控

1. 程序的写入和读取

使用专用通信电缆 SC-09 或其他通信方式将个人计算机与 PLC（不作声明外，均以 FX 系列小型机为例）相连，再将 PLC 通电，并将 PLC 运行开关置于"停止"（STOP）位置，以便程序的写入（下载）。

（1）程序的写入（下载）。程序的写入（下载）具体操作步骤：用 GX-Developer 打开一个的保存工程或者新建一个工程，用梯形图或其他编程语言已经编辑好。单击菜单栏的"在线"菜单，再单击"PLC 写入（W）…"，或者单击工具栏中的 命令按钮，弹出"PLC 写入"对话框，如图 3-42 所示。选择要写入的运行内容（程序＋参数/选择所有），选择写入的步数；如果是第一次写入程序，还需要设定传输设置，以设置 PLC 的通信接口、模块或其他站，再进行通信测试；测试完毕后，进行系统构成的核实；最后单击"执行"，选择是否执行写入。

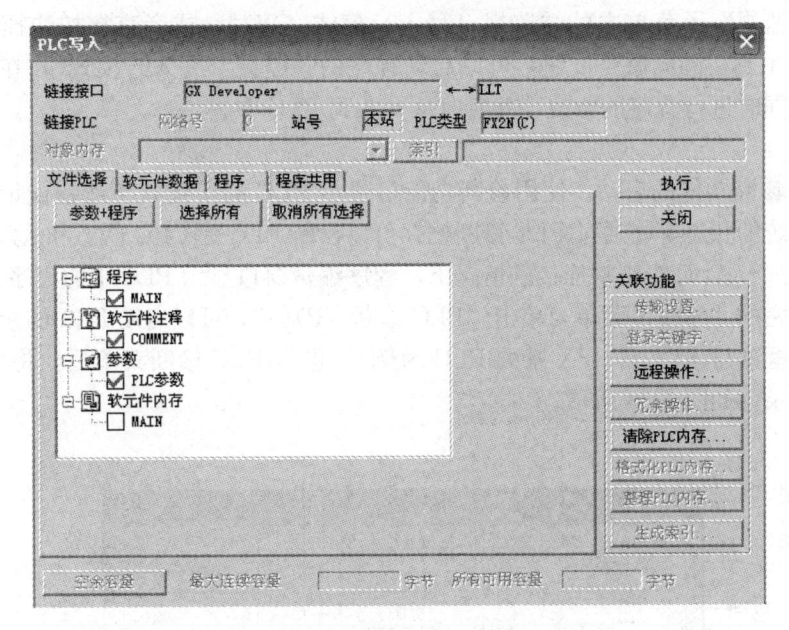

图 3-42 程序写入对话框

（2）程序的读取（上载）。为了程序的查证校对，可以从 PLC 将现有程序读取（上载）到个人计算机中来。具体操作步骤：进入 GX-Developer 软件开发环境，打开一个空白窗口。

选择菜单栏的"在线"菜单，单击"PLC 读取（R）…"，或者点击工具栏的 命令按钮，可将现有的程序读取，操作步骤：单击 PLC 读取菜单或工具命令按钮后，选择 PLC 的机型系列；进行通信设置，这一步同上面的 PLC 写入中通信设置是相似的；选择需要读取的内容（程序＋参数/选择所有）；读取程序步数不可设定，为默认值；最后单击"执行"，选择是否进行读取，若选择"是"则 PLC 的程序将读取到个人计算机中来。

2. 程序在线监控、调试和测试

（1）程序的监控。单击菜单栏的"在线"菜单，单击"监视"中的"监视模式（M）…"，或者直接按 F3，或者单击工具栏的 命令按钮，可以启动程序的监视。通过监视状态窗口，开始进入监视模式。我们可以看到运行中的程序，接通的触点显示为蓝色导通状态，通电的线圈显示为蓝色通电状态,计数器和定时器则显示其运行的数字。

另外,监视状态栏中可以显示监视对象 PLC CPU 的最大扫描时间,PLC CPU 的运行状态(RUN 或者 STOP)和监视实行状态(监视进行中为闪烁)。

(2)程序的调试(强制输入/输出功能)。利用程序的调试可将创建的程序写入 PLC 的 CPU 内,通过软元件测试来调试程序。具体步骤介绍如下:

选择菜单栏的"在线"菜单,选择单击"调试"子菜单中的"软元件测试(D)…",或者使用快捷键"Alt+1",可进入调试状态。

进入调试状态后,在软元件列表框中选择需要调试的软元件,单击"强制 ON",或者"强制 OFF",或者"强制 ON/OFF 取反",观察软元件的运行状态,以检查用户程序是否正确。

在进行测试时,为了便于观察可以同时启用监视模式。

3. 在监视状态下修改梯形图

当 PLC 与个人计算机已进行通信且显示为梯形图状态时,选择菜单栏的"在线"菜单,再选择单击"监视"子菜单中的"监视(写入)模式(W)",或者直接按快捷键"Shift+F3"键,单击工具栏的■命令按钮,可以启动程序的"监视(写入)模式",在这种模式下可以在监视的同时进行程序的修改,并实时地写入到 PLC 中去。

4. PLC 诊断

(1)PLC 诊断功能的启动。使用诊断功能可显示 PLC 的出错状态或错误记录,以及通过网络检测系统的状态等。通过 PLC 诊断框,可以诊断 PLC 的 CPU 状态和故障码。

在 PLC 与个人计算机正常连接的情况下,程序编辑窗口显示 PLC 中的程序。

选择菜单栏的"诊断"菜单,单击"PLC 诊断(P)…",可以启动 PLC 的诊断功能。

(2)对话框项目说明(以 FX 系列 PLC 为例)。进入 PLC 诊断菜单后,将显示 PLC 的状态和故障记录,如图 3-43 所示。

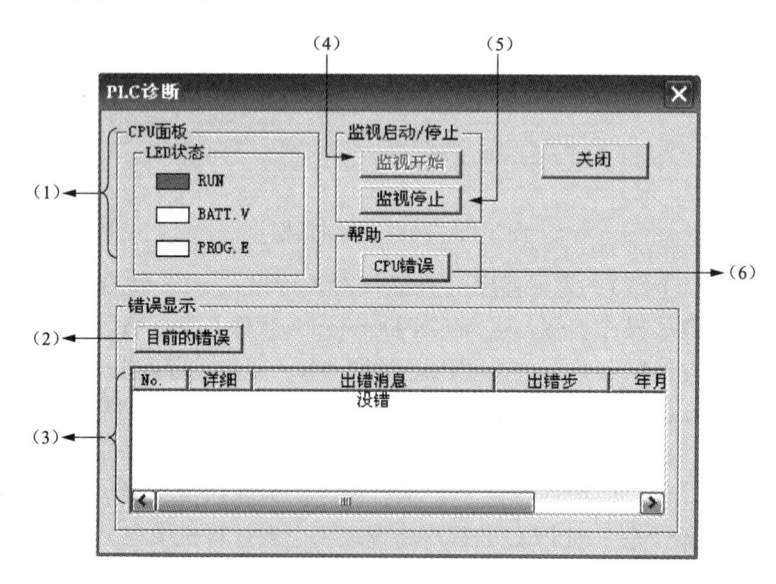

图 3-43 PLC 诊断对话框

诊断对话框项目说明:

1)CPU 面板。显示连接的可编程控制器 CPU 的状态。RUN:CPU 处于 RUN 的时候,绿灯亮。BATT.V：当内存备份用电池电压过低的时候，红灯亮。PROG.E：出错的时候（M8061、M8064、M8065、M8066 中的任意一个 ON）红灯闪烁。

2)"目前的错误"按钮。单击"目前的错误"按钮，将显示可编程控制器 CPU 内发生的错误。另外，日期时间所显示不是出错时的日期时间，而是单击该按钮的时刻。

3) 错误显示。显示当前可编程控制器 CPU 发生的错误，出错内容由出错代码和出错消息组成。

4)"监视开始"按钮。单击此按钮，开始与可编程控制器 CPU 的通信，刷新显示。

5)"监视停止"按钮。单击此按钮，与可编程控制器 CPU 通信，并保持显示内容。

6)"CPU 错误"按钮。如果当前存在错误，则可以确认出出错代码的详细内容。

3.14.2 GX-Simulator 仿真软件简介

PLC 仿真软件的功能是将事先编写好的 PLC 程序通过个人电脑虚拟 PLC 的现场运行，这样可以大大地方便程序的设计、查错和调试工作。应在安装仿真软件 GX-Simulator Ver.6 之前，事先安装好编程软件 GX-Developer，还应注意仿真软件和编程软件的版本需要互相兼容。例如，可以在安装 GX-Developer 8.26 或 8.34 版本的编程软件之后再安装仿真软件 GX-Simulator Ver.6。安装好编程软件和仿真软件后，仿真软件将被集成到编程软件 GX-Developer 中，其实仿真软件 GX-Simulator 就相当于编程软件 GX-Developer 的一个插件或软件包。

1. 启动 GX-Simulator Ver.6

启动 GX-Simulator 后可把 GX-Developer 编写的程序写入 GX-Simulator 内，程序在 GX-Simulator 的写入是自动进行的。启动 GX-Simulator 的操作步骤：

（1）启动 GX-Developer，新建或者打开一个已有工程。

（2）点击菜单栏的"工具"→"梯形图逻辑测试起动（L）"菜单项，或者单击工具栏的命令按钮▦，将启动 GX-Simulator 的梯形图逻辑测试功能，如图 3-44 所示。

1) 通过工具栏菜单启动 GX-Simulator。

2) 启动 GX-Simulator 后，程序将模拟写入 PLC 中。

3) 启动完成后，运行指示灯将变为黄色。

2. 监视程序和软元件

启动 GX-Simulator 后，可以通过单击"在线"→"调试"→"软件元件测试"，强制一些软元件为 ON，以便接通程序的运行信号启动 PLC 程序的模拟运行。

通过单击"梯形图逻辑测试工具"→"菜单启动"→"软元件内存监视（DEVICE MEMORY MONITOR）"，可以监视相关软元件的通/断状态，也可以通过单击"在线"→"监视"→"软元件批量"/"软元件登录"来监视这些软元件的状态。

仿真软件的梯形图逻辑测试功能提供了一种离线逻辑测试 PLC 程序运行的方法。需要说明的是，这种测试方法能够处理 FX 系列、A 系列、Q 系列的大部分指令。例如，FX 系列，除了应用指令 FNC03、FNC04、FNC05、FNC07 以及 FNC70~75、FNC77、FNC80、FNC81 和 FNC84~88 等不能处理外，其他指令都可处理；A 系列除了中断指令、FROM、TO、PRC、LRDP、LWTP、RFRP、RTOP 等指令不能处理外，其他大部分指令也都可处理。但是，必须指出的是，程序逻辑测试的方法只是一种调试的辅助方法、手段，它不能代替在 PLC 在现场的实际调试和试运行。

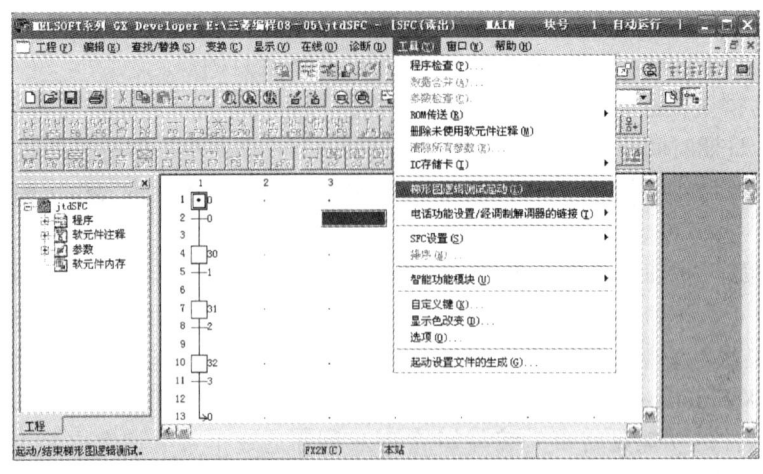

(a) 启动 GX-Simulator

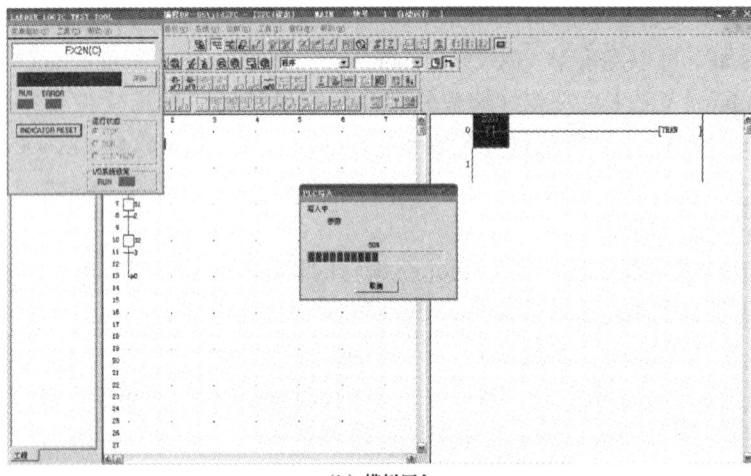

(b) 模拟写入

(c) 运行情况

图 3-44 GX-Simulator 的启动

第4章 组态软件介绍及应用

4.1 组态软件介绍

1. 组态软件特点

组态就是用应用软件中提供的工具、方法,完成工程中某一具体任务的过程。组态软件是指一些数据采集与过程控制的专用软件,它们是处于自动控制系统监控层一级的软件平台和开发环境,使用灵活的组态方式,为用户提供快速构建工业自动控制系统监控功能、通用层次的软件工具。组态软件应该能支持各种工控设备和常见的通信协议,并且通常应提供分布式数据管理和网络功能。

随着技术的发展,监控组态软件将会不断被赋予新的内容。因此,组态软件是一种为适应工业自动化控制需要,针对工业控制过程中的数据采集、数据处理、图像显示、工程控制、程序管理等而开发的多功能系统软件包。它也是伴随着分布式控制系统(distributed control system,DCS)及计算机控制技术、网络技术的日趋成熟而发展起来的。组态软件是 SCADA 的软件平台工具,是工业应用软件的一个组成部分。几乎所有运行于 32 位 Windows 平台的组态软件都采用类似资源浏览器的窗口结构,并对工业控制系统中的各种资源(设备、标签量、画面等)进行配置和编辑、处理数据报警及系统报警、提供多种数据驱动程序、各类报表的生成和打印输出、使用脚本语言提供二次开发的功能、储存历史数据并支持历史数据的查询等。

由于组态软件提供良好的 HMI 设计、报警和报表处理、实时历史数据处理等功能,因此在冶金、石油、化工、电力、水处理、制冷、机械制造和交通管理等控制领域得到了广泛的应用。

2. 国外厂商

目前,在国内市场组态软件相当一部分份额为国外专业厂商所占领,主要有以下的几种组态软件:

(1) InTouch。美国 Wonderware 的 InTouch 软件是最早进入我国的组态软件。在 20 世纪 80 年代末、90 年代初,基于 Windows 3.1 的 InTouch 软件曾让工控业耳目一新,并且 InTouch 提供了丰富的图库。但是,早期的 InTouch 软件采用 DDE 方式与驱动程序通信,性能较差,最新的 InTouch7.0 版已经完全基于 32 位的 Windows 平台,并提供了 OPC 技术支持。

(2) Fix。Intellution 公司以 Fix 组态软件起家,Fix6.x 软件提供了工控人员熟悉的概念和操作界面,并提供完备的驱动程序。其最新产品命名为 IFix,在 IFix 中 Interllution 提供了强大的组态功能,并在内部集成了微软的 VBA 脚本语言的开发环境。Intellution 是 OPC 组织的发起成员之一。

(3) WinCC。德国 Simens 公司的 WinCC 组态软件也提供了一套完备的组态开发环境。

Simens 公司提供类 C 语言的脚本，包括一个调试环境。WinCC 内嵌了 OPC 支持，并可对分布式系统进行组态。但是，WinCC 的组态结构较为复杂。

（4）Citech。澳大利亚 Cit 公司的 Citech 也是较早进入中国市场的组态产品。Citech 具有简洁的操作方式，但其操作方式更多的是面向程序员，而不是工控用户。Citech 的脚本语言并非是面向对象的，而是类似于 C 语言，这无疑为用户进行二次开发增加了难度。

（5）RSView32。美国 Rockwell 公司生产的标准 PC 平台上的 RSView32 组态软件，是以 MFC（微软基础类库）、COM（元件对象）技术为基础的、运行于 Microsoft Windows 9X、Windows NT 环境下的 HMI 软件包。

3. 国内厂商

目前，国产组态软件产品逐渐被市场接受。在市场上应用的比较成功的国产组态软件有 KingView（组态王）、MCGS、紫金桥、开物、力控等。

（1）北京亚控公司的组态王。北京亚控公司是国内第一家较有影响的组态软件开发公司。它开发的组态王组态软件是运行于 Microsoft Windows 98/2000/NT 平台的中文界面的人机界面软件，采用了多线程、COM 组件等新技术，实现了实时多任务和软件的运行可靠。Touch View 是"组态王"软件的实时运行环境，它从设备中采集数据，并存于实时数据库中，还负责把数据的变化以动画的形式形象地表示出来，同时可以完成变量报警、操作记录、趋势曲线等监视功能，并按实际需求记录在历史数据库中。趋势曲线、工程记录、安全防范等重要功能都有简洁的操作方法。"组态王"软件以其可靠性高、通信速度快、功能强大、界面友好和开发简单方便等优点而得到了广泛的应用。它提供了脚本语言的支持，COM 技术的支持，OPC 技术支持，另外还提供了大量的驱动程序供用户使用。

（2）北京昆仑通态公司的 MCGS。北京昆仑通态成功推出了 MCGS 组态软件的三大系列产品，分别是 MCGS 通用版组态软件、MCGS 网络版组态软件和 MCGS 嵌入版组态软件。MCGS 工控组态软件功能全面、应用灵活，提供从设备驱动、流程控制到数据处理、动画及报表显示、报警输出等一套完整的系统软件，并且具有开放性结构，用户可以挂接自己的应用程序模块，具有良好的通用性和可维护性。系统是真正的 32 位、多任务应用系统，支持 Windows 的多任务技术，有效地优化了计算机资源，打印任务作为一个独立工作运行于后台，实现多任务的并行处理。

（3）哈尔滨华富公司的 ControX（开物）。华富计算机公司的 ControX2000 是全 32 位的组态开发平台，为工控用户提供了强大的实时曲线、历史曲线、报警、数据报表及报告功能。作为国内最早加入 OPC 组织的软件开发商，ControX 内建 OPC 支持，并提供数十种高性能驱动程序。提供面向对象的脚本语言编译器，支持 ActiveX 组件和插件的即插即用，并支持通过 ODBC 连接外部数据库。ControX 同时提供网络支持和 WebServer 功能。

（4）大庆三维公司的 ForceControl（力控）。从时间上来说，力控也是国内较早出现的组态软件之一。大约在 1993 年左右，力控就形成了它的第一个版本，只是当时它还是一个基于 DOS 和 VMS 的版本。后来随着 Windows 3.1 的流行，又开发了 16 位的 Windows 版的力控。32 位 Windows 下的 1.0 版的力控，其最大的特征之一就是其基于真正意义的分布式实时数据库的三层结构，而且其实时数据库结构成为可组态的"活结构"。

国产的组态软件具有较强的价格竞争优势，但在软件的可靠性、商品化程度上还有待提高。

下面就以组态王组态软件为例，简要介绍通过组态软件设计一个人机界面的方法及步骤。

4.2 组态王组态软件应用

组态王 KingView 是运行于 Microsoft Windows 98/2000/NT 中文平台的中文界面的人机界面软件，采用了多线程、COM 组件等新技术，实现了实时多任务，软件运行可靠。目前，组态王软件最新的版本已经到了 6.5 以上（KingView6.51、KingView6.52 和 KingView6.53）。

下面将以组态王 KingView6.5 版为例，介绍其组态的一般过程。

1. 新建组态王工程的一般过程

创建一个组态王新工程的一般过程如下：

(1) 设计图形界面（定义画面）。
(2) 定义 I/O 设备。
(3) 构造数据库（定义变量）。
(4) 建立动画连接。
(5) 运行和调试。

应说明的是，这五个步骤并不是完全独立的，事实上，(1)～(4) 这四个部分常常是交错进行的。在用组态王画面开发系统编制工程时，依照此过程需要考虑三个方面：

(1) 图形。设计人员希望怎样的图形画面？也就是怎样用抽象的图形画面来模拟实际的工业现场和相应的工控设备。

(2) 数据。怎样用数据来描述工控对象的各种属性？也就是创建一个具体的数据库，此数据库中的变量反映了工控对象的各种属性，比如电梯指示灯，开关门、楼层显示等。

(3) 连接。数据和图形画面中的图素的连接关系是什么？也就是画面上的图素以怎样的动画来模拟现场设备的运行，以及怎样让操作者输入控制设备的指令。

2. 组态软件的一般设计步骤

根据上述组态的一般过程，根据系统设计的实际需要，可按照以下步骤进行监控系统的设计：

(1) 将所有的 I/O 触点的参数收集齐全，并填写表格，以备在监控组态软件和 PLC 上组态时使用。

(2) 明确所使用 I/O 设备的生产商、种类、型号，使用的通信接口类型，采用的通信协议，以便在定义 I/O 设备时做出准确选择。

(3) 将所有的 I/O 点的 I/O 标识整理齐全，并填写表格。I/O 标识是唯一确定一个 I/O 点的关键字，组态软件通过向 I/O 设备发出 I/O 标识来请求相应的数据。在大多数情况下，I/O 标识是 I/O 点的地址或位号名称。

(4) 根据工艺过程绘制、设计画面结构和画面草图。

(5) 按照第 (1) 步统计出的表格，建立实时数据库，正确组态各种变量参数。

(6) 根据第 (1) 步和第 (3) 步的统计结果，在实时数据库中建立实时数据库变量与 I/O 点的一一对应关系，即定义数据连接。

(7) 根据第（4）步的画面结构和画面草图，组态每一幅静态的操作画面（主要是绘图）。

(8) 将操作画面的图形对象与实时数据库变量建立动画连接关系，规定动画属性和幅度。

(9) 对组态内容进行分段和总体调试。

(10) 系统投入运行。

3. 组态王软件使用操作简介

（1）建立组态王新工程。按照组态设计步骤就可以进行一个控制系统组态软件的设计了，下面以交通信号灯控制系统为例介绍其上位机监控组态软件设计的简要过程。

要建立新的组态王工程，应首先为工程指定工作目录（或称"工程路径"）。"组态王"用工作目录标识工程，不同的工程应置于不同的目录。工作目录下的文件由"组态王"自动管理。启动"组态王"工程管理器，如图4-1所示。

图4-1 启动"组态王"工程管理器

选择菜单"文件"→"新建工程"或单击"新建"按钮，弹出新建工程向导对话框，如图4-2所示。

在弹出的对话框中单击"下一步"继续。弹出"新建工程向导之二对话框"，如图4-3所示。

图4-2 新建工程向导之一

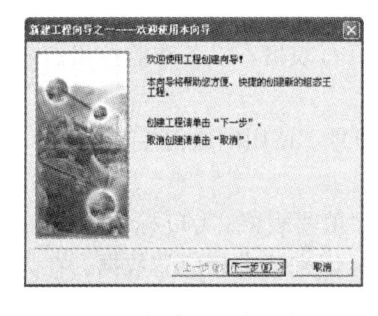

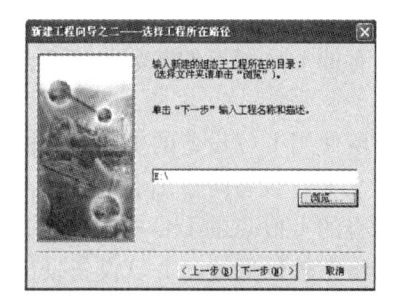

图4-3 新建工程向导之二

在工程路径文本框中输入一个有效的工程路径，或单击"浏览…"按钮，在弹出的路径选择对话框中选择一个有效的路径。单击"下一步"继续，弹出"新建工程向导之三对话框"，如图4-4所示。

第4章 组态软件介绍及应用

在工程名称文本框中输入工程的名称,"十字路口交通灯监控系统",单击"完成"完成工程的新建。

(2) 创建组态画面。进入组态王开发系统后,就可以为每个工程建立数目不限的画面,在每个画面上生成互相关联的静态或动态图形对象。这些画面都是由"组态王"提供的类型丰富的图形对象组成的。系统为用户提供了矩形(圆角矩形)、直线、椭圆(圆)、扇形(圆弧)、点位图、多边形(多边线)、文本等基本图形对象以及按钮、趋势曲线窗口、报警窗口、报表等复杂的图

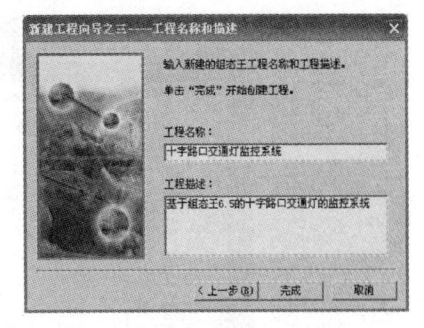

图 4-4 新建工程向导之三

形对象。提供了对图形对象在窗口内任意移动、缩放、改变形状、复制、删除、对齐等编辑操作,全面支持键盘、鼠标绘图,并可提供对图形对象的颜色、线型、填充属性进行改变的操作工具。

"组态王"采用面向对象的编程技术,使用户可以方便地建立画面的图形界面。用户构图时可以像搭积木那样利用系统提供的图形对象完成画面的生成。同时支持画面之间的图形对象复制,可重复使用以前的开发结果。

图形界面用来监控现场的工况,"组态王"提供了丰富的图形制作工具,而且还有丰富的图库供选择。

进入新建的组态王工程,选择工程浏览器左侧大纲项"文件"→"画面",在工程浏览器右侧用鼠标左键双击"新建"图标,弹出对话框。在"画面名称"处输入新的画面名称,"交通灯监控系统",如图 4-5 所示。

然后,单击"确定"按钮进入内嵌的组态王画面开发,如图 4-6 所示。

图 4-5 新画面对话框

图 4-6 组态王开发系统

在组态王开发系统中从"工具箱"中分别选择所需工具绘制交通灯监控画面的各个图素。此外组态王 6.5 还提供了丰富多彩功能强大的图库,可以直接从中选择添加。选中想要的图形通过左键的拖放即可在开发系统中添加,如图 4-7 所示。

完成画面设计后,选择"文件"→"全部存"菜单项保存现有的画面。

(3) 定义 I/O 设备。组态王软件系统与最终工程人员使用的具体 PLC 的型号或现场部件无关。对于不同的硬件设施,只需为组态王配置相应的通信驱动程序即可。组态王驱动程序采用最新软件技术,使通信程序和组态王构成一个完整的系统。这种方式既保证了运行系统的高效率,也使系统能够达到很大的规模。

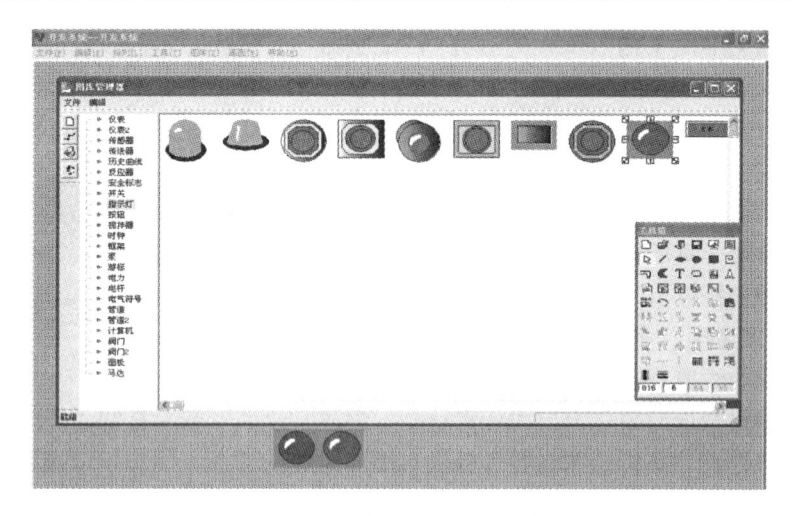

图 4-7　组态王开发系统图库

组态王支持的硬件设备主要包括 PLC、智能模块、板卡、智能仪表、变频器等。工程人员可以把每一台下位机看作一种设备，他不必关心具体的通信协议，只需要在组态王的设备库中选择设备的类型，然后按照"设备配置向导"的提示一步步完成安装即可，使驱动程序的配置更加方便。

组态王支持以下的几种通信方式：串口通信、数据采集板、DDE 通信、人机界面卡、网络模块和 OPC。

组态王把那些需要与之交换数据的硬件设备或程序统称为外部设备，这些设备一般通过串行口和上位机交换数据。其他 Windows 应用程序，一般通过 DDE 交换数据。外部设备还包括网络上的其他计算机。只有在定义了外部设备之后，组态王才能通过 I/O 变量和它们交换数据。

组态王对设备的管理是通过对逻辑设备名的管理实现的，具体讲就是每一个实际 I/O 设备都必须在组态王中指定一个唯一的逻辑名称（简称逻辑设备名，以此区别 I/O 设备生产厂家提供的实际设备名），此逻辑设备名就对应着该 I/O 设备的生产厂家、实际设备名称、设备通信方式、设备地址、与上位 PC 机的通信方式等信息内容。

组态王的设备管理结构列出已配置的与组态王通信的各种 I/O 设备名，每个设备名实际上是具体设备的逻辑名称，每一个逻辑设备名对应一个相应的驱动程序，以此与实际设备相对应。组态王的设备管理增加了驱动设备的配置向导，工程人员只要按照配置向导的提示进行相应的参数设置，选择 I/O 设备的生产厂家、设备名称、通信方式，指定设备的逻辑名称和通信地址，组态王就可以自动完成驱动程序的启动和通信。组态王采用工程浏览器界面来管理硬件设备，已配置好的设备统一列在工程浏览器界面下的设备分支。I/O 设备如图 4-8 所示。

在组态王中，具体 I/O 设备与逻辑设备名是一一对应的，有一个 I/O 设备就必须指定一个唯一的逻辑设备名，特别是设备型号完全相同的多台 I/O 设备，也要指定不同的逻辑设备名。组态王中变量、逻辑设备与实际设备对应的关系如图 4-9 所示。

另外，组态王中的 I/O 变量与具体 I/O 设备的数据交换就是通过逻辑设备名来实现的，当工程人员在组态王中定义 I/O 变量属性时，就要指定与该 I/O 变量进行数据交换的逻辑设备名，一个逻辑设备可与多个 I/O 变量对应。I/O 变量与逻辑设备名之间的关系如图 4-10 所示。

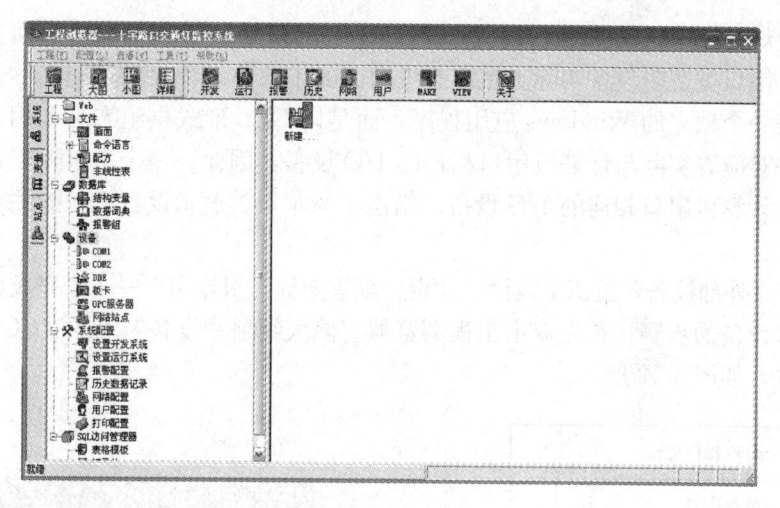

图 4-8　I/O 设备

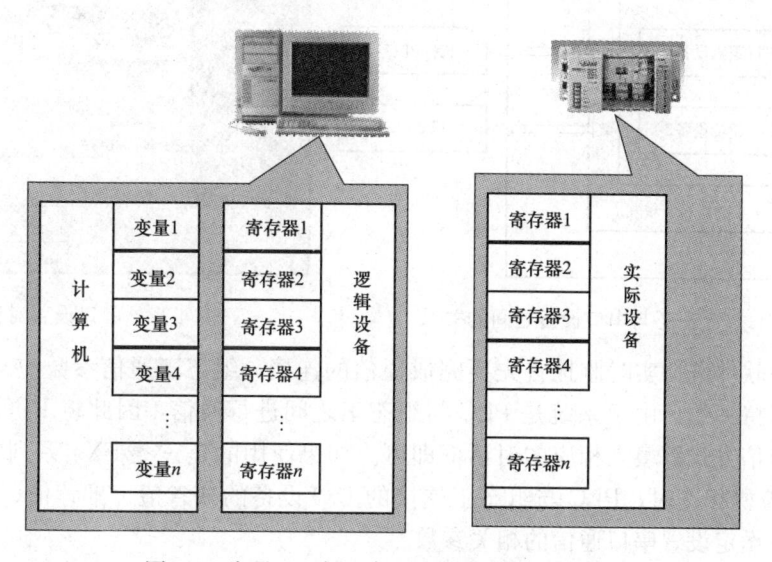

图 4-9　变量、逻辑设备与实际设备的对应关系

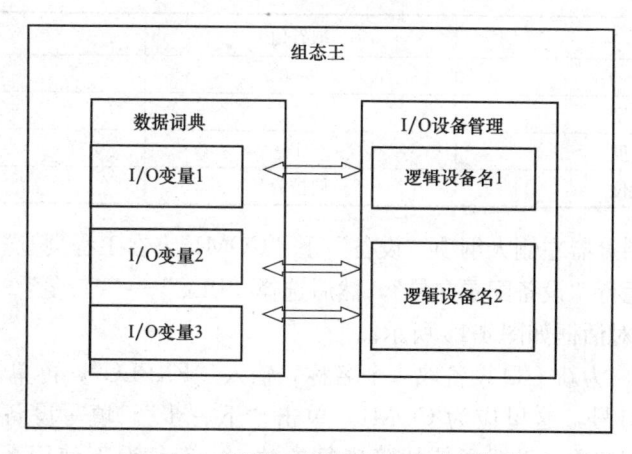

图 4-10　变量与逻辑设备间的对应关系

由于交通灯监控系统是使用 FX 系列 PLC 的 RS-232 串行口通信的，下面着重介绍串口类逻辑设备。串口类逻辑设备实际上是组态王内嵌的串口驱动程序的逻辑名称。内嵌的串口驱动程序不是一个独立的 Windows 应用程序，而是以 DLL 形式供组态王调用，这种内嵌的串口驱动程序对应着实际与计算机串口相连的 I/O 设备，因此，一个串口逻辑设备也就代表了一个实际与计算机串口相连的 I/O 设备。组态王与串口类逻辑设备之间的关系，如图 4-11 所示。

为方便定义外部设备，组态王设计了"设备配置向导"引导用户一步步完成设备的连接。

设置串口设备的步骤：首先双击工程浏览器左侧大纲项"设备"下的"COM1"，弹出串口设置对话框，如图 4-12 所示。

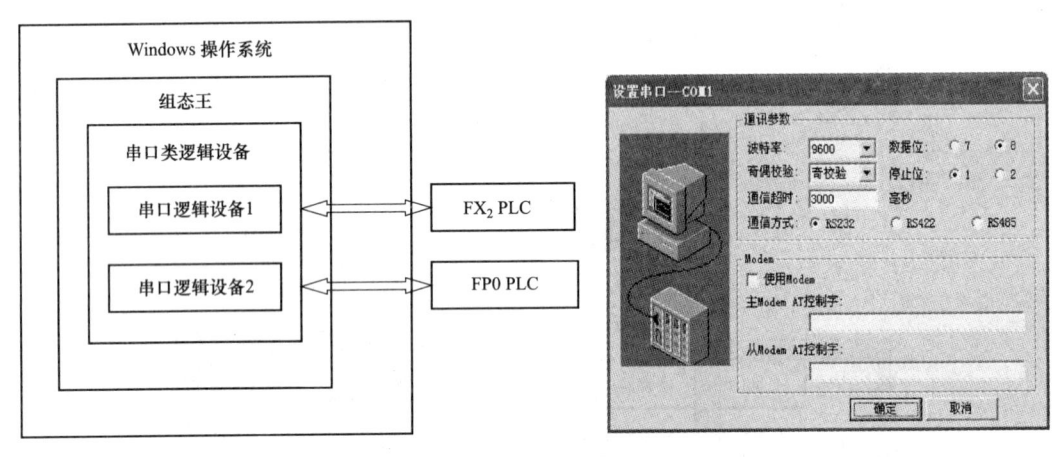

图 4-11　组态王与串口设备之间的关系　　　图 4-12　串口设置对话框

要用组态软件进行实时监控首先要完成通信的连接，组态王通信参数应与 PLC 侧的通信参数设置保持一致。由于系统是 PLC 与组态王之间进行通信，因此将 PLC 的生产厂家、设备名称、通信方式等填入相应的对话框即可。如果使用的是三菱 FX$_{2N}$ 系列的 PLC，使用 RS-232 与上位机相连时，PLC 与组态王连接的 I/O 设备的缺省值、推荐值。按照表 4-1 中的"推荐值"设定设置串口通信的相关参数。

表 4-1　　　　　　　　　　　I/O 设 备 的 通 信 参 数

设置项	缺省值	推荐值
波特率	9600	9600
数据位长度	7	7
停止位长度	1	1
奇偶校验位	偶校验	奇校验

然后选择工程浏览器左侧大纲项"设备"下"COM1"，在工程浏览器的右侧鼠标左键双击"新建"图标，运行"设备配置向导"，然后选择"PLC"→"三菱"→"FX$_2$"→"编程口"，设备配置向导对话框如图 4-13 所示。

单击"下一步"，为新 I/O 设备取一个名称，输入"FXPLC"，再单击"下一步"，还要为设备选择连接串口号，这里应为 COM1，单击"下一步"。填写设备地址为"0"，单击"下一步"，设置通信参数（设置通信故障恢复参数，一般情况下使用系统默认设置即可），单击"下一步",弹出"设备安装向导信息总结",如图 4-14 所示。检查各项设置是否正确,确认无误后,单击"完成"。设备定义完成后,可以在工程浏览器的右侧看到新建的外部设备"FXPLC"。在定义数据库变量时,只要把 I/O 变量连接到这台设备上,就可以和组态王交换数据了。

图 4-13 设备配置向导对话框　　　　图 4-14 设备配安装向导-信息总结

（4）构造数据库。数据库是"组态王"软件的核心部分,工业现场的生产状况要以动画的形式实时反映在屏幕上,操作者在计算机前发布的指令也要实时送达生产现场,所以说数据库是联系上位机和下位机的桥梁。在 TouchView 运行时,它含有全部数据变量的当前值。变量在画面制作系统组态王画面开发系统中定义,定义时要指定变量名和变量类型,某些类型的变量还需要一些附加信息。数据库中变量的集合形象地称为"数据词典",数据词典记录了所有用户可使用的数据变量的详细信息。

选择工程浏览器左侧大纲项"数据库"→"数据词典",在工程浏览器右侧用鼠标左键双击"新建"图标,弹出"变量属性"对话框,如图 4-15 所示。

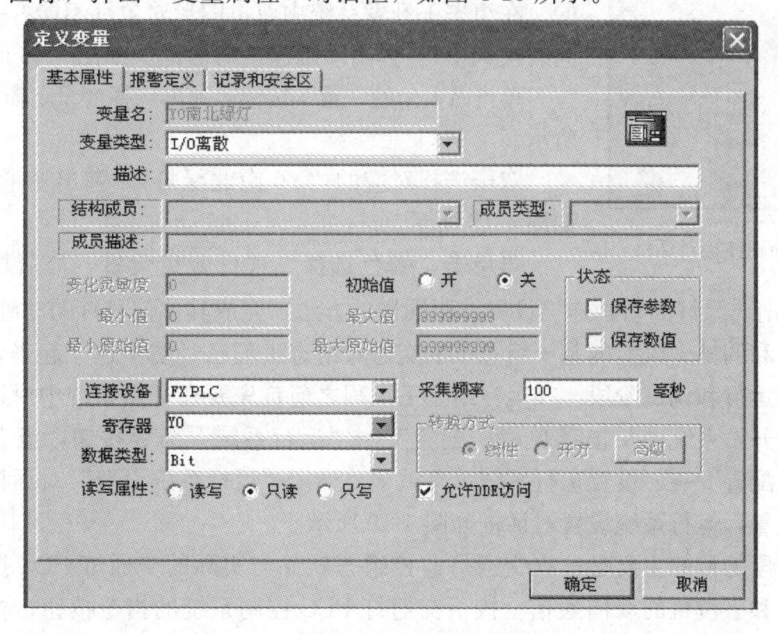

图 4-15 变量属性对话框

此对话框可以对数据变量完成定义、修改等操作，以及数据库的管理工作。根据十字路口交通灯控制系统的 I/O 分配表，可以定义出各个变量。

（5）建立动画连接。图形界面只是一副静态画面，要想用它来反映监控系统的动态运行状况，还要定义动画连接。

动画连接的引入是设计人机接口的一次突破，它把工程人员从重复的图形编程中解放出来，为工程人员提供了标准的工业控制图形界面，并且由可编程的命令语言连接来增强图形界面的功能。图形对象与变量之间有丰富的连接类型，给工程人员设计图形界面提供了极大的方便。"组态王"系统还为部分动画连接的图形对象设置了访问权限，这对于保障系统的安全具有重要的意义。

图形对象可以按动画连接的要求改变颜色、尺寸、位置、填充百分数等，一个图形对象又可以同时定义多个连接，把这些动画连接组合起来，应用程序将呈现出令人难以想象的图形动画效果。

组态王提供了几种常用动画连接方式，见表 4-2。

表 4-2　　　　　　　　　　组态王提供的动画连接方式

属性变化	线属性变化、填充属性变化、文本色变化
位置与大小变化	填充、缩放、旋转、水平移动、垂直移动
值输出	模拟值输出、离散值输出、字符串输出
值输入	模拟值输入、离散值输入、字符串输入
特殊	闪烁、隐含
滑动杆输入	水平、垂直
命令语言	按下时、弹起时、按住时

图 4-16　动画连接对话框

给图形对象定义动画连接是在"动画连接"对话框中进行的。在组态王开发系统中双击图形对象（不能有多个图形对象同时被选中），弹出动画连接对话框，如图 4-16 所示。

单击右上角的"▨"按钮，弹出选择变量名窗口，如图 4-17 所示。

双击选择对应的"Y0 南北绿灯"，弹出变量连接对话框，如图 4-18 所示。

再单击"颜色选择"进行颜色设置，最后按"确定"按钮，完成 Y0 南北绿灯的动画连接设置。用同样的方法，完成其他信号灯的动画连接设置。

（6）运行和调试。以上的基于组态王的交通灯组态工程已经初步建立起来，下面就可以进入到软件的运行和调试阶段。在运行组态王工程之前首先要在开发系统中对运行系统环境进行配置。在开发系统中单击菜单栏"配置"→"运行系统"命令按钮，或者"工程浏览器"→"系统配置"→"设置运行系统"菜单项，弹出"运行系统设置"对话框。根据需要选择相应的设置，运行系统设置对话框如图 4-19 所示。

在这个阶段的目的主要是检查交通灯监控组态软件与实际的交通灯 PLC 控制系统间能否实现上位机和下位机的双向通信。按下交通灯 PLC 控制系统的指令按钮，检查上位机组态人机界面中的各按钮的状态和交通信号灯运行的状态，在组态监控画面上动画是否有动态

图 4-17 选择变量名

图 4-18 变量连接对话框   图 4-19 运行系统设置对话框

的变化。另一方面，在组态监控画面上操作指令按钮，查看交通灯 PLC 控制系统运行的状态是否能和按下交通灯 PLC 控制系统的外接按钮一样进行控制，并且动态显示在组态监控画面上。

配置好运行系统之后，就可以启动运行系统环境了。在组态王开发系统中选择"文件"→"切换到 View"菜单项，进入组态王运行系统环境。在运行环境中选择"画面"→"打开"，从"打开画面"窗口选择"十字路口交通灯监控系统"画面。显示出组态王运行系统画面，如图 4-20 所示。可以看到设计的交通灯组态人机界面启动后的动态变化。

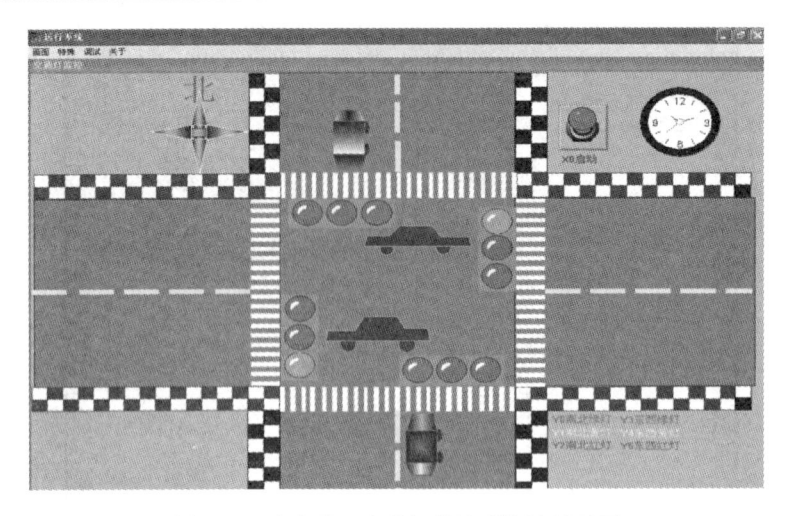

图 4-20 十字路口交通灯监控系统运行画面

第 5 章 触摸屏简介及应用

5.1 触摸屏的种类与原理

触摸屏的基本原理是用手指或其他物体触摸安装在显示器前端的触摸屏时，所触摸的位置（以坐标形式）由触摸屏控制器检测，并通过接口（如 RS-232 接口）送到 CPU，从而确定输入的信息。

触摸屏系统一般包括触摸屏控制器（卡）和触摸检测装置两个部分。其中，触摸屏控制器（卡）的主要作用是从触摸点检测装置上接收触摸信息，并将它转换成触点坐标，再送给 CPU，它同时能接收 CPU 发来的命令并加以执行。触摸检测装置一般安装在显示器的前端，主要作用是检测用户的触摸位置，并传送给触摸屏控制卡。触摸屏按照工作原理和传输信息的介质，分为以下几类。

1. 电阻触摸屏

电阻触摸屏的屏体部分是一块与显示器表面相匹配的多层复合薄膜，由一层玻璃或有机玻璃作为基层，表面涂有一层透明的导电层，上面再盖有一层外表面硬化处理、光滑防刮的塑料层，它的内表面也涂有一层透明导电层，在两层导电层之间有许多细小（小于 1/1000in）的透明隔离点把它们隔开绝缘。

当手指触摸屏幕时，平常相互绝缘的两层导电层就在触摸点位置有了一个接触，因其中一面导电层接通 Y 轴方向的 5V 均匀电压场，使得侦测层的电压由零变为非零，这种接通状态被控制器侦测到后，进行 A/D 转换，并将得到的电压值与 5V 相比即可得到触摸点的 Y 轴坐标，同理得出 X 轴的坐标，这就是所有电阻技术触摸屏共同的最基本原理。电阻类触摸屏的关键在于材料科技。电阻屏根据引出线数多少，分为四线、五线、六线等多线电阻触摸屏。电阻式触摸屏在强化玻璃表面分别涂上两层 OTI 透明氧化金属导电层，最外面的一层 OTI 涂层作为导电体，第二层 OTI 则经过精密的网络附上横竖两个方向的 +5～0V 的电压场，两层 OTI 之间以细小的透明隔离点隔开。当手指接触屏幕时，两层 OTI 导电层就会出现一个接触点，电脑同时检测电压及电流，计算出触摸的位置，反应速度为 10～20ms。

电阻触摸屏是一种对外界完全隔离的工作环境，不怕灰尘和水汽，它可以用任何物体来触摸，可以用来写字画画，比较适合工业控制领域及办公室内有限人的使用。电阻触摸屏共同的缺点是因为复合薄膜的外层采用塑胶材料，不知道的人太用力或使用锐器触摸可能划伤整个触摸屏而导致报废。不过，在限度之内，划伤只会伤及外导电层，外导电层的划伤对于五线电阻触摸屏来说没有关系，而对四线电阻触摸屏来说是致命的。

2. 红外线触摸屏

采用声学和其他材料学技术的触屏都有其难以逾越的屏障，如单一传感器的受损、老化，触摸界面怕受污染、破坏性使用，维护繁杂等等问题。红外触摸屏不受电流、电压和静电干扰，适宜恶劣的环境条件，红外线技术是触摸屏产品最终的发展趋势。红外线触摸屏只要真正实现了高稳定性能和高分辨率，必将替代其他技术产品而成为触摸屏市场主流。

红外线触摸屏安装简单，只需在显示器上加上光点距架框，无须在屏幕表面加上涂层或接驳控制器。光点距架框的四边排列了红外线发射管及接收管，在屏幕表面形成一个红外线网。用户以手指触摸屏幕某一点，便会挡住经过该位置的横竖两条红外线，电脑便可即时算出触摸点的位置。任何触摸物体都可改变触点上的红外线而实现触摸屏操作。早期红外触摸屏存在分辨率低、触摸方式受限制和易受环境干扰而误动作等技术上的局限，因而一度淡出过市场。此后第二代红外屏部分解决了抗光干扰的问题，第三代和第四代在提升分辨率和稳定性能上亦有所改进，但都没有在关键指标或综合性能上有质的飞跃。第五代红外线触摸屏是全新一代的智能技术产品，它实现了 1000×720 高分辨率、多层次自调节和自恢复的硬件适应能力和高度智能化的判别识别，可长时间在各种恶劣环境下任意使用。并且可针对用户定制扩充功能，如网络控制、声感应、人体接近感应、用户软件加密保护、红外数据传输等。原来媒体宣传的红外触摸屏另外一个主要缺点是抗暴性差，其实红外屏完全可以选用任何客户认为满意的防暴玻璃而不会增加太多的成本和影响使用性能，这是其他的触摸屏所无法效仿的。

红外线式触摸屏价格便宜、安装容易、能较好地感应轻微触摸与快速触摸。但是由于红外线式触摸屏依靠红外线感应动作，外界光线变化，如阳光、室内射灯等均会影响其准确度。而且红外线式触摸屏不防水和怕污垢，任何细小的外来物都会引起误差，影响其性能，不适宜置于户外和公共场所使用。

3. 电容式触摸屏

电容式触摸屏的构造主要是在玻璃屏幕上镀一层透明的薄膜体层，再在导体层外上一块保护玻璃，双玻璃设计能彻底保护导体层及感应器。

此外，在触摸屏四边均镀上狭长的电极，在导电体内形成一个低电压交流电场。用户触摸屏幕时，由于人体电场、手指与导体层间会形成一个耦合电容，四边电极发出的电流会流向触点，而其强弱与手指及电极的距离成反比，位于触摸屏幕后的控制器便会计算电流的比例及强弱，准确算出触摸点的位置。电容触摸屏的双玻璃不但能保护导体及感应器，更有效地防止外在环境因素给触摸屏造成影响，就算屏幕沾有污秽、尘埃或油渍，电容式触摸屏依然能准确算出触摸位置。

电容触摸屏的透光率和清晰度优于四线电阻屏，当然还不能和表面声波屏和五线电阻屏相比。电容屏反光严重，而且，电容技术的四层复合触摸屏对各波长光的透光率不均匀，存在色彩失真的问题，由于光线在各层间的反射，还造成图像字符的模糊。电容屏在原理上把人体当作一个电容器元件的一个电极使用，当有导体靠近与夹层 ITO 工作面之间耦合出足够量容值的电容时，流走的电流就足够引起电容屏的误动作。电容值虽然与极间距离成反比，却与相对面积成正比，并且还与介质的绝缘系数有关。因此，当较大面积的手掌或手持的导体物靠近电容屏而不是触摸时就能引起电容屏的误动作，在潮湿的天气，这种情况尤为严重，手扶住显示器、手掌靠近显示器 7cm 以内或身体靠近显示器 15cm 以内就能引起电容屏的误动作。电容屏的另一个缺点用戴手套的手或手持不导电的物体触摸时没有反应，这是因为增加了更为绝缘的介质。电容屏更主要的缺点是漂移：当环境温度、湿度改变时，环境电场发生改变时，都会引起电容屏的漂移，造成不准确。例如，开机后显示器温度上升会造成漂移；用户触摸屏幕的同时另一只手或身体一侧靠近显示器会漂移；电容触摸屏附近较大的物体搬移后会漂移,触摸时如果有人围过来观看也会引起漂移;电容屏的漂移原因属于技术上的先天不足,环境电势面(包括用户的身体)虽然与电容触摸屏离得较远,却比手指头面积大的多,他们直接影响了触摸位置的测定。此外,理论上许多应该线性的关系实际上却是非线性,例如,体重不同或者手指湿润程度不同的人吸走的总电流量是不同的,而总电流量的变化和四个分电流量的变化是非线性的关系,电容触摸屏采用的这种四个角的自定义极坐标系还没有坐标上的原点,漂移后控制器不能察觉和恢复,而且,4 个 A/D 完成后,由四个分流量的值到触摸点在直角坐标系上的 X、Y 坐标值的计算过程复杂。由于没有原点,电容屏的漂移是累积的,在工作现场也经常需要校准。电容触摸屏最外面的矽土保护玻璃防刮擦性很好,但是怕指甲或硬物的敲击,敲出一个小洞就会伤及夹层 ITO,不管是伤及夹层 ITO 还是安装运输过程中伤及内表面 ITO 层,电容屏就不能正常工作了。

4. 表面声波触摸屏

表面声波触摸屏的触摸屏部分可以是一块平面、球面或是柱面的玻璃平板,安装在 CRT、LED、LCD 或是等离子显示器屏幕的前面。这块玻璃平板只是一块纯粹的强化玻璃,区别于别类触摸屏技术是没有任何贴膜和覆盖层。玻璃屏的左上角和右下角各固定了竖直和水平方向的超声波发射换能器,右上角则固定了两个相应的超声波接收换能器。玻璃屏的四个周边则刻有 45°角由疏到密间隔非常精密的反射条纹。

表面声波触摸屏有以下特点:

(1) 抗暴。因为表面声波触摸屏的工作面是一层看不见、打不坏的声波能量,触摸屏的基层玻璃没有任何夹层和结构应力(表面声波触摸屏可以发展到直接做在 CRT 表面从而没有任何"屏幕"),因此非常抗暴力使用,适合公共场所。

(2) 反应速度快。是所有触摸屏中反应速度最快的,使用时感觉很顺畅。

(3) 性能稳定。因为表面声波技术原理稳定,而表面声波触摸屏的控制器靠测量衰减时刻在时间轴上的位置来计算触摸位置,所以表面声波触摸屏非常稳定,精度也非常高,目前表面声波技术触摸屏的精度通常是 4096×4096×256 级力度。

(4) 自动识别。控制卡能识别什么是尘土和水滴,什么是手指,有多少在触摸。因为:我们的手指触摸在 4096×4096×256 级力度的精度下,48 次/s 的触摸数据不可能是纹丝不变的,而尘土或水滴就一点都不变,控制器发现一个"触摸"出现后纹丝不变超过 3s 即自动识别为干扰物。

(5) 具有第三轴 Z 轴,也就是压力轴响应。这是因为用户触摸屏幕的力量越大,接收信号波形上的衰减缺口也就越宽越深。目前在所有触摸屏中只有声波触摸屏具有能感知触摸压力这个性能,有了这个功能,每个触摸点就不仅仅是有触摸和无触摸的两个简单状态,而是成为能感知力的一个模拟量值的开关了。这个功能非常有用,比如,在多媒体信息查询软件中,一个按钮就能控制动画或者影像的播放速度。

表面声波触摸屏的缺点是触摸屏表面的灰尘和水滴也阻挡表面声波的传递,虽然聪明的控制卡能分辨出来,但尘土积累到一定程度,信号也就衰减得非常厉害,此时表面声波触摸屏变得迟钝甚至不工作,因此,表面声波触摸屏一方面推出防尘型触摸屏,一方面建议别忘了每年定期清洁触摸屏。

5. 近场成像触摸屏

近场成像(near field imaging,NFI)触摸屏的传感机构是中间有一层透明金属氧化物导电涂层的两块层压玻璃。在导电涂层上施加一个交流信号,从而在屏幕表面形成一个静电场。

当有手指（带不带手套均可）或其他导体接触到传感器的时候，静电场就会受到干扰。而与之配套的影像处理控制器可以探测到这个干扰信号及其位置并把相应的坐标参数传给操作系统。

近场成像触摸屏非常耐用，灵敏度很好，可以在要求非常苛刻的环境中使用，也比较适用于无人值守的公众场合，但其不足之处是价格比较贵。

5.2 威纶触摸屏的分类和 EasyBuilder8000 软件

5.2.1 威纶新一代人机界面的分类

威纶新一代嵌入式工业人机界面有 MT8000 和 MT6000 系列。通过采用不同的 CPU，可分为 T 系列、i 系列和 X 系列。他们的主要区别：T 系列采用 200MHz 32 bit RISC（精简指令集）CPU，32M 内存；i 系列采用 400MHz 32 bit Risc CPU，128M 内存；而 X 系列采用 500MHz，32 bit CISC（复杂指令集）CPU，256M 内存。由此可以看出 i 系列和 X 系列采用了更快的 CPU 和更大的内存，从而运行速度更快。而这三个系列里面，根据接口配置的不同，又可以分为 MT6000 系列通用型产品、MT8000 系列网络型产品和 MT8000 系列专业型产品。MT6000 系列通用型产品没有配备以太网口，MT8000 系列网络型产品配备有以太网口，而 MT8000X 系列称之为专业型产品，除了配备以太网口外，还配置有音频输出口等。

5.2.2 EasyBuilder8000 软件

WEINVIEW HMI（威纶人机界面）组态软件 EasyBuilder8000（简称 EB8000，后同）是台湾威纶科技公司开发的新一代人机界面软件，适用于 MT8000 和 MT6000 系列所有型号的产品。相对于以往产品，具有以下特点：

（1）支持 65536 色显示。
（2）支持 Windows 平台所有矢量字体。
（3）支持 BMP、JPG、GIF 等格式的图片。
（4）兼容 EB500 的画面程序，无须重新编程，轻松实现产品升级。
（5）支持 USB 设备，譬如 U 盘、USB 鼠标、USB 键盘、USB 打印机等。
（6）支持历史数据、故障报警等，可以保存到 U 盘或者 SD 卡里面，并且可转换为 Excel 可以打开的文件。
（7）支持 U 盘、USB 线和以太网等不同方式对 HMI 画面程序进行上下载。
（8）支持配方功能，并且可以使用 U 盘等来保存和更新配方，容量更大。
（9）支持三组串口同时连接不同协议的设备，应用更加灵活方便。
（10）支持自定义启动 Logo 的功能，且支持"垂直"安装的模式。
（11）支持市场上绝大多数的 PLC 和控制器、伺服、变频器、温控表等。
（12）支持离线模拟和在线模拟功能，极大地方便了程序的调试。
（13）强大的宏指令功能，除了常用的四则运算、逻辑判断等功能外，还可以进行三角函数、反三角函数、开平方、开三次方等运行，同时，还可以编写通信程序，与非标准协议的设备实现通讯连接。
（14）强大的以太网通信功能，除了可以与带以太网口的 PLC 等控制器通讯外，还可以实现 HMI 之间的联网，通过 Internet 或者局域网对 HMI 和与 HMI 连接的 PLC 等上下载程序，维护更加便利。

（15）支持 VNC（虚拟网络计算机）功能。只要任何有网络的地方，在 IE 浏览器里面输入需要的 IP 地址和密码，即可监视现场的 HMI 和机器的运行情况。

（16）支持视频播放功能（MT8000X 系列机器支持此功能）。

5.3 工 作 实 例

在软件安装完毕之后，通过单击 Project Manager 上的 EasyBuilder8000 这个按钮或者在计算机的"开始 \ 所有程序"下 EasyBuilder8000，如图 5-1 所示，单击 EasyBuilder8000，就可以进入 EB8000 软件的编程界面。

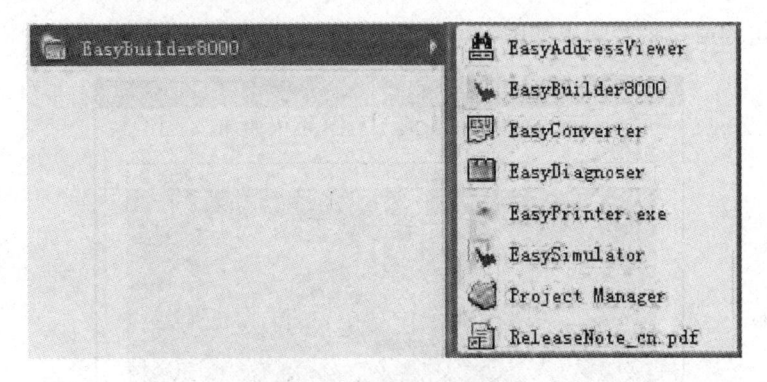

图 5-1 打开 EB8000 软件

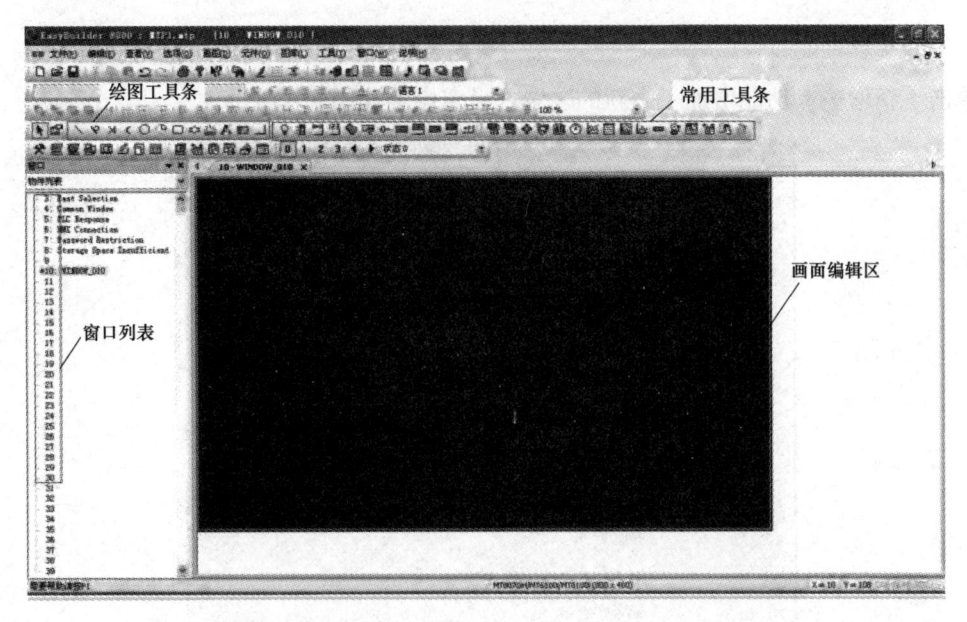

在开始编写程序前，先介绍一下 EB8000 软件的布局。EB8000 软件的结构布局如图 5-2 所示。

图 5-2 EB8000 软件的布局

以连接西门子 300 为例，说明如何制作一个简单的工程。首先按下工具列上开启新文件的工作按钮，如图 5-3 所示。

随后挑选正确的机型与显示模式，如图 5-4 所示。

图 5-3　开启新文件

图 5-4　机型选择

在按下确定键后，将会弹出如图 5-5 所示的对话框。

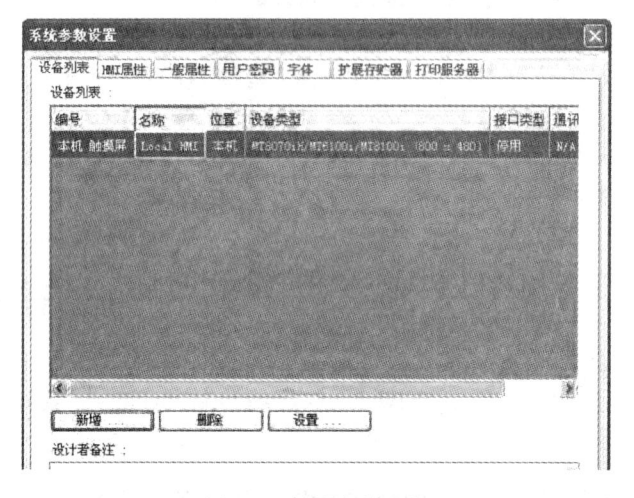

图 5-5　系统参数设定

单击［新增…］功能增加一个新的装置，设定内容如图 5-6 所示。

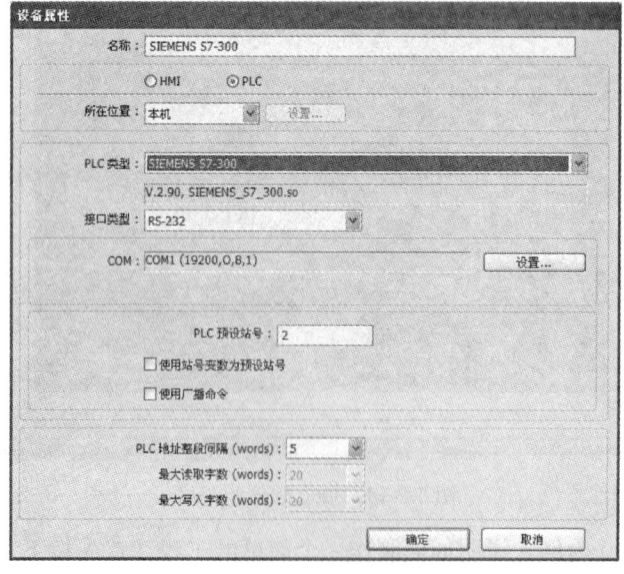

图 5-6　设备属性

如果通讯参数设置的跟 PLC 里面的通讯参数不一致的话，则单击"设置"功能即可进入修改通讯参数的界面，如图 5-7 所示。

图 5-7　通讯参数的界面

按下确认键后可以发现［设备清单］增加了一个新的装置"SIEMENS S7-300"，如图 5-8 所示。

图 5-8　SIEMENS S7-300 添加

假设现在要增加一个［位状态切换开关］元件，可按如图 5-9 所示的元件按钮。

随后将会出现如图 5-10 所示的对话窗，在正确设定各项属性后，按下确认键并将元件置放在适当位置。

图 5-9　元件按钮

最后 Window 10 的画面将如图 5-11 所示。

单击 图标，保存文件，并给文件定义一个文件名，譬如 test.mtp。EB8000 软件编辑生成的文件名后缀为 mtp。存盘完成后使用者可以使用编译功能，检查画面规划是否正确，编译功能的执行按钮为 ▨ ，编译后生成的文件名后缀为 xob。假使编译结果如图 5-12 所示，并不存在任何错误，即可执行离线模拟功能。

图 5-10　属性设置

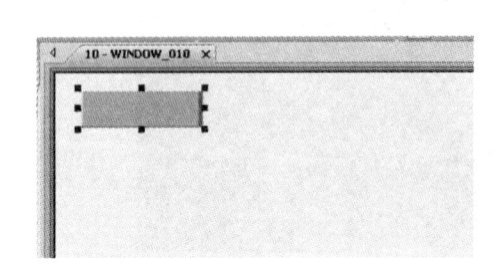

图 5-11　Window 10 的画面　　　　　图 5-12　编译结果

如图 5-13 所示方框中图标为离线模拟的执行按钮，执行后部分画面如图 5-14 所示。

图 5-13　离线模拟功能

如需进行在线模拟，在接上设备后单击如图 5-15 所示方框中的工作按钮即可进行。

自此，一个简单的应用工程画面就做好了。后续的程序的编译、模拟、压缩、下载与上传建议查看威纶 EB8000 手册。

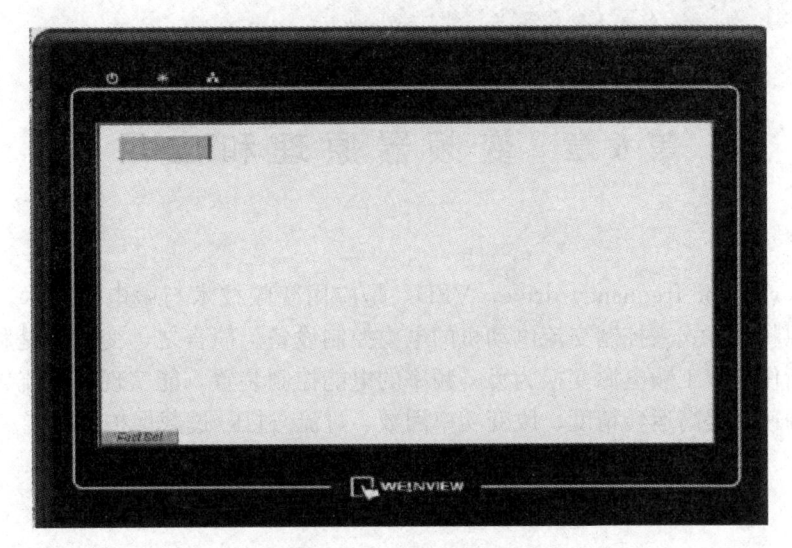

图 5-14　执行后部分画面

图 5-15　工作按钮

第6章 变频器原理和应用

变频器（variable-frequency drive，VFD）是应用变频技术与微电子技术，通过改变电动机工作电源频率方式来控制交流电动机的电力控制设备。简言之，变频器是利用电力半导体器件的通断作用将工频电源变换为另一频率的电能控制装置，能实现对交流异步电机的软启动、变频调速、提高运转精度、改变功率因数、过流/过压/过载保护等功能。

6.1 概　　述

6.1.1 变频调速的基本原理

大家都知道，从发电厂送出的交流电的频率是恒定不变的工频，在我国是50Hz。由《电机学》可知，交流电动机的同步转速为：

$$n_0 = \frac{60 f_1}{p} \tag{6-1}$$

式中　n_0——同步转速，r/min；
　　　f_1——定子的频率，Hz；
　　　p——电动机极对数。

以及异步电动机的转速为：

$$n = \frac{60 f_1 (1-s)}{p} \tag{6-2}$$

式中　n——异步电动机的转速，r/min；
　　　s——异步电动机转差率；
　　　p——异步电动机极对数。

由式（6-1）和式（6-2）可知，同步转速n_0和异步电动机的转速n均与送入异步电动机的定子电源的频率f_1成正比例或接近于正比例，也就是说，改变频率f_1可以方便地改变异步电动机的运行速度，所以采用变频调速的方法对于交流电动机的调速来说是十分合适的。当我们改变定子电源频率f_1，使f_1在零至工频范围内变化时，即可改变电动机的转速。采用变频调速获得的异步电动机的转速调节范围是非常宽的，而且可以实现连续平滑的调速（无级调速）。变频器就是通过改变电动机电源频率实现速度调节的，是一种理想的、高效率、高性能的调速装置。

6.1.2 变频器的基本结构

变频调速有两种方法：一是交—直—交变频，适用于高速小容量电动机；二是交—交变频，适用于低速大容量拖动系统。目前，市售通用变频器的基本结构多采用交—直—交变频器，如图6-1所示，变频器一般由整流电路、直流中间电路、逆变电路、控制电路等几部分构成。

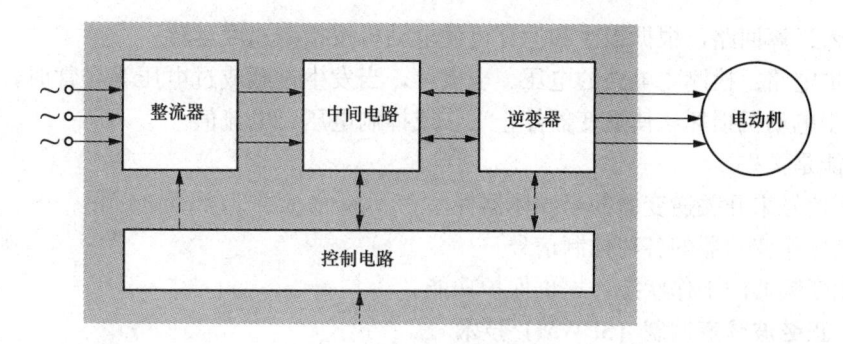

图 6-1 变频器的结构构成

其中控制电路完成对主电路的控制，整流电将交流电变换成直流电，直流中间电路对整流电路的输出进行平滑滤波，逆变电路将直流电再逆变成交流电。对于如矢量控制变频器这种需要大量运算的变频器来说，有时还需要一个进行转矩计算的 CPU 以及一些相应的电路。

1. 整流电路

整流电路与单相或三相交流电源相连接，产生脉动的直流电压。目前大量使用的是二极管的变流器，它把工频电源变换为直流电源。也可用两组晶体管变流器构成可逆变流器，由于其功率方向可逆，可以进行再生运转。

2. 中间电路

在整流器整流后的直流电压中，含有电源 6 倍频率的脉动电压，此外逆变器产生的脉动电流也使直流电压变动。为了抑制电压波动，采用电感和电容吸收脉动电压（电流）。装置容量小时，如果电源和主电路构成器件有余量，可以省去电感采用简单的平波回路。有以下三种作用：

（1）使脉动的直流电压变得稳定或平滑，供逆变器使用。

（2）通过开关电源为各个控制线路供电。

（3）配置滤波或制动装置以提高变频器性能。

3. 逆变电路

将固定的直流电压变换成可变电压和频率的交流电压。以所确定的时间使 6 个开关器件导通、关断就可以得到 3 相交流输出。

4. 控制电路

控制电路有：给异步电动机供电（电压、频率可调）的主电路提供控制信号的回路，它由频率、电压的"运算电路"，主电路的"电压、电流检测电路"，电动机的"速度检测电路"，将运算电路的控制信号进行放大的"驱动电路"，以及逆变器和电动机的"保护电路"组成。它将信号传送给整流器、中间电路和逆变器，同时它也接收来自这些部分的信号。

（1）运算电路：将外部的速度、转矩等指令同检测电路的电流、电压信号进行比较运算，决定逆变器的输出电压、频率。

（2）电压、电流检测电路：与主回路电位隔离检测电压、电流等。

（3）驱动电路：驱动主电路器件的电路。它与控制电路隔离使主电路器件导通、关断。

（4）速度检测电路：以装在异步电动机轴机上的速度检测器（tg、plg 等）的信号为速度信号,送入运算回路,根据指令和运算可使电动机按指令速度运转。

(5) 保护电路:检测主电路的电压、电流等,当发生过载或过电压等异常时,为了防止逆变器和异步电动机损坏,使逆变器停止工作或抑制电压、电流值。

主要功能是:

1) 利用信号来开关逆变器的半导体器件。

2) 提供操作变频器的各种控制信号。

3) 监视变频器的工作状态,提供保护功能。

6.1.3 正弦波脉宽调制 (SPWM) 技术

为了使变压变频器输出交流电压的波形近似为正弦波,使电动机的输出转矩平稳,从而获得优秀的工作性能,现代通用变压变频器中的逆变器都是由全控型电力电子开关器件构成,采用脉宽调制 (pulse width modulation, PWM) 控制的,只有在全控器件尚未能及的特大容量时才采用晶闸管变频器。应用最早而且作为 PWM 控制基础的是正弦脉宽调制 (sinusoidal pulse width modulation, SPWM)。

1. 正弦脉宽调制原理

一个连续函数是可以用无限多个离散函数逼近或替代的,因而可以设想用多个不同幅值的矩形脉冲波来替代正弦波,如图 6-2 所示。图中,在一个正弦半波上分割出多个等宽不等幅的波形 (假设分出的波形数目 $n=12$),如果每一个矩形波的面积都与相应时间段内正弦波的面积相等,则这一系列矩形波的合成面积就等于正弦波的面积,也即有等效的作用。为了提高等效的精度,矩形波的个数越多越好,显然,矩形波的数目受到开关器件允许开关频率的限制。

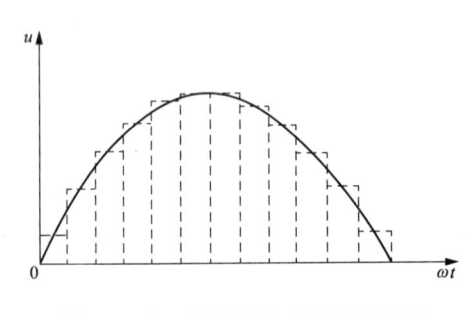

图 6-2 与正弦波等效的等宽不等幅矩形脉冲波序列

2. SPWM 的控制方式

SPWM 的控制方式分为单极式和双极式两种。如果在正弦调制波的半个周期内,三角载波只在正或负的一种极性范围内变化,所得到的 SPWM 波也只处于一个极性的范围内,称为单极性控制方式。如果在正弦调制波半个周期内,三角载波在正负极性之间连续变化,则 SPWM 波也是在正负之间变化,称为双极性控制方式。

双极式与单极式控制方式的比较:

(1) 相同点。调制方法和输出基波电压的大小和频率都是通过改变正弦参考信号的幅值和频率而改变的。

(2) 不同点。双极式控制时,三角波信号也是双极性的,逆变器同一桥臂上下两个开关管工作于交替导通的状态。单极式控制时,在每半个正弦波周期内,同一桥臂只有一个开关管在导通或关断。

6.1.4 变频器的控制方式

低压通用变频输出电压为 380~650V,输出功率为 0.75~400kW,工作频率为 0~400Hz,它的主电路都采用交—直—交电路。其控制方式经历了以下五代。

1. $U/f=C$ 的正弦脉宽调制（SPWM）控制方式

其特点是控制电路结构简单、成本较低，机械特性硬度也较好，能够满足一般传动的平滑调速要求，已在产业的各个领域得到广泛应用。但是，这种控制方式在低频时，由于输出电压较低，转矩受定子电阻压降的影响比较显著，使输出最大转矩减小。另外，其机械特性终究没有直流电动机硬，动态转矩能力和静态调速性能都还不尽如人意，且系统性能不高、控制曲线会随负载的变化而变化，转矩响应慢、电动机转矩利用率不高，低速时因定子电阻和逆变器死区效应的存在而性能下降，稳定性变差等。因此人们又研究出矢量控制变频调速。

2. 电压空间矢量（SVPWM）控制方式

它是以三相波形整体生成效果为前提，以逼近电动机气隙的理想圆形旋转磁场轨迹为目的，一次生成三相调制波形，以内切多边形逼近圆的方式进行控制的。经实践使用后又有所改进，即引入频率补偿，能消除速度控制的误差；通过反馈估算磁链幅值，消除低速时定子电阻的影响；将输出电压、电流闭环，以提高动态的精度和稳定度。但控制电路环节较多，且没有引入转矩的调节，所以系统性能没有得到根本改善。

3. 矢量控制（VC）方式

矢量控制变频调速的做法是将异步电动机在三相坐标系下的定子电流 I_a、I_b、I_c 通过三相—二相变换，等效成两相静止坐标系下的交流电流 I_{a1}、I_{b1}，再通过按转子磁场定向旋转变换，等效成同步旋转坐标系下的直流电流 I_{m1}、I_{t1}（I_{m1} 相当于直流电动机的励磁电流，I_{t1} 相当于与转矩成正比的电枢电流），然后模仿直流电动机的控制方法，求得直流电动机的控制量，经过相应的坐标反变换，实现对异步电动机的控制。其实质是将交流电动机等效为直流电动机，分别对速度、磁场两个分量进行独立控制。通过控制转子磁链，然后分解定子电流而获得转矩和磁场两个分量，经坐标变换，实现正交或解耦控制。矢量控制方法的提出具有划时代的意义。然而在实际应用中，由于转子磁链难以准确观测，系统特性受电动机参数的影响较大，且在等效直流电动机控制过程中所用矢量旋转变换较复杂，使得实际的控制效果难以达到理想分析的结果。

4. 直接转矩控制（DTC）方式

1985年，德国鲁尔大学的 DePenbrock 教授首次提出了直接转矩控制变频技术。该技术在很大程度上解决了上述矢量控制的不足，并以新颖的控制思想、简洁明了的系统结构、优良的动静态性能得到了迅速发展。目前，该技术已成功地应用在电力机车牵引的大功率交流传动上。

直接转矩控制直接在定子坐标系下分析交流电动机的数学模型，控制电动机的磁链和转矩。它不需要将交流电动机等效为直流电动机，因而省去了矢量旋转变换中的许多复杂计算；它不需要模仿直流电动机的控制，也不需要为解耦而简化交流电动机的数学模型。

5. 矩阵式交—交控制方式

VVVF变频、矢量控制变频、直接转矩控制变频都是交—直—交变频中的一种。其共同缺点是输入功率因数低，谐波电流大，直流电路需要大的储能电容，再生能量又不能反馈回电网，即不能进行四象限运行。为此，矩阵式交—交变频应运而生。由于矩阵式交—交变频省去了中间直流环节，从而省去了体积大、价格贵的电解电容。它能实现功率因数为1，输入电流为正弦且能四象限运行,系统的功率密度大。该技术目前虽尚未成熟,但仍吸引着众多的学者深入研究。其实质不是间接的控制电流、磁链等量,而是把转矩直接作为被控制量来实现的。具体方法是:

(1) 控制定子磁链引入定子磁链观测器,实现无速度传感器方式。

(2) 自动识别(ID)依靠精确的电动机数学模型,对电机参数自动识别。

(3) 算出实际值对应定子阻抗、互感、磁饱和因素、惯量等算出实际的转矩、定子磁链、转子速度进行实时控制。

(4) 实现Band—Band控制按磁链和转矩的Band—Band控制产生PWM信号,对逆变器开关状态进行控制。矩阵式交—交变频具有快速的转矩响应(<2ms),很高的速度精度($\pm 2\%$,无PG反馈),高转矩精度(<+3%);同时还具有较高的起动转矩及高转矩精度,尤其在低速时(包括0速度时),可输出150%~200%转矩。

6.2 三菱变频器的简介

三菱公司的变频器以其高性能,合理的价格满足了工业控制各个行业的需要,在国内得到了广泛的应用。三菱公司变频器主要有以下几个系列:FR-S500系列、FR-E500系列和FR-A700系列。三菱变频器目前在市场上用量最多的就是A700系列,以及E700系列,A700系列为通用型变频器,适合高启动转矩和高动态响应场合的使用。而FR-A800系列变频器作为三菱电机全新一代First-Class级驱动产品,拥有一流的驱动性能,实时无传感器矢量控制(矢量控制)时,运行频率可达400Hz;具有大转矩启动能力〔在0.3Hz的超低转速下可实现200%的最大输出转矩(0.4~3.7kW)〕;同时还可驱动永磁同步电动机,从而在满足客户从机械加工、模具铸造到搬送等各种设备的应用的同时,还可帮助客户提高生产力、实现工厂节能。加上兼容多种主流网络通信(CC-Link、SSCNETIII/H、DeviceNet、PRO-FIBUS-DP及以太网等),内置EMC滤波器,新开发的驱动和供电技术更大大降低了电磁干扰,FR-A800系列变频器可搭载多语言LCD参数单元,增强了显示和时钟功能特性,使得显示更清晰,操作更轻松。

A系列是三菱变频器里比较高端的,属于重载荷系列,主要用于重负载场合及需要精确的闭环控制(如速度反馈控制、位置反馈控制)等场合,所以A系列的过载系数很高,也可以用A系列的变频器在轻负载场合增容使用。

F系列是风机水泵专用,主要是设计的时候考虑了风机、水泵的平方性负载效应,因此F系列在国内用的还是比较普遍。

D系列用起来简单,学起来容易。

E系列是独领风骚的,功能通用,负载适中,还是有比较高的性价比的。

下面就以FR-A800系列变频器为例,介绍变频器的使用操作、参数设置和应用。

1. FR-A800系列变频器端子接线图及端子功能说明

(1) 端子接线图。A800系列变频器的端子接线图,如图6-3所示。

(2) 主回路端子功能说明。主回路端子功能说明见表6-1。

2. 控制回路端子功能说明

控制回路端子功能详细说明,分别见表6-2~表6-5。

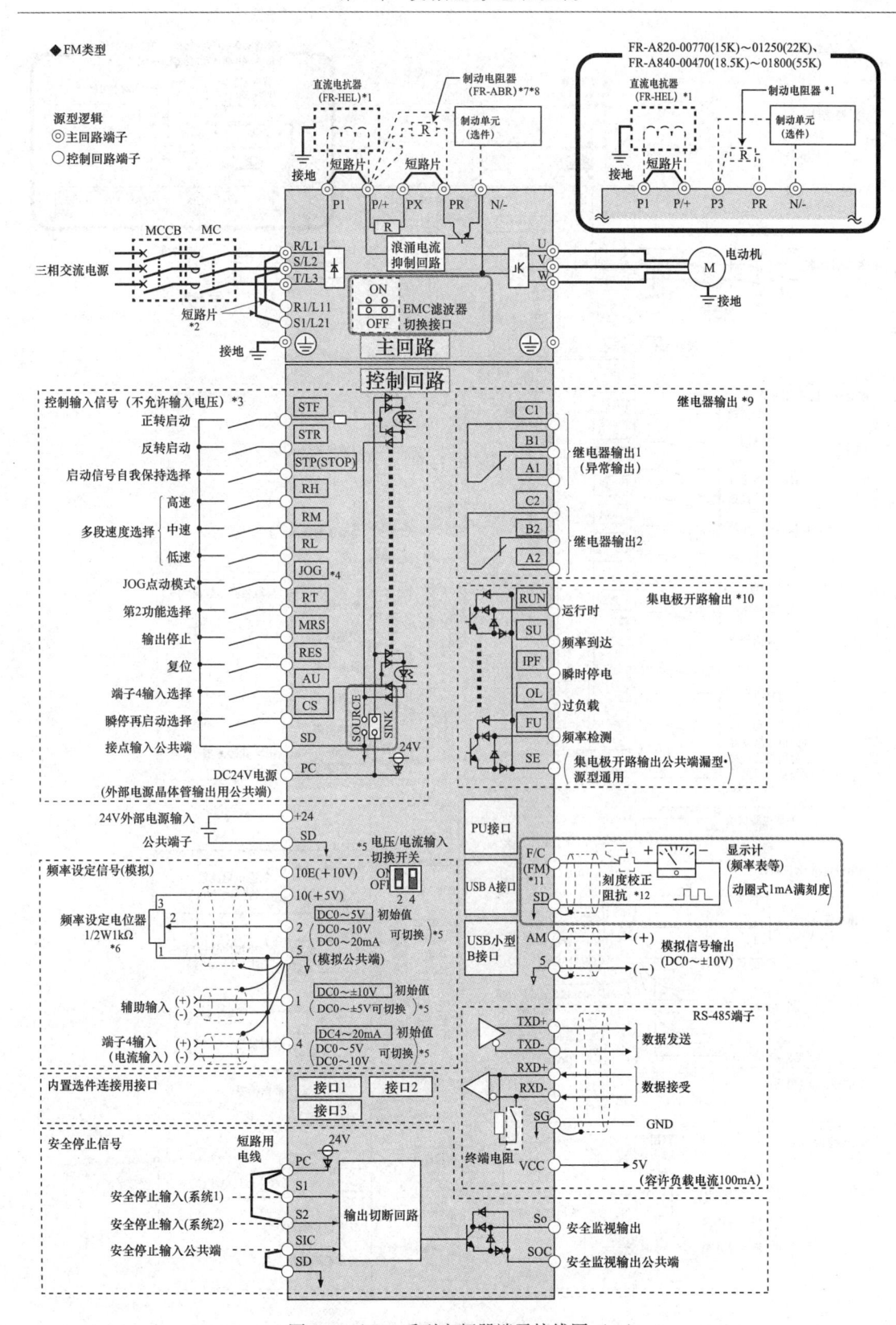

图 6-3　A800 系列变频器端子接线图（一）

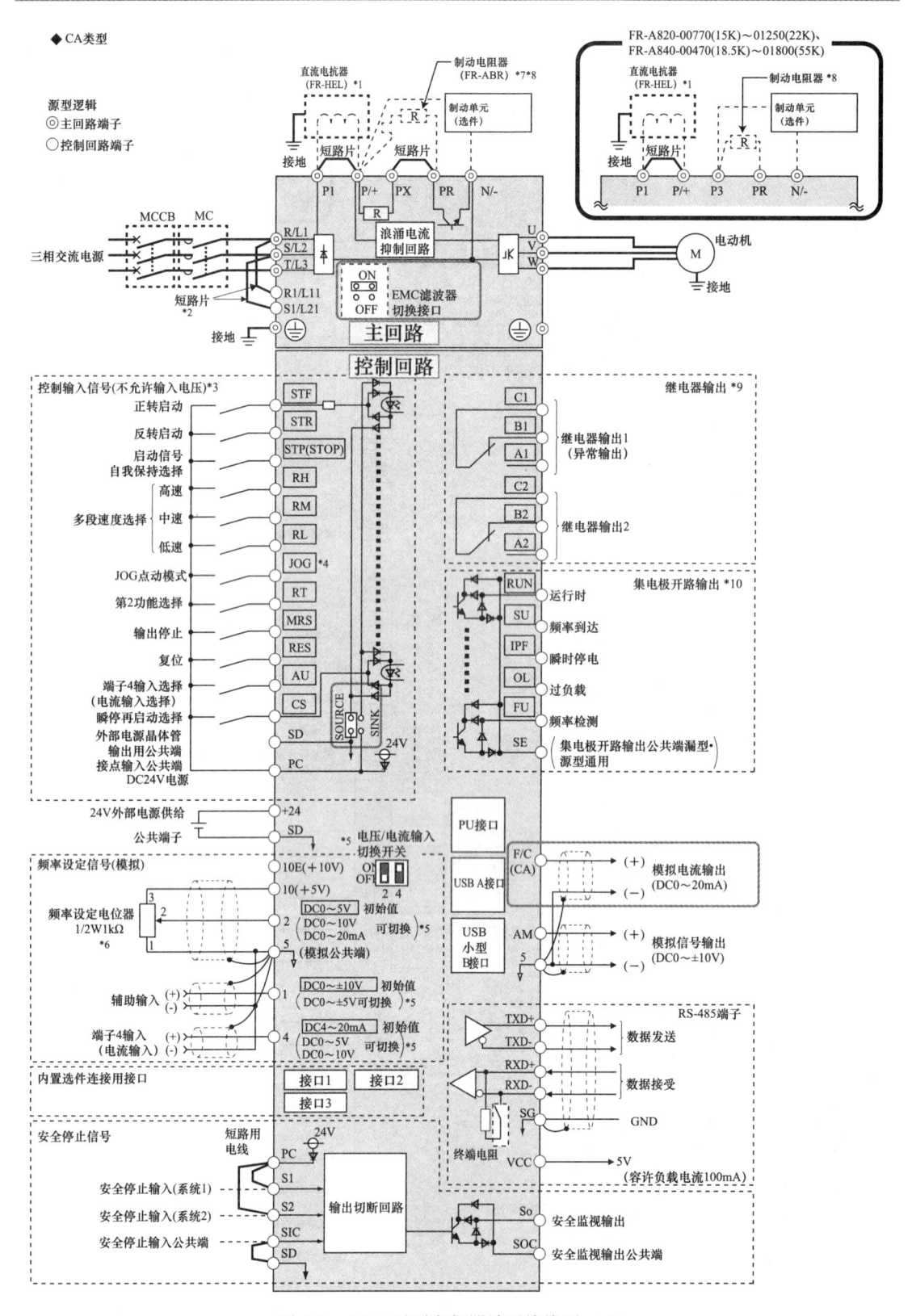

图 6-3 A800 系列变频器端子接线图（二）

表 6-1　　　　　　　　　　　　　主回路端子功能

端子记号	端子名称	端子功能说明
R/L1、S/L2、T/L3	交流电源输入	连接工频电源。 当使用高功率因数变流器（FR-HC2）及共直流母线变流器（FR-CV）时不要连接任何东西
U、V、W	变频器输出	连接三相笼型电机或 PM 电动机
R1/L11、S1/L21	控制回路用电源	与交流电源端子 R/L1、S/L2 相连。在保持异常显示或异常输出时，以及使用高功率因数变流器（FR-HC2）、共直流母线变流器（FR-CV）等时，请拆下端子 R/L-R1/L11、S/L2-S1/L21 间的短路片，从外部对该端子输入电源。 从 R1/L11，S1/L21 供给别的电源时所需的电源容量根据变频器容量而异。 FR-A820-00630（11K）及以下，FR-A840-00380（15k）及以下 60VA。 FR-A820-00770（15K）及以上，FR-A840-00470（18.5K）及以上 80VA
P/+、PR	制动电阻器连接 FR-A820-00630（11K）及以下 FR-A840-00380（15K）及以下	将选件的制动电阻器连接在端子 P/+－PR 之间。配有端子 PX 的容量时，请拆下端子 PR-PX 间的短路片。 通过连接制动电阻，可以得到更大的再生制动力
P3、PR	制动电阻器连接 FR-A820-00770（15K）～01250（22K） FR-A804-00470（18.5K）～01800（55K）	将制动电阻器选件接至端子 P3-PR 间。 通过连接制动电阻，可以得到更大的再生制动力
P/+、N/－	连接制动单元	连接制动单元（FR-BU2、FR-BU、BU）、共直流母线变流器（FR-CV）电源再生变流器（MT-RC）及高功率因素变流器（FR-HC2）及直流电源（直流供电模式时）。
P3、N/－	连接制动单元 FR-A820-00770（15K）～01250（22K） FR-A840-00470（18.5K）～01800（55K）	为 FR-A820-00770（15K）～01250（22K）、FR-A840-00470（18.5K）～01800（55K）的产品并使用 FR-CV、FR-HC2 及直流电源等并联多台变频器时，应仅使用端子 P/+ 与 P3 中的一个（端子 P/+ 与 P3 不可并存）。
P/+、P1	连接直流电抗器 FR-A820-03160（55K）及以下、 FR-A840-01800（55K）及以下	拆下端子 P/+－P1 间的短路片，连接直流电抗器。 未连接直流电抗器时，请不要拆下端子 P/+－P1 间的短路片。 使用 75KW 及以上的电机时，必须连接选件的直流电抗器
	连接直流电抗器 FR-A820-03800（75K）及以上、 FR-A840-02160（75K）及以上	必须连接选配的直流电抗器
PR、PX	内置制动器回路连接	端子 PX-PR 间连接有短路片（初始状态）的状态下，内置的制动器回路为有效。 FR-A820-00490（7.5K）及以下、FR-A840-00250（7.5K）及以下的产品已配备内置动回路
⏚	接地	变频器外壳接地用。必须接大地

表 6-2　　控制回路输入信号端子功能说明

种类	端子记号	端子名称	端子功能说明		额定规格
接点输入	STF	正转启动	STF 信号 ON 为正转，OFF 为停止	STF、STR 信号同时 ON 时变成停止指令	输入电阻 4.7kΩ 开路时电压 DC21～27V。短路时 DC4～6mA
	STR	反转启动	STR 信号 ON 为逆转，OFF 为停止		
	STP (STOP)	启动信号自我保持选择	STOP 信号为 ON，可以选择启动信号的自我保持状态		
	RH、RM、RL	多段速度选择	用 RH，RM 和 RL 信号的组合可以选择多段速度		
	JOG	JOG 模式选择	JOG 信号 ON 时选择 JOG 运行（初始设定），用启动信号（STF 或 STR）可以 JOG 运行		
		脉冲列输入	端子 JOG 也可作为脉冲列输入端子使用（最大输入脉冲数：100k 脉冲/s）		输入电阻 2kΩ。短路时 DC8～13mA
	RT	第 2 功能选择	RT 信号 ON 时，第 2 功能被选择。设定了［第 2 转矩提升］［第 2V/F（基准频率）］等第 2 功能时，通过将 RT 信号置为 ON 选择这些功能		
	MRS	输出停止	MRS 信号为 ON（20ms 及以上）时，变频器输出停止。用电磁制动停止电机时用于断开变频器的输出		
	RES	复位	在保护功能动作时的报警输出复位时使用。使 RES 信号处于 ON 在 0.1 秒及以上，然后断开。工厂出厂时，通常设定为复位		输入电阻 4.7kΩ 开路时电压 DC21～27V。短路时 DC4～6mA
	AU	端子 4 输入选择	只有把 AU 信号置为 ON 时端子 4 才有效。AU 信号置为 ON 时端子 2 的功能将无效		
	CS	暂停再启动选择	CS 信号预先处于 ON，瞬时停电再恢复时变频器便可自动启动，但用此运行必须进行再启动的设定，因为出厂设定为不能再启动		
	SD	接点输入公共端（漏型）*2	接点输入端子（漏型逻辑）和端子 FM 的公共端子		—
		外部晶体管公共端（源型）*3	在源型逻辑时连接可编程控制器等的晶体管输出（开放式集电器输出）时，将晶体管输出用的外部电源共端连接到该端子上，可防止因漏电流而造成的误动作		
		DC24V 电源公共端	DC24V 电源（端子 PC、端子＋24）的公共端子。端子 5 和端子 SE 为绝缘状态		
	PC	外部晶体管公共端（漏型）*2	在漏型逻辑时连接可编程控制器等的晶体管输出（开放式集电器输出）时，将晶体管输出用的外部电源公共端连接到该端子上，可防止因漏电流而造成的误动作		电源电压范围 DC19.2～28.8V 容许负载电流 100mA
		接点输入公共端（漏型）*3	接点输入端子（源型逻辑）的公共端子		
		DC24V 电源	可以作为 DC24V、0.1A 的电源使用		

续表

种类	端子记号	端子名称	端子功能说明	额定规格
频率设定	10E	频率设定用电源	按出厂状态连接频率设定电位器时,与端子10连接。	DC10V±0.4V 容许负载电流10mA
	10			DC5V±0.5V 容许负载电流10mA
	2	频率设定(电压)	输入DC0~5V(或者0~10V、0~20mA)时,最大输出频率5V(10V、20mA),输出输入成正比,通过Pr.73进行DC0~5V(出厂值)与DC0~10V、0~20mA的输入切换。电流输入(0~20mA)时,电流/电压输入切换开关设为ON	电压输入的情况下:输入电阻10kΩ±1kΩ 最大许可电压DC20V,电流输入的情况下:输入电阻245Ω±5Ω 最大许可电流30mA
	4	频率设定(电流)	如果输入DC4~20mA(或0~5V、0~10V),当20mA时成最大输出频率,输出频率与输入成正比。只有AU信号置为ON时此输入信号才会有效(端子2的输入将无效)。电压输入(0~5V/0~10V)时,电流/电压输入切换开关设为OFF	
	1	辅助频率设定	输入DC 0~±5或0~±10V时,端子2或4的频率设定信号与此信号相加	输入电阻10kΩ±1kΩ。最大许可电压DC±20V
	5	频率设定公共端	频率设定信号(端子2、1或4)和模拟输出端子AM,CA的公共端子,请不要接大地	—
热敏电阻	10 2	PTC热敏电阻输入	连接PTC热敏电阻输出。PTC热敏电阻有效时,端子2的频率设定无效	适应PTC热敏电阻规格。过热检测电阻值:0.5~30kΩ
电源输入	+24	24V外部电源输入	连接24V外部电源。输入外部电源后,即使主回路电源OFF,也可以保持对控制回路的供电	输入电压DC23~25.5V。输入电流1.4A及以下

注 1. FM类型变频器的初始设定为漏型逻辑。
2. CA类型变频器的初始设定为源型逻辑。

表6-3　　　　　　　　　控制回路输出信号端子功能说明

种类	端子记号	端子名称	端子功能说明	额定规格
继电器	A1, B1, C1	继电器输出1 (异常输出)	指示变频器因保护功能动作而停止输出的1c接点输出。异常时:B-C间不导通(A-C间导能)。正常时:B-C间导通(A-C间不导通)	接点容量AC230V 0.3A。(功率=0.4)DC 30V 0.3A
	A2, B2 C2	继电器输出2	1c接点输出	

续表

种类	端子记号	端子名称	端子功能说明	额定规格
集电极开路	RUN	变频器运行中	变频器输出频率为启动频率（初始值 0.5Hz）及以上时为低电平，停止中和正在直流制动时为高电平	容许负载为 DC24V（最大 DC27V），0.1A（ON时的最大电压下降为 2.8V）。低电平表示集电极开路输出用的晶体管处于 ON（导通状态），高电平为 OFF（不导通状态）
	SU	频率到达	输出频率达到设定频率的±10%（初始值）时为低电平，加/减速中和停止中为高电平	
	OL	过负载报警	当失速保护功能动作时为低电平，失速保护解除时为高电平	
	IPF	瞬时停电	瞬时停电，欠电压保护动作时为低电平	
	FU	频率检测	输出频率为任意设定的检测频率及以上时为低电平，未达到时为高电平	
	SE	集电极开路输出公共端	端子 RUN、SU、OL、IPF、FU 的公共端子	—
脉冲	FM*1	显示仪表用	可以从输出频率等多种监视项目中选一种作为输出。变频器复位中不输出。输出信号与各监视项目的大小成比例	输出项目：输出频率（初始设定）。容许负载电流 2mA 满刻度时 1440 脉冲/s
		NPN 集电极开路输出		可设定为集电极开路输出。最大输出脉冲数 50k 脉冲/s。容许负载电流 80mA
模拟	AM	模拟电压输出		输出项目：输出频率（初始设定）。输出信号 DC0～±10V 容许负载电流 1mA（负载阻抗 10kΩ 以上）分辨率 8 位
	CA*2	模拟电流输出		负载阻抗 200Ω～450Ω。输出信号 DC0～20mA

注　1. FM 类型变频器配备 FM 端子。
　　2. CA 类型变频器配备 CA 端子。

表 6-4　　　　　　　　　　控制回路通信信号端子功能说明

种类	端子记号		端子名称	端子功能说明
RS-485	—		PU 接口	通过 PU 接口，进行 RS-485 通信。（仅 1 对 1 连接）对应规格：EIA-485（RS-485）。通信方式：多站点通信。通信速率：4800-115200bps。接线长度：500m
	RS-485 端子	TXD+	变频器传输端子	通过 RS-485 端子，进行 RS-485 通信。对应规格：EIA-485（RS-485）。通信方式：多站点通信。通信速率：300-115200bps。最长距离：500m
		TXD−		
		RXD+	变频器接收端子	
		RXD−		
		SG	接地	

续表

种类	端子记号	端子名称	端子功能说明	
USB	—	USB A 接口	A 接口（插口）：使用 USB 存储器可以对参数进行复制和跟踪功能	接口支持 USB 1.1（支持 USB 2.0 全速）传输速度：12Mbps
		USB B 接口	小型 B 接口（插口）：通过 USB 连接个人电脑，可以通过 FR Configurator2 执行变频器的设定及监视、试运行等操作	

表 6-5　　　　　　　　　　控制回路的安全停止信号端子功能说明

端子记号	端子名称	端子功能说明	额定规格
S1	安全停止输入（系统 1）	端子 S1 及 S2 是用于安全继电器单元的安全停止输入信号。端子 S1 及 S2 同时使用（双频道）。通过 S1-SIC 间、S2-SIC 间的短路、开路，切断变频器的输出。初始状态时的端子 S1 及 S2，通过短接用电线与端子 PC 进行短接。端子 SIC 与端子 SD 短接。使用安全停止功能时，请拆下短路用电线，并与安全继电器单元连接	输入电阻 4.7kΩ 输入电流 DC4～6mA（DC24V 输入时）
S2	安全停止输入（系统 2）		
SIC	安全停止输入端子公共端	端子 S1、端子 S2 的公共端子	—
S0	安全监视输出（集电极开路输出）	显示安全停止输入信号的状态。内部安全回路异常状态以外时为低电平，内部安全回路异常状态时为高电平。低电平表示集电极开路输出用的晶体管处于 ON（导通状态），高电平为 OFF（不导通状态）。端子 S1、S2 两者都开路且为高电平时，请通过查阅安全停止功能使用手册（BCN-A23228-001）确认原因及其对策	容许负载为 DC24V（最大 DC27V），0.1A（打开的时候最大电压下降 3.4V）
S0C	安全监视输出端子公共端	端子 S0 的公共端子	—

3. 变频器的操作面板

（1）操作面板简介。使用变频器以前，首先要熟悉它的面板显示和键盘操作单元（或称控制单元），并且根据使用现场的要求合理设置参数。A800 系列变频器的操作面板（FR-DU08）如图 6-4 所示。各按键的功能和显示区各运行指示灯的含义见表 6-6。

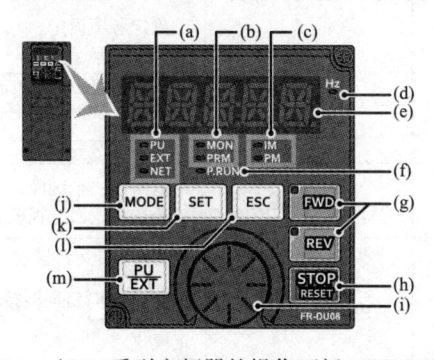

图 6-4　A800 系列变频器的操作面板（FR-DU08）

表 6-6　　　　　　　　　　按键的功能和显示区各运行指示灯的含义

No.	操作部位	名称	内容
(a)	PU / EXT / NET	显示运行模式	PU：PU 运行模式时亮灯。 EXT：外部运动模式时亮灯（初始设定时，电源 ON 后即亮灯）。 NET：网络运行模式时亮灯。 PU. EIT：外部/PU 组合运行模式 1、2 时亮灯
(b)	MON / PRM	显示操作面板状态	MON：监视模式时亮灯。保护功能动作时快速地闪烁 2 次。 显示屏关闭模式时缓慢地闪烁。 PRM：参数设定模式时亮灯
(c)	IM / PM	显示控制电机	IM：感应电机控制设定时亮灯。 PM：PM 无传感矢量控制设定时亮灯。 试运行状态选择时闪烁
(d)	Hz	显示频率单位	频率显示时亮灯（设定频率监视显示时闪烁。）
(e)	（LED 显示）	监视器（5 位 LED）	显示频率、参数编号等
(f)	P.RUN	显示顺控功能有效	顺控功能动作时亮灯
(g)	FWD / REV	FWD 按键、REV 按键	FWD 按键：正转启动。正转运行中 LED 亮灯。 REV 按键：反转启动。反转运行中 LED 亮灯。 在以下场合 LED 闪烁。 • 有正转/反转指令却无频率指令时。 • 频率指令小于启动频率时。 • 有 MRS 信号输入时
(h)	STOP/RESET	STOP/RESET 按键	停止运行指令。 保护功能动作时，变频器进行复位
(i)	（旋钮）	M 旋钮	三菱变频器旋钮。变更频率设定，参数设定值。 按下旋钮后显示器可显示如下内容。 • 显示监视模式时的设定频率。 • 显示校正时现在设定值。 • 显示报警记录模式时的顺序
(j)	MODE	MODE 按键	切换各模式。 和 PU/EXT 键同时按下后，可切换至运行模式的简单设定模式。 长按（2s）后可进行操作镇定
(k)	SET	SET 按键	确定各项设定。 如果在运行中按下，监视内容将发生变化。初始设定时 输出频率 → 输出电流 → 输出电压
(l)	ESC	ESC 按键	返回前一个画面。 长按将返回监视模式
(m)	PU/EXT	PU/EXT 按键	切换 PU 运行模式、PUJOG 运行模式、外部运行模式。 和 MODE 键同时按下后，可切换至运行模式的简单设定模式。 也可解除 PU 停止

(2) 面板的参数设定。参数变更示例。例如，改变 Pr.1 上限频率操作步骤如图 6-5 所示。

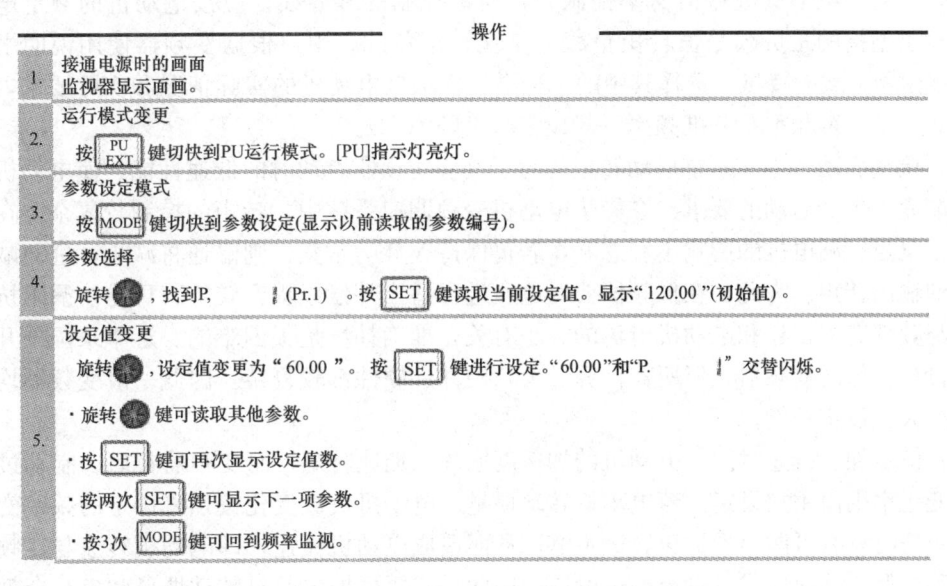

```
                           操作
1. 接通电源时的画面
   监视器显示画面。
2. 运行模式变更
   按 [PU/EXT] 键切快到PU运行模式。[PU]指示灯亮灯。
3. 参数设定模式
   按 [MODE] 键切快到参数设定(显示以前读取的参数编号)。
4. 参数选择
   旋转 ✱，找到P，    (Pr.1) 。按 [SET] 键读取当前设定值。显示"120.00"(初始值)。
5. 设定值变更
   旋转 ✱，设定值变更为"60.00"。按 [SET] 键进行设定。"60.00"和"P.  "交替闪烁。
   · 旋转 ✱ 键可读取其他参数。
   · 按 [SET] 键可再次显示设定值数。
   · 按两次 [SET] 键可显示下一项参数。
   · 按3次 [MODE] 键可回到频率监视。
```

图 6-5 改变 Pr.1 上限频率操作步骤

通过面板的其他运行操作，这里不再详细介绍，具体内容可参阅参考文献。

4. 变频器输出频率的控制方式

变频器输出频率的控制有以下几种方式。

(1) 操作面板控制方式。这种控制方式通过操作面板上的按钮手动设置输出频率的一种操作方式，具体操作又有两种方法，一种是按面板上的频率上升或频率下降的按钮来调节输出频率，另有一种是通过直接设定频率数值调节输出频率。通过操作面板可以进入不同的工作模式，分别为监视模式、频率设定模式、参数设定模式、运行模式、帮助模式。各模式的切换可以通过按面板上的模式键来实现。

(2) 外输入端子数字量频率选择操作方式。变频器常设有多段频率选择功能，各段频率值通过功能码设定，频率端的选择通过外部端子选择。变频器通常在控制端子中设置一些控制端，这些端子的接通组合可以通过外部设备，如 PLC 控制来实现。

(3) 外输入端子模拟量频率选择操作方式。为了方便与输出量为模拟电流或电压的调节器、控制器的连接，变频器还设有模拟量输入/输出端。当接在这些端口上的电流或电压量在一定范围内平滑变化时，变频器的输出频率在一定范围内平滑变化。

(4) 数字通信操作方式。为了方便与网络接口，变频器一般都设有网络接口，都可以通过通信方式接收频率控制指令，不少变频器厂家还为自己的变频器与 PLC 通信设计了专用的通信协议，如西门子公司的 USS 协议即是西门子 MM400 系列变频器的专用通信协议。

5. 变频器重要参数及其功能介绍

变频器参数的数量非常巨大（一般都有上千个），但重要的参数主要包括以下几类。

(1) V/f 类型的选择。V/f 类型的选择包括上限频率、基准频率和转矩类型等。最高频率是变频器—电动机系统可以运行的上限频率。由于变频器自身的上限频率可能较高，当电动机容许的上限频率低于变频器的上限频率时，应按电动机及其负载的要求进行设定。基准频率是变频器对电动机进行恒功率控制和恒转矩控制的分界线，应按电动机的额定电压设定。转矩类型指的是负载是恒转矩负载还是变转矩负载。用户根据变频器使用说明书中的 V/f 类型图和负载的特点，选择其中的一种类型。根据电动机的实际情况和实际要求，来设定上限频率和基准频率。基准频率一般设定为工频 50Hz。

（2）调整启动转矩。调整启动转矩是为了改善变频器启动时的低速性能，使电动机输出的转矩能满足生产启动的要求。在异步电动机变频调速系统中，转矩的控制较复杂。在低频段，由于电阻、漏电抗的影响不容忽略，若仍保持 V/f 为常数，则磁通将减小，进而减小了电动机的输出转矩。为此，在低频段要对电压进行适当补偿以提升转矩。可是，漏阻抗的影响不仅与频率有关，还和电动机电流的大小有关，准确补偿是很困难的。近年来国外开发了一些能自行补偿的变频器，但所需计算量大，硬件、软件都较复杂，因此一般变频器均需由用户进行人工设定补偿。

（3）设定加、减速时间。电动机的加速度取决于加速转矩，而变频器在启、制动过程中的频率变化率则由用户设定。若电动机转动惯量、电动机负载变化按预先设定的频率变化率升速或减速时，有可能出现加速转矩不够，从而造成电动机失速，即电动机转速与变频器输出频率不协调，从而造成过电流或过电压。因此，需要根据电动机转动惯量和负载合理设定加、减速时间，使变频器的频率变化率能够与电动机转速变化率相协调。一般按照经验来进行加、减速时间设定。若在启动过程中出现过流，则可适当延长加速时间；若在制动过程中出现过流，则适当延长减速时间；加、减速时间不宜得太长，时间太长将影响生产效率，特别是需频繁启、制动时。

（4）频率跨跳。V/f 控制的变频器驱动异步电动机时，在某些频率段电动机的电流、转速会发生振荡，严重时系统无法运行，甚至在加速过程中出现过电流保护使得电动机不能正常启动，在电动机轻载或转动量较小时更为严重。因此通用变频器均备有频率跨跳功能，用户可以根据系统出现振荡的频率点，在 V/f 曲线上设置跨跳点及跨跳点宽度。当电动机加速时可以自动跳过这些频率段，保证系统正常运行。

（5）过负载率设置。该设置用于变频器和电动机过负载保护。当变频器的输出电流大于过负载率设置值和电动机额定电流确定的 OL 设定值时，变频器则以反时限特性进行过负载保护（OL），过负载保护动作时变频器停止输出。

（6）电动机铭牌参数的输入。变频器的参数输入项目中有一些是电动机基本参数的输入，如电动机的功率、额定电压、额定电流、额定转速、极数等。这些参数的输入非常重要，将直接影响变频器中一些保护功能的正常发挥，一定要根据电动机的实际参数正确输入，以确保变频器的正常使用。

变频器可以在初始设定值不作任何改变的状态下实现单纯的可变速运行。一般我们需要根据负荷或运行规格等设定必要的参数。通过操作面板（FR-DU08）可以进行参数的设定、改变及确认操作。表 6-7 列出了 FR-A800 系列变频器部分重要参数的参数号、名称、设定范围、最小设定值和初始值等。

表 6-7　　　　　　　　　　　FR-A800 系列变频器部分重要参数简表

功能	Pr.	Pr. 参数组	名称	设定范围	最小设定单位	初始值 FM	初始值 CA
基本功能	0	G000	转矩提升 Simple	0～30%	0.1%	6%① 4%① 3%① 2%① 1%①	
	1	H400	上限频率 Simple	0～120Hz	0.01Hz	120Hz② 60Hz③	
	2	H401	下限频率 Simple	0～120HZ	0.01Hz	0Hz	
	3	G001	基准频率 Simple	0～590Hz	0.01Hz	60Hz	50Hz
	4	D301	3 速设定（高速）Simple	0～590Hz	0.01Hz	60Hz	50Hz
	5	D302	3 速设定（中速）Simple	0～590Hz	0.01Hz	30Hz	
	6	D303	3 速设定（低速）Simple	0～590Hz	0.01Hz	10Hz	
	7	F010	加速时间 Simple	0～3600s	0.1s	5s④ 15s⑤	
	8	F011	减速时间 Simple	0～3600s	0.1s	5s④ 15s⑤	
	9	H000	电子过热保护 Simple	0～500A②	0.01A②	变频器额定电流	
		C103	电动机额定电流 Simple	0～3600A③	0.1A③		
加减速时间	20	F000	加减速基准频率	1～590Hz	0.01Hz	60Hz	50Hz
	21	F001	加减速时间单位	0、1	1	0	
多段速设定	24～27	D304～D307	多段速设定（4 速～7 速）	0～590Hz、9999	0.01Hz	9999	
—	28	D300	多段速度输入补偿选择	0、1	1	0	
—	29	F100	加减速曲线选择	0～6	1	0	
频率跳变	31	H420	频率跳变 1A	0～590Hz、9999	0.01Hz	9999	
	32	H421	频率跳变 1B	0～590Hz、9999	0.01Hz	9999	
	33	H422	频率跳变 2A	0～590Hz、9999	0.01Hz	9999	
	34	H423	频率跳变 2B	0～590Hz、9999	0.01Hz	9999	
	35	H424	频率跳变 3A	0～590Hz、9999	0.01Hz	9999	
	36	H425	频率跳变 3B	0～590Hz、9999	0.01Hz	9999	
—	76	M510	报警代码输出选择	0～2	1	0	
—	77	E400	参数写入选择	0～2	1	0	
—	78	D020	反转防止选择	0～2	1	0	
—	79	D000	运行模式选择 Simple	0～4、6、7	1	0	
电动机常数	80	C101	电动机容量	0.4～55kW、9999② 0～3600kW、9999③	0.01kW② 0.1kW③	9999	
	81	C102	电动机极数	2、4、6、8、10、12、9999	1	9999	
	82	C125	电动机励磁电流	0～500A、9999② 0～3600A、9999③	0.01A② 0.1A③	9999	
	83	C104	电动机额定电压	0～1000V	0.1V	200V⑥ 400V⑦	

续表

功能	Pr.	Pr. 参数组	名称	设定范围	最小设定单位	初始值 FM	初始值 CA
电动机常数	84	C105	电动机额定频率	10～400Hz、9999	0.01Hz	9999	
	89	G932	速度控制增益（先进磁通矢量）	0～200%、9999	0.1%	9999	
	90	C120	电动机常数（R1）	0～50Ω、9999② 0～400mΩ、9999③	0.001Ω② 0.01mΩ③	9999	
	91	C121	电动机常数（R2）	0～50Ω、9999② 0～400mΩ、9999③	0.001Ω② 0.01mΩ③	9999	
	92	C122	电动机常数（L1）/d轴电感（Ld）	0～6000mH、9999② 0～400mH、9999③	0.1mH② 0.01mH③	9999	
	93	C123	电动机常数（L2）/q轴电感（Lq）	0～6000mH、9999② 0～400mH、9999③	0.1mH② 0.01mH③	9999	
	94	C124	电动机常数（X）	0～100%、9999	0.1%② 0.01%③	999	
	95	C111	在线自运调谐选择	0～2	1	0	
	96	C110	自动调谐设定/状态	0、1、11、101	1	0	
PID运行	127	A612	PID控制自动切换频率	0～590Hz、9999	0.01Hz	9999	
	128	A610	PID动作选择	0、10、11、20、21、40～43、50、51、60、61、70、71、80、81、90、91、100、101、1000、1001、1010、1011、2000、2001、2010、2011	1	0	
	129	A613	PID比例范围	0.1～1000%、9999	0.1%	100%	
	130	A614	PID积分时间	0.1～3600s、9999	0.1s	1s	
	131	A601	PID上限	0～100%、9999	0.1%	9999	
	132	A602	PID下限	0～100%、9999	0.1%	9999	
	133	A611	PID动作目标值	0～100%、9999	0.01%	9999	
	134	A615	PID微分时间	0.01～10s、9999	0.01S	9999	
工频切换	135	A000	工频电源切换顺控输出端子选择	0、1	1	0	
	136	A001	MC切换互锁时间	0～100s	0.1s	1s	
	137	A002	开始启动等待时间	0～100s	0.1s	0.5s	
	138	A003	异常时的工频电源切换选择	0、1	1	0	
	139	A004	变频器—工频电源自动切换频率	0～60Hz、9999	0.01Hz	9999	
分配输入端子功能	178	T700	STF端子功能选择	0～20、22～28、37、42～48、50、51、60、62、64～74、77～80、87、92、93、9999	1	60	
	179	T701	STR端子功能选择	0～20、22～28、37、42～48、50、51、61、62、64～74、77～80、87、92、93、9999	1	61	

续表

功能	Pr.	Pr. 参数组	名称	设定范围	最小设定单位	初始值 FM	初始值 CA
分配输入端子功能	180	T702	RL 端子功能选择	0~20、22~28、37、42~48、50、51、62、64~74、77~80、87、92、93、9999	1	0	
	181	T703	RM 端子功能选择		1	1	
	182	T704	RH 端子功能选择		1	2	
	183	T705	RT 端子功能选择		1	3	
	184	T706	AU 端子功能选择		1	4	
	185	T707	JOG 端子功能选择		1	5	
	186	T708	CS 端子功能选择		1	6	
	187	T709	MRS 端子功能选择		1	24⑧⑩	10⑨
	188	T710	STOP 端子功能选择		1	25	
	189	T711	RES 端子功能选择		1	62	
分配输出端子功能	190	M400	RUN 端子功能选择	0~8、10~20、22、25~28、30~36、38~54、56、57、60、61、63、64、68、70、79、84、85、90~99、100~108、110~116、120、122、125~128、130~136、138~154、156、157、160、161、163、164、168、170、179、184、185、190~199、200~208、300~308、9999	1	0	
	191	M401	SU 端子功能选择		1	1	
	192	M402	IPF 端子功能选择		1	2⑧⑩	9999⑨
	193	M403	OL 端子功能选择		1	3	
	194	M404	FU 端子功能选择		1	4	
	195	M405	ABC1 端子功能选择	0~8、10~20、22、25~28、30~36、38~54、56、57、60、61、63、64、68、70、79、84、82、90、91、94~99、100~108、110~116、120、122、125~128、130~136、138~154、156、157、160、161、163、164、168、170、179、184、185、190、191、194~199、200~208、300~308、9999	1	99	
	196	M406	ABC2 端子功能选择		1	9999	
多段速设定	232~239	D308~D315	多段速设定（8 速~15 速）	0~590Hz、9999	0.01Hz	9999	
RS-485 通信	331	N030	RS-485 通信站号	0~31 (0~247)	1	0	
	332	N031	RS-485 通信速度	3、6、12、24、48、96、192、384、576、768、1152	1	96	
	333	—	RS-485 通信停止位长/数据长	0、1、10、11	1	1	
		N032	RS-485 通信数据长	0、1	1	0	
		N033	RS-485 通信停止位长	0、1	1	1	
	334	N034	RS-485 通信奇偶检查选择	0~2	1	2	

续表

功能	Pr.	Pr. 参数组	名称	设定范围	最小设定单位	初始值 FM	初始值 CA
RS-485 通信	335	N035	RS-485 通信再试次数	0~10、9999	1	1	
	336	N036	RS-485 通信校验时间间隔	0~999.8s、9999	0.1s	0s	
	337	N037	RS-485 通信等待时间设定	0~150ms、9999	1	9999	
	338	D010	通信运行指令权	0、1	1	0	
	339	D011	通信速度指令权	0~2	1	0	
	340	D001	通信启动模式选择	0~2、10、12	1	0	
	341	N038	RS-485 通信 CR/LF 选择	0~2	1	1	
	342	N001	通信 EEPROM 写入选择	0、1	1	0	
	343	N080	通信错误计数	—	1	0	
通信	549	N000	协议选择	0、1	1	0	
	550	D012	网络模式操作权选择	0、1、9999	1	9999	
	551	D013	PU 模式操作权选择	1~3、9999	1	9999	

① 根据容量不同而异。
　6%：FR-A820-00046（0.4K）~FR-A820-00077（0.75K）、FR-A840-00023（0.4K）~FR-A840-00038（0.75K）。
　4%：FR-A820-00105（1.5K）~FR-A820-00250（3.7K）、FR-A840-00052（1.5K）~FR-A840-00126（3.7K）。
　3%：FR-A820-00340（5.5K）~FR-A820-00490（7.5K）、FR-A840-00170（5.5K）~FR-A840-00250（7.5K）。
　2%：FR-A820-00630（11K）~FR-A820-03160（55K）、FR-A840-00310（11K）~FR-A840-01800（55K）。
　1%：FR-A820-03800（75K）及以上、FR-A840-02160（75K）及以上。
② FR-A820-03160（55K）及以下、FR-A840-01800（55K）及以下的设定范围或初始值。
③ FR-A820-03800（75K）及以上、FR-A840-03160（75K）及以上的设定范围或初始值。
④ FR-A820-00490（7.5K）及以下、FR-A840-00250（7.5K）及以下初始值。
⑤ FR-A820-00630（11K）及以上、FR-A840-00310（11K）及以上初始值。
⑥ 200V 等级的值。
⑦ 400V 等级的值。
⑧ 标准构造产品的设定范围或初始值。
⑨ 整流器分离类型的设定范围或初始值。
⑩ IP55 对应品的设定范围或初始值。

6. 变频器的控制模式

FR-A800 系列变频器可以选择 V/F 控制（初始设定）、先进磁通矢量控制、实时无传感器控制、矢量控制、PM 无传感器矢量控制等控制方式。

（1）V/F 控制。指当频率（F）可变时，控制频率与电压（V）的比率保持恒定。

（2）先进磁通矢量控制。指可以通过对变频器的输出电流实施矢量演算，分割为励磁电流和转矩电流，进行频率和电压的补偿以便流过与负载转矩相匹配的电动机电流，提高低速转矩。同时实施输出频率的补偿（转差补偿），使电动机的实际旋转速度与速度指令值更为接近。在负载的变动较为剧烈等情况下有效。

（3）实时无传感器矢量控制。通过推断电动机速度，实现具备高度电流控制功能的速度控制和转矩控制。有必要实施高精度、高响应的控制时，请选择实时无传感器矢量控制，并实施离线自动调谐。

适用于下述的用途：

1）负载的变动较剧烈但希望将速度变动控制在最小范围。

2）需要低速转矩时。

3) 为防止转矩过大导致机械损坏（转矩限制）。

4) 想实施转矩控制。

(4) 矢量控制。安装 FR-A8AP，并与带有 PLG 的电动机配合可实现真正意义上的矢量控制运行。可进行高响应、高精度的速度控制（零速控制、伺服锁定）、转矩控制、位置控制。相对于 V/F 控制等其他控制方法，控制性能更加优越，可实现与直流电机同等的控制性能。适用于下列用途：

1) 负载的变动较剧烈但希望将速度变动控制在最小范围；

2) 需要低速转矩时；

3) 为防止转矩过大导致机械损坏（转矩限制）；

4) 想实施转矩控制和位置控制；

5) 在电机轴停止的状态下，对产生转矩的伺服锁定转矩进行控制。

(5) PM 无传感器矢量控制。通过与比感应电动机效率更高的 PM（永磁铁）电动机组合，能够更高效地实现速度控制精度高的电动机控制。

无须 PLG 等速度检测器，而是通过变频器的输出电压和输出电流推测电动机的旋转速度。另外，为了以最大限度发挥电动机的效率，控制 PM 电动机，将加负载时的电流抑制在所需的最低限度。

使用 IPM 电机 MM-CF 时，只需进行 IPM 参数初始设定即可实现 PM 无传感器矢量控制。

6.3 变频器应用实例

1. 变频器实现 PID 控制

(1) PID 基本原理。

1) PID 控制基本框图。变频器实现 PID 控制的框图，如图 6-6 所示，具体分为偏差值输入和测量值输入两种控制方式。

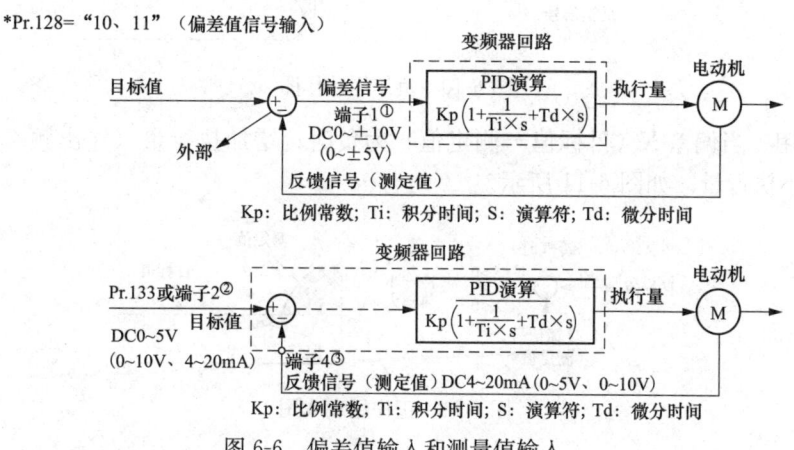

$$Kp\left(1+\frac{1}{Ti \times s}+Td \times s\right)$$

Kp: 比例常数；Ti: 积分时间；S: 演算符；Td: 微分时间

图 6-6 偏差值输入和测量值输入

* Pr.128="20、21"（测定值输入）；

注：① 请设置 Pr.868 端子 1 功能分配="0"。Pr.868≠"0" 时，PID 控制无效；

② 请注意，端子 1 的输入为目标值，会被加在端子 2 的目标值上计算；

③ 请设置 Pr.868 端子 4 功能分配="0"。Pr.868≠"0" 时，PID 控制无效。

2) PID 控制简介。

a. PI 动作。PI 动作是由比例动作（P）和积分动作（I）组合成的。根据偏差大小及时间变化产生一个执行量。测量值阶跃变化时的动作示例如图 6-7 所示，注：PI 动作是 P 和 I 动作之和。

b. PD 动作。PD 动作是由比例动作（P）和微分动作（D）组合成的，根据改变动态特性的偏差速率产生一个执行量，改善动态特性。测量值按比例变化时的动作示例如图 6-8 所示，注：PD 动作是 P 和 D 动作之和。

c. PID 动作。PID 动作是将 PI 动作和 PD 动作组合后的动作功能，可以实现充分吸取各项动作长处后的控制。注：PID 动作是 P 和 I 及 D 动作的总和。如图 6-9 所示。

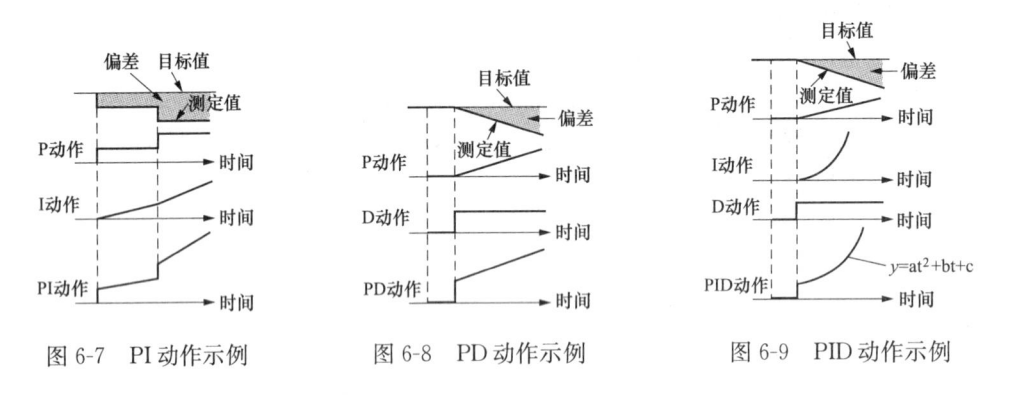

图 6-7 PI 动作示例

图 6-8 PD 动作示例

图 6-9 PID 动作示例

d. 负作用。当偏差 X=（目标值－测定值）为正时，增加执行量（输出频率），如果偏差为负，则减小执行量。如图 6-10 所示。

图 6-10 负作用动作图

e. 正作用。当偏差 X（目标值－测定值）为负时，增加执行量（输出频率）。如果偏差为正，则减小执行量。如图 6-11 所示。

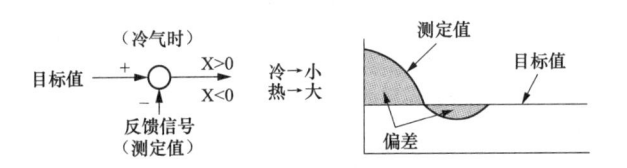

图 6-11 正作用动作图

(2) 接线图。在漏型逻辑下，各参数设定为 Pr. 128=20，Pr. 183=14，Pr. 191=47，Pr. 192=16，Pr. 193=14，Pr. 194=15。变频器 PID 接线图，如图 6-12 所示。

(3) 变频器参数设定。变频器能够进行流量，风量或者压力等的过程控制。由端子 2 输入信号或参数设定值作为目标和端子 4 输入信号作为反馈量组成 PID 控制的反馈系统。变频器必须设定的参数为 Pr.127~Pr.134，Pr.575~Pr.577。相关参数可参见表 6-7，现结合表 6-8 进一步对相关参数的具体设定值范围及其含义解释如下。

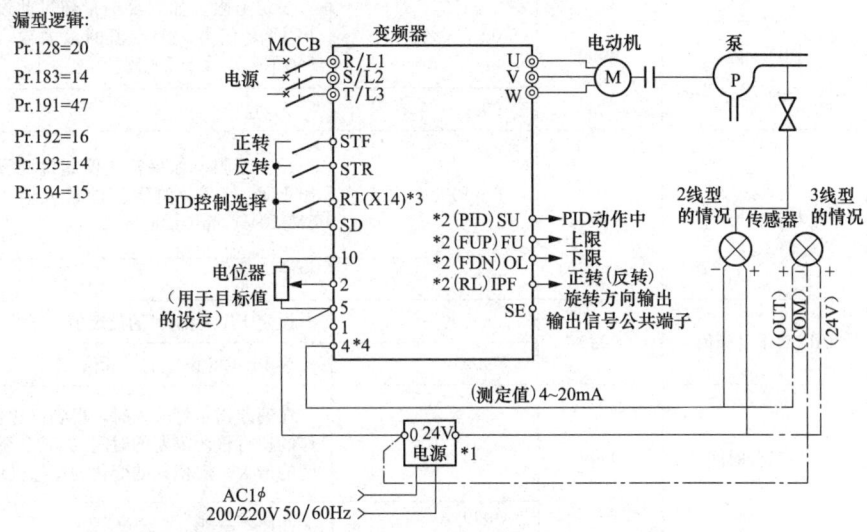

*1 按检测器规格选择电源。
*2 所使用的输出信号端子根据 Pr.190~Pr.196（输出端子功能选择）设定不同而不同。
*3 所使用的输入信号端子根据 Pr.178~Pr.189（输入端子功能选择）设定不同而不同。
*4 无需输入 AU 信号。

图 6-12 变频器 PID 接线图

表 6-8 　　　　　　　　　　PID 控制相关参数设定值范围及含义

Pr.	名称	初始值	设定范围	内容
127 A612	PID 控制自动 切换频率	9999	0~590Hz	设定自动切换到 PID 控制的频率
			9999	无 PID 控制自动切换功能
128 A610	PID 动作选择	0	0、10、11、20、21、50、51、60、61、70、71、80、81、90、91、100、101、1000、1001、1010、1011、2000、2001、2010、2011	进行偏差值、测定值、目标值输入方法和正作用、负作用的选择
			40~43	参照相关内容
129 A613	PID 比例范围	100%	0.1~1000%	如果比例常数范围较窄（参数设定值较小），测量值的微小变化会引起执行量的很大改变。因此，随着比例范围变窄，响应的灵敏性（增益）得到改善，但稳定性变差，例如：发生振荡。增益 Kp=1/比例常数
			9999	无比例控制
130 A614	PID 积分时间	1s	0.1~3600s	在偏差步进输入时，仅在积分（I）动作中得到与比例（P）动作相同的执行量所需要的时间（Ti）。随着积分时间的减少，到达设定值就越快，但也容易发生振荡
			9999	无积分控制

续表

Pr.	名称	初始值	设定范围	内容
131 A601	PID 上限	9999	0～100%	设定上限，如果反馈量超过此设定，就输出 FUP 信号。测定值的最大输入（20mA/5V/10V）等于 100%
			9999	无功能
132 A602	PID 下限	9999	0～100%	设定下限，如果检测值超过此设定，就输出 FDN 信号。测定值的最大输入（20mA/5V/10V）等于 100%
			9999	无功能
133 A611	PID 动作目标值	9999	0～100%	设定 PID 控制时的设定值
			9999	为 Pr.128 设定的目标值
134 A615	PID 微分时间	9999	0.01～10s	在偏差指示灯输入时，得到仅比例（P）动作的执行量所需要的时间（Td）。随着微分时间的增大。对偏差的变化的反应也加大
			9999	无微分控制
553 A603	PID 偏差范围	9999	0～100%	偏差量的绝对值超过偏差限制值时，输出 Y48 信号
			9999	无功能
554 A604	PID 信号动作选择	0	0～3、10～13	可以选择进行测定值输入的上限、下限检测时，以及偏差的限制检测时的动作。还可以选择 PID 输出中断功能的动作
575 A621	输出中断检测时间	1s	0～3600s	PID 演算后的输出频率未满 Pr.576 设定值的状态持续到 Pr.575 设定时间以上时，中断变频器的运行
			9999	无输出中断功能
576 A622	输出中断检测水平	0Hz	0～590Hz	设定实施输出中断处理的频率
577 A623	输出中断解除水平	1000%	900～1100%	设定解除 PID 输出中断功能的水平（Pr.577－1000%）

（4）变频器 PID 控制输入输出信号。为了进行 PID 控制，应将 X14 信号置于 ON。该信号置于 OFF 时，则变频器无 PID 控制作用，为通常的变频器运行。变频器输入输出信号功能见表 6-9。

表 6-9　　　　　　　　变频器 PID 控制输入输出信号功能说明

信号	功能	Pr.178～Pr.189 设定值	内容
X14	PID 控制有效	14	将信号分配给输入端子后，信号 ON 时可以进行 PID 控制
X80	第 2PID 控制有效	80	
X64	PID 正反动作切换	64	通过将信号置于 ON，无须变更参数即可切换正作用与负作用
X79	第 2PID 正反动作切换	79	

续表

信号	功能	Pr.178~Pr.189 设定值	内容
X72	PID P 控制切换	72	通过将信号置于 ON，可以将积分值和微分值复位
X73	第 2PID P 控制切换	73	

| 信号 | 功能 | Pr.190~Pr.196 设定值 | | 内容 |
		正逻辑	负逻辑	
FUP	PID 上限极限	15	115	当测定值信号超过 Pr.131 PID 上限 (Pr.1143 第 2PID 上限)时输出
FUP2	第 2PID 上限极限	201	301	
FDN	下限输出	14	114	当测定值信号低于 Pr.132 PID 下限 (Pr.1144 第 2PID 上限)时输出
FDN2	第 2PID 下限极限	200	300	
RL	PID 正反动作输出	16	116	参数单元的输出显示为正转（FWD）时输出 [Hi]，反转（REV）、停止（STOP）时输出 [Low]
RL2	第 2PID 正转反转输出	202	302	
PID	PID 控制动作中	47	147	PID 控制中置于 ON 设定为不将 PID 演算结果反映到输出频率（Pr.128＜"2000"）时，启动信号为 OFF 时，PID 信号也 OFF。设定为反映到输出频率（Pr.128≥"2000"）时，无论启动信号如何，PID 运行中 PID 信号 ON
PID2	第 2PID 控制动作中	203	303	
SLEEP	PID 输出中断中	70	170	设定 Pr.575 输出中断检测时间 (Pr.1147 第 2 输出中断检测时间) ≠ "9999"，在 PID 输出中断功能动作时 ON
SLEEP2	第 2PID 切断输出中	204	304	

注 如果通过 Pr.178~Pr.189、Pr.190~Pr.196 变更端子功能，有可能会对其他的功能产生影响，应对各端子的功能进行确认之后再进行设定。

（5）PID 控制调整步骤。由变频器 A800 进行 PID 控制的调整步骤，如图 6-13 所示。

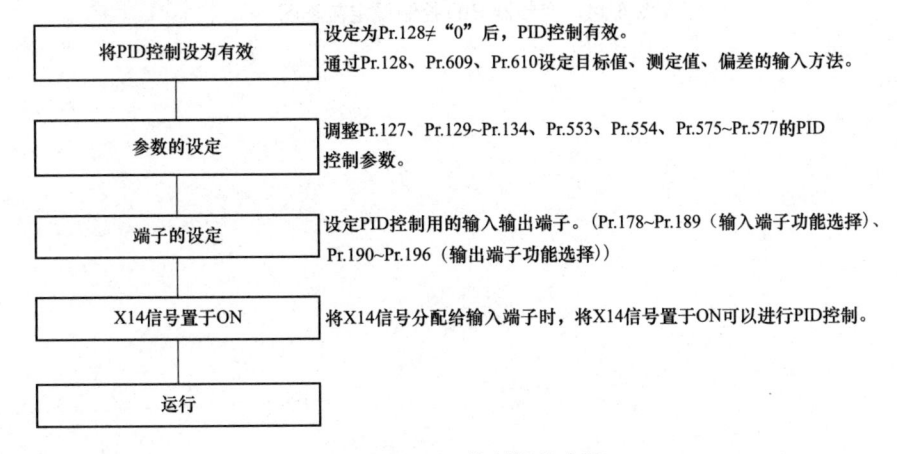

将 PID 控制设为有效 — 设定为 Pr.128≠"0"后，PID 控制有效。通过 Pr.128、Pr.609、Pr.610 设定目标值、测定值、偏差的输入方法。

参数的设定 — 调整 Pr.127、Pr.129~Pr.134、Pr.553、Pr.554、Pr.575~Pr.577 的 PID 控制参数。

端子的设定 — 设定 PID 控制用的输入输出端子。(Pr.178~Pr.189（输入端子功能选择）、Pr.190~Pr.196（输出端子功能选择））

X14 信号置于 ON — 将 X14 信号分配给输入端子时，将 X14 信号置于 ON 可以进行 PID 控制。

运行

图 6-13　PID 控制调整步骤

2. 变频器 PID 控制应用示例

温度 0℃对应传感器输出电流为 4mA，温度 50℃对应传感器输出电流 20mA，通过变频器进行 PID 控制，将室温调整到 25℃。变频器 PID 控制设定流程图如图 6-14 所示。

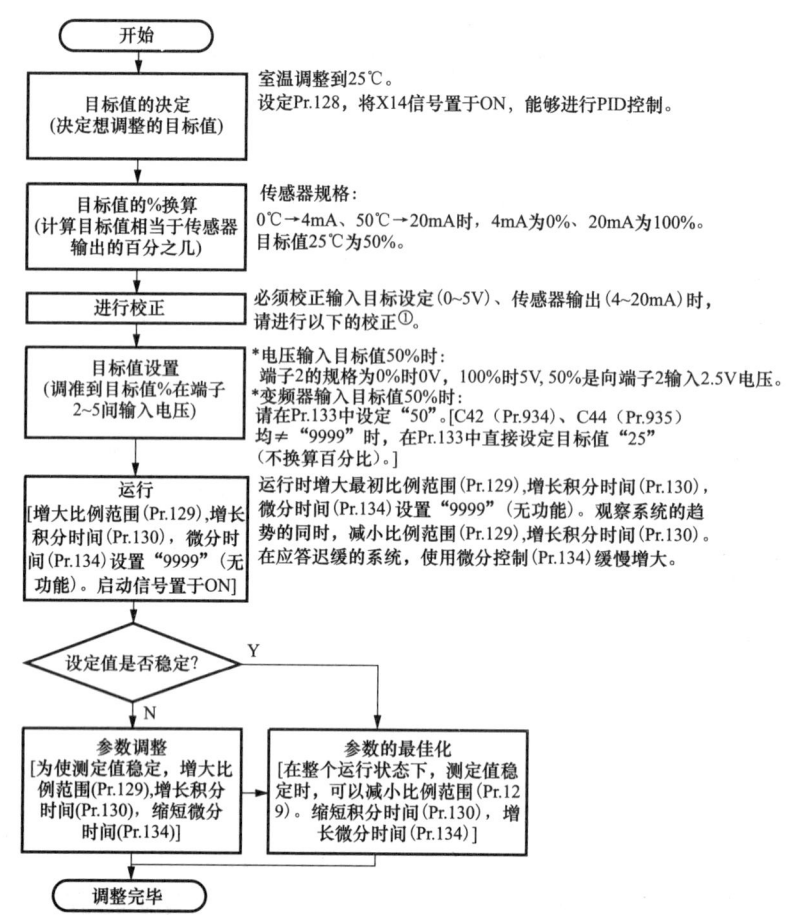

```
┌─────────────┐
│    开始     │
└──────┬──────┘
       ↓
┌─────────────┐   室温调整到25℃。
│ 目标值的决定 │   设定Pr.128，将X14信号置于ON，能够进行PID控制。
│(决定想调整的 │
│   目标值)   │
└──────┬──────┘
       ↓
┌─────────────┐   传感器规格：
│目标值的%换算 │   0℃→4mA，50℃→20mA时，4mA为0%、20mA为100%。
│(计算目标值相 │   目标值25℃为50%。
│当于传感器输出│
│的百分之几)  │
└──────┬──────┘
       ↓
┌─────────────┐   必须校正输入目标设定(0~5V)、传感器输出(4~20mA)时，
│  进行校正   │   请进行以下的校正①。
└──────┬──────┘
       ↓
┌─────────────┐   *电压输入目标值50%时：
│ 目标值设置  │    端子2的规格为0%时0V，100%时5V，50%是向端子2输入2.5V电压。
│(调准到目标值│   *变频器输入目标值50%时：
│%在端子2~5间 │    请在Pr.133中设定"50"。[C42（Pr.934）、C44（Pr.935）
│ 输入电压)   │    均≠"9999"时，在Pr.133中直接设定目标值"25"
└──────┬──────┘    (不换算百分比)。]
       ↓
┌─────────────┐   运行时增大最初比例范围(Pr.129)，增长积分时间(Pr.130)，
│    运行     │   微分时间(Pr.134)设置"9999"(无功能)。观察系统的趋
│[增大比例范围│   势的同时，减小比例范围(Pr.129)，增长积分时间(Pr.130)。
│(Pr.129),增长│   在应答迟缓的系统，使用微分控制(Pr.134)缓慢增大。
│积分时间(Pr. │
│130),微分时间│
│(Pr.134)设置 │
│"9999"(无功  │
│能)。启动信号 │
│置于ON]      │
└──────┬──────┘
       ↓
    ╱─────╲  Y
   ╱设定值是╲────────┐
   ╲否稳定? ╱        │
    ╲─────╱         │
       │N            ↓
       ↓         ┌──────────────┐
┌─────────────┐ │ 参数的最佳化 │
│  参数调整   │ │[在整个运行状态│
│[为使测定值稳│→│下，测定值稳  │
│定,增大比例范│ │定时,可以减小比│
│围(Pr.129),增│ │例范围(Pr.129)│
│长积分时间   │ │,缩短积分时间  │
│(Pr.130),缩短│ │(Pr.130),增   │
│微分时间     │ │长微分时间    │
│(Pr.134)]    │ │(Pr.134)]     │
└─────────────┘ └──────┬───────┘
                       ↓
                ┌─────────────┐
                │  调整完毕   │
                └─────────────┘
```

① 必须校正时：通过Pr.125, C2(Pr.902)~C4(Pr.903)(端子2)或者Pr.126,C5(Pr.904)~C7(Pr.905)(端子4)进行检测器输出以及目标设定输入的校正。C42(Pr.934)、C44(Pr.935)均为"9999"以外时，通过Pr.934和Pr.935(端子4)进行检测器输出以及目标设定输入的校正。校正在变频器停止中的PU模式下进行。

图6-14 变频器PID控制设定流程图

第二篇 实 验 部 分

电气控制与 PLC 技术应用的实验方法有两种，一种是用 PLC 集成的实验装置进行实验和应用程序的开发；另一种是用普通 PLC 外加导线或其他的电器元件进行的开发和实验。PLC 集成实验装置具有直观，使用方便安全的优点，配有各种工业控制模板，可以形象地模拟工业现场控制，适用于教学的重复使用，学生可以安全地进行操作实验。另外，也可以使用 PLC 外加导线或其他的电器元件，给出必要的输入信号进行实验，并且可以利用 PLC 自身的输出指示观察 PLC 运行结果。本篇以普通 PLC 外加导线或其他的电器元件应用为主，研究 PLC 的实验方法。PLC 的生产厂家众多，型号各异，但基本原理和结构、设计思想大致相同。每个试验后面附带的参考程序是以三菱 FX_{2N}、FX_{1N} 为例。大家可以根据自己的实际来选择其他的机型做实验。

第 7 章 电气控制部分实验

7.1 三相异步电动机的启停、点动、连续运行控制实验

7.1.1 相关知识

7.1.1.1 控制电器概述

随着电气自动化领域的不断扩大，电器的概念也越来越广泛。在生产机械以及生产过程的自动控制中，通常把对电能的生产和传输起控制作用的电器称为控制电器，操作人员通过这些电器对用电设备的电源进行通断控制。控制电器的工作电压以交流 1000V、直流 1200V 为界，可以分为高压电器和低压电器两大类。对于一般生产机械来说，国内主要使用的是 380V 以下的交流电源。在安全用电要求高的场合，电压还必须降至 36V 以下，因此低压电器应用十分广泛。低压电器种类繁多，按其结构、用途及所控制对象的不同，可以有不同的分类方式。

(1) 按用途和控制对象不同，可将低压电器分为配电电器和控制电器。

1) 用于电能的输送和分配的电器称为低压配电电器，这类电器包括刀开关、转换开关、空气断路器和熔断器等。

2) 用于各种控制电路和控制系统的电器称为控制电器，这类电器包括接触器、启动器和各种控制继电器等。

(2) 按操作方式不同，可将低压电器分为自动电器和手动电器。

1) 通过电器本身参数变化或外来信号（如电、磁、光、热等）自动完成接通、分断、

起动、反向和停止等动作的电器称为自动电器。常用的自动电器有接触器、继电器等。

2）通过人力直接操作来完成接通、分断、起动、反向和停止等动作的电器称为手动电器。常用的手动电器有刀开关、转换开关和主令电器等。

（3）按工作原理可分为电磁式电器和非电量控制电器。

1）电磁式电器是依据电磁感应原理来工作的电器，如接触器、各类电磁式继电器等。

2）非电量控制电器的工作是靠外力或某种非电量的变化而动作的电器，如行程开关、速度继电器等。

（4）按触点类型分类。

1）有触点电器：利用触点的接通和分断来切换电路。

2）无触点电器：无可分离的触点。主要利用电子元件的开关效应，即导通和截止来实现电路的通、断控制。如接近开关、霍尔开关、电子式时间继电器、固态继电器等。

在电气控制电路中，低压电器的作用主要有控制作用、保护作用、测量作用、调节作用、指示作用、转换作用等。

7.1.1.2 电气控制线路简介

电气控制线路是指由许多电器元件按照一定的逻辑要求和规律用导线连接而成的电气系统图。电气控制线路图可分为电气控制原理图和安装接线图两种。

将电气控制系统中各电器元件及它们之间的连接线路用一定的图形表达出来，这种图形就是电气控制系统图，一般包括电气原理图、电器布置图和电气安装接线图三种。

在国家标准中，电气技术中的文字符号分为基本文字符号（单字母或双字母）和辅助文字符号。基本文字符号中的单字母符号按英文字母将各种电气设备、装置和元器件划分为23个大类，每个大类用一个专用单字母符号表示。如"K"表示继电器、接触器类，"F"表示保护器件类等，单字母符号应优先采用。双字母符号是由一个表示种类的单字母符号与另一字母组成，其组合应以单字母符号在前，另一字母在后的次序列出。

电气原理图用图形和文字符号表示电路中各个电器元件的连接关系和电气工作原理，它并不反映电器元件的实际大小和安装位置。

（1）电气原理图一般分为主电路、控制电路和辅助电路三个部分。

（2）电气原理图中所有电器元件的图形和文字符号必须符合国家规定的统一标准。

（3）在电气原理图中，所有电器的可动部分均按原始状态画出。

（4）动力电路的电源线应水平画出；主电路应垂直于电源线画出；控制电路和辅助电路应垂直于两条或几条水平电源线之间；耗能元件（如线圈、电磁阀、照明灯和信号灯等）应接在下面一条电源线一侧，而各种控制触点应接在另一条电源线上。

（5）应尽量减少线条数量，避免线条交叉。

（6）在电气原理图上应标出各个电源电路的电压值、极性或频率及相数；对某些元器件还应标注其特性（如电阻、电容的数值等）；不常用的电器（如位置传感器、手动开关等）还要标注其操作方式和功能等。

（7）为方便阅图，在电气原理图中可将图幅分成若干个图区，图区行的代号用英文字母表示，一般可省略，列的代号用阿拉伯数字表示，其图区编号写在图的下面，并在图的顶部标明各图区电路的作用。

（8）在继电器、接触器线圈下方均列有触点表以说明线圈和触点的从属关系，即"符号位置索引"。也就是在相应线圈的下方,给出触点的图形符号(有时也可省去),对未使用的触点用"×"表明(或不作表明)。

7.1.1.3 电动机的启停、点动控制电路

三相异步电动机的启动、停止控制线路是应用最广泛的最基本的控制线路。如参考电路如图 7-1 所示,它的主电路是由熔断器 FU1、隔离开关 QS、接触器 KM 的主触头、热继电器 FR 的热元件和电动机 M 构成,控制电路由启动按钮 SB1、停止按钮 SB0、接触器 KM 的线圈及其常开辅助触头、热继电器 FR 的动断触头和熔断器 FU2 构成。该电路的工作原理:合上 QS,按下启动按钮 SB1,交流接触器 KM 的线圈通电,KM 的主触头闭合,电动机接通电源起动运转。同时,与 SB1 并联的接触器 KM 的动合触头闭合,这样,即使手松开,SB1 自动复位,接触器 KM 的线圈仍可通过其常开触头的闭合而继续通电,从而保持电动机的持续运行。依靠接触器本身的辅助触头使其线圈保持通电的现象称为"自锁"。这一对起自锁作用的辅助触头称为自锁触头。

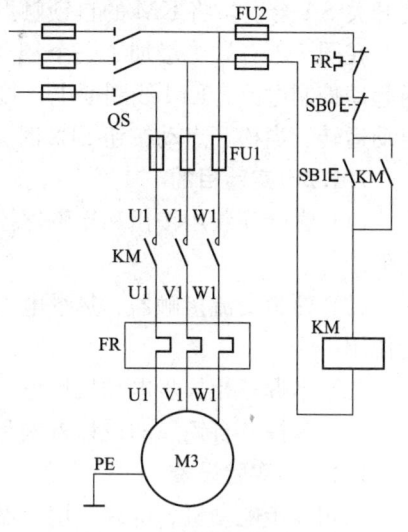

图 7-1 启停控制电路图

只要按下停止按钮 SB0,KM 线圈断电释放,KM 的三个动合主触头断开,电动机 M 停止运转。当手松开,SB0 虽然处于复位成动断状态,但 KM 的自锁动合触头已断开,KM 线圈不能再依靠自锁而通电了。

按下按钮时电动机转动工作,手松开按钮电动机停止工作。这种工作方式为点动。图 7-2 给出了实现点动控制的几种控制电路。

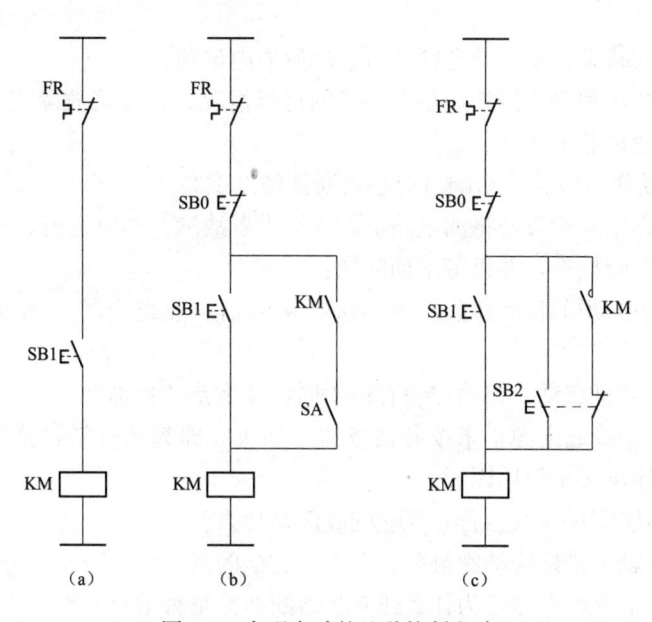

图 7-2 实现点动的几种控制电路

在图 7-2（a）中，按下启动按钮 SB1，KM 线圈通电，电动机启动；手松开按钮 SB1 时，接触器 KM 线圈又断电，其主触点断开，电动机停止运转，这是最基本的点动控制电路。

在图 7-2（b）中，把开关 SA 断开，由按钮 SB1 来进行点动控制。当需要正常运行时，把开关 SA 合上，将 KM 的自锁触点接入，即可实现连续控制。

在图 7-2（c）中增加了一个复合按钮 SB2 来实现点动控制。按下点动控制按钮 SB2，接通起动控制电路，KM 线圈通电，接触器衔铁被吸合，主触头闭合，接通三相电源，电动机启动运转。当松开点动按钮 SB2 时，KM 线圈断电，KM 主触点断开，电动机停止运转。

7.1.2 实验目的

（1）学会安装用按钮和接触器控制的电动机单向运转电路，能正确布线，并能排除简易故障。

（2）熟悉交流接触器、热继电器、按钮等电器元件的使用方法，理解它们在控制电路中的作用。

（3）掌握三相异步电动机启停、点动、连续的工作原理、接线方法。

（4）掌握"自锁"的设计方法和作用。

7.1.3 实验设备

三相异步电动机、电源、熔断器、刀开关、交流接触器、按钮、热继电器、万用表、电工工具及导线若干。

7.1.4 实验内容及要求

（1）试绘制三相异步电动机的电气控制电路，实现电动机的启停、点动及连续控制。

（2）根据所绘电路清理并检测所需元件，用万用表欧姆挡检查接触器、按钮的动合、动断触头是否闭合或断开；用手动接触器、按钮的可动部件，察看是否灵活。然后按照工艺完成安装接线。

（3）自己检查线路无误后，请老师认可，然后通电试验。

（4）操作启动按钮和停止按钮观察电动机的运行情况。如发现故障应立即断开电源，分析原因，排除故障后再送电实训。

（5）观察 FR 动作对线路的影响（可手动断开触点试验）。

（6）在已安装完工经检查合格的电路上，人为设置故障，通电运行，观察故障现象。

（7）课后完成实验报告，并思考下列问题：

1）根据给定的电动机铭牌参数，如何选择接触器、热继电器、熔断器等低压电器的类型？

2）三相异步电动机点动、连动控制有何不同？什么是"自锁"？

3）在实验中，一接通电源，未按起动按钮电动机立即起动旋转，是何原因？按下停止按钮，电动机不能停车又是何原因？

4）若电动机不能实现连续运行，可能的故障是什么？

5）若自锁常开触头错接成动断触头，会发生怎样的现象？

6）线路中已用了热继电器，为什么还要装熔断器？是否重复？

7.1.5 参考电路

参考电路如图 7-3 所示。

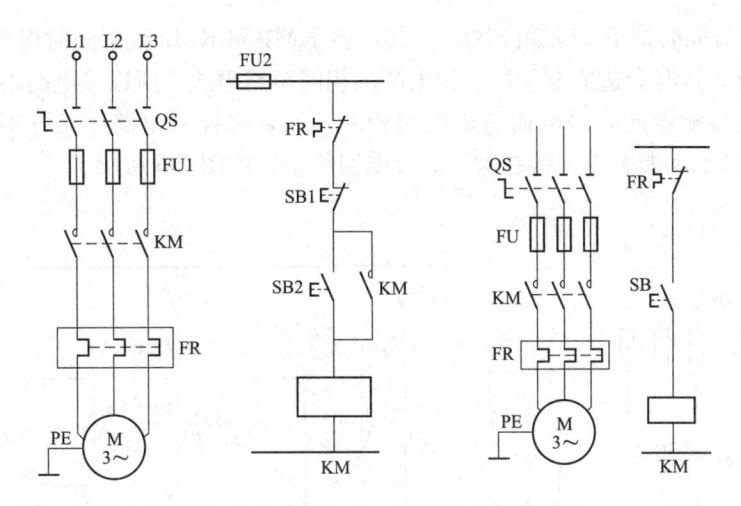

图 7-3 电动机点动、连续运行控制电路

7.2 三相异步电动机的正反转运行及多点控制实验

7.2.1 相关知识

7.2.1.1 三相异步电动机正反转运行的相关知识

在生产加工过程中，常要求用一台电动机能够实现可逆运行。如小车的左行、右行；机械手的上升、下降等，这就要求电动机既能够正转又能够反转。如图 7-4 所示为三相异步电动机正转、反转控制实验电路的电气原理图。左边是主回路，右边是控制回路。

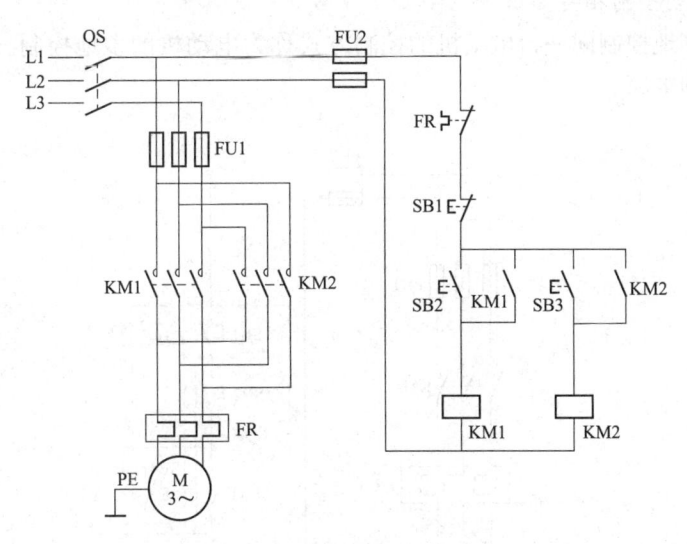

图 7-4 电动机正反转控制电路

我们知道只要改变电动机的三相电源进线的任意两相的相序，电动机即可反转，如图 7-4 所示实验电路中采用了两个接触器 KM1 和 KM2，分别实现电动机的正转和反转。SB2 为正转按钮，SB3 为反转按钮。当按下 SB2，KM1 通电吸合并自锁，使电动机正转；当按下 SB3，KM2 通电吸合并自锁，使电动机反转。SB1 为停止按钮。

图 7-4 中，若同时按下 SB2 和 SB3，则接触器 KM1 和 KM2 线圈同时得电并自锁，它们的主触点都闭合，这时会造成电动机三相电源的相间短路事故，所以该电路不能使用。

为了避免两接触器同时得电而造成电源相间短路，在控制电路中，分别将两个接触器 KM1、KM2 的辅助动断触点串接在对方的线圈回路里，如图 7-5 所示。

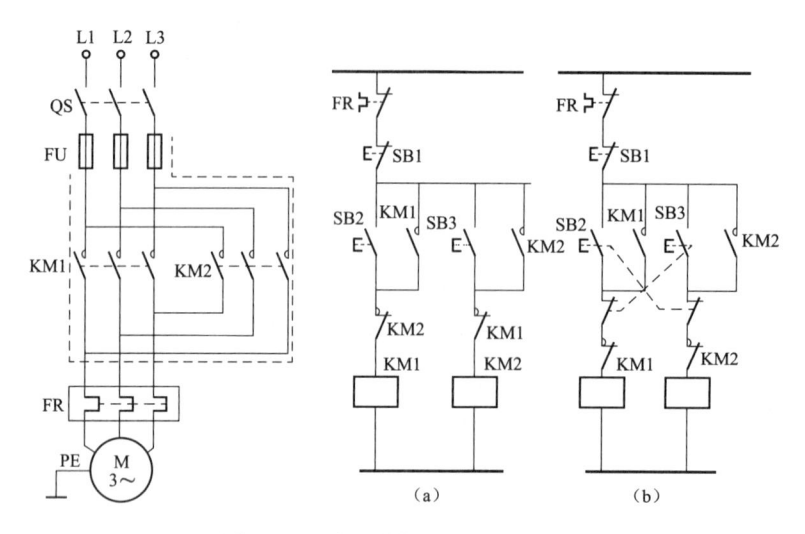

图 7-5 具有互锁的电机正反转电路

这种利用两个接触器（或按钮）的动断触点互相制约的控制方法称为互锁（也称联锁），而这两对起互锁作用的触点称为互锁触点。

7.2.1.2 多点控制相关知识

能在两地或多地控制同一台电动机的控制方式称为电动机的多地控制。如图 7-6 所示为电动机多地控制的电路。

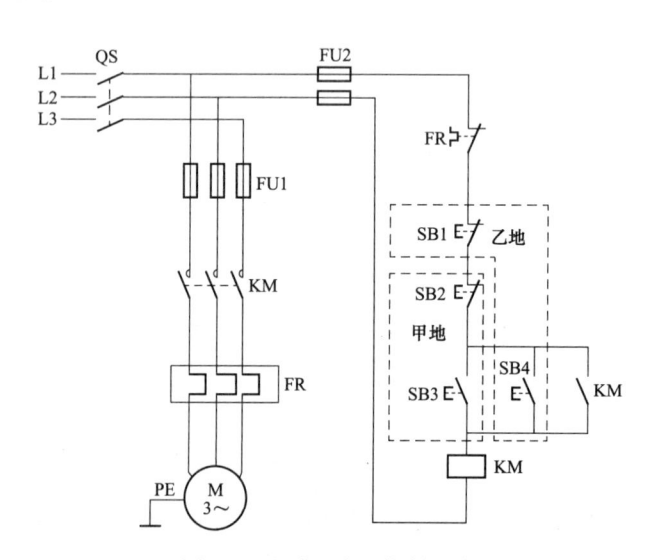

图 7-6 电动机多地控制电路

所谓两地控制是在两个地点各设一套电动机起动和停止用的控制按钮，图中 SB3、SB2

为甲地控制的起动和停止按钮，SB4、SB1为乙地控制的起动和停止按钮。电路的特点是：两地的起动按钮SB3、SB4（动合触点）要并联接在一起，停止按钮SB1、SB2（动断触点）要串联接在一起。这样就可以分别在甲、乙两地启、停同一台电动机，达到操作方便之目的。

7.2.2 实验目的
（1）牢固掌握三相笼型异步电动机正反转控制电路的工作原理及正确的接线方法。
（2）掌握三联按钮的使用和正确接线方法。
（3）学会正反转电路的故障分析及排除故障的方法。
（4）掌握"互锁"的设计方法和作用。

7.2.3 实验设备
三相笼型异步电动机、电源、三相胶盖闸刀开关、交流接触器、三联按钮、熔断器、热继电器、行程开关、电工工具及导线、按钮、热继电器等。

7.2.4 实验内容及要求
（1）绘制电动机的正反转及多点控制电路。
（2）列出所用器件清单并备齐，了解其使用方法。
（3）按图接线，应先接主电路，然后再接控制电路。注意接线工艺，确认无误后，请指导教师检查后通电实验。
（4）分别按下正反转按钮，观察电动机的正反转运行，及多点运行情况。
（5）实验中出现不正常时，应断开电源，分析故障，如一切正常，可请指导老师人为地制造一些故障，由同学分析排除。
（6）完成实验报告，并思考下列问题：
1）实验中如发现按下正（或反）转按钮，电动机旋转方向不变，分析故障原因。
2）画出实验中故障现象的原理图，并分析故障原因及排除方法。
3）若运行过程中主电路有一相熔断器熔断，可能会发生什么情况？

7.2.5 参考电路
电动机正反转控制电路如图7-7所示。多地控制电动机正反转电路如图7-8所示。

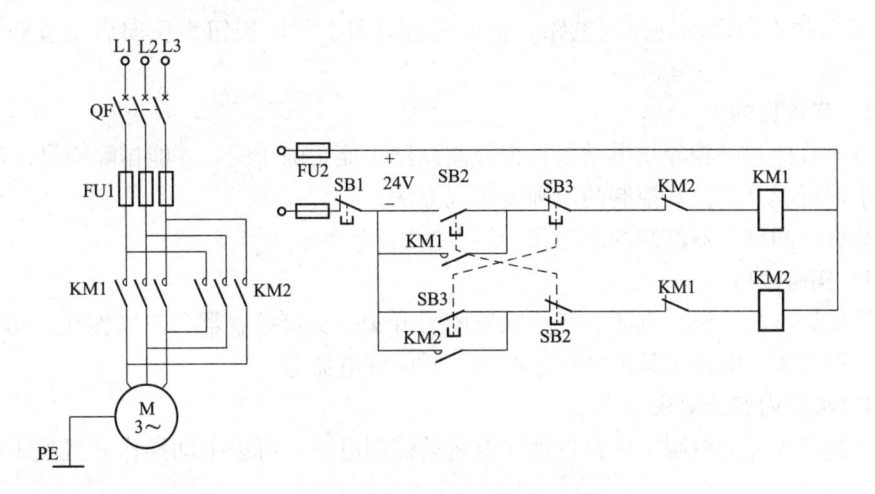

图7-7 电动机正反转控制电路

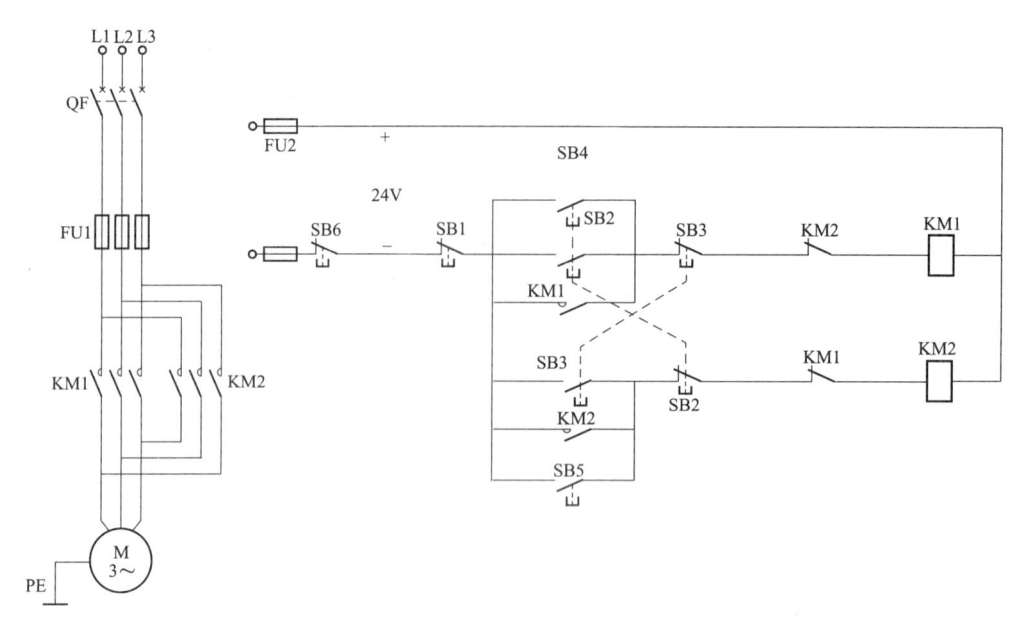

图 7-8　多地控制电动机正反转电路

7.3　模拟工作台自动往返循环控制实验

7.3.1　相关知识

行程位置控制是对生产机械进行电气自动控制中应用最多的一种控制形式，例如，工作台的自动往返运动、升降机的自动升降运动控制等。如图 7-9 所示为工作台自动往返运动工作示意图，图中 SB1、SB2 和 SB3 分别为停止、正转和反转启动按钮。其工作过程：当按下 SB2 后，三相异步电动机正转带动工作台向前运动；当工作台碰到位置开关 SQ1 后，自动切断正向运动的控制电路，并自动接通返回控制电路，电动机反向转动，并带动滑块向后运动；当工作台碰到位置开关 SQ2 后，又自动切断返回运动的控制的电路，并再一次接通工作台正向运动的控制电路，依此循环往复。SB3 按钮为反向启动按钮，工作原理同上。

7.3.2　实验目的

（1）进一步熟悉三相异步电动机行程控制线路。能正确布线，并能排除简易故障。
（2）掌握行程开关位置控制的原理及接线方法。
（3）掌握时间继电器控制的原理及接线方法。

7.3.3　实验设备

三相笼型异步电动机、电源、三相胶盖闸刀开关、交流接触器、三联按钮、熔断器、热继电器、行程开关、电工工具及导线、按钮、时间继电器等。

7.3.4　实验内容及要求

（1）绘制行程开关控制工作台自动往返运动控制电路，可以手动操作并且按下按钮电动机停止。

(a)

(b)

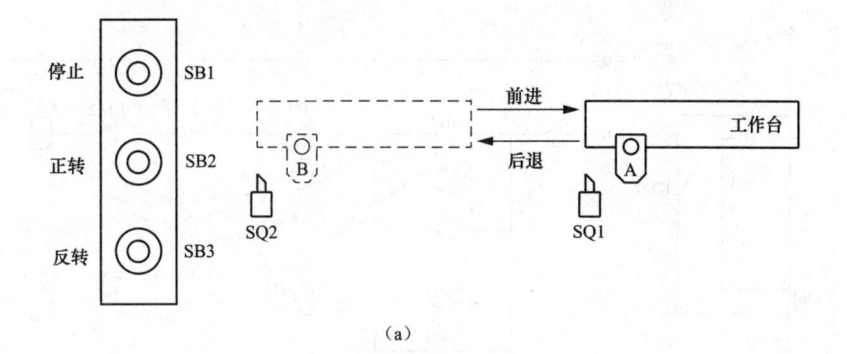

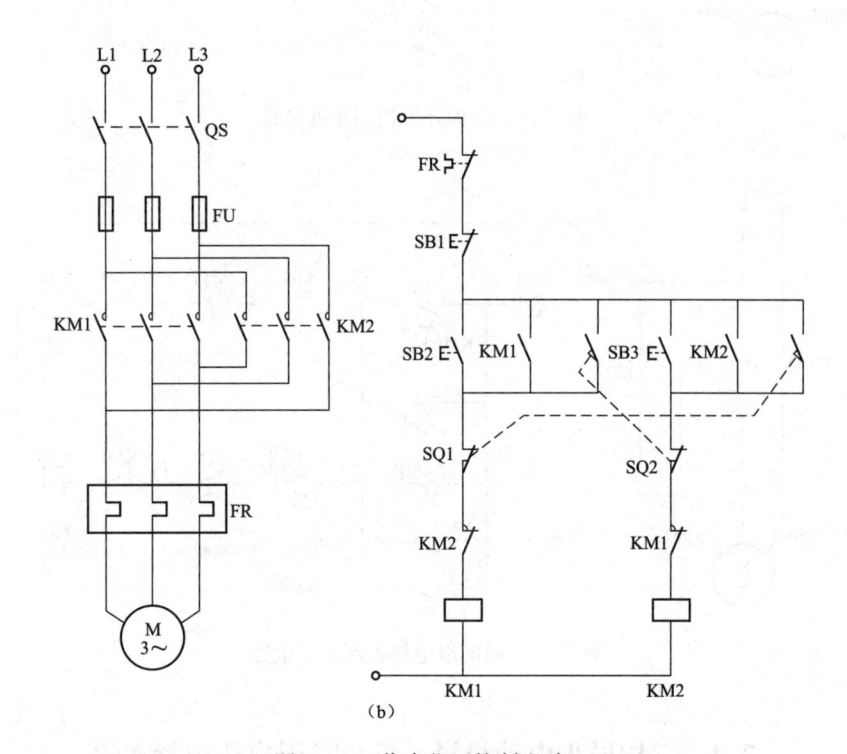

图 7-9 工作台往返控制电路

（2）绘制时间继电器控制工作台自动往返运动控制电路。

（3）列出所用器件清单并备齐，了解其使用方法。

（4）按图接线，应先接主电路，然后再接控制电路。注意接线工艺，确认无误后，请指导教师检查后通电实验。

（5）分别按下按钮，观察电机的运行情况。

（6）实验中出现不正常时，应断开电源，分析故障，如一切正常，可请指导老师人为地制造一些故障，由同学分析排除。

（7）完成实验报告。

7.3.5 参考电路

行程开关控制往返电路如图 7-10 所示，时间继电器控制往返电路如图 7-11 所示。

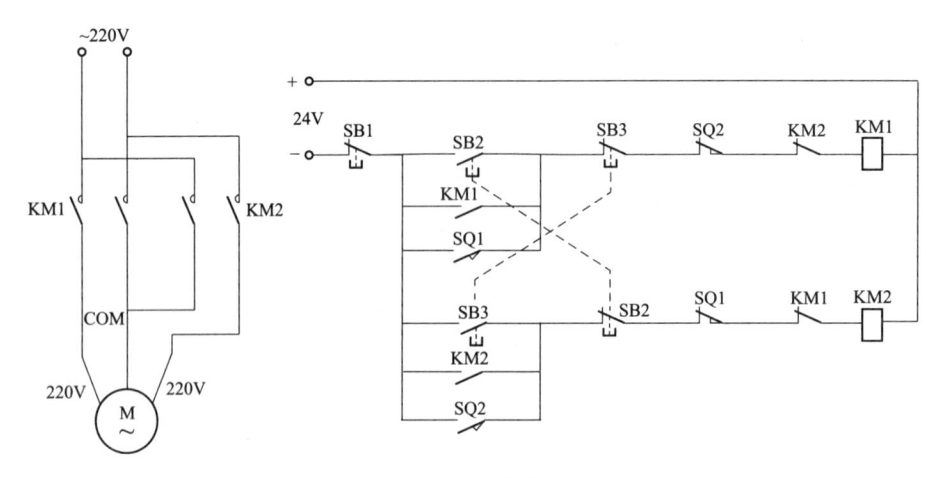

图 7-10　行程开关控制往返电路

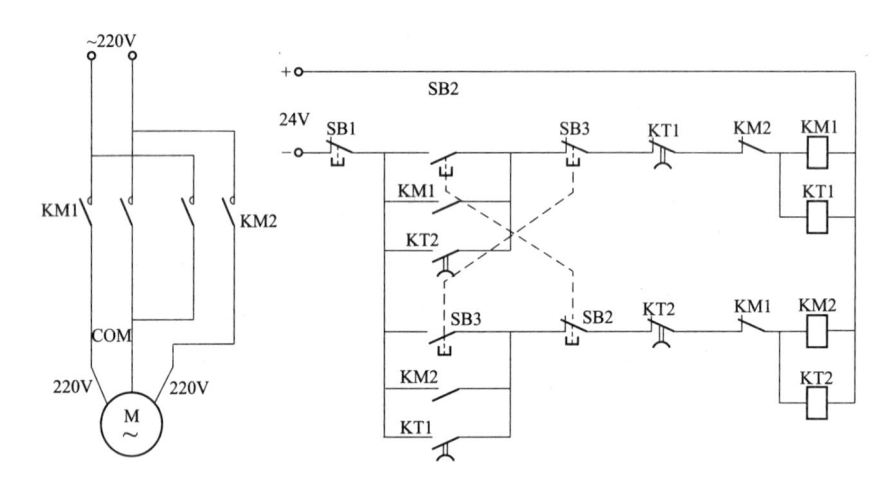

图 7-11　时间继电器控制往返电路

7.4　三相异步电动机星—三角降压启动控制实验

7.4.1　相关知识

降压启动控制电路电动机直接启动时，定子启动电流约为额定电流的 4~7 倍。过大的启动电流将影响接在同一电网上的其他用电设备的正常工作，甚至使它们停转或无法启动。因此往往采用降压启动。

鼠笼式异步电动机常用的降压启动方法主要有：定子串电阻（或电抗）降压启动、自耦变压器降压启动、Y-△降压启动等。

Y-△降压启动是指电动机启动时，把定子绕组接成星形，以降低启动电压，限制启动电流，待电动机启动后，再把定子绕组改接为三角形，使其全压运行。电动机定子绕组Y-△接线示意图如图 7-12 所示，Y-△降压启动线路如图 7-13 所示。

7.4.2　实验目的

（1）了解空气阻尼式时间继电器的结构，工作原理及使用方法。

(2) 掌握三相异步电动机Y-△降压启动控制电路的工作原理及接线方法。

(3) 熟悉这种电路的故障分析与排除方法。

7.4.3 实验设备

三相笼型异步电动机、电源、三相胶盖闸刀开关、交流接触器、时间继电器、控制按钮、熔断器、热继电器、电工工具及导线等。

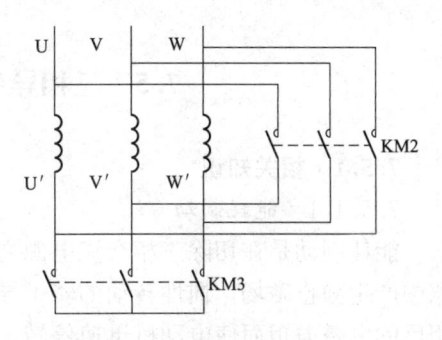

图 7-12 电动机定子绕组Y-△接线示意图

7.4.4 实验内容及要求

(1) 绘制三相异步电动机Y-△降压启动控制电路。

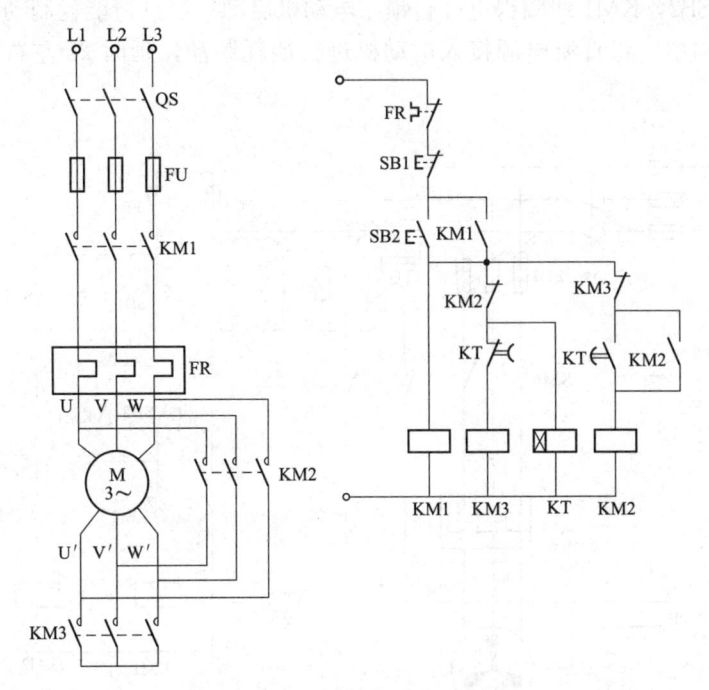

图 7-13 Y-△降压启动控制线路

(2) 检查各电器元件的质量情况，了解其使用方法。

(3) 按电气原理图接线，先接主电路，然后接控制电路。

(4) 自己检查接线是否正确，尤其是注意延时通断的触点是否正确，延时长短是否合理，确认无误后，请指导老师检查后合闸通电实验。

(5) 操作启动和停止按钮观察电动机起动情况。

(6) 调节时间继电器的延时，观察时间继电器动作时间对电动机的启动过程的影响。

(7) 完成实验报告，并同时思考下列问题：

1) 时间继电器通电延时常开与常闭触点接错，电路工作状态怎样？

2) 设计一个用断电延时继电器控制的Y-△降压起动控制电路。

3) 若在实验中发生故障时，如何分析故障原因并排除故障？

7.4.5 参考电路

参考电路如图 7-13 所示。

7.5 三相异步电动机能耗制动控制实验

7.5.1 相关知识

7.5.1.1 能耗制动

能耗制动是在切除三相交流电源之后，定子绕组通入直流电流，在定子、转子之间的气隙中产生静止磁场，惯性转动的转子导体切割该磁场，形成感应电流，产生与惯性转动方向相反的电磁力矩而使电动机迅速停转，并在制动结束后将直流电源切除。

三相异步电动机能耗制动控制线路如图 7-14 所示。下面以手动控制的能耗制动控制电路进行说明，按下 SB2，KM1 线圈得电并自锁，电动机启动；当进行能耗制动时，手一直按住 SB1，KM2 线圈得电，将直流电源接入电动机进行能耗制动，延时 2s 左右，松开 SB1，能耗制动结束。

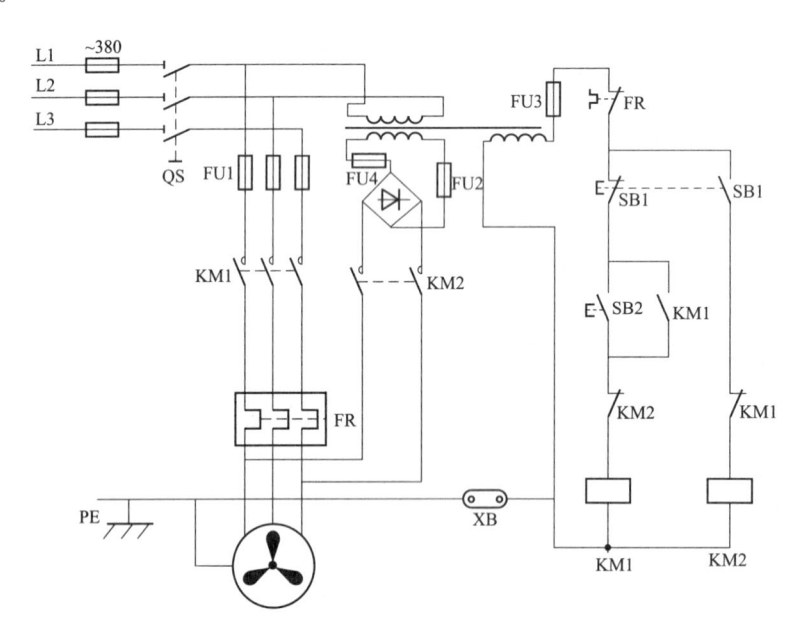

图 7-14 三相异步电动机能耗制动控制线路

7.5.1.2 由继电器控制电路图转换梯形图的设计法

由继电器控制电路图转换为梯形图如图 7-15 所示，只是对继电器控制电路图局部的转换。对复杂的继电器控制电路图可以先化整为零，对各个部分进行转换，最后再综合起来。当继电器控制电路很复杂时，大量的中间继电器、时间继电器、计数器等都可以用 PLC 内部的软元件来取代，原有复杂的控制逻辑可用 PLC 内部的程序来实现，这时，用 PLC 控制取代继电器控制的优越性就非常的明显了。

这种转换的设计主要是用来对原有机电控制系统进行改造和升级，它没有改变系统的外部特性，对于操作人员来说，除了提高了控制系统的可靠性之外，改造前后的系统在控制特性及功能上几乎没有什么区别，他们不用改变长期形成的操作习惯。这种设计方法一般不需要改动控制面板及元器件，因此可以减少硬件改造的费用和缩短软件开发、设计的周期，不过这种方法应用的场合范围有限，使用起来具有一定的局限性。

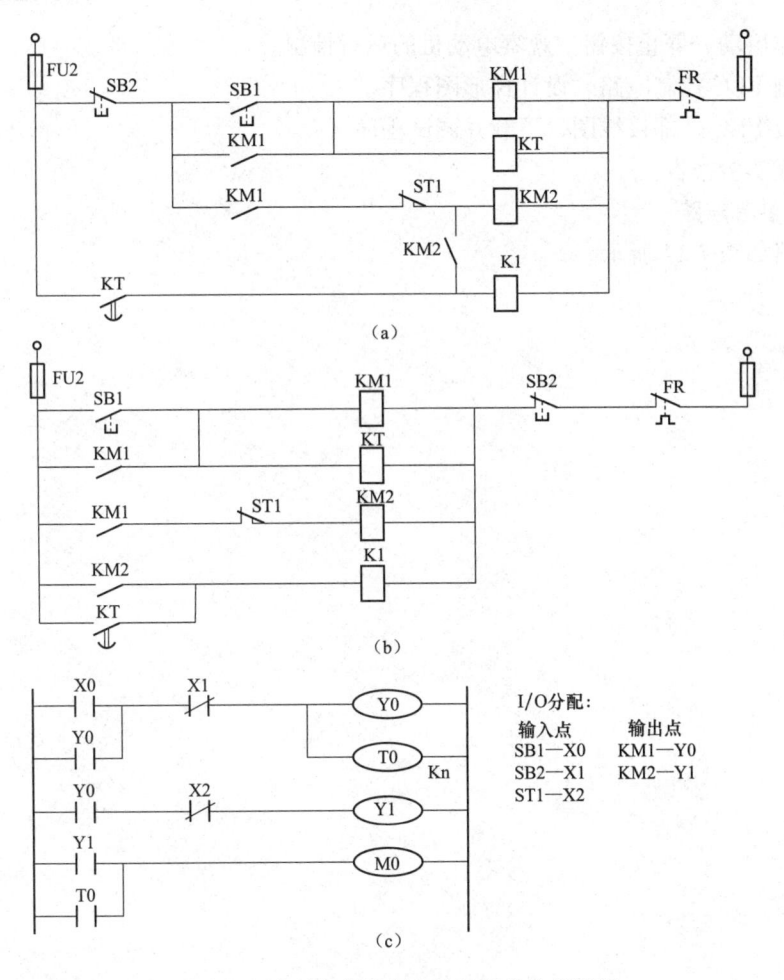

图 7-15 由继电器控制电路图转换为梯形图

7.5.2 实验目的

(1) 熟悉常用电器元件的结构、工作原理、型号规格、使用方法及其在控制线路中的作用。

(2) 熟悉三相异步电动机能耗制动控制电路的工作原理、接线方法、调试及故障排除的技能。

(3) 用继电器控制电路图转换梯形图的设计法把绘制的电路转换为 PLC 控制。

7.5.3 实验设备

万用表、异步电动机、电源、交流接触器、熔断器、热继电器、按钮、刀开关、二极管、时间继电器、PLC、电工工具及导线等。

7.5.4 实验内容及要求

(1) 绘制能耗制动电路。

(2) 主电路、控制电路的连接。

(3) 检查电路连接是否正确。

(4) 电路连接正确，进行通电试车，看电动机能否正常工作。

(5) 若出现故障必须断电检修，再检查，再通电，直到试车成功。

（6）操作启动、停止按钮，观察电动机的运行情况。

（7）绘制 PLC 控制电路、设计梯形图程序。

（8）连接 PLC 外部接线图、下载并调试程序。

（9）完成实验报告。

7.5.5 参考电路

参考电路如图 7-14 所示。

第 8 章 PLC 基本指令实验

8.1 基本指令的编程实验

8.1.1 相关知识

8.1.1.1 基本指令

FX_{2N} 系列 PLC 有基本逻辑指令 27 条、步进指令 2 条、功能指令 200 多条。基本逻辑指令是 PLC 中最基本的编程语言,下面对 FX_{2N} 系列基本逻辑指令应用进行介绍。

1. 逻辑取及驱动线圈指令（LD、LDI、OUT）

(1) LD（取指令）动合触点与左母线连接的指令。

(2) LDI（取反指令）动断触点与左母线连接指令。

(3) OUT（输出指令）对线圈进行驱动的指令,也称为输出指令。

下面把 LD/LDI/OUT 三条指令以表 8-1 的形式加以说明。

表 8-1　　　　　　　　　　指令说明表

称号	功能	电路表示	操作元件	程序步
LD（取）	动合触点与母线相连	⊣├──(Y001)⊢	X、Y、M、T、C、S	1
LDI（取反）	动断触点与母线相连	⊣/├──(Y001)⊢	X、Y、M、T、C、S	1
OUT（输出）	线圈驱动	⊣├──(Y001)⊢	Y、M、T、C、S	Y、M：1 特 M：2T：3 C：3～5

取指令与输出指令的使用如图 8-1 所示。

注意事项：

(1) LD、LDI 指令可与后面介绍的 ANB、ORB 指令配合使用。

(2) OUT 指令可以连续使用若干次,对于定时器、计数器线圈,必须在 OUT 指令后设定常数。

(3) OUT 指令目标元件为 Y、M、T、C 和 S,输入继电器 X 不能用此指令。

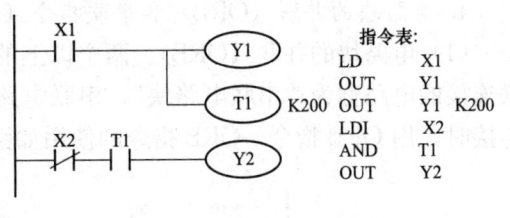

图 8-1　取指令与输出指令的使用

指令表：
```
LD    X1
OUT   Y1
OUT   Y1  K200
LDI   X2
AND   T1
OUT   Y2
```

2. 触点串联指令（AND/ANI）

(1) AND（与指令）。动合触点串联连接指令,能够实现逻辑"与"运算。

(2) ANI（与反指令）。动断触点串联连接指令,能够实现逻辑"与非"运算。

触点串联指令说明表见表 8-2。

表 8-2　　　　　　　　　　　　　触点串联指令说明表

名称	功能	梯形图表示	操作元件
AND（与）	动合触点串联连接	─┤├──┤├─	X、Y、M、T、C、S
ANI（与反）	动断触点串联连接	─┤├──┤╱├─	X、Y、M、T、C、S

触点串联指令用法图如图 8-2 所示。

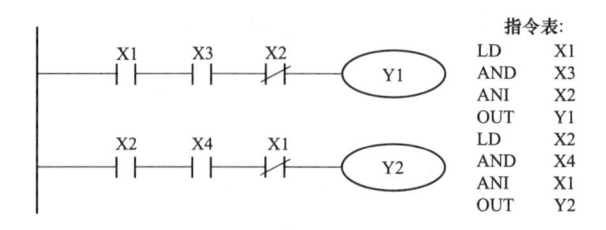

```
       X1   X3   X2              指令表：
      ─┤├──┤├──┤╱├──(Y1)         LD   X1
                                 AND  X3
                                 ANI  X2
                                 OUT  Y1
       X2   X4   X1              LD   X2
      ─┤├──┤├──┤╱├──(Y2)         AND  X4
                                 ANI  X1
                                 OUT  Y2
```

图 8-2　触点串联指令用法图

注意事项：AND、ANI 指单个触点串联连接的指令，串联数目没有限制，可使用多次。

3. 触点并联指令（OR、ORI）

（1）OR（或指令）。用于动合触点的并联，能够实现逻辑"或"运算。

（2）ORI（或非指令）。用于动断触点的并联，能够实现逻辑"或非"运算。

触点并联指令说明表见表 8-3。

表 8-3　　　　　　　　　　　　　触点并联指令说明表

名称	功能	梯形图表示	操作元件
OR（或）	动合触点并联连接	─┤├─	X、Y、M、T、C、S
ORI（或非）	动断触点并联连接	─┤╱├─	X、Y、M、T、C、S

触点并联指令用法图如图 8-3 所示。

注意事项：OR、ORI 指单个触点的并联，并联触点的左端接到左母线，触点并联指令连续使用的次数不限。

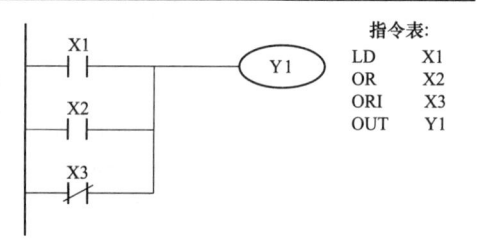

```
       X1                 指令表：
      ─┤├──────(Y1)       LD   X1
       X2                 OR   X2
      ─┤╱├─               ORI  X3
       X3                 OUT  Y1
      ─┤├─
```

图 8-3　触点并联指令用法图

4. 电路块的并联（ORB）和串联指令（ANB）

（1）电路块的并联（ORB）。两个以上的触点串联连接的电路称为"串联电路块"，串联电路块并联连接时，用 ORB 指令，ORB 指令的使用如图 8-4 所示。

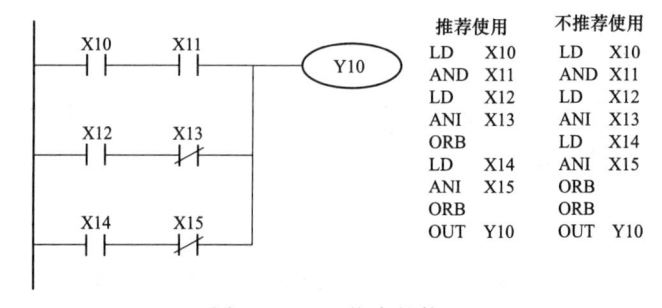

```
       X10  X11                推荐使用        不推荐使用
      ─┤├──┤├──────(Y10)       LD   X10       LD   X10
                               AND  X11       AND  X11
       X12  X13                LD   X12       LD   X12
      ─┤├──┤╱├─                ANI  X13       ANI  X13
                               ORB            LD   X14
       X14  X15                LD   X14       ANI  X15
      ─┤├──┤╱├─                ANI  X15       ORB
                               ORB            ORB
                               OUT  Y10       OUT  Y10
```

图 8-4　ORB 指令的使用

注意事项：

1) 支路的起点以 LD 或 LDI 指令完成电路块内部连接，而支路的终点要用 ORB 指令把串联电路块并联。

2) ORB 指令不表示触点，它相当于触点间的一段垂直连接线。ORB 指令后面不带元件号。

3) 编程方法有两种：一种是在每个并联电路块之后使用一个 ORB 指令，这种方法对并联电路块的个数没有限制；另一种是把所有并联的电路块依次写出，在这些电路块的最后集中写 ORB 的指令，但这种方法 ORB 指令最多使用 8 次。

(2) 电路块的串联（ANB）。将并联电路块与前面的电路串联连接时使用 ANB 指令，ANB 指令用法图如图 8-5 所示。

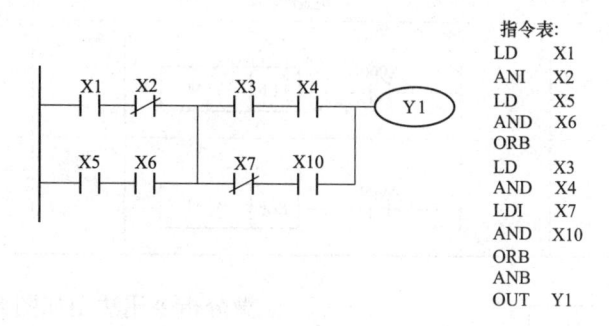

指令表：
```
LD    X1
ANI   X2
LD    X5
AND   X6
ORB
LD    X3
AND   X4
LDI   X7
AND   X10
ORB
ANB
OUT   Y1
```

图 8-5　ANB 指令用法图

注意事项：

1) 并联电路块的起点，使用 LD 或 LDI 指令。

2) 与 ORB 指令一样，ANB 指令也不带操作元件。

3) 多个电路块串联连接时，在每个串联电路块之后使用一个 ANB 指令，这种方法编程串联电路块的个数没有限制，若集中使用 ANB 指令，最多使用 8 次。

5. 置位与复位指令（SET/RST）

(1) 置位指令（SET）。使被操作的目标元件自保持 ON。

(2) 复位指令（RST）。使被操作的目标元件自保持 OFF。

置位、复位指令说明表见表 8-4。

表 8-4　　　　　　　　　　　置位、复位指令说明表

名称	功能	电路表示	操作元件
SET　置位	令操作的目标元件自保持 ON	X1—[SET Y1]	Y、M、S
RST　复位	令操作的目标元件自保持 OFF	X1—[RST Y1]	Y、M、S、C、D、V、Z

SET、RST 指令用法图如图 8-6 所示。当 X1 动合接通时，Y10 变为 ON 状态并一直保持该状态，即使 X1 断开 Y10 的 ON 状态仍维持不变；只有当 X2 的动合闭合时，Y10 才变为 OFF 状态并保持，即使 X2 动合断开，Y10 也仍为 OFF 状态。

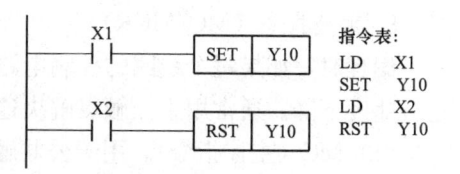

指令表：
```
LD    X1
SET   Y10
LD    X2
RST   Y10
```

图 8-6　SET、RST 指令用法图

注意事项：

(1) RST 指令还可用来对 D、Z、V 的内容清零，用来复位定时器和计数器。

(2) 对于同一元件，SET、RST 可多次使用，顺序也可随意，但最后执行的有效。

6. 微分指令 (PLS/PLF)

(1) PLS (上升沿微分输出指令)。输入信号断开到接通时产生一个扫描周期的脉冲输出。

(2) PLF (下降沿微分输出指令)。输入信号接通到断开时产生一个扫描周期的脉冲输出。

微分指令说明表见表 8-5。

表 8-5　　　　　　　　　　　微 分 指 令 说 明 表

名称	功能	电路表示	操作元件	程序步
PLS	上升沿脉冲输出指令	─┤X000├─[PLF Y, M]	Y、M	2
PLF	下降沿脉冲输出指令	─┤X000├─[PLF Y, M]	Y、M	2

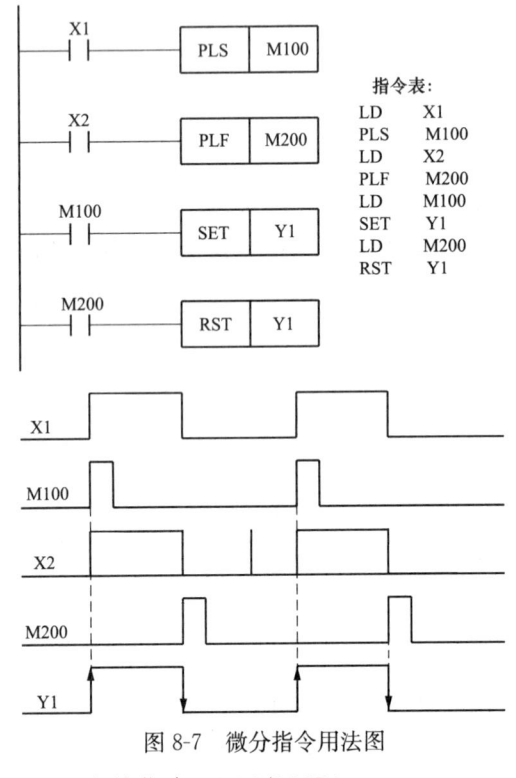

微分指令用法图如图 8-7 所示。

7. 多重输出指令 (MPS、MRD、MPP)

在 FX 系列 PLC 中有 11 个专门用来存储程序运算的中间结果的存储单元称为栈存储器。

(1) MPS (入栈指令)。把运算结果存入栈存储器的第一段，同时把以前送入的数据依次下移。

(2) MRD (读栈指令)。将栈存储器的第一段数据读出，且栈内的数据不发生变化。

(3) MPP (出栈指令)。将栈存储器的第一段数据读出且将栈中其他数据依次上移。

多重输出指令说明表见表 8-6。

多重输出指令用法图如图 8-8 所示。

注意事项：

(1) MPS 和 MPP 必须成对使用；

(2) 由于栈存储器只有 11 个，所以栈的层次最多 11 层。

指令表：
```
LD    X1
PLS   M100
LD    X2
PLF   M200
LD    M100
SET   Y1
LD    M200
RST   Y1
```

图 8-7　微分指令用法图

8. 主控指令 (MC/MCR)

编程时，如果每个线圈的控制电路中都串入同样的触点，将占用很多存储单元，使程序运行速度下降。通常用主控触点解决这样一类问题：

(1) MC (主控指令)。用于公共触点的串联连接。

(2) MCR (主控复位指令)。MC 指令的复位指令。

表 8-6　多重输出指令说明表

名称	功能	电路表示	操作元件	程序步
MPS	入栈	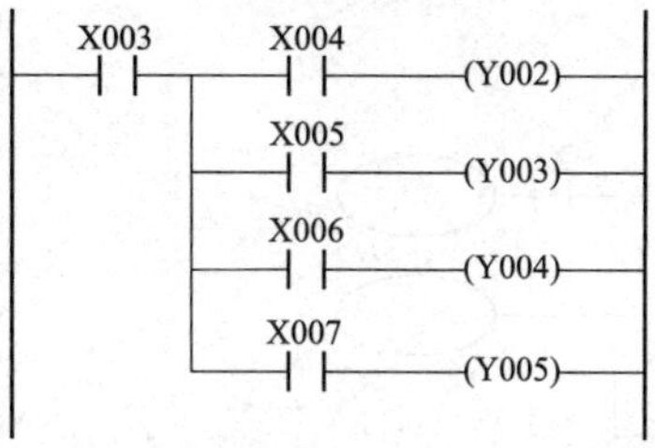X003 X004 (Y002) X005 (Y003) X006 (Y004) X007 (Y005)	无	1
MRD	读栈		无	1
MPP	出栈		无	1

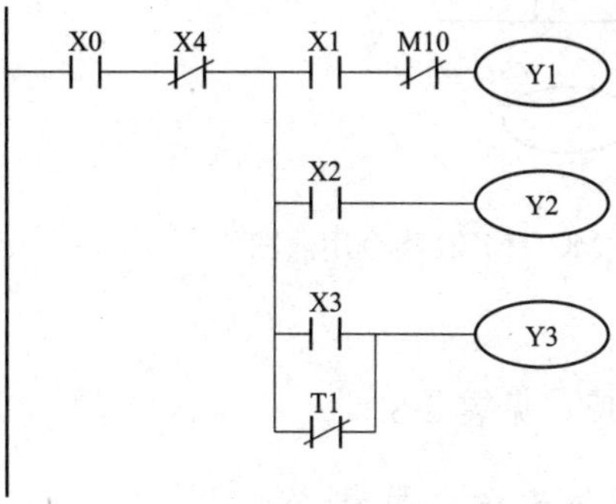
X0
X4
X1
M10
Y1
X2
Y2
X3
Y3
T1

指令表如下：

```
0   LD    X000
1   ANI   X004
2   MPS
3   AND   X1
4   ANI   M10
5   OUT   Y001
6   MRD
7   AND   X002
8   OUT   Y002
9   MPP
10  LD    X003
11  ORI   T1
12  ANB
13  OUT   Y003
```

图 8-8　多重输出指令用法图

主控指令说明表见表 8-7。

表 8-7　主控指令说明表

符号	功能	电路表示	程序步
MC	主控电路起点	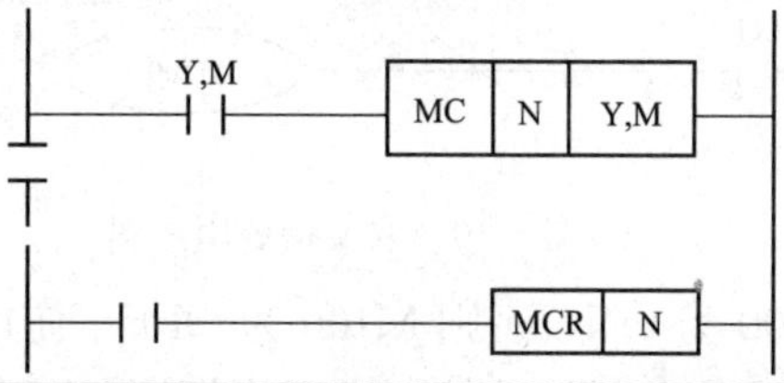Y,M MC N Y,M MCR N	3
MCR	主控电路终点		2

MC、MCR 指令用法图如图 8-9 所示，利用 MC N0 M200 实现左母线右移，使 Y1、Y2 都在 X1 的控制之下，其中 N0 表示嵌套等级，在无嵌套结构中 N0 的使用次数无限制；利用 MCR N0 恢复到原左母线状态。如果 X1 断开则会跳过 MC、MCR 之间的指令向下执行。

注意事项：

（1）与主控触点相连的触点必须用 LD 或 LDI 指令。

（2）MC 指令的输入触点断开时，在 MC 和 MCR 之间的积算定时器、计数器、用复位/置位指令驱动的元件保持其的状态不变其余的元件被复位。非积算定时器和用 OUT 指令驱动的元件被复位。

（3）在 MC 和 MCR 程序段内使用 MC 指令称为嵌套。嵌套级数最多为 8 级，编号按 N0→N1→N2→N3→N4→N5→N6→N7 顺序增大。

（4）MC 与 MCR 必须成对使用。

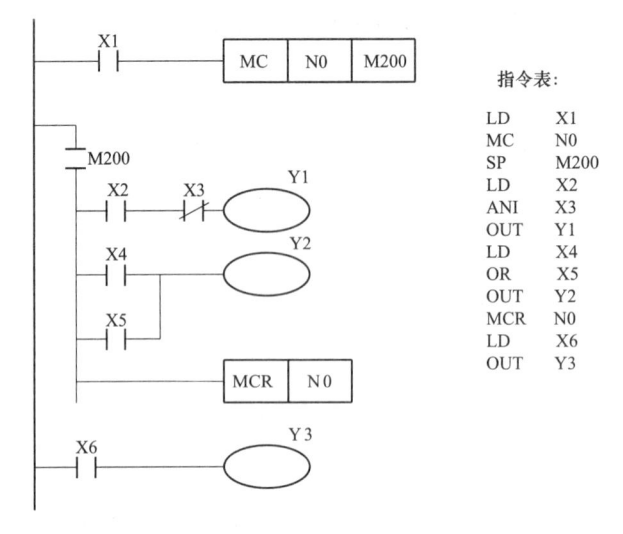

```
     X1
─────┤├──────────[ MC   N0   M200 ]      指令表：
  │                                       LD    X1
  │  M200                                 MC    N0
  ├───┤├──────────                        SP    M200
  │    X2   X3   ┌─Y1─┐                   LD    X2
  │    ├├───┤/├──( )                      ANI   X3
  │    X4        ┌─Y2─┐                   OUT   Y1
  │    ├├───┬────( )                      LD    X4
  │    X5   │                              OR    X5
  │    ├├───┘                              OUT   Y2
  │                                        MCR   N0
  │              [ MCR  N0 ]               LD    X6
  │    X6        ┌─Y3─┐                    OUT   Y3
  └────┤├────────( )
```

图 8-9 MC、MCR 指令用法图

9. INV（取反指令）

执行该指令是将原来的运算结果取反，见表 8-8。

表 8-8   取 反 指 令 说 明 表

名称	功能	电路表示	操作元件	程序步
INV	结果取反	─┤├─┤/├─( )─	无	1

取反指令用法图如图 8-10 所示。

```
     X1           ┌M100┐           指令表：
─────┤├───/───────( )              LD    X1
                                    INV
                                    OUT   M100
```

图 8-10 取反指令用法图

如果 X1 断开，则 M100 为 ON，否则 M100 为 OFF。使用时应注意 INV 不能像指令表的 LD、LDI、LDP、LDF 那样与母线连接，也不能像指令表中的 OR、ORI、ORP、ORF 指令那样单独使用。

10. 空操作与结束指令（NOP/END）

（1）NOP（空操作指令）不执行任何操作，占一个程序步。当清除用户存储器后，用户存储器的内容全部变为空操作指令。在程序中加入 NOP 可改动或追加程序。

（2）END（结束指令）表示程序结束。若程序的最后不写 END 指令，则 PLC 都从用户程序存储器的第一步执行到最后一步；若有 END 指令，扫描到 END 时，就结束执行程序，这样可以缩短扫描周期。另外，在调试程序时，可以将 END 指令插在各程序段之后，分段调试。

11. 脉冲式触点指令（LDP、LDF、ANDP、ANDF、ORP、ORF）

（1）LDP。上升沿检测逻辑运算开始。

（2）LDF。下降沿检测逻辑运算开始。

（3）ANDP。上升沿检测串联连接指令。

(4) ANDF。下降沿检测串联连接指令。

(5) ORP。上升沿检测并联连接指令。

(6) ORF。下降沿检测并联连接指令。

注意事项：

(1) LDP、LDF 指令仅在对应元件有效时接通一个扫描周期。

(2) LDP、LDF、ANDP、ANDF、ORP、ORF 指令的目标元件为 X、Y、M、T、C、S。

(3) ANDP、ANDF 指单个触点串联连接的指令，串联次数没有限制。

(4) ORP、ORF 指令都是指单个触点的并联，并联指令连续使用的次数不限。

8.1.1.2　PLC 编程注意事项

(1) LD、LDI 指令也可与后面介绍的 ANB、ORB 指令配合使用；OUT 指令可以连续使用若干次，对于定时器和计数器线圈，必须在 OUT 指令后设定常数；OUT 指令目标元件为 Y、M、T、C 和 S，输入继电器 X 不能用此指令。

(2) AND、ANI 指单个触点串联连接的指令，串联数目没有限制，可使用多次。

(3) OR、ORI 指单个触点的并联，并联触点的左端接到左母线，触点并联指令连续使用的次数不限。

(4) 支路的起点以 LD 或 LDI 指令完成电路块内部连接，而支路的终点要用 ORB 指令把串联电路块并联；ORB 指令不表示触点，它相当于触点间的一段垂直连接线。ORB 指令后面不带元件号，编程方法有两种：一种是在每个并联电路块之后使用一个 ORB 指令，这种方法对并联电路块的个数没有限制；另一种是把所有并联的电路块依次写出，在这些电路块的最后集中写 ORB 的指令，但这种方法 ORB 指令最多使用 8 次。

(5) RST 指令还可用来对 D、Z、V 的内容清零，用来复位定时器和计数器；对于同一元件，SET、RST 可多次使用，顺序也可随意，但最后执行的有效。

(6) MPS 和 MPP 必须成对使用；由于栈存储器只有 11 个，所以栈的层次最多 11 层。

(7) 与主控触点相连的触点必须用 LD 或 LDI 指令；MC 指令的输入触点断开时，在 MC 和 MCR 之间的积算定时器、计数器、用复位/置位指令驱动的元件保持其状态不变其余的元件被复位。非积算定时器和用 OUT 指令驱动的元件被复位；在 MC 指令内使用 MC 指令称为嵌套。嵌套级数最多为 8 级，编号按 N0→N1→N2→N3→N4→N5→N6→N7 顺序增大；MC 与 MCR 必须成对使用。

(8) LDP、LDF 指令仅在对应元件有效时接通一个扫描周期；LDP、LDF、ANDP、ANDF、ORP、ORF 指令的目标元件为 X、Y、M、T、C、S；ANDP、ANDF 指单个触点串联连接的指令，串联次数没有限制；ORP、ORF 指令都是指单个触点的并联，并联指令连续使用的次数不限。

8.1.2　实验目的

(1) 熟悉 PLC 实验装置及其使用方法。

(2) 熟悉并掌握（PLC 程序指令的写入、读出、插入和删除等操作）编程软件 SWOPC-FXGP/WIN-C 的使用。

(3) 掌握 GX-Developer 和 GX-Simulator 软件的使用。

(4) 熟悉并掌握手持编程器 FX-20P-E 的面板及其操作。

(5) 熟悉并掌握基本指令的使用方法，对基本指令的编程进行初步训练。

(6) 掌握定时器/计数器的正确编程方法和格式、使用方法、内部时基脉冲参数的设置及其基本应用。

(7) 进一步熟悉 PLC 程序写入和输出负载电路的实际接线。

(8) 掌握 GX-Simulator 的仿真方法。

8.1.3 实验设备

个人电脑、PLC 主机、电源、编程电缆、手持编程器 FX-20P-E、SWOPC-FXGP/WIN-C 编程软件、GX-Developer 和 GX-Simulator 软件、输入/输出实验板、电工工具及导线若干。

8.1.4 实验内容及要求

(1) 利用进栈、读栈、出栈实现栈指令。

(2) 主控指令 MC、MCR 指令的使用如图 8-11（a）所示，利用 MC N0 M200 实现左母线右移，使 Y1、Y2 都在 X1 的控制之下；利用 MCR N0 恢复到原左母线状态。如果 X1 断开则会跳过 MC、MCR 之间的指令向下执行。

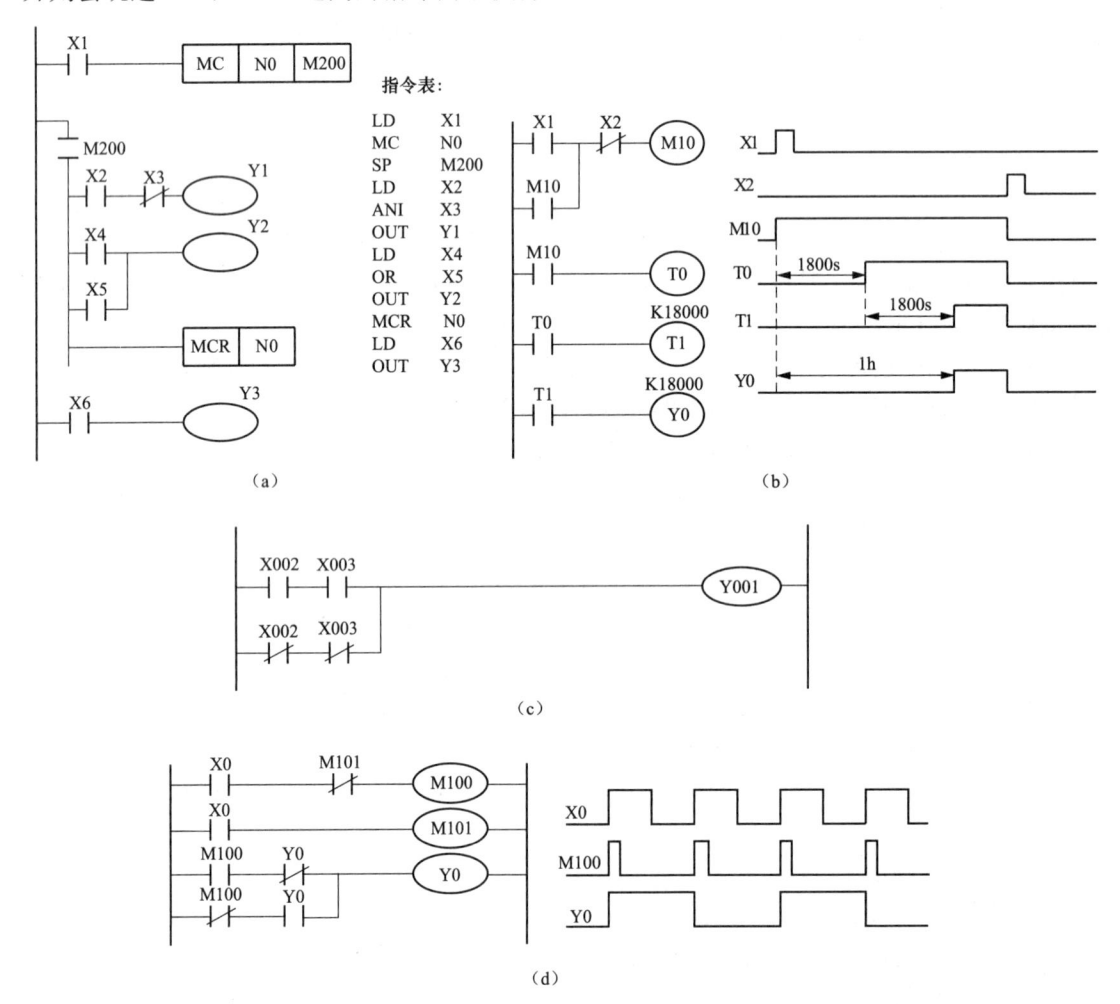

图 8-11 参考程序

(3) 置位/复位。当 X0 一旦接通后，即使它再次为 OFF，Y0 依然被驱动（Y0 为 ON）；当 X1 一旦接通后，即使它再次为 OFF，Y0 将关断。

(4) 脉冲指令。利用 PLS/PLF 脉冲指令控制电机。

(5) 利用定时器/计数器实现定时时间 1h 的扩展，如图 8-11（b）所示。

(6) 设计一楼上/楼下硬布线的照明控制程序，如图 8-11（c）所示。输入输出分配见表 8-9。

表 8-9   输 入 输 出 分 配

器件	PC 软元件	说明	
LS1	X002	电灯开关-楼梯顶	
LS2	X003	电灯开关-楼梯底	
LP1	Y001	灯接点	楼梯顶
LP2			楼梯底

(7) 单按钮启停电路（或分频电路），如图 8-11（d）所示。编写上述程序并按照要求连接 PLC 主机和输入/输出实验板，运行 PLC 控制程序，模拟保持电路输入信号，观察输出结果。

8.1.5 参考程序

部分参考程序如图 8-11 所示。

8.2 抢答器的设计实验

8.2.1 相关知识

经验设计法也叫试凑法，是在已有的一些典型梯形图的基础上，根据被控对象的控制要求，不断地修改和完善梯形图。经过多次反复地调试和修改梯形图，不断地增加中间编程元件和触点，使之适合自己的工程要求。这种方法没有普遍的规律可以遵循，需要设计者掌握大量的典型电路，是运用自己的或别人的经验进行设计。这里所说的经验，既指自己的经验也可以是别人的设计经验。经验设计方法一般只适合于比较简单的或与某些典型系统相类似的控制系统的设计。

经验设计法对于一些比较简单程序设计是可行的。但是，由于这种方法没有固定的规律可寻，主要是依靠设计人员的经验进行设计，往往需经多次反复修改和完善才能符合设计要求，所以设计的结果不唯一。存在以下问题：

1. 设计周期长

用经验设计法设计复杂系统的梯形图程序时，需要大量的中间元件来实现记忆、联锁、互锁等功能，往往考虑的因素很多，分析起来非常困难，并且很容易遗漏一些问题。修改某一局部程序时，很可能会对系统其他部分程序产生意想不到的影响，往往花了很长时间，还得不到一个满意的结果。

2. 系统维护困难

用经验设计法设计的梯形图是按设计者的经验和习惯的思路进行设计。因此，即使是设计者的同行，要分析这种程序也非常困难，更不用说维修人员了，这给 PLC 系统的维护和改进带来许多困难。

8.2.2 实验目的

(1) 掌握 PLC 外部输入、输出电路的设计和连接方法。

(2) 掌握应用软件的编程方法；进一步掌握基本指令的使用方法。

(3) 掌握经验设计法。

(4) 掌握互锁和连锁控制环节的编程。

(5) 掌握 GX-Simulator 的仿真方法。

8.2.3 实验设备

个人电脑、PLC 主机、电源、编程电缆、导线、按钮、数码管、指示灯、SWOPC-FXGP/WIN-C 编程软件、GX-Developer 和 GX-Simulator 软件、电工工具及导线若干。

8.2.4 实验内容及要求

在主持人侧，设置启动、复位按钮。选手侧各设置 1 个抢答按钮，共有两组抢答者。主持人按动启动按钮，可以进行一次抢答，绿色指示灯作允许抢答指示。竞猜者抢答主持人所提的问题时，按动各自的抢答按钮。收到第 1 个抢答信号后，主持人侧红色指示灯作抢答指示，数码管显示抢先组的组别，主持人按下复位按钮，指示灯和数码管熄灭。参考程序如图 8-12 所示。

8.2.5 参考程序

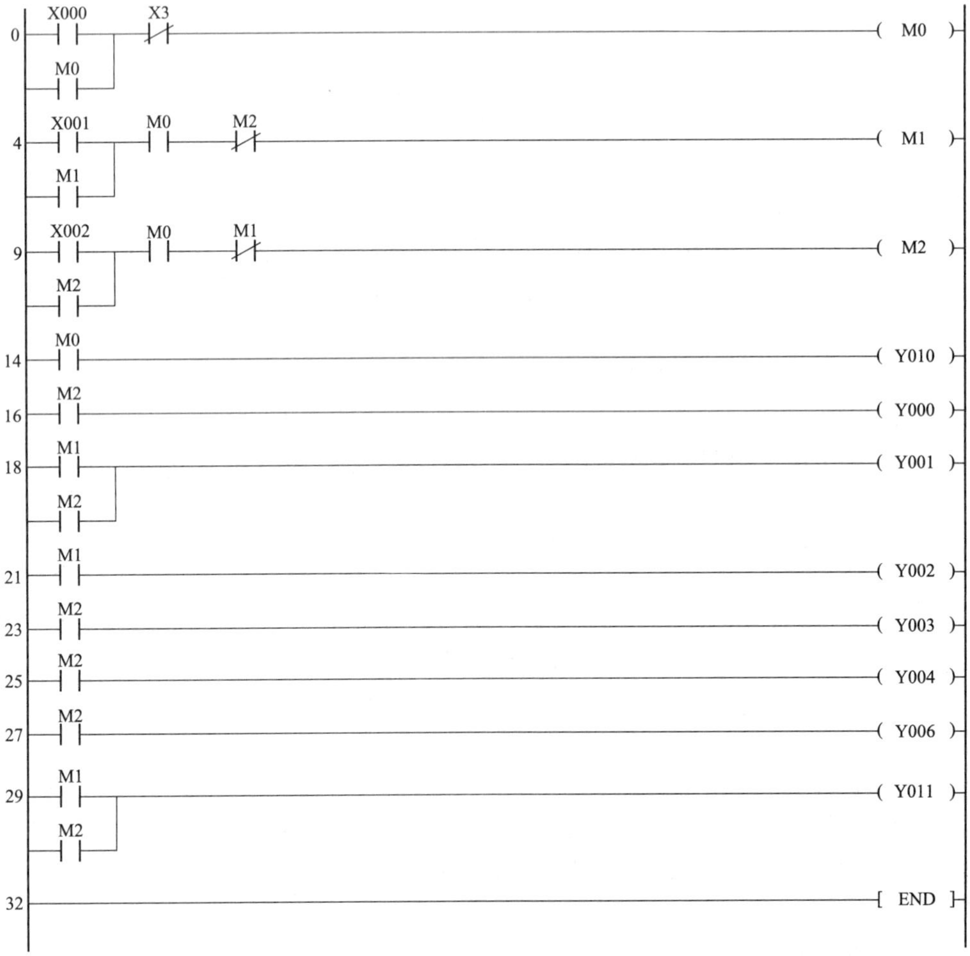

图 8-12 抢答器程序

8.3 逻辑设计法实验

8.3.1 相关知识

逻辑设计就是应用逻辑代数以逻辑组合的方法和形式设计程序。逻辑法的理论基础是逻辑运算与、或、非的逻辑组合。从本质上来说，PLC 梯形图程序就是与、或、非的逻辑组合，所以 PLC 程序也可以用逻辑函数表达式来表示。

逻辑函数表达式与梯形图之间对应关系见表 8-10。

表 8-10　　　　　　　　逻辑函数表达式与梯形图之间对应关系

逻辑函数表达式	梯形图	逻辑函数表达式	梯形图
逻辑"与" $M0=X1 \cdot X2$	X1—X2—M0	"与"运算式 $M0=X1 \cdot X2 \cdots X_n$	X1—X2—…—Xn—M0
逻辑"或" $M0=X1+X2$	X1/X2—M0	"或/与"运算式 $M0=(X1+M0) \cdot X2 \cdot \overline{X3}$	(X1或M0)—X2—X3—M0
逻辑"非" $M0=\overline{X1}$	X1̄—M0	"与/或"运算式 $M0=(X1 \cdot X2)+(X3 \cdot X4)$	(X1—X2)或(X3—X4)—M0

从上表可以看出，梯形图中动合触点用原变量（元件）表示，动断触点用反变量（元件上加一小横线）表示。触点（变量）和线圈（函数）只有两个取值"1"与"0"，"1"表示触点接通或线圈有电，"0"表示触点断开或线圈无电。触点串联用逻辑"与"表示，触点并联用逻辑"或"表示，其他复杂的触点组合可用组合逻辑表示。

1. 设计步骤

（1）分析被控对象的控制要求，明确控制任务和控制内容。

（2）确定 PLC 的输入、输出及辅助继电器 M 和定时器 T，画出 PLC 的外部接线图。

（3）将控制要求转换为逻辑函数（线圈）和逻辑变量（触点），分析触点与线圈的逻辑关系，列出真值表。

（4）写出逻辑函数表达式。

（5）画出梯形图。

（6）优化梯形图。

2. 应用举例

用逻辑法设计三相异步电动机Ｙ/△降压启动控制的梯形图。

（1）明确控制任务和控制内容。按下启动按钮 SB1，时间继电器 KT 和启动用接触器 KM_Y 线圈得电，之后主接触器 KM 线圈得电并自锁，进行Ｙ形启动。当 KT 的延时到达，KM_Y 线圈失电，同时 $KM_\triangle$ 线圈得电，电动机完成Ｙ形启动，进入△形正常运行。在此过程中，按下停止按钮 SB 或热继电器 FR 动作，电动机无条件停止。

（2）确定 PLC 的软元件，画出 PLC 的外部接线图。PLC 的输入信号：启动按钮 SB1（X1），停止按钮 SB（X0），热继电器动合触点 FR（X2）。PLC 的输出信号：主接触器 KM（Y0），启动接触器 KM$_Y$（Y1），运行接触器 KM$_\triangle$（Y2），定时器（T0）。根据上述 I/O 信号，可画出 PLC 的外部接线图，如图 8-13 所示。

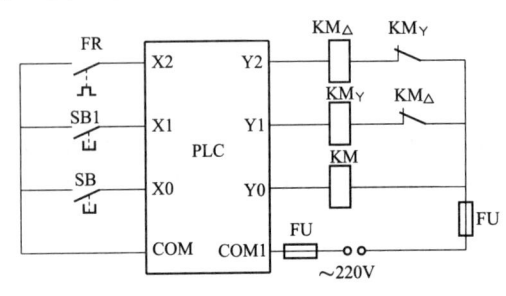

图 8-13　电动机丫-△启动的外部接线图

（3）列出真值表。真值表就是根据控制要求，列出的线圈函数和触点变量的取值，即当线圈函数为 1 时，必须使哪些触点变量为 1，当线圈函数为 0 时，必须使哪些触点变量为 0。例如，当启动用接触器为 1 时，就必须使启动按钮为 1 或启动接触器为 1；当启动用接触器为 0 时，就必须使停止按钮或热继电器或定时器为 0。根据控制要求，可列出其真值表，见表 8-11。

表 8-11　　　　　　　　　电动机丫-△降压启动真值表

触点							线圈			
X0	X1	X2	Y0	Y1	Y2	T0	Y1	Y0	Y2	T0
	1			1			1			
0		0			0	0	0			
			1	1				1		
0		0						0		
					1	1			1	
0		0		0					0	
	1				0	1				1
0		0								0

（4）列出逻辑函数表达式。将真值表中线圈函数为 1 的触点变量的逻辑式与线圈函数为 0 的各触点变量的反变量，即为线圈函数的逻辑表达式，因此，可列出如下的逻辑函数表达式：

$$T0(M100) = (X1 \cdot \overline{Y2} + M100) \cdot \overline{X0} \cdot \overline{X2}$$
$$Y1 = (X1 + Y1) \cdot \overline{X0} \cdot \overline{X2} \cdot \overline{Y2} \cdot T0$$
$$Y0 = (Y1 + Y0) \cdot \overline{X0} \cdot \overline{X2}$$
$$Y2 = (T0 + Y2) \cdot \overline{X0} \cdot \overline{X2} \cdot \overline{Y1}$$

（5）画出梯形图。根据上述逻辑函数表达式以及逻辑函数表达式与梯形图的对应关系，可画出图 8-14 所示的梯形图。

（6）优化梯形图。根据图 8-14 所示的梯形图，可以采用辅助继电器进行优化，如图 8-15 所示。

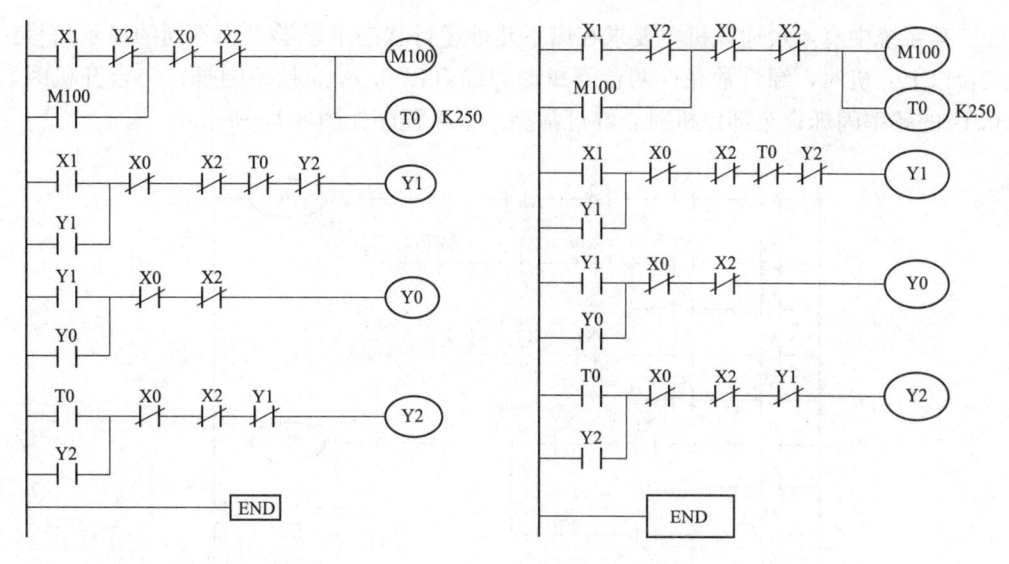

图 8-14 梯形图　　　　　　图 8-15 电动机Y/△降压启动优化梯形图

8.3.2 实验目的

(1) 掌握 PLC 外部输入、输出电路的设计和连接方法。
(2) 掌握应用软件的编程方法；进一步掌握基本指令的使用方法。
(3) 掌握逻辑设计法。
(4) 掌握 GX-Simulator 的仿真方法。

8.3.3 实验设备

个人计算机、PLC 主机、电源、编程电缆、导线、按钮、数码管、指示灯、SWOPC-FXGP/WIN-C 编程软件、GX-Developer 和 GX-Simulator 软件、电工工具及导线若干。

8.3.4 实验内容及要求

(1) "四人表决器"的逻辑功能：表决结果与多数人意见相同。设 X0、X1、X2、X3 为四个人（输入逻辑变量），赞成为 1，不赞成为 0；Y0 为表决结果（输出逻辑变量），多数赞成 Y0 为 1，否则，Y0 为 0。由"逻辑设计法"来编写 PLC 程序，并将这个程序语句写入到 PLC 中，再进行接线：用四个开关分别控制 X0、X1、X2、X3，用一盏指示灯来显示表决结果。如果赞成，则合上开关；如果不赞成，则断开开关。指示灯的亮灭，显示的是表决的结果。灯亮表示多数赞成，灯不亮，则表示多数不赞成。表决结果与多数人意见相同。参考程序如图 8-16 所示。

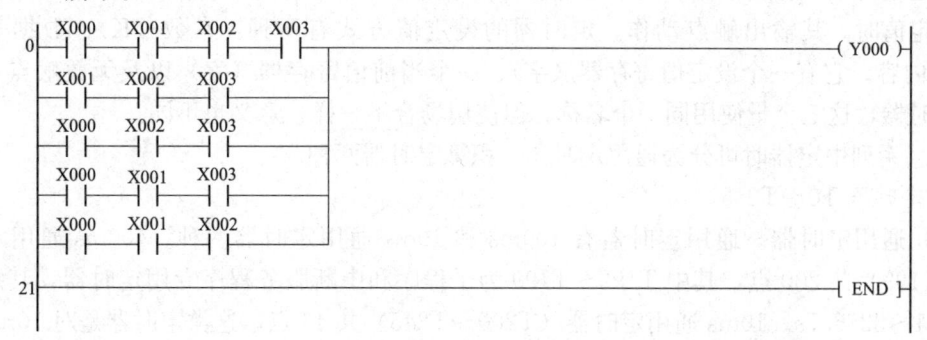

图 8-16 四人表决器程序

(2) 某系统中有 4 台通风机，要求在以下几种运行状态下能够发出不同的显示信号：三台及三台以上开机时，绿灯常亮；两台开机时，绿灯以 0.1s 的频率闪烁；一台开机时，红灯以 0.1s 的频率闪烁；全部停机时，红灯常亮。参考程序如图 8-17 所示。

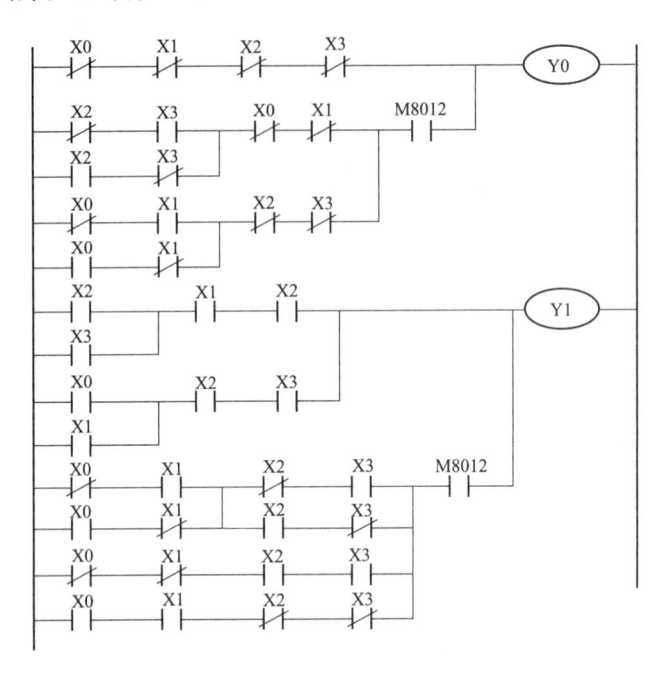

图 8-17 通风机控制的梯形图

要求编写程序，并且连接电路调试程序。

8.3.5 参考程序

参考程序如图 8-16 和图 8-17 所示。

8.4 定时器/计数器实验

8.4.1 相关知识

1. 定时器（T）

定时器（T）相当于继电接触控制系统中的时间继电器。它提供无限对动合动断延时触点，是通过对某一脉冲累积个数来完成定时的。定时器常用脉冲有 1ms、10ms、100ms。当达到设定值时，其输出触点动作。定时器的设定值方式有两种：常数（K）、数据寄存器（D）的内容。它有一个设定值寄存器（字）、一个当前值寄存器（字）以及无数触点。对于每个定时器，这三个量使用同一个名称，但使用场合不一样，意义也不同。

FX_{2N} 系列中定器时可分为通用定时器、积算定时器两种。

2. 定时器 T0~T255

(1) 通用定时器。通用定时器有 100ms 和 10ms 通用定时器两种。100ms 通用定时器（T0~T199）共 200 点，其中 T192~T199 为子程序和中断服务程序专用定时器，其定时范围为 0.1~3276.7s。10ms 通用定时器（T200~T245）共 46 点，这类定时器是对 10ms 时钟累积计数，其定时范围为 0.01~327.67s。通用定时器的特点是当输入电路断开或停电时复位，不具备断电保持功能。

通用定时器工作原理，如图 8-18 所示，当输入 X1 接通时，定时器 T100 从 0 开始对 100ms 时钟脉冲进行累积计数，当计数值与设定值 K200 相等时，定时器的常开接通 Y1，经过的时间为 $200 \times 0.1s = 20s$。当 X1 断开后定时器复位，计数值变为 0，其动合触点断开，Y1 也随之 OFF。若外部电源断电，定时器也将复位。

(2) 积算定时器。积算定时器有 1ms 和 100ms 两种。1ms 积算定时器（T246～T249）共 4 点，是对 1ms 时钟脉冲进行累积计数的，定时的时间范围为 0.001～32.767s。100ms 积算定时器（T250～T255）共 6 点，是对 100ms 时钟脉冲进行累积计数的，定时的时间范围为 0.1～3276.7s。在定时过程中如果断电或定时器线圈 OFF，积算定时器将保持当前值，当通电或定时器线圈 ON 后继续累积计数，只有将积算定时器复位，当前值才变为 0。

积算定时器工作原理，如图 8-19 所示，当 X1 接通时，T255 当前值计数器开始累积 100ms 的时钟脉冲的个数。当 X1 经 t_1 后断开，而 T255 尚未计数到设定值 K123，其计数的当前值保留。当 X1 再次接通，T255 从保留的当前值开始继续累积，经过 t_2 时间，当前值达到 K123 时，定时器的触点动作。累积的时间为 $t_1 + t_2 = 0.1 \times 123 = 12.3s$。当复位输入 X2 接通时，定时器才复位，当前值变为 0，触点也跟随复位。

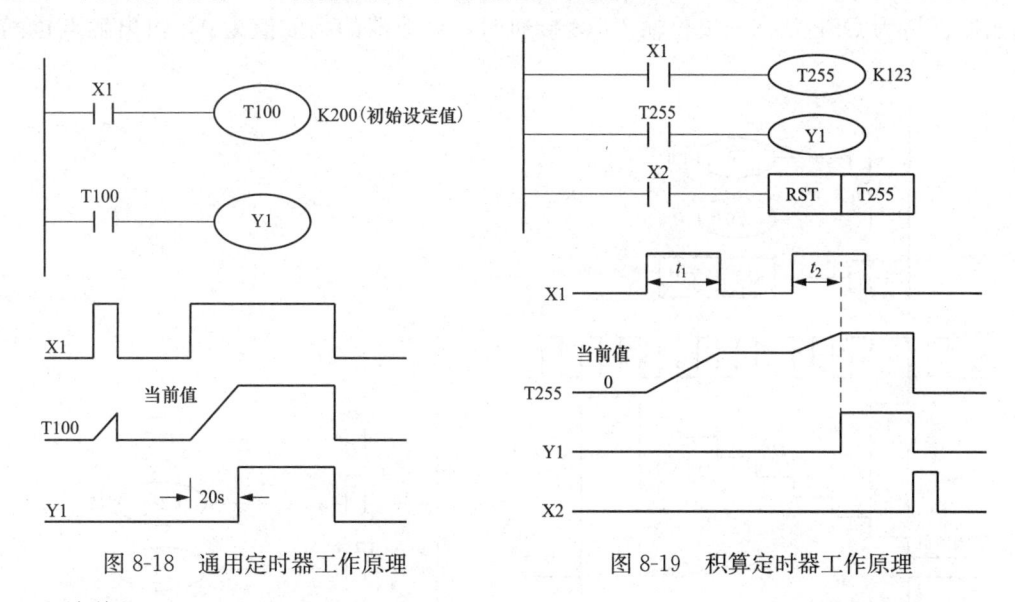

图 8-18 通用定时器工作原理

图 8-19 积算定时器工作原理

3. 计数器（C）

计数器（C）根据其记录开关量的频率分，可分为内部计数器和高速计数器。它的设定值除了用常数 K 设定外，还可通过数据寄存器间接设定。

(1) 内部计数器。内部计数器是用来对内部信号 X、Y、M、S、T 等的信号进行计数。当计数次数达到计数器的设定值时，计数器触点动作，从而完成某种控制功能。内部计数器的输入信号的接通和断开时间，大于 PLC 的扫描周期。

1) 16 位增计数器（C0～C199）。其中 C0～C99（100 点）；设定值区间为 K1～K32767 为通用型，C100～C199（100 点）；设定区间为 K1～K32767 共 100 点为断电保持型。这些计数器为加计数，首先对其值进行设定，当输入信号（上升沿）个数达到设定值时，计数器动作，其动合触点闭合、动断触点断开。

通用型 16 位增计数器的工作原理，如图 8-20 所示，X2 为复位信号，当 X2 为 ON 时 C0 复位。X1 是计数输入，每当 X1 接通一次计数器当前值增加 1（注意 X2 断开，计数器不会复位）。当计数器计数当前值为设定值 8 时，计数器 C0 的输出触点动作，Y0 被接通。此后即使输入 X1 再接通，计数器的当前值也保持不变。当复位输入 X2 接通时，执行 RST 复位指令，计数器复位，输出触点也复位，Y0 被断开。

2）32 位增/减计数器（C200~C234）。计数器可用常数 K 或数据寄存器 D 的内容作为设定值。共有 35 点 32 位加/减计数器，其中 32 位通用增/减双向计数器：C200~C219（20 点）；设定值区间为 K（-2147483648~+214783648）。32 位停电保持增/减双向计数器：C220~C234（15 点）；设定值区间为 K（-2147483648~+214783648），它的最大的特点在于它能通过控制实现加/减双向计数，是由特殊辅助继电器 M8200~M8234 来设定。计数器对应的特殊辅助继电器被置为 ON 状态时为减计数，置为 OFF 状态时为增计数。

32 位增/减计数器工作原理如图 8-21 所示，X1 用来控制 M8234，X1 闭合时为减计数方式。X2 为计数输入，C234 的设定值为 5（可正、可负）。设 C234 置为增计数方式（M8234 为 OFF），当 X2 计数输入累加由 4→5 时，计数器的输出触点动作。当前值大于 5 时计数器仍为 ON 状态。只有当前值由 5→4 时，计数器才变为 OFF。只要当前值小于 4，则输出则保持为 OFF 状态。复位输入 X3 接通时，计数器的当前值为 0，输出触点也随之复位。

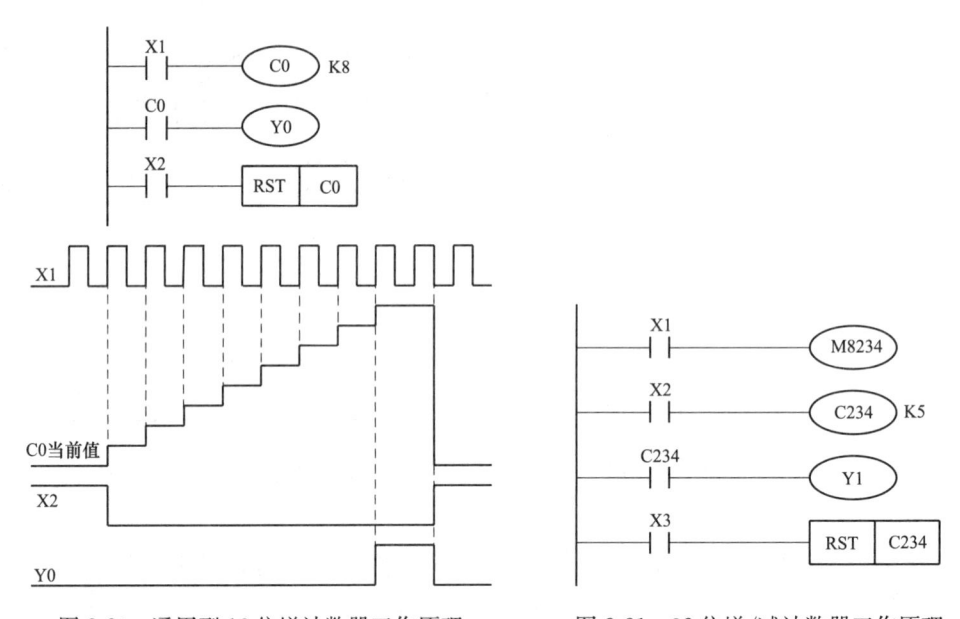

图 8-20　通用型 16 位增计数器工作原理　　　图 8-21　32 位增/减计数器工作原理

（2）高速计数器。FX_{2N} 有 C235~C255 共 21 点高速计数器，均为 32 位增/减双向计数器，由指定的特殊辅助继电器决定或由指定的输入端子决定其增计数还是减计数的，其设定值为 K（-2147483648~+214783648）。允许输入频率较高，信号的频率可以高达几千赫。高速计数器输入端口有 X0~X7。注意某一个输入端如果已被某个高速计数器占用，它就不能再用于其他高速计数器，也不能用做它用。即 X0~X7 不能重复使用，各高速计数器对应的输入端表见表 8-12。

表 8-12　　　　　　　　　　　　　高速计数器对应的输入端表

计数器\输入		X0	X1	X2	X3	X4	X5	X6	X7
1相1计数输入	C235	U/D							
	C236		U/D						
	C237			U/D					
	C238				U/D				
	C239					U/D			
	C240						U/D		
	C241	U/D	R						
	C242			U/D	R				
	C243				U/D	R			
	C244	U/D	R					S	
	C245			U/D	R				S
1相2计数输入	C246	U	D						
	C247	U	D	R					
	C248				U	D	R		
	C249	U	D	R				S	
	C250				U	D	R		S
2相2计数输入	C251	A	B						
	C252	A	B	R					
	C253				A	B	R		
	C254	A	B	R				S	
	C255				A	B	R		S

注　U—增计数输入；D—减计数输入；A—A相输入；B—B相输入；R—复位输入；S—启动输入。

X6、X7 只能用作启动信号，而不能用作计数信号。

从表 8-12 中可知，高数计数器分三类：

1）1相1计数输入高速计数器（C235～C245）。1相1计数输入高速计数器又分为无启动/复位端（C235～C240）的和带启动/复位端（C241～C245）得。可实现增或减计数（取决于 M8235～M8245 的状态）。

如图 8-22（a）所示为无启动/复位端1相1计数输入高速计数器的应用。当 X11 断开，M8240 为 OFF，此时 C240 为增计数方式（反之为减计数）。由 X12 选中 C240，从表 8-12 中可知其输入信号来自于 X5，C240 对 X5 信号增计数，当前值达到 1000 时，C240 常开接通，Y0 得电。X13 为复位信号，当 X13 接通时，C240 复位。

如图 8-22（b）所示为带启动/复位端1相1计数输入高速计数器的应用。由表 8-14 可知，X1 和 X6 分别为复位输入端和启动输入端。利用 X11 通过 M8244 可设定其增/减计数方式。当 X12 为接通，且 X6 也接通时，则开始计数，计数的输入信号来自于 X0，C244 的设定值由 D0 和 D1 指定。除了可用 X1 立即复位外，也可用梯形图中的 X13 复位。

2）1相2计数输入高速计数器（C246～C250）。这类高速计数器具有一个输入端用于增计数，另一个输入端用于减计数。可实现增或减计数（取决于 M8246～M8250 的状态）。

如图 8-23 所示，X12 为复位信号，其有效（ON）则 C249 复位。由表 8-12 可知，也可利用 X2 对其复位。当 X11 接通时，选中 C249，输入来自 X0 和 X1。

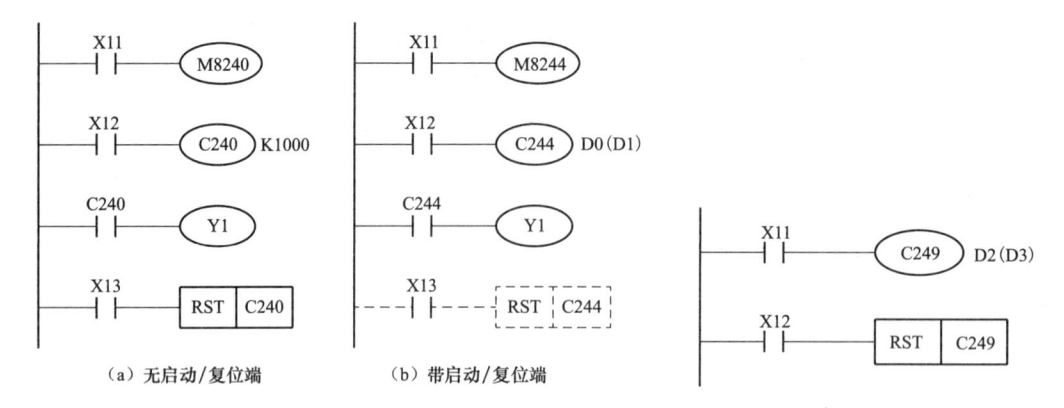

图 8-22　单相单计数输入高速计数器　　　　图 8-23　单相双计数输入高速计数器修改

3) 2 相 2 计数输入的高速计数器（C251~C255）。A 相和 B 相信号决定了计数器是增计数还是减计数。

当 A 相为 ON 时，B 相由 OFF 到 ON，则为增计数；当 A 相为 ON 时，若 B 相由 ON 到 OFF，则为减计数，如图 8-24（a）所示。

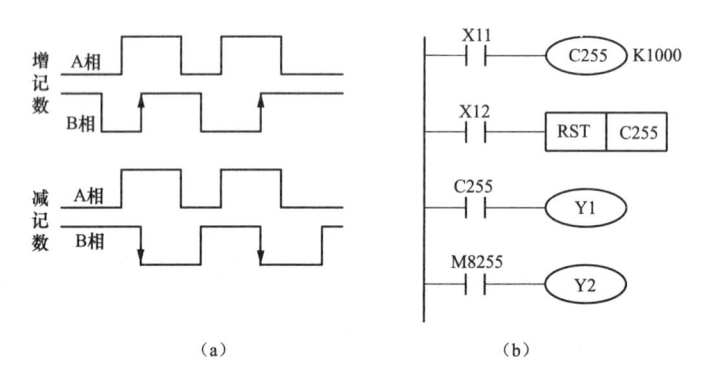

图 8-24　双相高速计数器修改

如图 8-24（b）所示，当 X11 接通时，C255 计数开始。由表 8-14 可知，其输入来自 X3（A 相）和 X4（B 相）。只有当计数器当前值超过设定值，则 Y1 为 ON。如果 X12 接通，则计数器复位。根据不同的计数方向，Y2 为 ON（减计数）或为 OFF（增计数），即用 M8251~M8255，可监视 C251~C255 的加/减计数状态。

8.4.2　实验目的

熟练掌握定时器和计数器的用法。

8.4.3　实验设备

个人计算机、PLC 主机、电源、按钮、灯、编程电缆、SWPOC-FXGP/WIN-C 编程软件、GX-Developer 和 GX-Simulator 软件、导线及工具若干。

8.4.4　实验内容及要求

(1) 振荡（闪烁）电路。试编制程序输出 ON 3s OFF 2s 的方波振荡波形。

(2) 设计一定时关的用来延迟停车场道闸的关闭的程序。当一辆车达到停车场道闸时，按钮 PB1 被司机按下，取出一张停车卡后，允许车进入停车场。接收到 X000（PB1）信号，输出驱动 MTR1，栏杆升起。定时器计时 10s 后，输出 Y000 关断，栏杆回到水平位置，等待下一辆车。输入输出分配见表 8-13。

表 8-13　　　　　　　　　　　　输 入 输 出 分 配

器件	PC 软元件	说明
PB1	X000	收停车票
MTR1	Y000	升起栏杆
	T000	栏杆复位到水平位置前的时间延迟

8.4.5　参考程序

振荡（闪烁）电路如图 8-25 所示。停车场道闸程序如图 8-26 所地示。

图 8-25　振荡（闪烁）电路

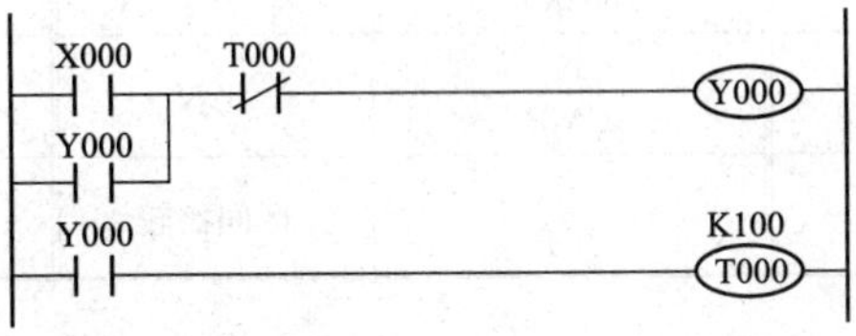

图 8-26　停车场道闸程序

第 9 章　PLC 功能指令实验

功能指令与基本逻辑指令的表达形式有所不同，基本逻辑指令用助记符或逻辑操作符表示，而功能指令用功能号表示，FX_{2N} 系列 PLC 功能指令用编号 FNC00～FNC294 表示，每条功能指令并有对应的助记符。FX_{2X} 系列 PLC 的部分功能指令见表 9-1。

表 9-1　　　　　　　　　　FX_{2N} 系列 PLC 的部分功能指令

指令代码与助记符	指令含义	指令代码与助记符	指令含义	指令代码与助记符	指令含义
00 CJ	条件转移	06 FEND	主程序结束	12 MOV	传送
01 CALL	调用子程序	07 WDT	监视定时器	13 SMOV	移位传送
02 SRET	子程序返回	08 FOR	循环区开始	14 CML	取反
03 IRET	中断返回	09 NEXT	循环区结束	15 BMOV	块传送
04 EI	开中断	10 CMP	比较	16 FMOV	多点传送
05 DI	关中断	11 ZCP	区间比较	17 XCH	数据交换

1. 功能指令的表示方法

功能指令的基本格式如图 9-1 所示。图中的前一部分表示的是操作码，即指令的代码和助记符，后一部分表示的是操作数，包括源操作数和目标操作数。源操作数 S：执行指令后数据不变的操作数，两个或两个以上时为 S1、S2。目标操作数 D：执行指令后数据被刷新的操作数，两个或两个以上时为 D1、D2。其他操作数 m、n：补充注释的常数，用 K（十进制）和 H（十六进制）表示，两个或两个以上时为 m1、m2、n1、n2。

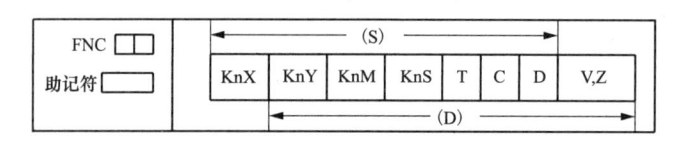

图 9-1　功能指令的基本格式

如图 9-2 所示为计算平均值指令应用的梯形图，源操作数为 D1、D2、D3，目标操作数为 D5Z3（Z3 为变址寄存器），K3 表示有 3 个数，当 X0 接通时，执行的操作为［(D1)＋(D2)＋(D3)］÷3→(D5Z3)，如果 Z3 的内容为 10，则运算结果送入 D15 中。

图 9-2　计算平均值指令的使用

2. 功能指令的执行方式

功能指令有连续执行和脉冲执行两种类型执行方式。脉冲执行方式如图 9-3 所示，指令助记符 MOV 后面有"P"表示脉冲执行，即该指令仅在 X0 接通（由 OFF 到 ON）时执行（将 D20 中的数据送到 D22 中）一次，用脉冲执行方式可缩短程序的执行时间；如果没有"P"则表示连续执行，即该在 X0 接通（ON）的每一个扫描周期指令都要被执行。

3. 数据长度

功能指令可以处理 16 位数据和 32 位数据。指令助记符前加"D"标志表示处理 32 位数据的指令，无此符号标志即为处理 16 位数据的指令。不同数据长度的功能指令方式如图 9-4 所示，若 MOV 指令前面带"D"，则当 X1 接通时，执行 D1D0→D3D2（32 位）。为避免出错，在使用 32 位数据时建议使用首编号为偶数的操作数。

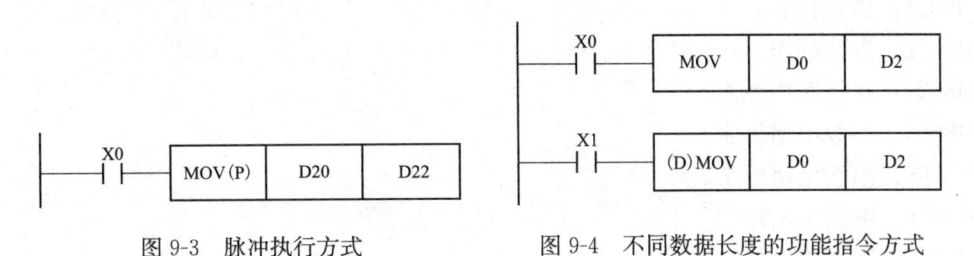

图 9-3　脉冲执行方式　　　图 9-4　不同数据长度的功能指令方式

4. 位元件与字元件

位元件是用来处理如 X、Y、M 等 ON/OFF 信息的软元件，字元件是用来处理像 T、C、D 等字数据的软元件。

位元件可以组合成为字元件，每 4 个位元件为一组，Kn 十位的首地址中的 n 为组数，16 位数据时为 K1～K4，32 位数操作时为 K1～K8。例如，K2 M10 表示 M10～M17 组成 2 组位元件（K2 表示 2 组数），它是一个 8 位数据，M10 为最低位。16 位数据操作时，如果 $n<4$，只传送低位数据，多出的高位数据不传送；参与操作的位元件不足 16 位时，高位的不足部分均作 0 处理，在作 32 位数处理时也一样。被组合的元件首位元件建议采用编号以 0 结尾的元件，如 X0，X10 等。

字数据的数据格式主要有以下几种。

（1）二进制（BIN）补码。在 FX 系列 PLC 内部，数据是以二进制（BIN）补码的形式存储，四则运算、加 1、减 1 都使用二进制数。最高位为符号位，0 表示正数，1 表示负数。

（2）浮点数。在 FX 系列 PLC 内部，有二进制浮点数和十进制浮点数，二者可以相互转换。浮点数采用连续的一对数据寄存器表示。二进制浮点数采用一对数据寄存器，例如 D11 和 D10，D10 的 16 位和 D11 的低 7 位共 23 位为浮点数的尾数，而 D11 中最高位的前 8 位是指数，其中最高位是尾数的符号位（0 为正，1 为负）。十进制的浮点数也是采用一对数据寄存器，例如使用数据寄存器（D21，D20）时，表示数为

$$10 \text{ 进制浮点数} = [\text{尾数 D20}] \times 10^{[\text{指数 D21}]}$$

其中：编号小的数据寄存器为尾数段，编号大的为指数段，D20，D21 的最高位是正负符号位。

5. 变址寄存器 V，Z

指令格式中的原操作数和目标操作数都可以使用 V，Z 变址寄存器修改操作对象的元件

号,变址功能常用于传送、比较和循环指令中,具体使用方法如图 9-5 所示。对于 32 位指令,V 为高 16 位,Z 为低 16 位。如图 9-5 所示的各个触点接通时,常数 22 送给 V0,常数 33 送给 Z0,ADD 指令完成运算 (D1V0)+(D10Z0)→(D20Z0),即(D23)+(D43)→(D53)。

6. 常用功能指令执行结果标志的特殊辅助继电器

M8020:零标志。
M8021:借位标志。
M8022:进位标志。
M8029:执行完毕标志。
M8064:参数出错标志。
M8065:语法出错标志。
M8066:电路出错标志。
M8067:运算出错标志。

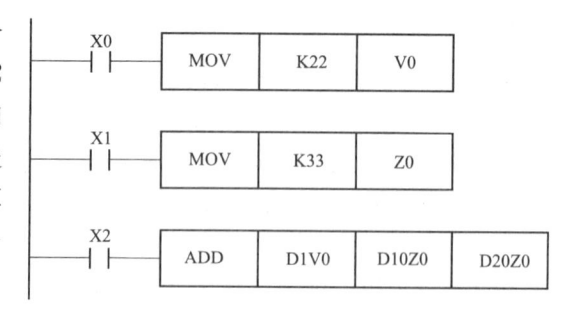

图 9-5 V 和 Z 变址寄存器的使用

9.1 程序流控制类指令的应用实验

9.1.1 相关知识

9.1.1.1 程序流控制类指令(FNC00~FN09)

1. 条件跳转指令(CJ)

条件跳转指令 CJ 用于程序中的跳转,从而在程序执行时选择跳过一些指令,减少扫描时间,提高程序的执行速度。条件跳转指令 CJ/CJ(P)的功能号为 FNC00,操作数为指针标号 P0~P127,其中 P63 不需标记,为 END 所在步序。CJ 和 CJP 都占 3 个程序步,指针标号占 1 步。跳转指令在梯形图中使用的情况如图 9-6 所示。

当 X1 接通时,则由 CJ P10 指令跳到标号为 P10 的指令处开始执行,如果 X1 断开,跳转不会执行,则程序按原顺序执行。

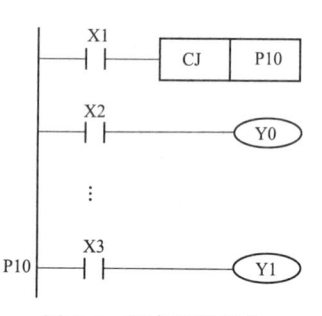

图 9-6 程序跳转指令

注意事项:

(1)可以使用双线圈,但两个同一编号的线圈不应该被同时执行,否则被视为一般意义的双线圈,程序出错。

(2)不要对标记 P63 编程。给标记 P63 编程时,可编程控制器显示出错码 6507(标记定义不正确)并停止。

(3)如果在跳转开始时定时器和计数器已在工作,则在跳转执行期间它们将停止工作,到跳转条件不满足后又继续工作。而定时器 T192~T199 和高速计数器 C235~C255 不受跳转指令的影响。

（4）在一个程序中一个标号只能出现一次，否则将出错；标号一般放在跳转指令之后，也可放在跳转指令之前。但是由于标号在前造成该程序的执行时间超过了警戒时钟设定值，则程序就会出错。

（5）如果从主控指令外部跳入其内部，不管主控指令执行条件是否满足，都执行主控指令内部程序。如果跳转指令在主控程序内部，主控指令执行条件不满足，则不执行跳转指令。

2. 子程序调用与子程序返回指令

子程序调用指令可调用为了一些特定的控制目的而编制的相对独立的子程序。子程序调用指令 CALL 的功能号为 FNC01，操作数为 P0～P127，此指令占用 3 个程序步。子程序返回指令 SRET 的功能号为 FNC02，无操作数，占用 1 个程序步。在程序编排时应将主程序排在前边，子程序排在后边，主程序和子程序之间用主程序结束指令 FEND（FNC06）隔开。子程序指令在梯形图中使用的情况如图 9-7 所示。如果 X1 接通，则转到标号 P20 处去执行子程序。当执行 SRET 指令时，返回到 CALL 指令的下一步执行。

注意事项：

（1）转移标号不能重复，也不可与跳转指令的标号重复。

（2）子程序可以嵌套调用，最多可 5 级嵌套。

（3）定时器与计数器的响应同跳转指令。

3. 与中断有关的指令

与中断有关的功能指令：中断返回指令 IRET（FNC03）、中断允许指令 EI（FNC04）、中断禁止 DI（FNC05）。它们均无操作数，各占用 1 个程序步。PLC 通常处于禁止中断状态，由 EI 和 DI 指令组成允许中断范围。在执行到该区间，如有中断源产生中断，CPU 将暂停主程序执行转而执行中断服务程序。当遇到 IRET 时返回断点继续执行主程序。中断指令如图 9-8 所示，允许中断范围中若中断源 X0 有一个下降沿，则转入 I000 为标号的中断服务程序，但 X0 可否引起中断还受 M8050 控制，当 X10 有效时则 M8050 控制 X0 无法中断。

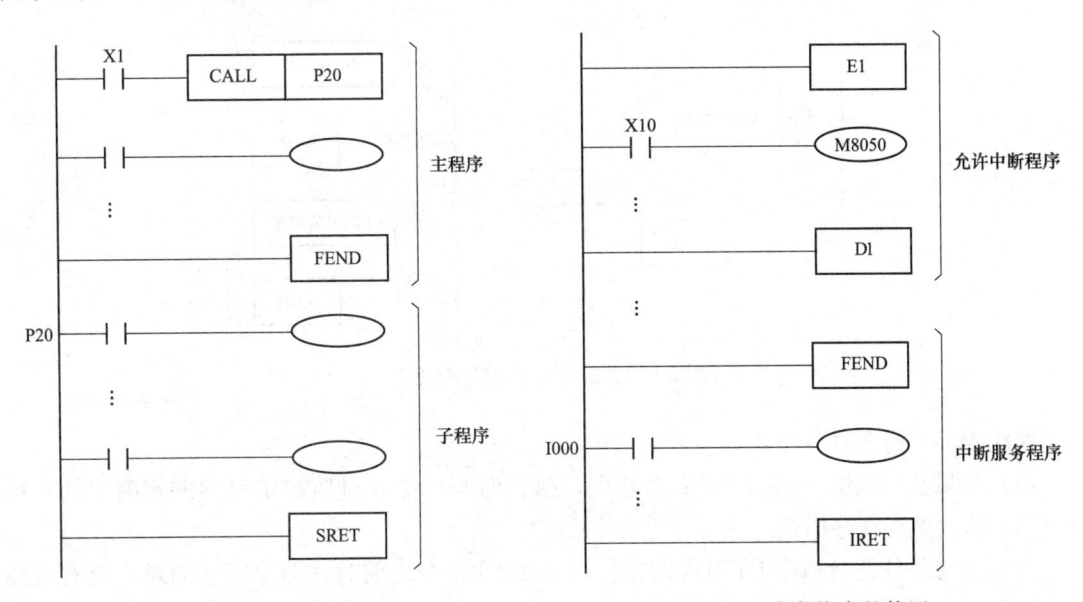

图 9-7 子程序调用与返回指令的使用

图 9-8 中断指令的使用

注意事项：

(1) 中断响应有先后，如果多个中断依次发生，则以发生先后为序，即发生越早级别越高，如果多个中断源同时发出信号，则中断指针号越小优先级越高。

(2) 当 M8050～M8058 为 ON 时，禁止执行相应 I0□□～I8□□ 的中断，M8059 为 ON 时则禁止所有计数器中断。

(3) 无须中断禁止时，可只用 EI 指令，不必用 DI 指令。

(4) FX_{2N} 系列 PLC 有 3 个定时器中断，对应的中断指令为 I6□□～I8□□，低两位是以 ms 为单位，定时器中断用于高速处理或定时执行某些程序。

(5) FX_{2N} 系列 PLC 有 6 个计数器中断，对应的中断指令为 I0□0（□＝1－6），它们利用高速的当前值产生中断，与 HSCS 指令配合使用。

(6) FX_{2N} 系列 PLC 有 6 个与 X0-X5 对应的中断输入点，中断指令为 I□0□，最低位为 0 时表示为下降沿中断，反之为上升沿中断。最高位与 X0-X5 的元件号对应。

4. 主程序结束指令 FEND

主程序结束指令 FEND 的编号为 FNC06，无操作数，占用 1 个程序步。FEND 表示主程序结束，当执行到 FEND 时，PLC 进行输入/输出处理，监视定时器刷新，完成后返回起始步。

注意事项：子程序和中断服务程序必须写在 FEND 和 END 之间，否则出错。

5. 监视定时器指令 WDT

监视定时器指令 WDT（P）（FNC07），没有操作数，占有 1 个程序步，对 PLC 的监视定时器进行刷新。FX_{2N} 系列 PLC 的监视定时器缺省值为 200ms（可用 D8000 来设定），正常情况下 PLC 扫描周期小于此定时时间。如果由于有外界干扰或程序本身的原因使扫描周期大于监视定时器的设定值，使 PLC 的 CPU 出错灯亮并停止工作，可通过在适当位置加 WDT 指令复位监视定时器，以使程序能继续执行到 END。监控定时器指令的使用如图 9-9 所示，利用一个 WDT 指令将一个 260ms 的程序一分为二，使它们都小于 200ms，则不再会出现报警停机。

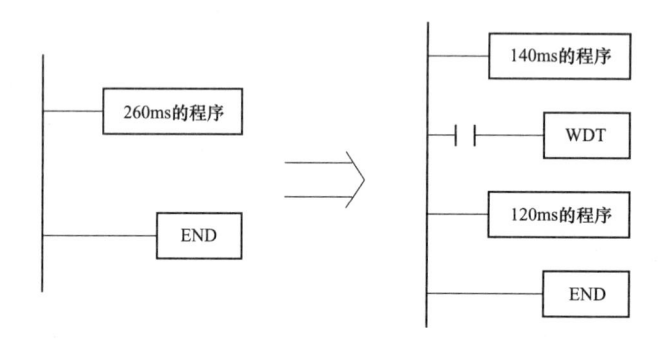

图 9-9 监控定时器指令的使用

使用 WDT 指令时应注意：

(1) 如果在后续的 FOR-NEXT 循环中，执行时间可能超过监控定时器的定时时间，可将 WDT 插入循环程序中。

(2) 当与条件跳转指令 CJ 对应的指针标号在 CJ 指令之前时（即程序往回跳）就有可能连续反复跳步使它们之间的程序反复执行，使执行时间超过监控时间，可在 CJ 指令与对应标号之间插入 WDT 指令。

6. 循环指令（FOR、NEXT）

循环指令共有两条：循环区起点指令 FOR（FNC08），占 3 个程序步；循环结束指令 NEXT（FNC09），占用 1 个程序步，无操作数。在程序运行时，位于 FOR~NEXT 间的程序反复执行 n 次（由操作数决定）后再继续执行后续程序。循环的次数 n＝1~32767。如果 N＝－32767~0 之间，则当作 n＝1 处理。

如图 9-10 所示为一个二重嵌套循环，外层执行 5 次。如果 D0Z0 中的数为 6，则外层 A 每执行一次内层 B 将执行 6 次。

注意事项：

（1）FOR 和 NEXT 必须成对使用。

（2）FX$_{2N}$ 系列 PLC 可循环嵌套 5 层。

（3）在循环中可利用 CJ 指令在循环没结束时跳出循环体。

（4）FOR 应放在 NEXT 之前，NEXT 应在 FEND 和 END 之前，否则均会出错。

（5）循环次数过多时扫描周期会延长，有可能超出监视定时器设定时间，应重新设置。

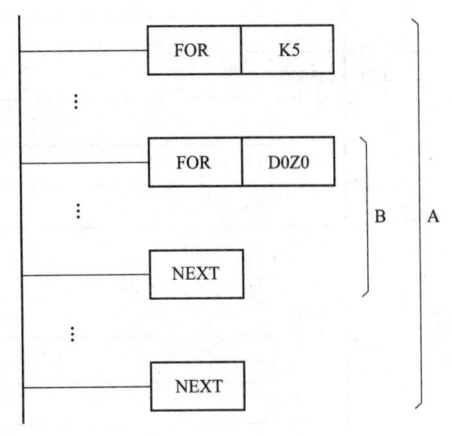

图 9-10 循环指令的使用

9.1.2 实验目的

熟练掌握程序流控制类指令（如 CJ、CALL、FOR、NEXT、EI、DI 等）的使用方法。

9.1.3 实验设备

个人计算机、PLC 主机、按钮、电源、指示灯、编程电缆、SWOPC-FXGP/WIN-C 编程软件、GX-Developer 和 GX-Simulator 软件、导线及电工工具等。

9.1.4 实验内容及要求

（1）子程序调用指令的应用。具体要求是：当 X1 为 ON 时，执行子程序调用指令，进入 P5 指定的子程序，若 X2 为 ON，Y0、Y2 为 ON；若 X3 为 ON 时，执行子程序调用指令，进入 P7 指定的子程序，若 X4 为 ON，Y1、Y3 为 ON。

（2）当 X2 为 ON 时，用定时器中断，每 1s 将 Y0~Y7 组成的位元件组 K2Y0 加 1，设计主程序和中断子程序。

（3）用输入中断程序和 0.1ms 环形高速计数器 M8099 测量接在 X0 和 X2 端子上的同一输入脉冲宽度，如图 9-11（a）所示。

（4）在 X2 的上升沿，将 D100~D109 中的数据累加，结果保存在 D10 中，假设累加值不超过 16 位，如图 9-11（b）所示。

（5）在 X0 的上升沿通过外部输入中断使 Y0 立即变为 ON，在 X1 的下降沿通过中断使 Y0 立即变为 OFF 如图 9-11（c）所示。

（6）在 X1 有上升沿时采用定时器中断每隔 10ms 将 D0 的当前值加 1，当加到 1000 时将 D0 停止加 1，即在 10s 内产生一个 0~1000 的斜坡信号，如图 9-11（d）所示。

编写梯形图程序，并进行调试。

9.1.5 参考程序

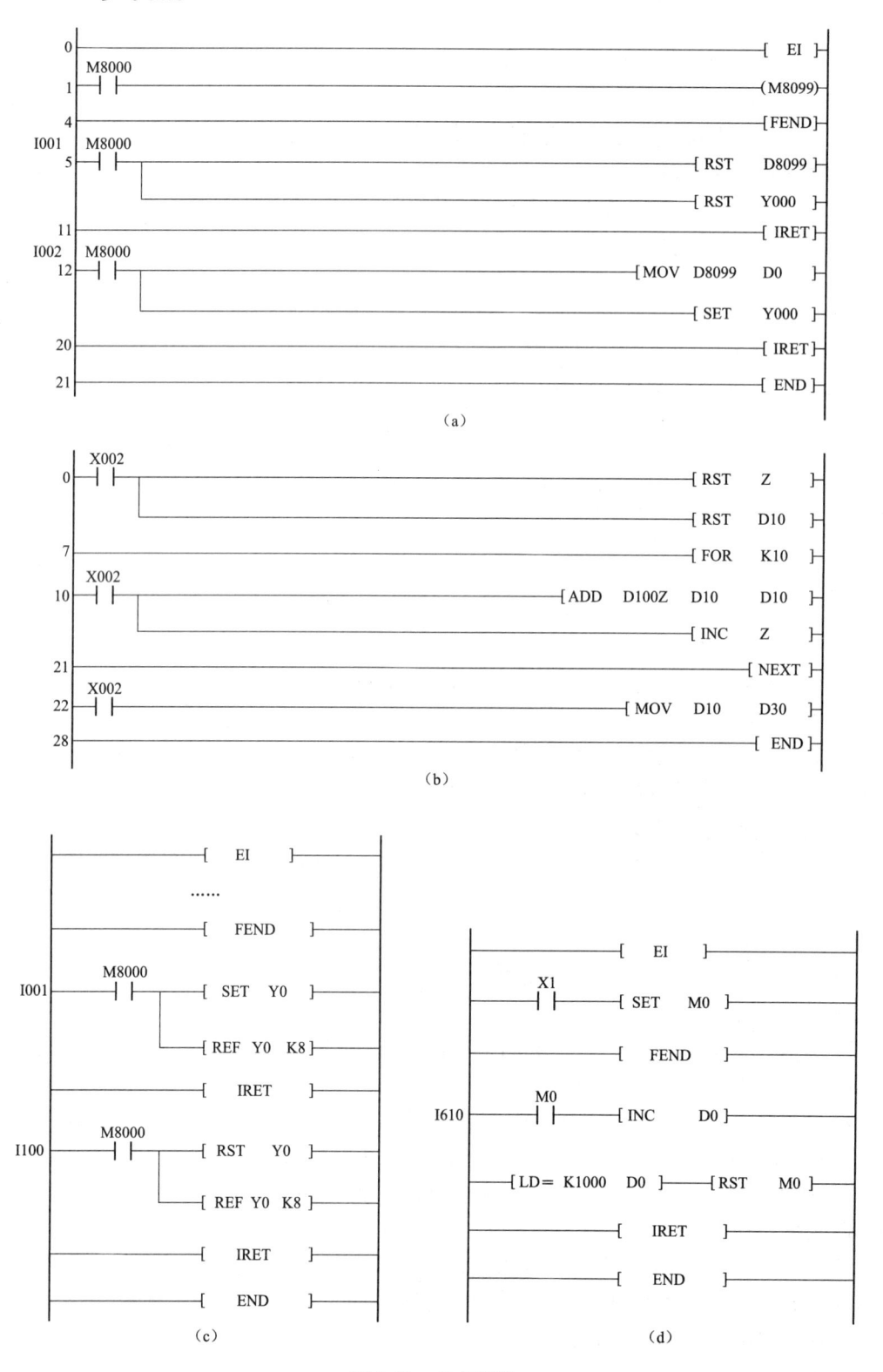

```
 0                                              —[ EI ]
    M8000
 1  ——| |——————————————————————————————————————(M8099)
 4                                              —[ FEND ]
I001 M8000
 5  ——| |——————————————————————————[ RST  D8099 ]
                    ├—————————————[ RST  Y000 ]
11                                              —[ IRET ]
I002 M8000
12  ——| |——————————————————[ MOV  D8099  D0 ]
                    ├—————————————[ SET  Y000 ]
20                                              —[ IRET ]
21                                              —[ END ]
```
（a）

```
    X002
 0  ——| |——————————————————————————————[ RST  Z ]
                    ├————————————————————[ RST  D10 ]
 7                                          —[ FOR  K10 ]
    X002
10  ——| |——————————————[ ADD  D100Z  D10  D10 ]
                    ├————————————————————[ INC  Z ]
21                                              —[ NEXT ]
    X002
22  ——| |——————————————————————[ MOV  D10  D30 ]
28                                              —[ END ]
```
（b）

```
                    —[ EI ]
                    ……
                    —[ FEND ]
      M8000
I001 ——| |——————[ SET  Y0 ]
                    —[ REF  Y0  K8 ]
                    —[ IRET ]
      M8000
I100 ——| |——————[ RST  Y0 ]
                    —[ REF  Y0  K8 ]
                    —[ IRET ]
                    —[ END ]
```
（c）

```
                                —[ EI ]
        X1
       ——| |——————[ SET  M0 ]
                                —[ FEND ]
        M0
I610 ——| |——————[ INC  D0 ]
       —[ LD=  K1000  D0 ]——[ RST  M0 ]
                                —[ IRET ]
                                —[ END ]
```
（d）

图 9-11　参考程序

9.2 比较传送与数据变换类指令的应用实验

9.2.1 相关知识

比较传送与数据变换类有：MOV（传送）、SMOV（BCD 码移位传送）、CML（取反传送）、BMOV（数据块传送）、FMOV（多点传送）、CMP（比较）、ZCP（区间比较）、XCH（数据交换）、BCD/BIN（数据变换）指令。

1. 传送类指令

（1）传送指令 MOV、(D) MOV (P) 的编号为 FNC12，该指令的功能是将源数据传送到指定的目标。如图 9-12 所示，当 X1 为 ON 时，则将 [S·] 中的数据 K100 传送到目标操作元件 [D·] 即 D10 中。在指令执行时，常数 K100 会自动转换成二进制数。当 X1 为 OFF 时，则指令不执行，数据保持不变。当 X2 为 ON 时，则将定时器 T0 中的数据传送到目标操作元件 D20 中。第三条指令是位软元件的传送，当 PLC 上电后，将 X0～X3 的数据分别传送给 Y0～Y3。

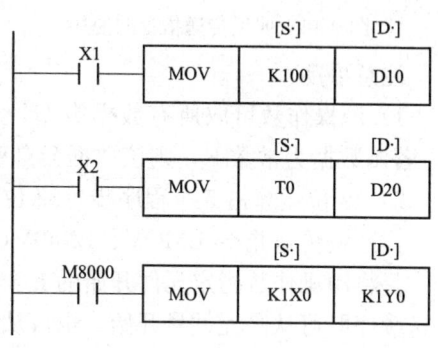

图 9-12 传送指令的使用

注意事项：
1) 源操作数可取所有数据类型，目标操作数可以是 KnY、KnM、KnS、T、C、D、V、Z。
2) 16 位运算时占 5 个程序步，32 位运算时则占 9 个程序步。

（2）移位传送指令 SMOV、SMOV(P) 的编号为 FNC13。该指令的功能是将源数据（二进制）自动转换成 4 位 BCD 码，再进行移位传送，传送后的目标操作数元件的 BCD 码自动转换成二进制数。如图 9-13 所示，当 X1 为 ON 时，将 D1 中右起第 3 位（m1＝3）开始的 2 位（m2＝2）BCD 码移到目标操作数 D2 的右起第 2 位（n＝2）开始的 2 位（即右起第 2 位和第 1 位）。然后 D2 中的 BCD 码会自动转换为二进制数，而 D2 中的右起第 3 位和第 4 位 BCD 码不变。

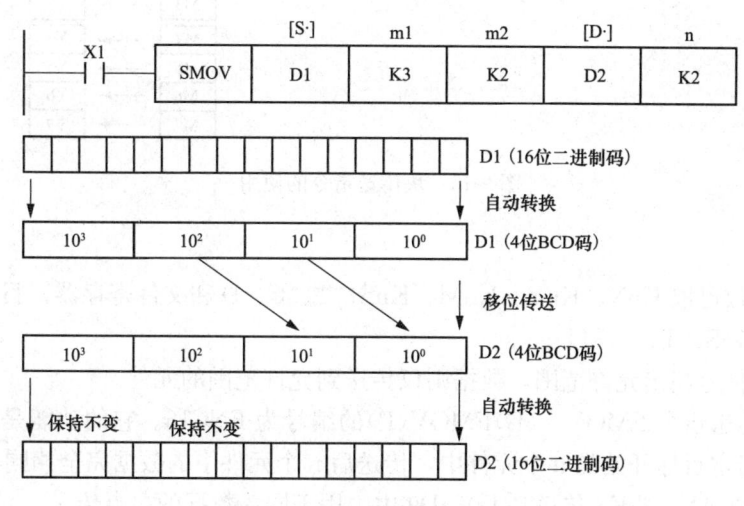

图 9-13 移位传送指令的使用

注意事项：

1) 源操作数可取所有数据类型，目标操作数可为 KnY、KnM、KnS、T、C、D、V、Z。

2) SMOV 指令只有 16 位运算，占 11 个程序步。

（3）取反传送指令 CML、(D)CML(P) 的编号为 FNC14。它是将源操作数元件的数据逐位取反并传送到指定目标。如图 9-14 所示，当 X1 为 ON 时，执行 CML，将 D0 的低 4 位取反，然后传送到 Y7~Y4 中，用于逻辑反相输出，第二条指令用于反相输入数据的读入。

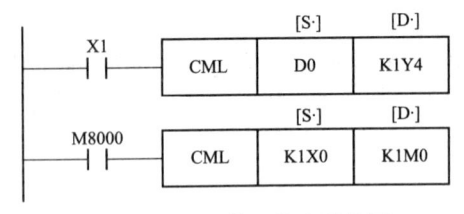

图 9-14 取反传送指令的使用

注意事项：

1) 源操作数可取所有数据类型，目标操作数可为 KnY、KnM、KnS、T、C、D、V、Z，若源数据为常数 K，则该数据会自动转换为二进制数。

2) 16 位运算占 5 个程序步，32 位运算占 9 个程序步。

（4）块传送指令 BMOV、BMOV(P) 的编号为 FNC15，只有 16 位操作，占 7 个程序步，是将源操作数指定元件开始的 n 个数据组成数据块传送到指定的目标。如图 9-15 所示，传送顺序既可从高元件号开始，也可从低元件号开始，传送顺序自动决定。若用到需要指定位数的位元件，则源操作数和目标操作数的指定位数应相同。

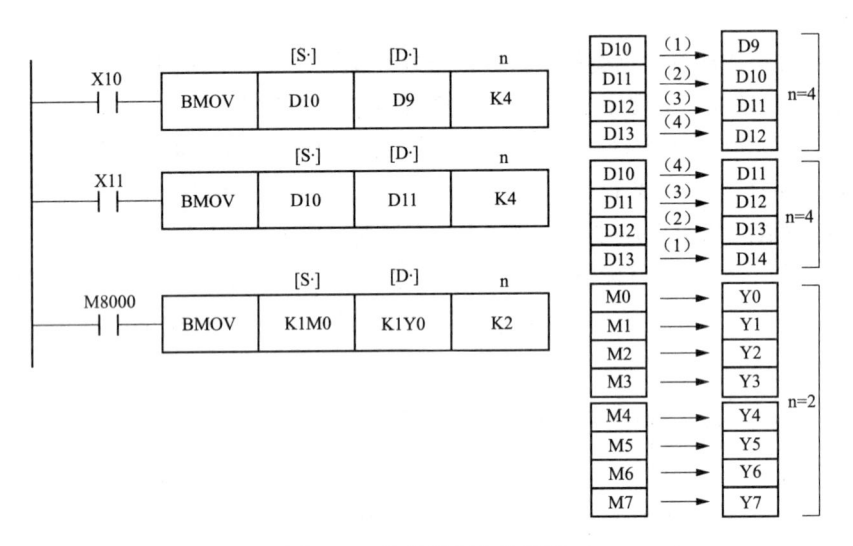

图 9-15 块传送指令的使用

注意事项：

1) 源操作数可取 KnX、KnY、KnM、KnS、T、C、D 和文件寄存器，目标操作数可取 KnT、KnM、KnS、T、C 和 D。

2) 如果元件号超出允许范围，数据则仅传送到允许范围的元件。

（5）多点传送指令 FMOV、(D)FMOV(P) 的编号为 FNC16。它的功能是将源操作数中的数据传送到指定目标开始的 n 个元件中，传送后 n 个元件中的数据完全相同。如图 9-16 所示，当 X1 为 ON 时，把 K8 传送到 D0~D9 中，用于同一数据的多点传送。

注意事项：

1) 源操作数可取所有的数据类型，目标操作数可取 KnX、KnM、KnS、T、C、和 D，n 小于等于 512。

2) 16 位操作占 7 个程序步，32 位操作则占 13 个程序步。

3) 如果元件号超出允许范围，数据仅送到允许范围的元件中。

2. 比较指令 CMP、ZCP

(1) 比较指令 CMP、(D)CMP(P) 的编号为 FNC10，是将源操作数 [S1·] 和源操作数 [S2·] 的数据进行比较，比较结果用目标元件 [D·] 的状态来表示。如图 9-17 所示，当 X0 为接通时，把常数 200 与 C20 的当前值进行比较，比较的结果送入 M0～M2 中。X0 为 OFF 时不执行，M0～M2 的状态也保持不变。

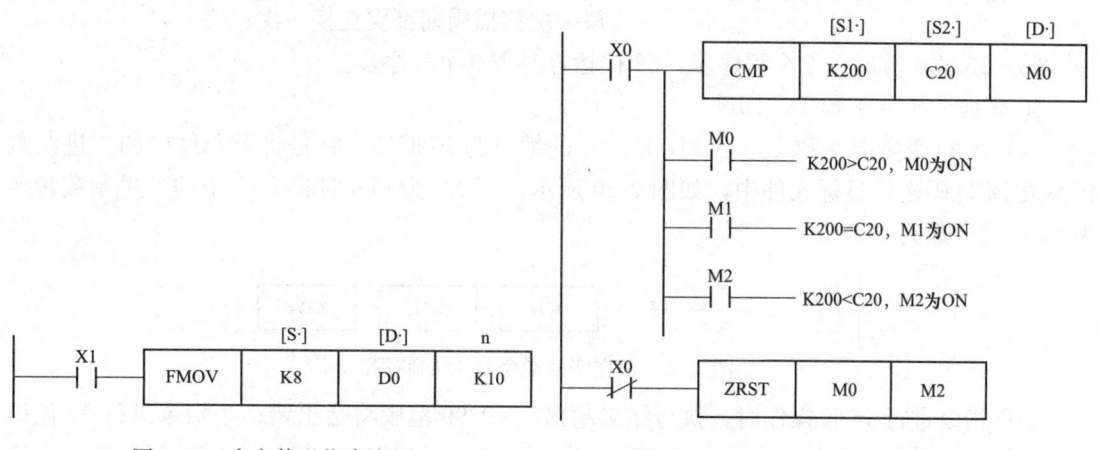

图 9-16　多点传送指令应用　　　　图 9-17　比较指令的使用

(2) 区间比较指令 ZCP、(D) ZCP(P) 的编号为 FNC11，指令执行时源操作数 [S·] 与 [S1·] 和 [S2·] 的内容进行比较，并比较结果送到目标操作数 [D·] 中。如图 9-18 所示，当 X1 为 ON 时，把 C40 当前值与 K80 和 K100 相比较，将结果送 M3、M4、M5 中。X1 为 OFF，则 ZCP 不执行，M3、M4、M5 不变。

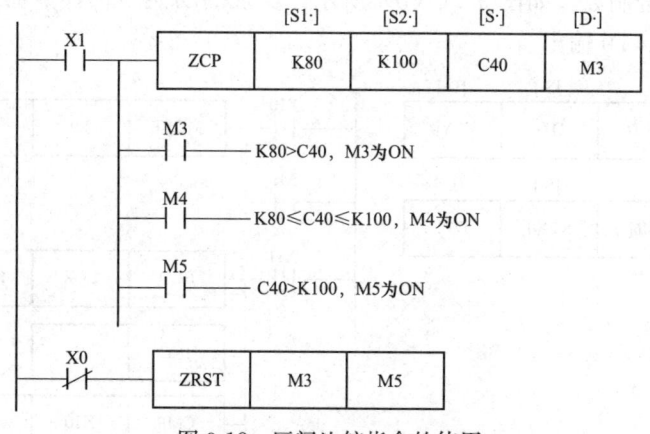

图 9-18　区间比较指令的使用

注意事项：

1) [S1·]、[S2·] 可取任意数据格式，目标操作数 [D·] 可取 Y、M 和 S。

2) 使用 ZCP 时，[S2·] 的数值不能小于 [S1·]。

3) 所有的源数据都被看成二进制值处理。

4) CMP、ZCP 比较指令不执行时，想清楚比较结果的话，可使用复位指令。

3. 数据交换指令 XCH

数据交换指令 (D)XCH(P) 的编号为 FNC17，它是将数据在指定的目标元件之间交换。如图 9-19 所示，当 X1 为 ON 时，将 D10 和 D11 中的数据相互交换。

```
    X1        [D1·] [D2·]
────┤├──────[ XCH  D10   D11 ]
```

图 9-19 数据交换指令的使用

注意事项：

（1）操作数的元件可取 KnY、KnM、KnS、T、C、D、V 和 Z。

（2）交换指令一般采用脉冲执行方式，否则在每一次扫描周期都要交换一次。

（3）16 位运算时占 5 个程序步，32 位运算时占 9 个程序步。

4. 数据变换指令 BCD、BIN

（1）BCD 变换指令 BCD、(D)BCD(P) 的编号为 FNC18。它是将源元件中的二进制数转换成 BCD 码送到目标元件中，如图 9-20 所示，当 X0 为 ON 时将 D11 中的二进制数转换为 BCD 码传送到 Y0～Y7。

```
    X0
────┤├──────────────[ BCD  D11  K2Y0 ]
```

图 9-20 数据变换指令 BCD 的使用

如果指令进行 16 位操作时，执行结果超出 0～9999 范围将会出错；当指令进行 32 位操作时，执行结果超过 0～99999999 范围也将出错。PLC 中内部的运算为二进制运算，可用 BCD 指令将二进制数变换为 BCD 码输出到七段显示器。

（2）BIN 变换指令 BIN、(D)BIN(P) 的编号为 FNC19。它是将源元件中的 BCD 数据转换成二进制数据送到目标元件中，如图 9-21（a）所示，当 X1 为 ON 时 X0～X7 中的 BCD 码转换为二进制数传送到 D12。常数 K 不能作为本指令的操作元件，因为在任何处理之前它们都会被转换成二进制数。如图 9-21（b）所示，实现的功能为将计数器 C0～C9 的当前值转换成 BCD 并向 K4Y0 输出。

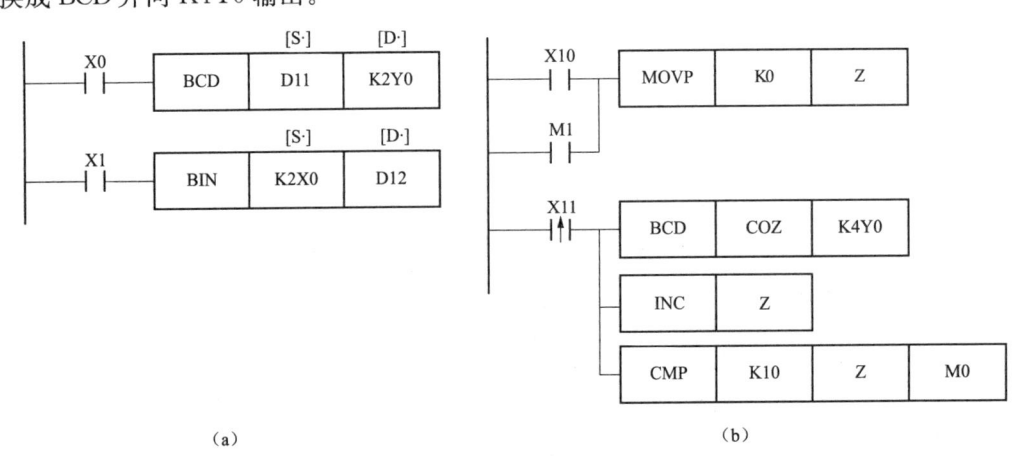

```
    X0         [S·]  [D·]
────┤├──────[ BCD   D11   K2Y0 ]

    X1         [S·]  [D·]
────┤├──────[ BIN   K2X0  D12  ]

           (a)

    X10
────┤├──────────[ MOVP  K0    Z   ]
    M1
────┤├
    X11
────┤├──────────[ BCD   COZ   K4Y0 ]

                [ INC   Z         ]

                [ CMP   K10   Z   M0 ]

           (b)
```

图 9-21 数据变换指令的使用

注意事项：

（1）源操作数可取 KnK、KnY、KnM、KnS、T、C、D、V 和 Z，目标操作数可取 KnY、KnM、KnS、T、C、D、V 和 Z。

（2）16 位运算占 5 个程序步，32 位运算占 9 个程序步。

9.2.2 实验目的

熟练掌握比较传送与数据变换类指令（如 MOV、CMP、BCD 等）的使用方法。

9.2.3 实验设备

个人计算机、PLC 主机、电源、按钮、指示灯、编程电缆、SWOPC-FXGP/WIN-C 编程软件、GX-Developer 和 GX-Simulator 软件、导线及电工工具等。

9.2.4 实验内容及要求

（1）用 BCD 指令实现 C0＼C1＼C2 三个计数器的值通过数码管输出显示，输入输出分配见表 9-2，程序如图 9-22（a）所示。

表 9-2　　　　　　　　　　　输 入 输 出 分 配

器件	PC 软元件	说明
	C000	计数器-秒
	C001	计数器-分
	C002	计数器-时
	X003	激活显示
	K2Y000	秒输出
	K2Y010	分输出
	K2Y020	时输出
BCD	FNC18	BCD 应用指令

（2）设计一程序检测停车场的停车位情况。M070 和 M071 代表进入或离开停车场信号，停车场最多停 50 辆车，如果停车场满位，Y4 亮。如果小于 50，则 Y3 亮，允许司机进入停车。输入输出分配见表 9-3，程序如图 9-22（b）所示。

表 9-3　　　　　　　　　　　输 入 输 出 分 配

器件	PC 软元件	说明
LP1	Y004Y005	停车场已满
LP2	Y003	停车场有空位
	M070	车已进入停车场
	M071	车已离开停车场
	D030	停车场车辆数（最大数＝50）
	M8000	PC 运行常闭触点
INC	FNC24	INC 应用指令
DEC	FN25	DEC 应用指令
CMP	FNC10	CMP 应用指令

（3）设计空气调节器控制程序。当温度小于 19℃时，启动加热器工作；如果大于 25℃，启动冷却器工作；只要空气调节器启动，电扇就会运行。输入输出分配见表 9-4，程序如图 9-22（c）所示。

表 9-4　　　　　　　　　　　　　输 入 输 出 分 配

器件	PC 软元件	说明
	X000	空气调节器起动
HT1	Y000	激活加热器件
MTR1	Y002	激活风扇运行
CL1	Y003	激活冷却器
THR1	D010	来自自动调温器的数据输入
ZCP	FNC11	ZCP 应用指令

（4）设有 8 盏指示灯，控制要求如下：当 X0 接通时，灯全亮；当 X1 接通时，奇数灯亮；当 X2 接通时，偶数灯亮；当 X3 接通时，全部灯灭。试使用数据传送指令编写程序。程序如图 9-22（d）所示。

（5）当 PLC 运行后，将常数 K85（二进制数为 0101 0101）传送到位组合元件 K2M0，作为输出的源数据。当 X0 为 ON 时，用块传送指令将 M0～M7 传送到 K2Y0，使输出隔位为 ON。当 X1 为 ON 时，用相应指令将数值取反后送到 K2Y0，实现隔位轮换输出。程序如图 9-22（e）所示。

（6）当 X0 为 ON 时，计数器以每隔 1s 的速度计数。当计数器当前值等于 100 时，M11 为 ON，Y0 为 ON；当计数器当前值大于 100 时，M12 为 ON，Y1 为 ON；当计数值等于 200 时，Y2 为 ON。当 X0 为 OFF 时，计数器 C0、M10～M12 复位。程序如图 9-22（f）所示。

编写梯形图程序，并进行调试。

9.2.5　参考程序

参考程序图如图 9-22 所示。

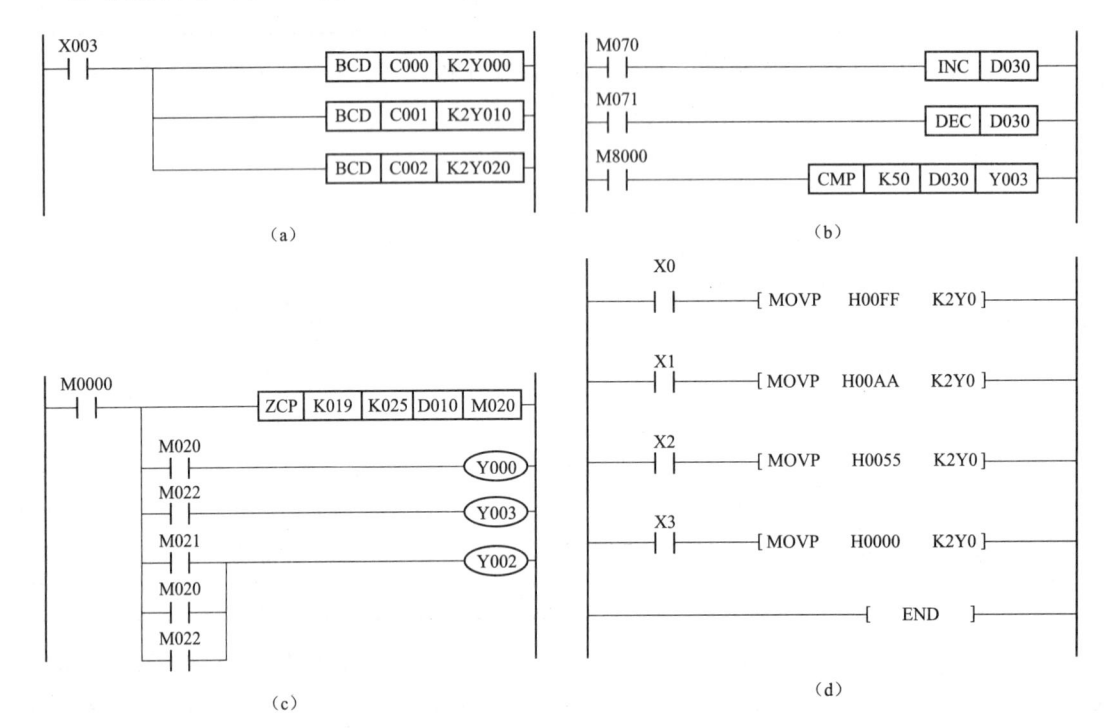

图 9-22　参考程序（一）

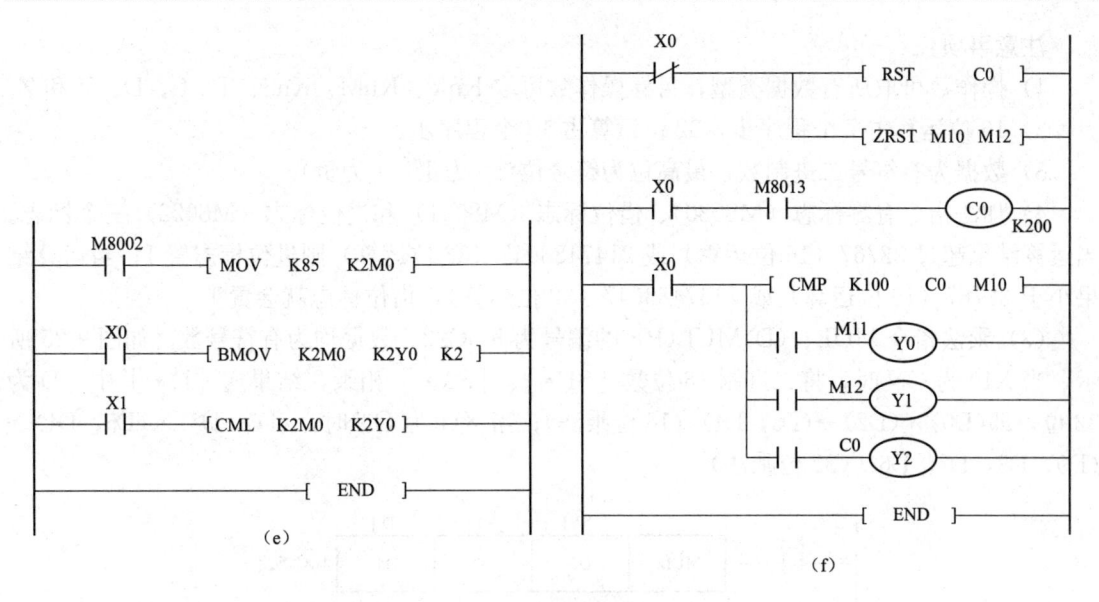

```
        M8002
        ──┤├──────[ MOV   K85   K2M0 ]──
         X0
        ──┤├──────[ BMOV  K2M0  K2Y0  K2 ]──
         X1
        ──┤├──────[ CML   K2M0  K2Y0 ]──
                        ──[ END ]──
                         (e)
```

```
         X0
        ──┤/├─────────────[ RST   C0 ]──
                      ────[ ZRST  M10  M12 ]──
         X0    M8013
        ──┤├───┤├──────────────( C0 )
                                 K200
         X0
        ──┤├──────[ CMP   K100   C0   M10 ]──
         M11
        ──┤├──────────────────( Y0 )
         M12
        ──┤├──────────────────( Y1 )
         C0
        ──┤├──────────────────( Y2 )
                        ──[ END ]──
                         (f)
```

图 9-22　参考程序（二）

9.3　算术运算、字逻辑运算与浮点数运算指令应用实验

9.3.1　相关知识

1. 算术运算指令 ADD、SUB、MUL、DIV

（1）加法指令 ADD、(D)ADD(P) 的编号为 FNC20。它是将 [S1·] 指定元件中的内容以二进制形式加上 [S2·] 指定元件的内容，其结果存入由 [D·] 指定的元件中。如图 9-23 所示，当 X1 为 ON 时，执行 (D12)＋(D14)→(D16)，当 X2 为 ON 时，执行 (D13)(D12)＋(D15)(D14)→(D17)(D16)。

```
           [S1·]   [S2·]   [D·]
     X1
    ──┤├──[ ADD    D12    D14    D16 ]──

     X2
    ──┤├──[ (D)ADD D12    D14    D16 ]──
```

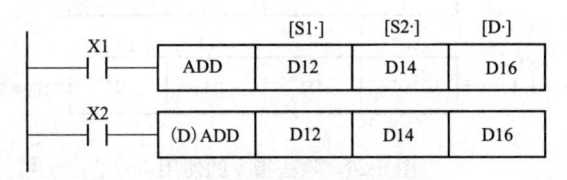

图 9-23　加法指令的使用

（2）减法指令 SUB、(D)SUB(P) 的编号为 FNC21。它是将 [S1·] 指定元件中的内容以二进制形式减去 [S2·] 指定元件的内容，其结果存入由 [D·] 指定的元件中。如图 9-24 所示，当 X1 为 ON 时，执行 (D12)－(D14)→(D16)，当 X2 为 ON 时，执行 (D13)(D12)－(D15)(D14)→(D17)(D16)。

```
           [S1·]   [S2·]   [D·]
     X1
    ──┤├──[ SUB    D12    D14    D16 ]──

     X2
    ──┤├──[ (D)SUB D12    D14    D16 ]──
```

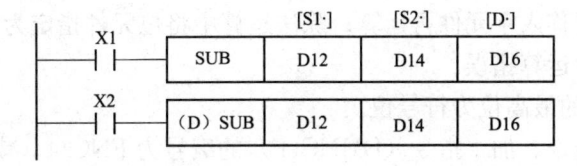

图 9-24　减法指令的使用

注意事项：

1）操作数可取所有数据类型，目标操作数可取 KnY、KnM、KnS、T、C、D、V 和 Z。

2）16 位运算占 7 个程序步，32 位运算占 13 个程序步。

3）数据为有符号二进制数，最高位为符号位（0 为正，1 为负）。

4）加法指令有零标志（M8020）、借位标志（M8021）和进位标志（M8022）三个标志。当运算结果超过 32767（16 位运算）或 2147483647（32 位运算）则进位标志置 1；当运算结果小于-32767（16 位运算）或-2147483647（32 位运算），借位标志就会置 1。

（3）乘法指令 MUL、(D)MUL(P) 的编号为 FNC22。数据均为有符号数。如图 9-25 所示，当 X10 为 ON 时，将二进制 16 位数 [S1·]、[S2·] 相乘，结果送 [D·] 中。D 为 32 位，即(D0)×(D2)→(D5，D4)（16 位乘法）；当 X11 为 ON 时，(D3，D2)×(D5，D4)→(D9，D8，D7，D6)（32 位乘法）。

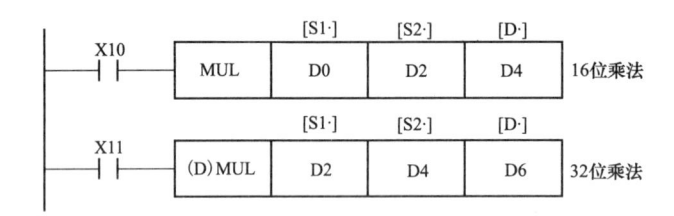

```
         [S1·]  [S2·]  [D·]
 X10 ┤├─[ MUL │ D0  │ D2  │ D4 ]  16位乘法

         [S1·]  [S2·]  [D·]
 X11 ┤├─[(D)MUL│ D2  │ D4  │ D6 ]  32位乘法
```

图 9-25 乘法指令的使用

（4）除法指令 DIV、(D)DIV(P) 的编号为 FNC23。其功能是将 [S1·] 指定为被除数，[S2·] 指定为除数，将除得的结果送到 [D·] 指定的目标元件中，余数送到 [D·] 的下一个元件中。如图 9-26 示，当 X10 为 ON 时(D0)÷(D2)→(D4)商，(D5) 余数（16 位除法）；当 X11 为 ON 时(D3，D2)÷(D5，D4)→(D7，D6) 商，(D9，D8) 余数（32 位除法）。

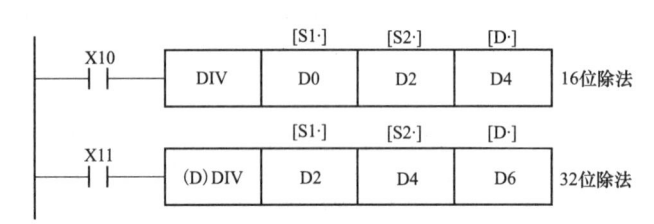

```
         [S1·]  [S2·]  [D·]
 X10 ┤├─[ DIV │ D0  │ D2  │ D4 ]  16位除法

         [S1·]  [S2·]  [D·]
 X11 ┤├─[(D)DIV│ D2  │ D4  │ D6 ]  32位除法
```

图 9-26 除法指令的使用

注意事项：

1）源操作数可取所有数据类型，目标操作数可取 KnY、KnM、KnS、T、C、D、V 和 Z，要注意 Z 只有 16 位乘法时能用，32 位不可用。

2）16 位运算占 7 个程序步，32 位运算为 13 个程序步。

3）32 位乘法运算中，如用位元件作目标，则只能得到乘积的低 32 位，高 32 位将丢失，这种情况下应先将数据移入字元件再运算；除法运算中将位元件指定为 [D·]，则无法得到余数，除数为 0 时发生运算错误。

4）积、商和余数的最高位为符号位。

（5）加 1 和减 1 指令。加 1 指令 (D)INC(P) 的编号为 FNC24；减 1 指令 (D)DEC(P) 的编号为 FNC25。INC 和 DEC 指令分别是当条件满足则将指定元件的内容加 1 或减 1。如

图 9-27 所示，当 X10 为 ON 时，(D20)+1→(D20)；当 X11 为 ON 时，(D21)+1→(D21)。若指令是连续指令，则每个扫描周期均作一次加 1 或减 1 运算。

注意事项：

1) 指令的操作数可为 KnY、KnM、KnS、T、C、D、V、Z。

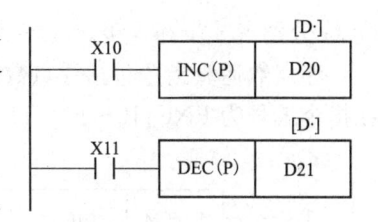

图 9-27　加 1 和减 1 指令的使用

2) 当进行 16 位操作时为 3 个程序步，32 位操作时为 5 个程序步。

3) 在 INC 运算时，如数据为 16 位，则由+32767 再加 1 变为-32768，但标志不置位；同样，32 位运算由+2147483647 再加 1 就变为-2147483648 时，标志也不置位。

4) 在 DEC 运算时，16 位运算-32768 减 1 变为+32767，且标志不置位；32 位运算由-2147483648 减 1 变为＝2147483647，标志也不置位。

2. 逻辑运算类指令 WAND、WOR、WXOR、NEG

(1) 逻辑与指令 WAND、(D)WAND(P) 的编号为 FNC26。将两个源操作数按位进行与操作，结果送指定元件。

(2) 逻辑或指令 WOR、(D)WOR(P) 的编号为 FNC27。它是对两个源操作数按位进行或运算，结果送指定元件。如图 9-28 所示，当 X1 有效时，(D10)∨(D12)→(D14)

(3) 逻辑异或指令 WXOR、(D)WXOR(P) 的编号为 FNC28。它是对源操作数按位进行逻辑异或运算。

(4) 求补指令 NEG、(D)NEG(P) 的编号为 FNC29。其功能是将 [D·] 指定的元件内容的各位先取反再加 1，将其结果再存入原来的元件中。

WAND、WOR、WXOR 和 NEG 指令的使用如图 9-28 所示。

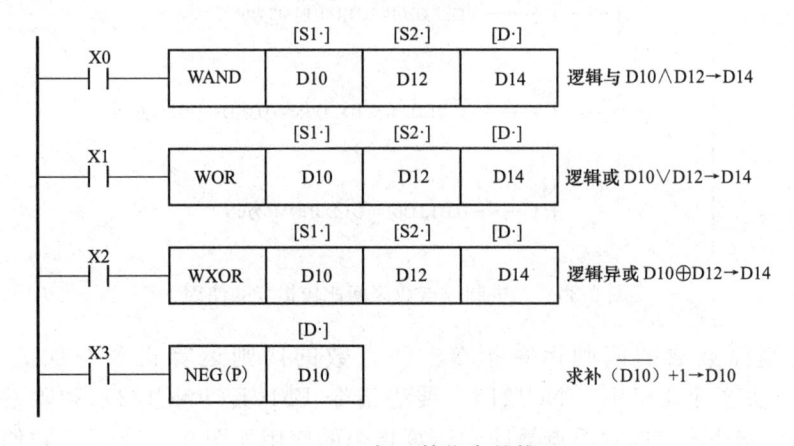

图 9-28　逻辑运算指令的使用

注意事项：

(1) WAND、WOR 和 WXOR 指令的 [S1·] 和 [S2·] 均可取所有的数据类型，而目标操作数可取 KnY、KnM、KnS、T、C、D、V 和 Z。

(2) NEG 指令只有目标操作数，其可取 KnY、KnM、KnS、T、C、D、V 和 Z。

(3) WAND、WOR、WXOR 指令 16 位运算占 7 个程序步，32 位为 13 个程序步，而

NEG 分别占 3 步和 5 步。

浮点数运算指令包括浮点数的比较、四则运算、开方运算和三角函数等功能。它们分布在指令编号为 FNC110～FNC119、FNC120～FNC129、FNC130～FNC139 之中。

3. 浮点数运算指令

（1）二进制浮点数比较指令 ECMP。ECMP、(D)ECMP(P) 指令（FNC110）的使用如图 9-29 所示，将两个源操作数进行比较，比较结果反映在目标操作数中。如果操作数为常数则自动转换成二进制浮点值处理。该指令源操作数可取 K、H 和 D，目标操作数可用 Y、M 和 S。为 32 位运算指令，占 17 个程序步。

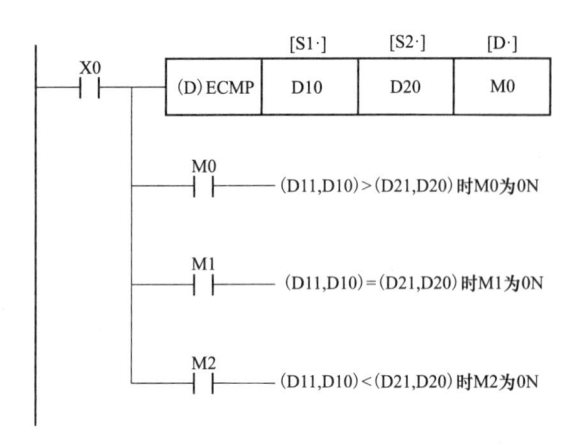

图 9-29 二进制浮点数比较指令的使用

（2）二进制浮点数区间比较指令 EZCP。EZCP(FNC111)、EZCP(P) 指令的功能是将源操作数的内容与用二进制浮点值指定的上下两点的范围比较，对应的结果用 ON/OFF 反映在目标操作数上，如图 9-30 所示。该指令为 32 位运算指令，占 17 个程序步。源操作数可以是 K、H 和 D；目标操作数为 Y、M 和 S。[S1·] 应小于 [S2·]，操作数为常数时将被自动转换成二进制浮点值处理。

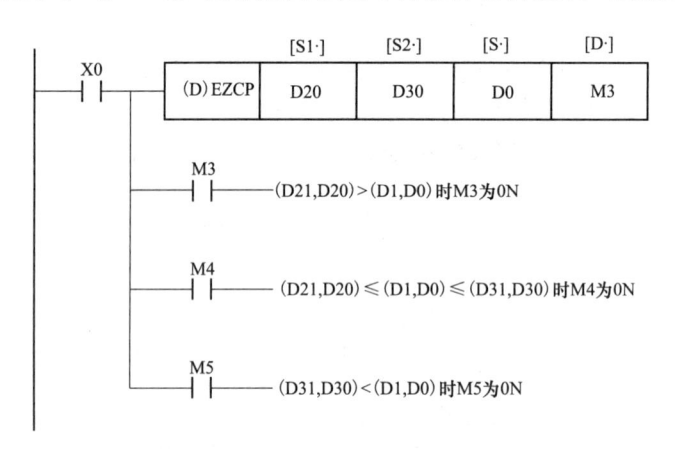

图 9-30 二进制浮点数区间比较指令的使用

（3）二进制浮点数的四则运算指令。浮点数的四则运算指令有加法指令 EADD(FNC120)、减法指令 ESUB(FNC121)、乘法指令 EMVL(FNC122) 和除法指令 EDIV(FNC123) 四条指令。二进制浮点数四则运算指令的使用如图 9-31 所示，它们都是将两个源操作数中的浮点数进行运算后送入目标操作数。当除数为 0 时出现运算错误，不执行指令。此类指令只有 32 位运算，占 13 个程序步。运算结果影响标志位 M8020（零标志）、M8021（借位标志）、M8022（进位标志）。源操作数可取 K、H 和 D，目标操作数为 D。如有常数参与运算则自动转化为浮点数。

二进制的浮点运算还有开平方、三角函数运算等指令，在此不详述，具体见编程手册。

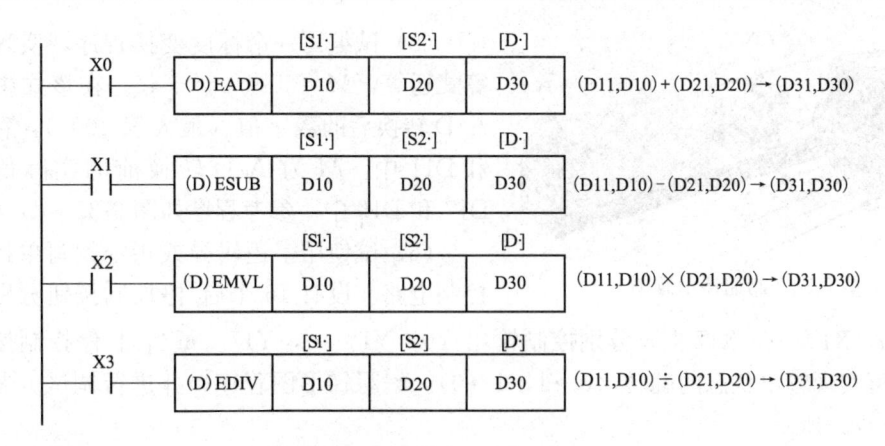

```
       X0        [S1·]  [S2·]  [D·]
    ──┤ ├────[(D)EADD  D10    D20    D30]    (D11,D10)+(D21,D20)→(D31,D30)

       X1        [S1·]  [S2·]  [D·]
    ──┤ ├────[(D)ESUB  D10    D20    D30]    (D11,D10)-(D21,D20)→(D31,D30)

       X2        [S1·]  [S2·]  [D·]
    ──┤ ├────[(D)EMVL  D10    D20    D30]    (D11,D10)×(D21,D20)→(D31,D30)

       X3        [S1·]  [S2·]  [D·]
    ──┤ ├────[(D)EDIV  D10    D20    D30]    (D11,D10)÷(D21,D20)→(D31,D30)
```

图 9-31 二进制浮点数四则运算指令的使用

9.3.2 实验目的
熟练掌握算术运算、字逻辑运算与浮点数运算指令的使用方法。

9.3.3 实验设备
个人计算机、PLC 主机、电源、按钮、指示灯、编程电缆、SWOPC-FXGP/WIN-C 编程软件、GX-Developer 和 GX-Simulator 软件、导线及电工工具等。

9.3.4 实验内容及要求
（1）圆的整数值直径存在 D10 中，用浮点数运算求圆的周长，并把结果转化为整数。

（2）试编写指示灯测试程序。某设备有七盏指示灯接于 PLC 的输出点 Y6~Y0，在设备刚开始运行时需要进行指示灯的测试，指示灯测试按钮 X0 按下后七盏指示灯全部点亮，5s 后七盏指示灯全部熄灭。参考程序如图 9-33（a）所示。

（3）用 ADD、DIV、SUB、MUL 和 FOR/NEXT 指令设计一程序实现求平均值程序。输入输出分配见表 9-5，参考程序如图 9-33（b）所示。

表 9-5　　　　　　　　　　输 入 输 出 分 配

器件	PC 软元件	说明
	M8000	PC 运行常闭触点
	Z	求平均数中所包括的元素个数的当前计数
	D010	求平均数中当前包括的所有元素的累积和
	D007	平均数计算中所包括元素的最大个数
	D008，D009	当前处理元素的所计算的平均值
MOV	FNC12	MOV 应用指令
FOR	FNC8	FOR 应用指令
ADD	FNC20	ADD 应用指令
DIV	FNC23	DIV 应用指令
INC	FNC24	INC 应用指令
NEXT	FNC9	NEXT 应用指令

（4）用浮点数指令设计一测速器程序。最终的速度单位是 km/h。测速器示意图如图 9-32 所示，输入转出分配见表 9-6，参考程序如图 9-33（c）所示。

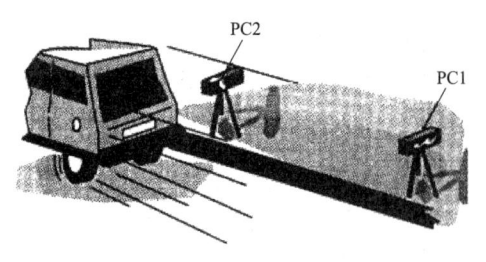

图 9-32 测速器示意图

(5) 试编写一个标度变换程序,实现如下的算式运算:$M=36N/255+45$。在该式中,N 为 A/D 转换后的数字值(最大值 4000),存于 D10 和 D11 中。M 为 A/D 转换前的实际值,存于 D17 和 D16 中。参考程序如图 9-33(d)所示。

(6) 试使用字逻辑异或指令编写单按钮起停控制电路。设有 16 个启/停控制按钮分别接于输入端子 X0,X1,…,X17 上,分别控制输出 Y0,Y1,…,Y17。每当启/停控制按钮按下一次,即可实现输出状态的翻转(0→1,1→0)。编写梯形图程序,并进行调试。参考程序如图 9-33(e)所示。

表 9-6   输入输出分配

器件	PC 软元件	说明
PC1	X000	开始计时
PC2	X001	停止计时
	X004	计算速度
	TXXX	$10\mu s$ 定时器
	D010	在 PC1 和 PC2 之间运动所用的时间
	D012(D013)	PC1 和 PC2 之间的实际距离,以米为单位
	D020,D21	PC1 和 PC2 之间的运动速度(除以 100,得到 km/h 单位)

9.3.5 参考程序

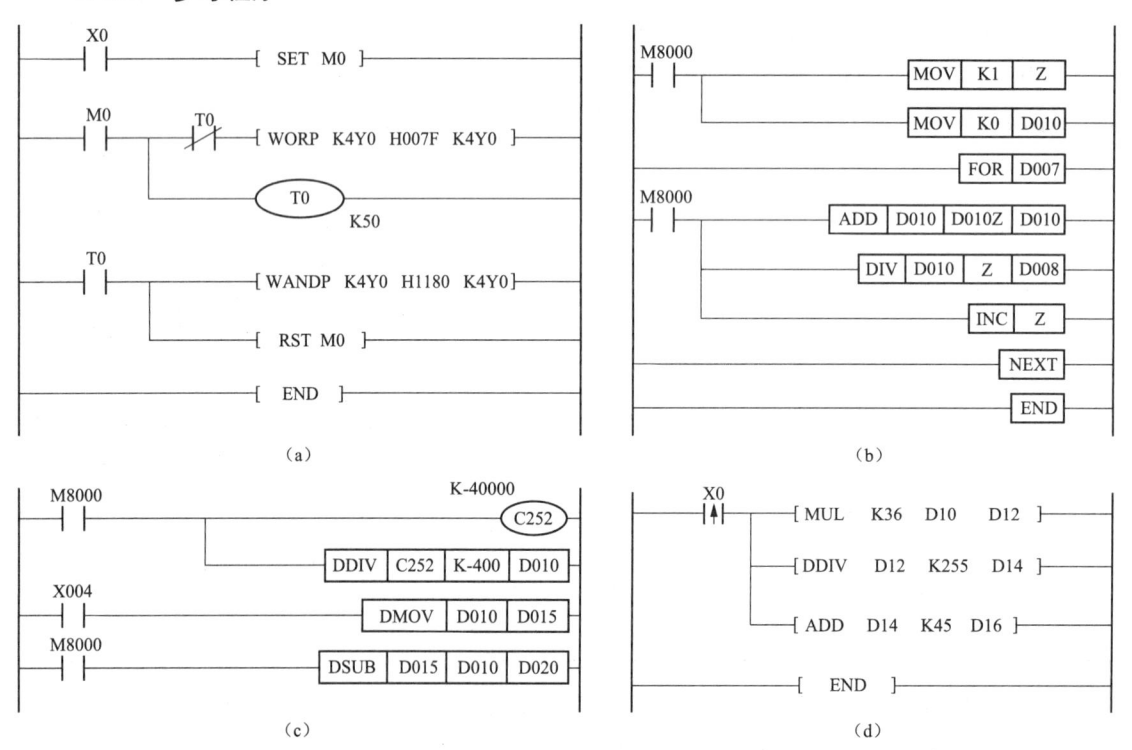

图 9-33 参考程序(一)

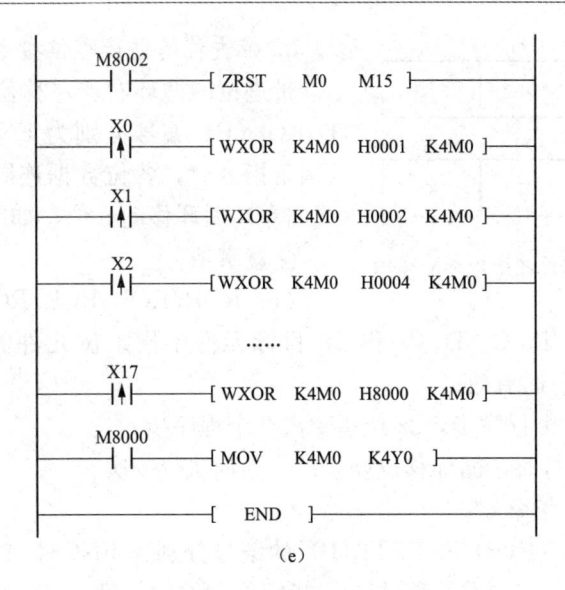

```
                M8002
                ──┤├──────[ ZRST   M0    M15 ]
                 X0
                ──┤↑├─────[ WXOR  K4M0  H0001  K4M0 ]
                 X1
                ──┤↑├─────[ WXOR  K4M0  H0002  K4M0 ]
                 X2
                ──┤↑├─────[ WXOR  K4M0  H0004  K4M0 ]
                            ......
                 X17
                ──┤↑├─────[ WXOR  K4M0  H8000  K4M0 ]
                M8000
                ──┤├──────[ MOV   K4M0   K4Y0 ]
                                [ END ]
```
(e)

图 9-33 参考程序（二）

9.4 循环移位类指令应用实验

9.4.1 相关知识

1. 区间复位指令

区间复位指令 ZRST(P) 的编号为 FNC40，将指定范围内的同类元件成批复位。区间复位指令的使用如图 9-34 所示。当 M8002 由 OFF→ON 时，位元件 M500～M599 成批复位，字元件 C235～C255 也成批复位。

使用区间复位指令时应注意：

(1) [D1·] 和 [D2·] 可取 Y、M、S、T、C、D，且应为同类元件，同时 [D1·] 的元件号应小于 [D2·] 指定的元件号，若 [D1·] 的元件号大于 [D2·] 元件号，则只有 [D1·] 指定元件被复位。

(2) ZRST 指令只有 16 位处理，占 5 个程序步，但 [D1·]、[D2·] 也可以指定 32 位计数器。

2. 循环移位指令

右、左循环移位指令 (D)ROR(P) 和 (D)ROL(P) 编号分别为 FNC30 和 FNC31。执行这两条指令时，各位数据向右（或向左）循环移动 n 位，最后一次移出来的那一位同时存入进位标志 M8022 中，如图 9-35 所示。

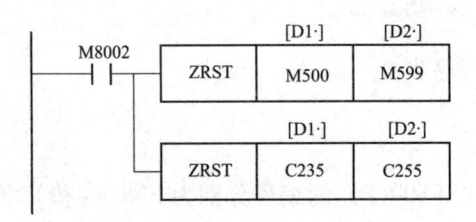

图 9-34 区间复位指令的使用 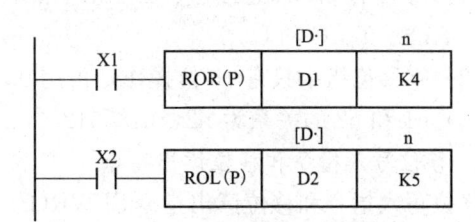　　图 9-35 右、左循环移位指令的使用

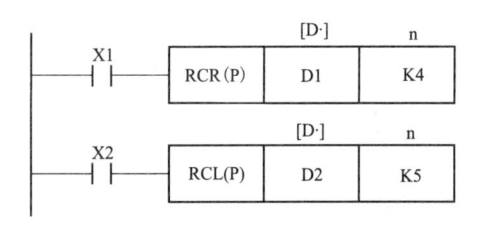

```
   X1           [D·]      n
───┤├────┤ RCR(P) │  D1  │  K4 │

   X2           [D·]      n
───┤├────┤ RCL(P) │  D2  │  K5 │
```

图 9-36　带进位右、左循环移位指令的使用

3. 带进位的循环移位指令

带进位的循环右、左移位指令 (D)RCR(P) 和 (D)RCL(P) 编号分别为 FNC32 和 FNC33。执行这两条指令时，各位数据连同进位（M8022）向右（或向左）循环移动 n 位，如图 9-36 所示。

注意事项：

（1）ROR/ROL/RCR/RCL 指令目标操作数可取 KnY、KnM、KnS、T、C、D、V 和 Z，目标元件中指定位元件的组合只有在 K4（16 位）和 K8（32 位指令）时有效。

（2）16 位指令占 5 个程序步，32 位指令占 9 个程序步。

（3）用连续指令执行时，循环移位操作每个周期执行一次。

4. 位右移和位左移指令

位右、左移指令 SFTR(P) 和 SFTL(P) 的编号分别为 FNC34 和 FNC35。它们使位元件中的状态成组的向右（或向左）移动。n1 指定位元件的长度，n2 指定移位位数，n1 和 n2 的关系及范围因机型不同而有差异，一般为 n2≤n1≤1024。位右移指令使用如图 9-37 示。

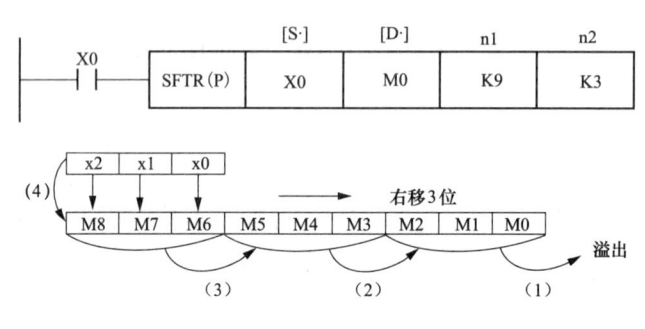

```
   X0              [S·]   [D·]   n1    n2
───┤├────┤ SFTR(P) │  X0 │  M0 │  K9 │  K3 │
```

图 9-37　位右移指令的使用

注意事项：

（1）源操作数可取 X、Y、M、S，目标操作数可取 Y、M、S。

（2）只有 16 位操作，占 9 个程序步。

5. 字右移和字左移指令

字右移和字左移指令 WSFR(P) 和 WSFL(P) 指令编号分别为 FNC36 和 FNC37。字右移和字左移指令以字为单位，其工作的过程与位移位相似，只是右移 n1 个字或左移 n2 个字，如图 9-38 所示。

注意事项：

（1）源操作数可取 KnX、KnY、KnM、KnS、T、C 和 D，目标操作数可取 KnY、KnM、KnS、T、C 和 D。

（2）字移位指令只有 16 位操作，占用 9 个程序步。

（3）n1 和 n2 的关系为 n2≤n1≤512。

6. 移位写入指令和移位读出指令

移位写入指令和移位读出指令 SFWR(P) 和 SFRD(P) 的编号分别为 FNC38 和 FNC39。移位写入指令 SFWR 的使用如图 9-39 所示，当 X0 由 OFF 变为 ON 时，SFWR 执行，D0 中

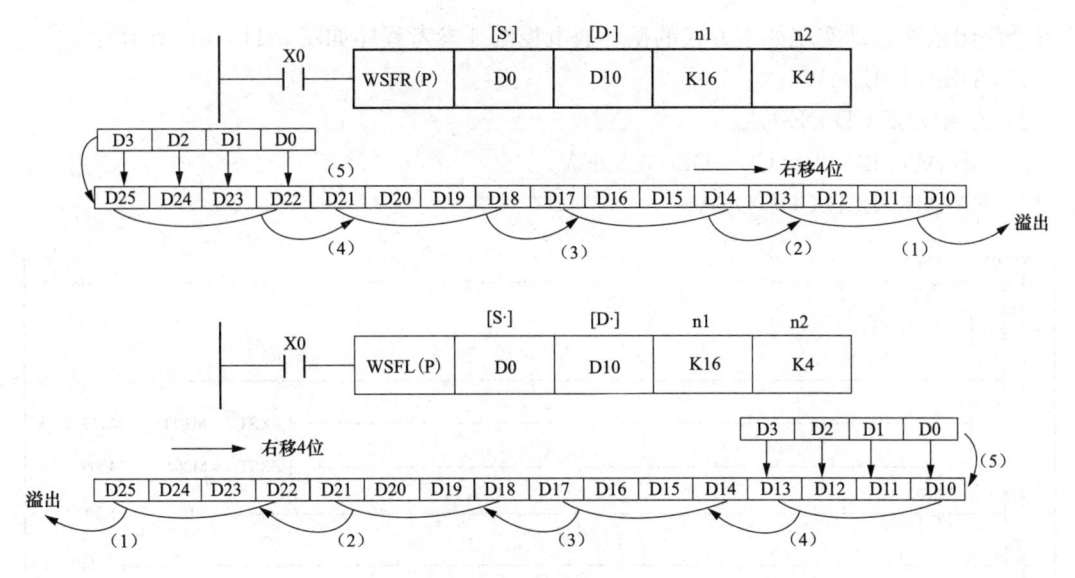

图 9-38 字移位指令的使用

的数据写入 D2，而 D1 变成指针，其值为 1（D1 必须先清 0）；当 X0 再次由 OFF 变为 ON 时，D0 中的数据写入 D3，D1 变为 2，依次类推，D0 中的数据依次写入数据寄存器。D0 中的数据从右边的 D2 顺序存入，源数据写入的次数放在 D1 中，当 D1 中的数达到 n−1 后不再执行上述操作，同时进位标志 M8022 置 1。

移位读出指令 SFRD 的使用，当 X0 由 OFF 变为 ON 时，D2 中的数据送到 D10，同时指针 D1 的值减 1，D3~D6 的数据向右移一个字，数据总是从 D2 读出，指针 D1 为 0 时，不再执行上述操作且 M8020 置 1。

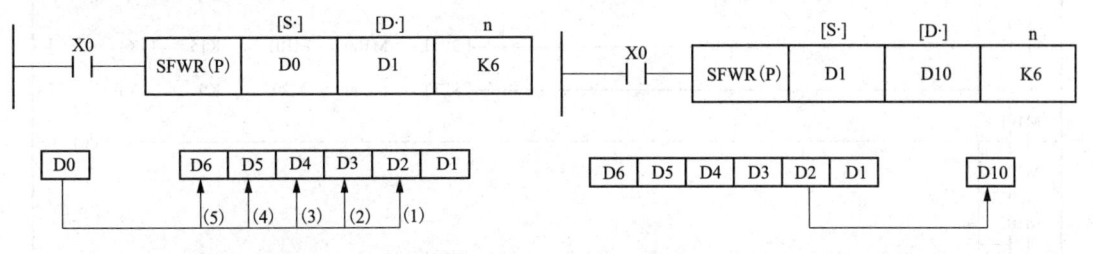

图 9-39 移位写入指令 SFWR 的使用

图 9-40 移位读出指令 SFRD 的使用

使用 SFWR 和 SFRD 指令时应注意：
(1) 目标操作数可取 KnY、KnM、KnS、T、C 和 D，源操数可取所有的数据类型。
(2) 指令只有 16 位运算，占 7 个程序步。

9.4.2 实验目的

熟练掌握循环移位类指令（如 SFTL、SFTR、ROR、ZRST 等）的使用方法。

9.4.3 实验设备

个人计算机、PLC 主机、电源、按钮、指示灯、编程电缆、SWOPC-FXGP/WIN-C 编程软件、GX-Developer 和 GX-Simulator 软件、导线及电工工具等。

9.4.4 实验内容及要求

(1) 五相步进电动机有 A、B、C、D、E 五个绕组，要求用位移指令编程对五相步进电机五个绕组依次自动实现如下方式的循环通电控制［参考程序如图 9-41（a）所示］：

1）A-B-C-D-E。
2）A-AB-BC-CD-DE-EA。
3）AB-ABC-BC-BCD-CD-CDE-DE-DEA。
4）EA-ABC-BCD-CDE-DEA。

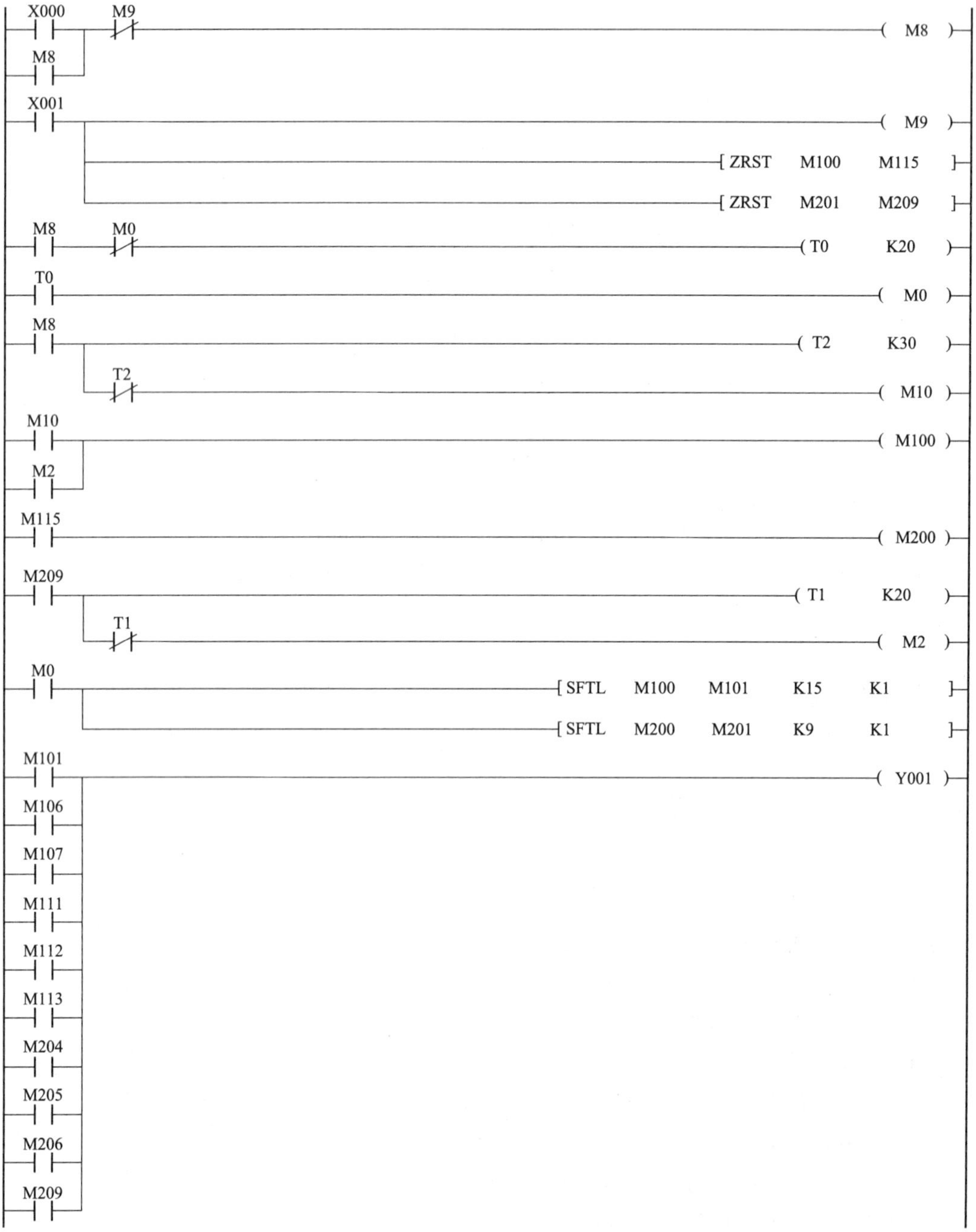

```
X000   M9                                                    ( M8 )
─┤├───┤/├──────────────────────────────────────────────
 M8
─┤├──

X001                                                         ( M9 )
─┤├──────────────────────────────────────────────────
                                            ─[ ZRST  M100  M115 ]
                                            ─[ ZRST  M201  M209 ]

 M8    M0                                              ( T0    K20 )
─┤├───┤/├──────────────────────────────────────────────

 T0                                                          ( M0 )
─┤├──────────────────────────────────────────────────

 M8                                                    ( T2    K30 )
─┤├──────────────────────────────────────────────────
       T2
      ─┤/├─────────────────────────────────────────────( M10 )

 M10                                                         ( M100 )
─┤├──────────────────────────────────────────────────
 M2
─┤├──

 M115                                                        ( M200 )
─┤├──────────────────────────────────────────────────

 M209                                                  ( T1    K20 )
─┤├──────────────────────────────────────────────────
       T1
      ─┤/├─────────────────────────────────────────────( M2 )

 M0                                       ─[ SFTL  M100  M101  K15  K1 ]
─┤├──
                                          ─[ SFTL  M200  M201  K9   K1 ]

 M101                                                        ( Y001 )
─┤├──
 M106
─┤├──
 M107
─┤├──
 M111
─┤├──
 M112
─┤├──
 M113
─┤├──
 M204
─┤├──
 M205
─┤├──
 M206
─┤├──
 M209
─┤├──
```

图 9-41 参考程序（一）

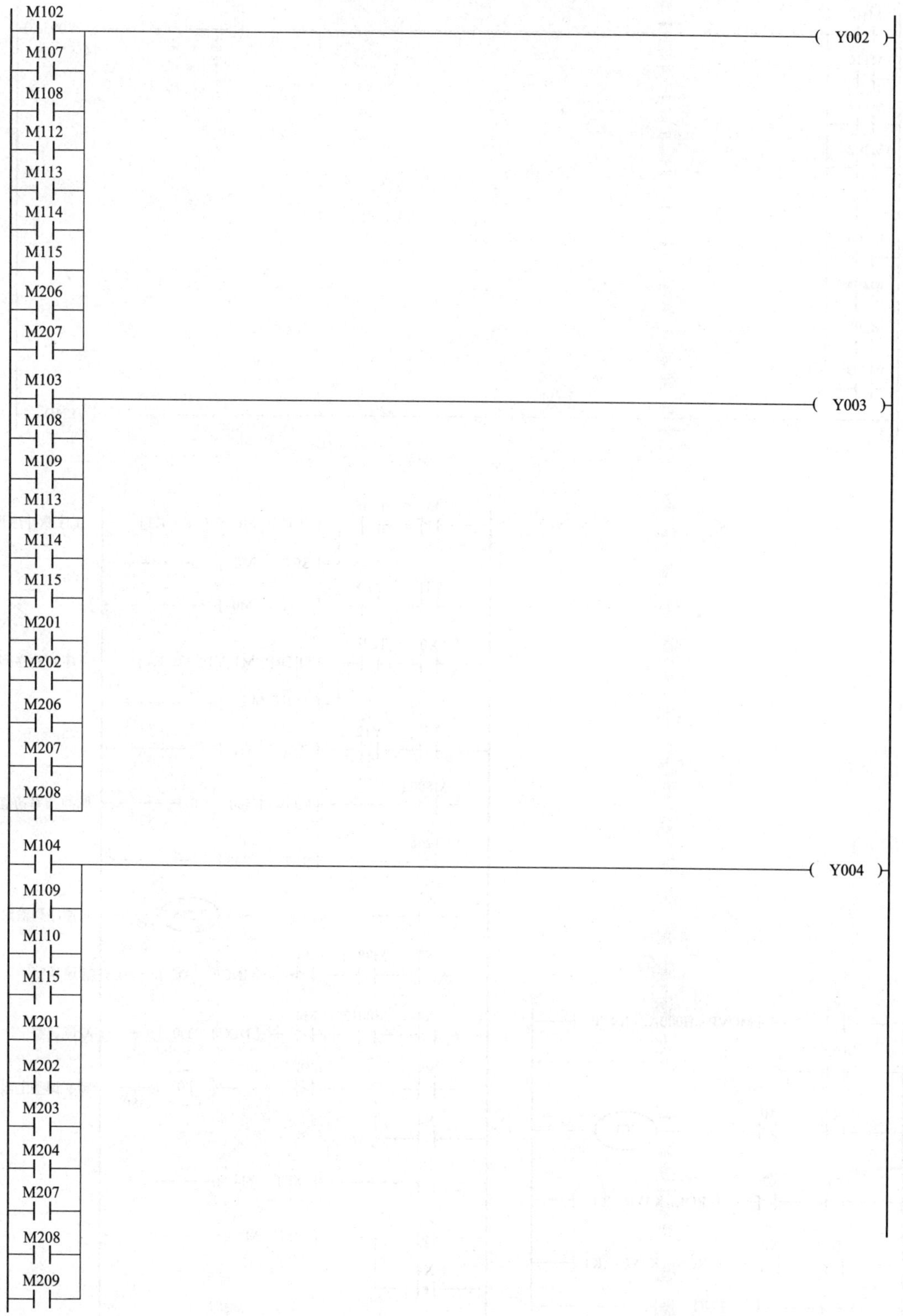

```
 M102
──┤├──────────────────────────────────────────( Y002 )
 M107
──┤├──
 M108
──┤├──
 M112
──┤├──
 M113
──┤├──
 M114
──┤├──
 M115
──┤├──
 M206
──┤├──
 M207
──┤├──

 M103
──┤├──────────────────────────────────────────( Y003 )
 M108
──┤├──
 M109
──┤├──
 M113
──┤├──
 M114
──┤├──
 M115
──┤├──
 M201
──┤├──
 M202
──┤├──
 M206
──┤├──
 M207
──┤├──
 M208
──┤├──

 M104
──┤├──────────────────────────────────────────( Y004 )
 M109
──┤├──
 M110
──┤├──
 M115
──┤├──
 M201
──┤├──
 M202
──┤├──
 M203
──┤├──
 M204
──┤├──
 M207
──┤├──
 M208
──┤├──
 M209
──┤├──
```

图 9-41　参考程序（二）

图 9-41　参考程序（三）

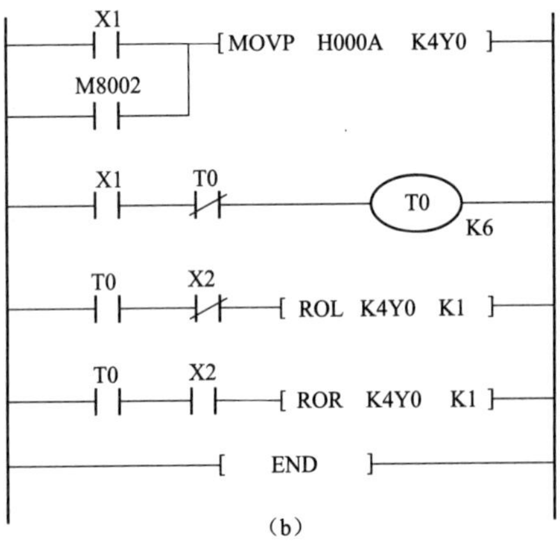

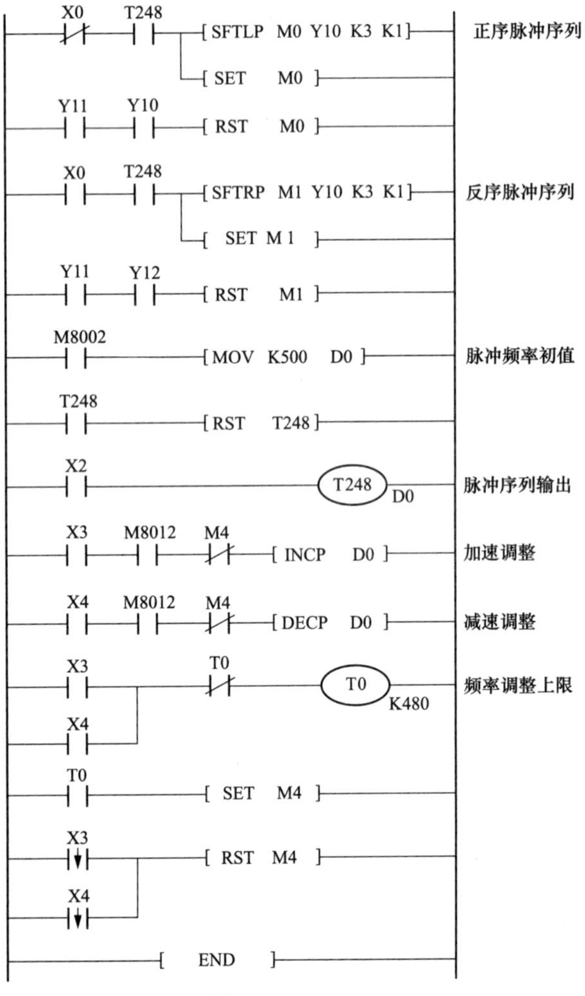

(2) 编写程序用开关 X2 控制接在 Y0～Y17 上的 16 个彩灯的移位方向,每 0.6s 移一位,在 PLC 刚开始运行时或开关 X1 的上升沿将彩灯的初值设定为 H000A。参考程序如图 9-41 (b) 所示。

(3) 使用位移指令实现步进电动机正反转和调速控制。以三相三拍步进电动机为例,脉冲序列由 Y10～Y12(晶体管输出)送出,作为步进电动机驱动电源功率放大电路的输入信号。采用 1ms 累计型定时器 T248 作为脉冲发生器,设定值为 K2～K500,定时时间为 2～500ms,步进电机可以获得 500～2 步/s 的变速范围。X0 为正反转转换开关(X0 为 OFF 时,电动机正转;X0 为 ON 时,电动机反转),X2 为启动按钮,X3 为减速按钮,X4 为增速按钮。参考程序如图 9-41 (c) 所示。

编写梯形图程序,并进行调试。

9.4.5 参考程序

参考程序如图 9-41 所示。

9.5 数据处理类指令应用实验

9.5.1 相关知识

1. 子程序调用与子程序返回指令

子程序调用指令可调用为了一些特定的控制目的而编制的相对独立的子程序。子程序调用指令 CALL 的功能号为 FNC01,操作数为 P0～P127,此指令占用 3 个程序步。子程序返回指令 SRET 的功能号为 FNC02,无操作数,占用 1 个程序步。在程序编排时应将主程序排在前边,子程序排在后边,主程序和子程序之间用主程序结束指令 FEND(FNC06)隔开。子程序指令在梯形图中使用的情况如图 9-42 所示。如果 X1 接通,则转到标号 P20 处去执行子程序。当执行 SRET 指令时,返回到 CALL 指令的下一步执行。

注意事项:

(1) 转移标号不能重复,也不可与跳转指令的标号重复;

(2) 子程序可以嵌套调用,最多可 5 级嵌套;

(3) 定时器与计数器的响应同跳转指令。

图 9-42 子程序调用与返回指令的使用

2. 主程序结束指令 FEND

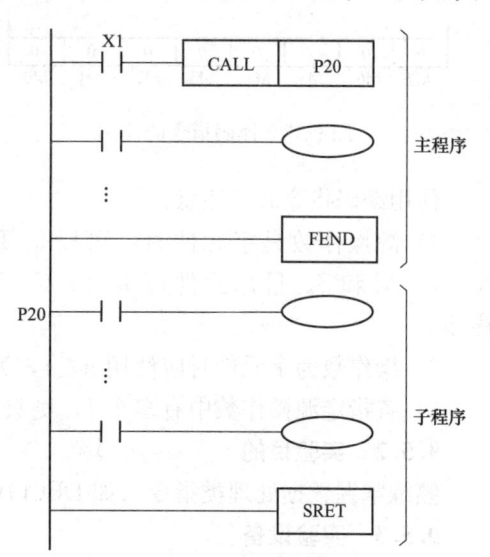

主程序结束指令 FEND 的编号为 FNC06,无操作数,占用 1 个程序步。FEND 表示主程序结束,当执行到 FEND 时,PLC 进行输入/输出处理,监视定时器刷新,完成后返回起始步。

注意事项:子程序和中断服务程序必须写在 FEND 和 END 之间,否则出错。

3. 译码和编码指令

(1) 译码指令 DECO、DECO(P) 指令的编号为 FNC41。如图 9-43 所示,n=3 则表示

[S·] 源操作数为 3 位，即为 X0、X1、X2。其状态为二进制数，当值为 101 时相当于十进制 5，则由目标操作数 M7~M0 组成的 8 位二进制数的第 5 位 M5 被置 1，其余各位为 0。如果为 000 则 M0 被置 1。用译码指令可通过 [D·] 中的数值来控制元件的 ON/OFF。

使用译码指令时应注意：

1）位源操作数可取 X、T、M 和 S，位目标操作数可取 Y、M 和 S，字源操作数可取 K、H、T、C、D、V 和 Z，字目标操作数可取 T、C 和 D。

2）若 [D·] 指定的目标元件是字元件 T、C、D，则 n≤4；若是位元件 Y、M、S，则 n=1~8。译码指令为 16 位指令，占 7 个程序步。

（2）编码指令 ENCO、ENCO(P) 指令的编号为 FNC42。如图 9-44 示，当 X1 有效时执行编码指令，将 [S·] 中最高位的 1（M4）所在位数（4）放入目标元件 D10 中，即把 100 放入 D10 的低 3 位。

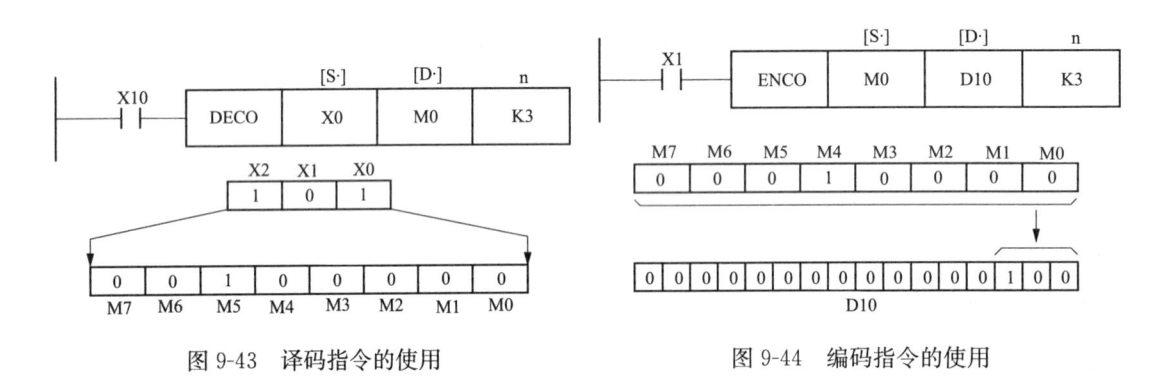

图 9-43 译码指令的使用

图 9-44 编码指令的使用

使用编码指令时应注意：

1）源操作数是字元件时，可以是 T、C、D、V 和 Z；源操作数是位元件，可以是 X、Y、M 和 S。目标元件可取 T、C、D、V 和 Z。编码指令为 16 位指令，占 7 个程序步。

2）操作数为字元件时应使用 n≤4，为位元件时则 n=1~8，n=0 时不作处理。

3）若指定源操作数中有多个 1，则只有最高位的 1 有效。

9.5.2 实验目的

熟练掌握数据处理类指令（如 DECO）的使用方法。

9.5.3 实验设备

个人计算机、PLC 主机、电源、按钮、指示灯、编程电缆、SWOPC-FXGP/WIN-C 编程软件、GX-Developer 和 GX-Simulator 软件、导线及电工工具等。

9.5.4 实验内容及要求

该广告牌有 16 个边框饰灯 L1-L16，当广告牌开始工作时，饰灯每隔 1s 从 L1 到 L16 依次按正序轮流点亮，重复进行；循环两周后，又从 L16 到 L1 依次按反序每隔 1s 轮流点亮，重复进行；循环两周后，再按正序轮流点亮，重复上述过程。参考程序如图 9-45 所示。

编写梯形图程序，连接电路进行调试。

9.5.5 参考程序

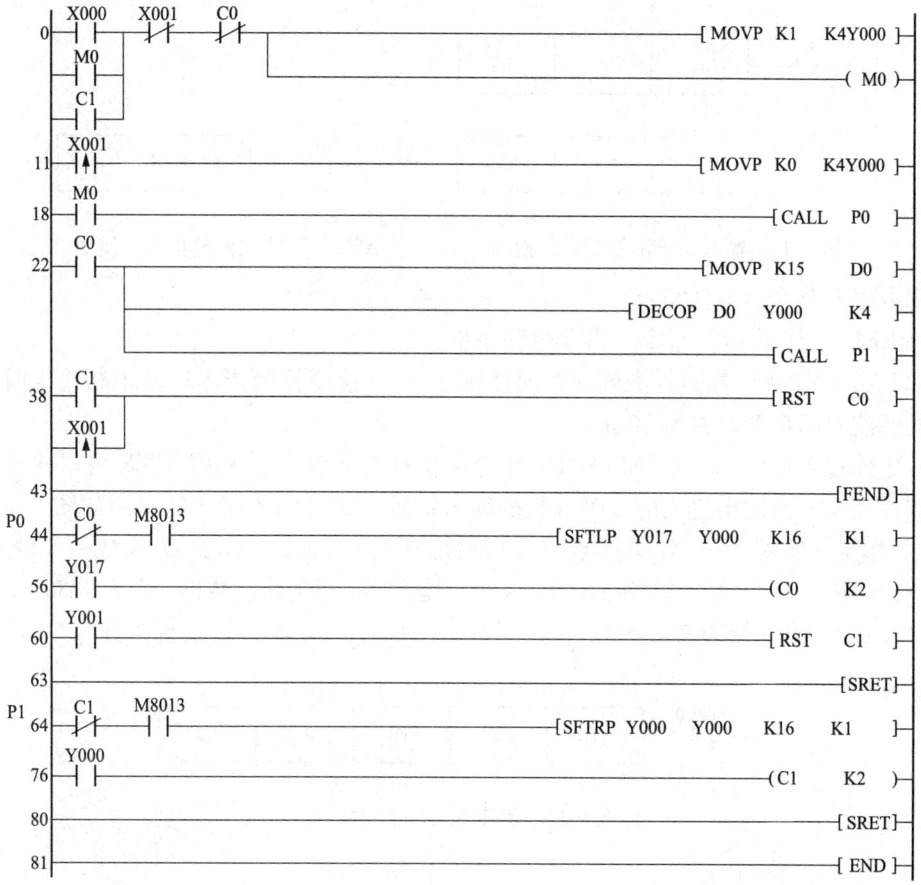

```
   X000  X001  C0
 0 ─┤├───┤/├──┤/├─────────────────────[ MOVP  K1   K4Y000 ]
    M0                                 
   ─┤├─                                 
    C1                                              ( M0 )
   ─┤├─
    X001
11 ─↑├────────────────────────────────[ MOVP  K0   K4Y000 ]
    M0
18 ─┤├────────────────────────────────────[ CALL    P0 ]
    C0
22 ─┤├────────────────────────────────[ MOVP  K15    D0 ]
                                      [ DECOP  D0  Y000  K4 ]
                                      ─────[ CALL    P1 ]
    C1
38 ─┤├────────────────────────────────────[ RST    C0 ]
    X001
   ─↑├─
43 ─────────────────────────────────────────────[ FEND ]

    C0    M8013
P0 ─┤├───┤├──────────────────[ SFTLP  Y017  Y000  K16  K1 ]
44
    Y017
56 ─┤├───────────────────────────────────────( C0    K2 )
    Y001
60 ─┤├───────────────────────────────────────[ RST    C1 ]
63 ─────────────────────────────────────────────[ SRET ]

    C1    M8013
P1 ─┤├───┤├──────────────────[ SFTRP  Y000  Y000  K16  K1 ]
64
    Y000
76 ─┤├───────────────────────────────────────( C1    K2 )
80 ─────────────────────────────────────────────[ SRET ]
81 ─────────────────────────────────────────────[ END ]
```

图 9-45 参考程序

9.6 高速处理类指令的应用实验

9.6.1 相关知识

1. 和输入输出有关的指令

(1) 输入输出刷新指令 REF、REF(P) 指令的编号为 FNC50。FX 系列 PLC 采用集中输入输出的方式。如果需要最新的输入信息以及希望立即输出结果则必须使用该指令。输入输出刷新指令的使用如图 9-46 所示,当 X0 接通时,X0~X7 共 8 点将被刷新;当 X1 接通时,则 Y0~Y7、Y10~Y17 共 16 点输出将被刷新。

使用 REF 指令时应注意:

1) 目标操作数为元件编号个位为 0 的 X 和 Y,n 应为 8 的整倍数。

2) 指令只有进行 16 位运算,占 5 个程序步。

(2) 滤波调整指令 REFF、REFF(P) 指令的编号为 FNC51。在 FX 系列 PLC 中 X0~X17 使用了数字滤波器,用 REFF 指令可调节其滤波时间,范围为 0~60ms(实际上由于输入端有 RL 滤波，所以最小滤波时间为 50μs）。滤波调整指令的使用如图 9-47 所示，当 X0 接通时，执行 REFF 指令，滤波时间常数被设定为 1ms。

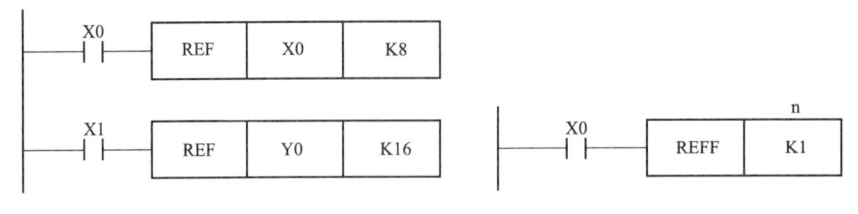

图 9-46 输入输出刷新指令的使用

图 9-47 滤波调整指令的使用

使用 REFF 指令时应注意：

1) REFF 为 16 位运算指令，占 7 个程序步。

2) 当 X0~X7 用作高速计数输入时或使用 FNC56 速度检测指令以及中断输入时，输入滤波器的滤波时间自动设置为 50ms。

(3) 矩阵输入指令 MTR、MTR(P) 指令的编号为 FNC52。利用 MTR 可以构成连续排列的 8 点输入与 n 点输出组成的 8 列 n 行的输入矩阵。矩阵输入指令的使用如图 9-48 所示，由 [S·] 指定的输入 X0~X7 共 8 点与 n 点输出 Y0、Y1、Y2（n=3）组成一个输入矩阵。PLC 在运行时执行 MTR 指令，当 Y0 为 ON 时，读入第一行的输入数据，存入 M30~M37 中；Y1 为 ON 时读入第二行的输入状态，存入 M40~M47。其余类推，反复执行。

图 9-48 矩阵输入指令的使用

使用 MTR 指令时应注意：

1) 源操作数 [S·] 是元件编号个位为 0 的 X，目标操作数 [D1] 是元件编号个位为 0 的 Y，目标操作数 [D2·] 是元件编号个位为 0 的 Y、M 和 S，n 的取值范围是 2~8。

2) 考虑到输入滤波应答延迟为 10ms，对于每一个输出按 20ms 顺序中断，立即执行。

3) 利用本指令通过 8 点晶体管输出获得 64 点输入，但读一次 64 点输入所许时间为 20ms×8=160ms，不适应高速输入操作。

4) 该指令只有 16 位运算，占 9 个程序步。

2. 速度检测指令

速度检测指令 SPD 的编号为 FNC56。它的功能是用来检测给定时间内从编码器输入的脉冲个数，并计算出速度。速度检测指令的使用如图 9-49 所示，[D·] 占三个目标元件。当 X1 为 ON 时，用 D1 对 X0 的输入上升沿计数，100ms 后计数结果送入 D0，D1 复位，D1 重新开始对 X0 计数。D2 在计数结束后计算剩余时间。

使用速度检测指令时应注意：

(1) [S1·] 为 X0~X5，[S2·] 可取所有的数据类型，[D·] 可以是 T、C、D、V 和 Z。

(2) 指令只有 16 位操作，占 7 个程序步。

3. 脉冲输出指令

脉冲输出指令 (D) PLSY 的编号为 FNC57，用来产生指定数量的脉冲。脉冲输出指令

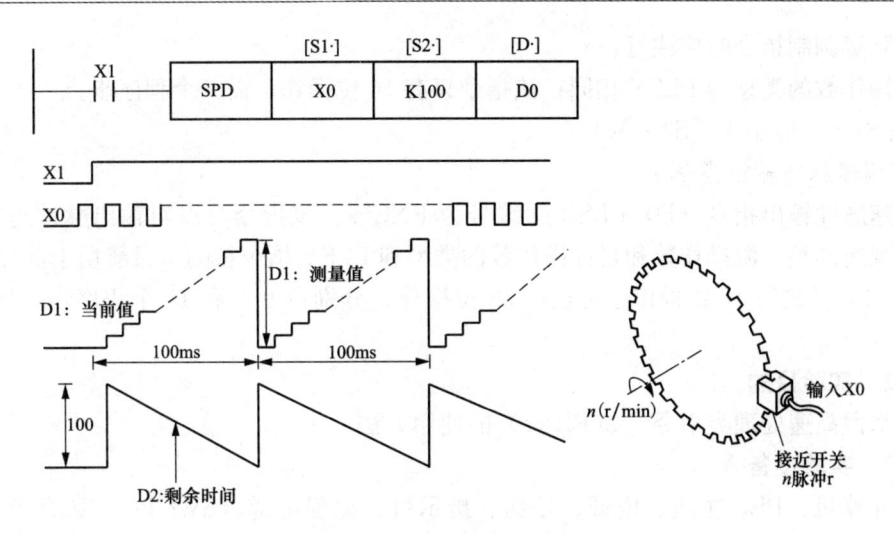

图 9-49 速度检测指令的使用

的使用如图 9-50 所示，[S1·] 用来指定脉冲频率（2~20000Hz），[S2·] 指定脉冲的个数（16 位指令的范围为 1~32767，32 位指令则为 1~2147483647）。如果指定脉冲数为 0，则产生无穷多个脉冲。[D·] 用来指定脉冲输出元件号。脉冲的占空比为 50%，脉冲以中断方式输出。指定脉冲输出完后，完成标志 M8029 置 1。X0 由 ON 变为 OFF 时，M8029 复位，停止输出脉冲。若 X0 再次变为 ON，则脉冲从头开始输出。

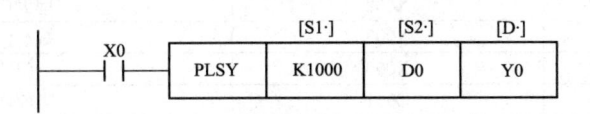

图 9-50 脉冲输出指令的使用

使用脉冲输出指令时应注意：
(1) [S1·]、[S2·] 可取所有的数据类型，[D·] 为 Y0 和 Y1。
(2) 该指令可进行 16 和 32 位操作，分别占用 7 个和 13 个程序步。
(3) 本指令在程序中只能使用一次。

4. 脉宽调制指令

脉宽调制指令 PWM 的编号为 FNC58，功能是用来产生指定脉冲宽度和周期的脉冲串。脉宽调制指令的使用如图 9-51 所示，[S1·] 用来指定脉冲的宽度，[S2·] 用来指定脉冲的周期，[D·] 用来指定输出脉冲的元件号（Y0 或 Y1），输出的 ON/OFF 状态由中断方式控制。

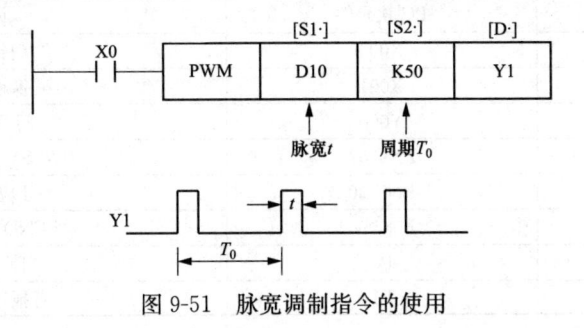

图 9-51 脉宽调制指令的使用

使用脉宽调制指令时应注意：

(1) 操作数的类型与 PLSY 相同；该指令只有 16 位操作，需 7 个程序步。

(2) [S1·] 应小于 [S2·]。

5. 可调速脉冲输出指令

可调速脉冲输出指令 (D) PLSR 的编号为 FNC59。该指令可以对输出脉冲进行加速，也可进行减速调整。源操作数和目标操作数的类型和 PLSY 指令相同，只能用于晶体管 PLC 的 Y0 和 Y1，可进行 16 位操作也可进行 32 位操作，分别占 9 个和 17 个程序步，该指令只能用一次。

9.6.2 实验目的

熟练掌握高速处理类指令（如 PLSY）的使用方法。

9.6.3 实验设备

个人计算机、PLC 主机、电源、按钮、指示灯、编程电缆、SWOPC-FXGP/WIN-C 编程软件、GX-Developer 和 GX-Simulator 软件、导线及电工工具等。

9.6.4 实验内容及要求

(1) 用 PLSY 指令设计一程序，实现通过升高或降低驱动门铃的输出脉冲频率，房屋主人可以改变门铃的音高。输入输出分配见表 9-7，参考程序如图 9-52 (a) 所示。

表 9-7　　　　　　　　　　　输 入 输 出 分 配

器件	PC 软元件	说明
PB2	X002	增大门铃声音
PB1	X003	减小门铃声音
	X000	门铃声音
	D001	当前声音设定
BL1	Y000	门铃
INC	FNC 24	INC 应用指令
DEC	FNC 25	DEC 应用指令
PLSY	FNC 57	PLSY 应用指令

(2) 房屋主人有一个具有两项功能的"响铃"。一项是当作门铃使用，另一项是当作警铃。在两种情况下用同一个输出驱动响铃。使用 PLSY 指令改变铃响的次数和频率，从而控制每种操作要求的不同的声音。一个高音量连续的铃声用作警报，而短促两鸣的铃声用来报告有客来访。用主程序和子程序实现，并且注意一个主程序中不允许用两个 PLSY 指令。输入输出分配见表 9-8，参考程序如图 9-52 (b) 所示。

表 9-8　　　　　　　　　　　输 入 输 出 分 配

器件	PC 软元件	说明
PB1	X000	门铃按钮
WND1	X001	窗检测器
BL1	Y000	门/警报铃
PLSY	FNC 57	PLSY 应用指令
CJ	PNC 00	CJ 应用指令
FEND	FNC 06	FEND 应用指令
	P0	门铃子程序
	P1	警报铃子程序

(3) 卡车上制冷设备的温度用反馈回路来控制。如果门打开了，冷藏箱内温度上升，制冷设备就要加大负荷，最终系统用增加或降低冷冻设备的工作负载的办法来动态的调节温度。输入输出分配见表 9-9，参考程序如图 9-52（c）所示。

表 9-9　　　　　　　　　　输 入 输 出 分 配

器件	PC 软元件	说明
	X000	计数器 C235 的高速输入
	Y001	用 PWM 的高速输出
	C235	高速计数器-32 位 U/D
	T000	定时器，用以计算高速输入 X000 的频率
	M020-22 M025-27	范围标志
	D010	产生脉冲输出频率的源数据
	D015	计算的输出频率
PWM	FNC 58	PWM 应用指令
DIV	FNC 23	DIV 应用指令
ZCP	FNC 11	ZCP 应用指令
MOV	FNC 12	MOV 应用指令

9.6.5　参考程序

参考程序图如图 9-52 所示。

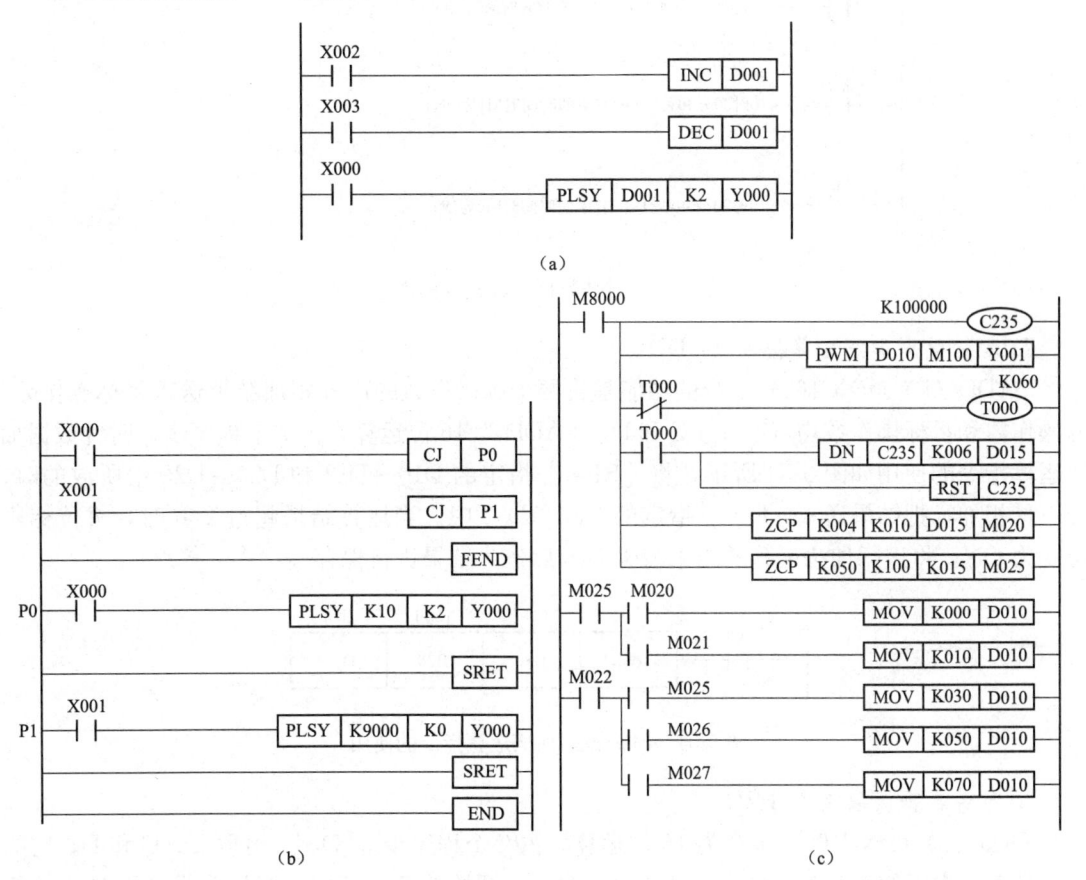

图 9-52　参考程序

9.7 时钟指令的应用实验

9.7.1 相关知识

时钟运算类指令共有七条，指令的编号分布在 FNC160～FNC169 之间。时钟运算类指令是对时钟数据进行运算和比较，对 PLC 内置实时时钟进行时间校准和时钟数据格式化操作。

1. 时钟数据比较指令 TCMP

TCMP（P）（FNC160）的功能是用来比较指定时刻与时钟数据的大小。时钟数据比较指令的使用如图 9-53 所示，将源操作数 [S1·]、[S2·]、[S3·] 中的时间与 [S·] 起始的 3 点时间数据比较，根据它们的比较结果决定目标操作数 [D·] 中起始的 3 点单元中取 ON 或 OFF 的状态。该指令只有 16 位运算，占 11 个程序步。它的源操作数可取 T、C 和 D，目标操作数可以是 Y、M 和 S。

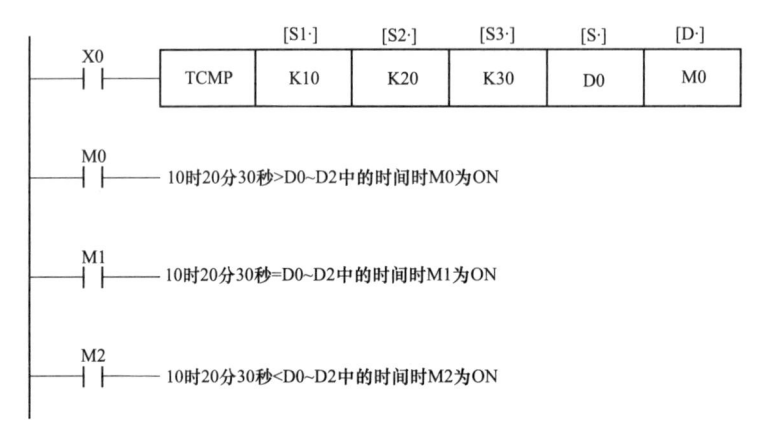

```
         [S1·]  [S2·]  [S3·]  [S·]  [D·]
─X0─┤├──[TCMP   K10    K20    K30   D0    M0]

─M0─┤├── 10时20分30秒>D0~D2中的时间时M0为ON

─M1─┤├── 10时20分30秒=D0~D2中的时间时M1为ON

─M2─┤├── 10时20分30秒<D0~D2中的时间时M2为ON
```

图 9-53 时钟数据比较指令的使用

2. 时钟数据加法运算指令 TADD

TADD（P）（FNC162）指令的功能是将两个源操作数的内容相加结果送入目标操作数。源操作数和目标操作数均可取 T、C 和 D。TADD 为 16 位运算，占 7 个程序步。时钟数据加法运算指令的使用如图 9-54 所示，将 [S1·] 指定的 D10～D12 和 D20～D22 中所放的时、分、秒相加，把结果送入 [D·] 指定的 D30～D32 中。当运算结果超过 24h 时，进位标志位变为 ON，将进行加法运算的结果减去 24h 后作为结果进行保存。

```
         [S1·]  [S2·]  [D·]
─X0─┤├──[TADD   D10    D20   D30]
```

图 9-54 时钟数据加法运算指令的使用

3. 时钟数据读取指令 TRD

TRD（P）（FNC166）指令为 16 位运算，占 7 个程序步。[D·] 可取 T、C 和 D。它的功能是读出内置的实时时钟的数据放入由 [D·] 开始的 7 个字内。时钟数据读取指令的使用如图 9-55 所示，当 X0 为 ON 时，将实时时钟（它们以年、月、日、时、分、秒、星期的顺序存放在特殊辅助寄存器 D8013～8019 之中）传送到 D10～D16 之中。

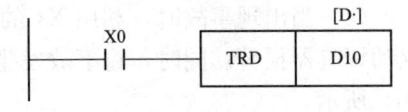

图 9-55 时钟数据读取指令的使用

9.7.2 实验目的

熟练掌握时钟指令（如 TRD、TWR）的使用方法。

9.7.3 实验设备

个人计算机、PLC 主机、电源、按钮、指示灯、编程电缆、SWOPC-FXGP/WIN-C 编程软件、GX-Developer 和 GX-Simulator 软件、导线及电工工具等。

9.7.4 实验内容及要求

（1）用时钟指令控制学校的路灯定时接通和断开，19：30 时开路灯，05：30 时关路灯，设计出梯形图程序。先读出实时时钟，如果实时时钟和现在时间不一致，需要进行校准，校准后，编写梯形图程序，并进行调试。参考程序如图 9-56（a）所示。

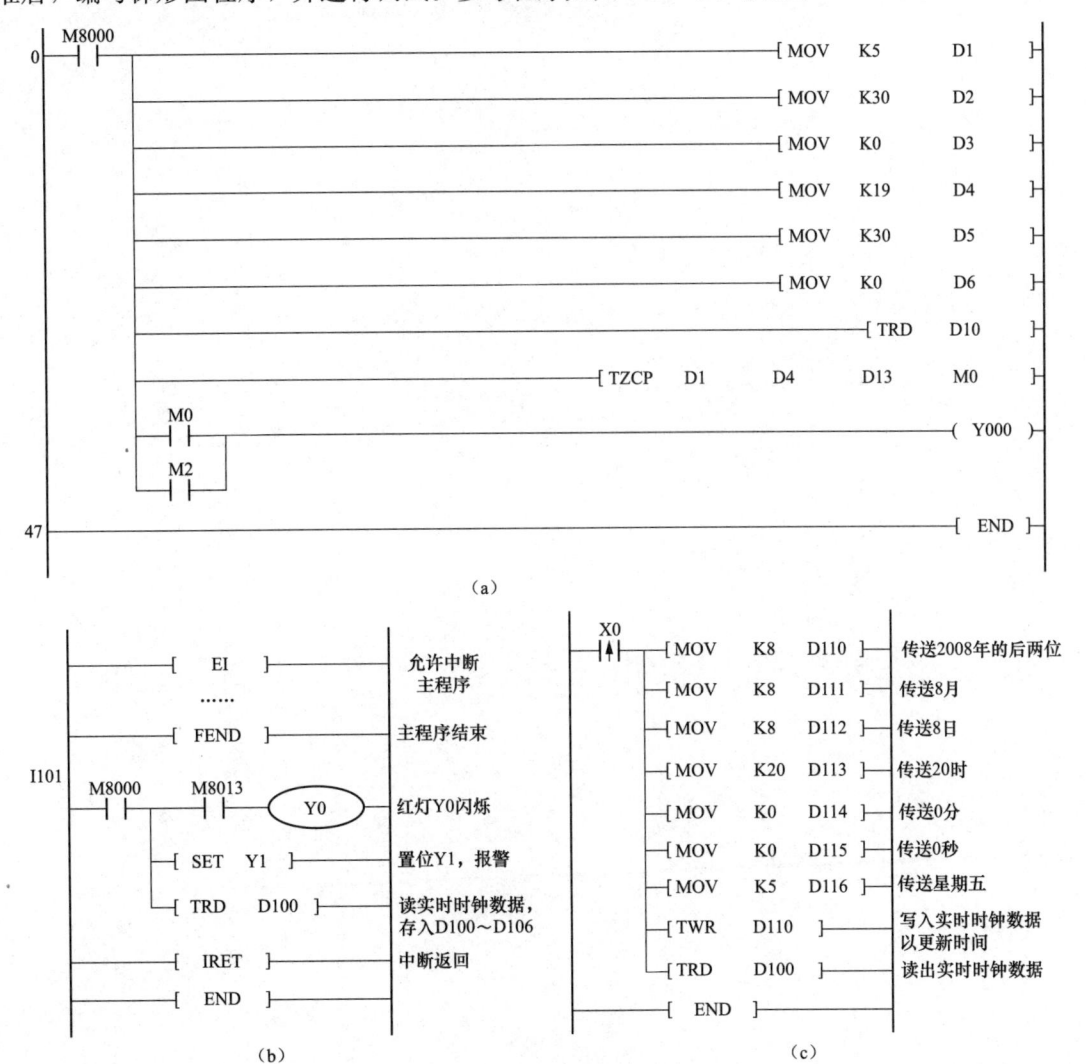

图 9-56 参考程序

（2）当出现事故时，利用 X1 的上升沿产生中断，使输出 Y0 驱动红灯闪烁并使输出 Y1 驱动蜂鸣器报警。同时，将事故发生的时间信息保存到 D100～D106 中。参考程序如图 9-56 (b) 所示。

（3）下面是一个进行实时时钟设置的程序例子。设置的时钟时间为 2008 年 8 月 8 日（星期五）20 时 0 分 0 秒。参考程序如图 9-56 (c) 所示。

9.7.5 参考程序

参考程序如图 9-56 所示。

第 10 章 A/D、D/A 模块应用实验

10.1 FROM 和 TO 指令应用实验

10.1.1 相关知识

10.1.1.1 FX_{0N}-3A

1. 介绍

（1）FX_{0N}-3A 特殊功能模块有两个输入通道和一个输出通道。输入通道接收模拟信号并将模拟信号转换成数字值；输出通道采用数字值并输出等量模拟信号。FX_{0N}-3A 的最大分辨率为 8 位。

（2）在输入/输出基础上选择的电压或电流由用户接线方式决定。

（3）FX_{0N}-3A 可以连接到 FX_{2N}、FX_{2NC}、FX_{1N}、FX_{0N} 系列的可编程控制器上。

（4）所有数据传输和参数设置都是通过应用 PLC 中的 TO/FROM 指令，通过 FX_{0N}-3A 的软件控制调节的。PLC 和 FX_{0N}-3A 之间的通信由光电耦合器保护。

（5）FX_{0N}-3A 在 PLC 扩展母线上占有 8 个 I/O 点，8 个 I/O 点可以分配给输入或者输出。

2. 外部尺寸图和端子布局接线图

外部尺寸图和端子布局接线图如图 10-1、图 10-2 所示。

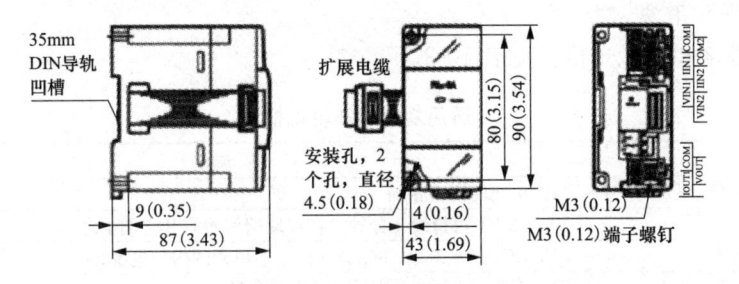

图 10-1 外部尺寸图

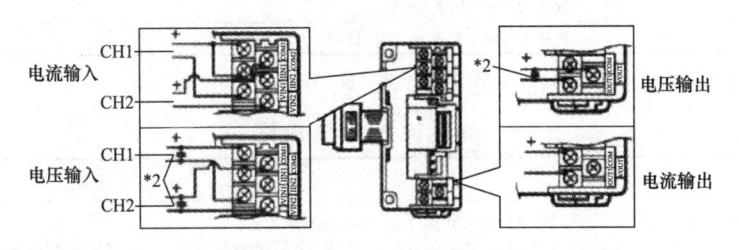

图 10-2 端子布局和接线图

（1）当使用电流输入时，确保标记为［VIN*1］和［IIN*1］的端子连接了。当使用电流输出时，不要连接［VOUT］和［IOUT］端子。

(2) 如果电压输入/输出方面出现任何电压波动或者有过多的电噪音,则要在位置*2连接一个额定值大约在 25V,$0.1\sim0.47\mu F$ 的电容器。

3. 与 PLC 连接

(1) 最多 4 个 FX_{0N}-3A 模块可以连接到 FX_{0N} 系列 PLC,最多 5 个可以连接到 FX_{1N} 系列,最多 8 个可以连接到 FX_{2N} 系列,最多 4 个可以连接到 FX_{2NC} 系列 PLC,全部需和带有电源的扩展单元配套使用。然而,在连接了下述特殊功能块的情况下,有下列限制。

FX_{2N}:I/O 点数小于等于 32 的主单元和带电源的扩展单元,可供表 10-1 中特殊功能块的消耗电流不大于 190mA。

FX_{2N}:I/O 点数大于等于 48 的主单元和带电源的扩展单元,可供表 10-1 中特殊功能块的消耗电流不大于 300mA。

FX_{2NC}:不管系统 I/O 如何,表 10-1 中特殊功能块至少可以连接 4 个。

$FX_{0N/1N}$:主单元和带电源的扩展单元,不管系统 I/O 如何,可供表 10-1 中特殊功能模块至少可以连接 2 个。

表 10-1　　　　　　　　　　　　单 元 消 耗 电 流

项目	FX_{2N}-2AD	FX_{2N}-2DA	FX_{0N}-3A
一个单元在 24VDC 时的消耗电流	50mA	85mA	90mA

上述单元的消耗电流应减去上位机 PLC 的服务电源。

(2) FX_{0N}-3A 消耗 5V DC 30mA。连接到 FX_{2N} 或 FX_{2NC} 主单元或 FX_{2N} 扩展单元的所有特殊功能模块总共 5V 的消耗绝不能超过系统的 5V 电压电源容量。

(3) FX_{0N}-3A 和主单元通过主单元右边的电缆连接。

4. 安装注释和用法

(1) 通用规格和环境规格,见表 10-2。

表 10-2　　　　　　　　　　　　通用规格和环境规格

项目	规格
通用规格(不包括耐压)	与主单元的规格相同
耐压	500VAC 下可持续 1 分钟(在接地端和所有其它端子之间)
模拟电路电源要求	24V DC+/-10%,90mA(来自主单元的内部电源)
数字电路电源要求	5V DC 30mA(来自主单元的内部电源)
绝缘	模拟和数字电路之间光电耦合器绝缘。 模拟通道之间无绝缘
占用的 I/O 点数	在扩展母线上占用 8 个 I/O 点(输入或输出)

(2) 模拟输入/输出性能规格,见表 10-3、表 10-4。

表 10-3　　　　　　　　　　　　模 拟 输 入 性 能 规 格

项目	电压输入	电流输入
模拟输入范围	在出货时,已为 0~10V DC 输入选择了 0~250 范围。 如果把 FX_{0N}-3A 用于电流输入或区分 0~10V DC 之外的电压输入,则需要重新调整偏位和增益。 模块不允许两个通道有不同的输入特性	
	0~10V,0~5V DC,电阻 200kΩ。 警告:输入电压超过-0.5V、+15V 就可能损坏该模块	4~20mA,电阻 250Ω。 警告:输入电流超过-2mA、+60mA 就可能损坏该模块

续表

项目	电压输入	电流输入
数字分辨率	8 位	
最小输入信号分辨率	40mV：0～10V/0～250（出货时）依据输入特性而变	64μA：4～20mA/0～250 依据输入特性而变
总精度	±0.1V	±0.16mA
处理时间	TO 指令处理时间×2＋FROM 指令处理时间	
输入特点	（图示：数字值0～255对应模拟输入电压0～10V，出货时10.2V，0.040）；（图示：数字值0～255对应模拟输入电压0～5V，5.1V，0.020）	（图示：数字值0～255对应模拟输入电流4～20mA，20.32mA，4.064）
	模块不允许两个通道有不同的输入特性	

表 10-4 　　　　　　　　　　模 拟 输 出 性 能 规 格

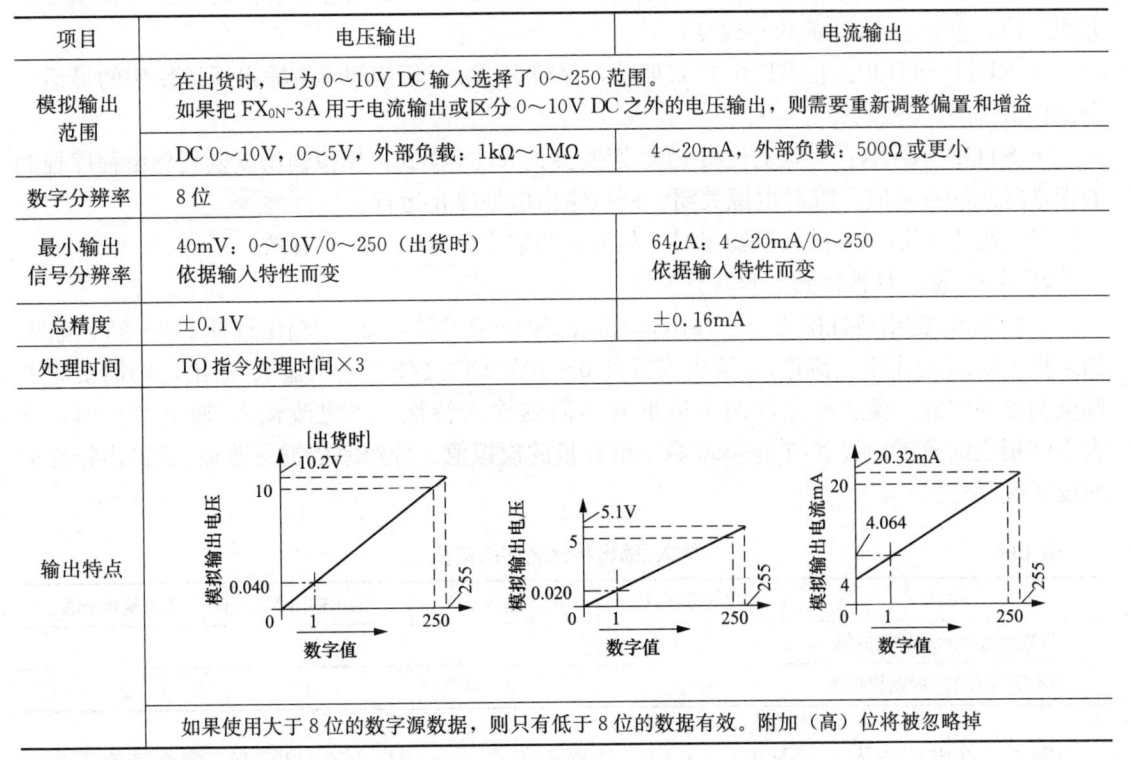

项目	电压输出	电流输出
模拟输出范围	在出货时，已为 0～10V DC 输入选择了 0～250 范围。如果把 FX_{0N}-3A 用于电流输出或区分 0～10V DC 之外的电压输出，则需要重新调整偏置和增益	
	DC 0～10V, 0～5V, 外部负载：1kΩ～1MΩ	4～20mA，外部负载：500Ω 或更小
数字分辨率	8 位	
最小输出信号分辨率	40mV：0～10V/0～250（出货时）依据输入特性而变	64μA：4～20mA/0～250 依据输入特性而变
总精度	±0.1V	±0.16mA
处理时间	TO 指令处理时间×3	
输出特点	（图示：模拟输出电压0～10V，出货时10.2V，0.040，对应数字值0～255）；（图示：模拟输出电压0～5V，5.1V，0.020，对应数字值0～255）	（图示：模拟输出电流4～20mA，20.32mA，4.064，对应数字值0～255）
	如果使用大于 8 位的数字源数据，则只有低于 8 位的数据有效。附加（高）位将被忽略掉	

5. 缓冲存储器的分配（BFM）

如果 FNC176（RD3A）和 FNC177（WR3A）与 FX_{1N}、FX_{2N}（V3.00 或更高）或 FX_{2NC}（V3.00 或更高）一起使用，则不需要考虑缓冲存储器的分配，见表 10-5。

表 10-5 缓 存 分 配

缓冲存储器编号	b15-b8	b7	b6	b5	b4	b3	b2	b1	b0
0	保留	通过 BFM#17 的 b0 选择的 A/D 通道的当前值输入数据（以 8 位存储）							
16	保留	在 D/A 通道上的当前值输出数据（以 8 位存储）							
17		保留					D/A 启动	A/D 启动	A/D 通道
1-5, 18-31	保留								

注 BFM17：
　b0=0 选择模拟输入通道 1。
　b0=1 选择模拟输入通道 2。
　b1=0→1，启动 A/D 转换处理。
　B2=0→1，启动 D/A 转换处理。
　这些缓冲存储器设备是在 FX_{0N}-3A 内存储/分配的。

6．诊断

（1）初步检查。

1）检查输入/输出接线和/或扩展电缆连接是否正确。

2）检查上位机 PLC 的系统配置规则未被违背。

3）确保为应用选择了正确的操作范围。

4）按照 PLC 改变（RUN→STOP，STOP→RUN 等）的状态，模拟输出状态将以下列方式运行。上位机 PLC 的状态改变：

• RUN→STOP：在 STOP 模式期间，保持 RUN 运行期间模拟输出通道使用的最后一个操作值。

• STOP→RUN：一旦上位机 PLC 切换会到 RUN 模式，模拟输出就恢复到由程序控制的正常状态的数字值。PLC 电源关闭：模拟输出信号停止运行。

（2）用于 FX_{0N}-3A 的模拟输出时，只有 8 位数字值（0~255）有效。

7．输入/输出特性的更改和调整方法

（1）输入/输出特性的更改。在出货时，已为 0~10V DC 输入/输出选择了 0~250 范围。如果把 FX_{0N}-3A 用于电流输入/输出或区分 0~10V DC 之外的电压输入/输出，则需要重新调整偏置和增益。模块不允许两个通道有不同的输入特性。当更改输入/输出特性时，在表 10-6 指定的范围内设置与 0~250 数字值等量的模拟值。分辨率依据更改输入/输出特性时的设置值而变。

表 10-6 输入/输出特性允许的范围

项目	电压输入 V	电流输入 mA	电压输出 V	电流输出 mA
当数字值为 0 时的模拟值	0~1	0~4	0	4
当数字值为 250 时的模拟值	5~10	20	5~10	20

例子：在电压输入 0~5V/0~250 时，分辨率变成（5~0V）/250＝20mV，整个精度不变。

（2）校准（A/D）的方法。两个模拟量输入通道都共享相同的"设置"和配置，因此，只需要选择一个通道就可以对两个模拟输入通道进行校准。使用下列程序和适当的接线配置来校准 FX_{0N}-3A 的输入通道 1（间接地校准了通道 2），输入校准接线配置如图 10-3 所示。

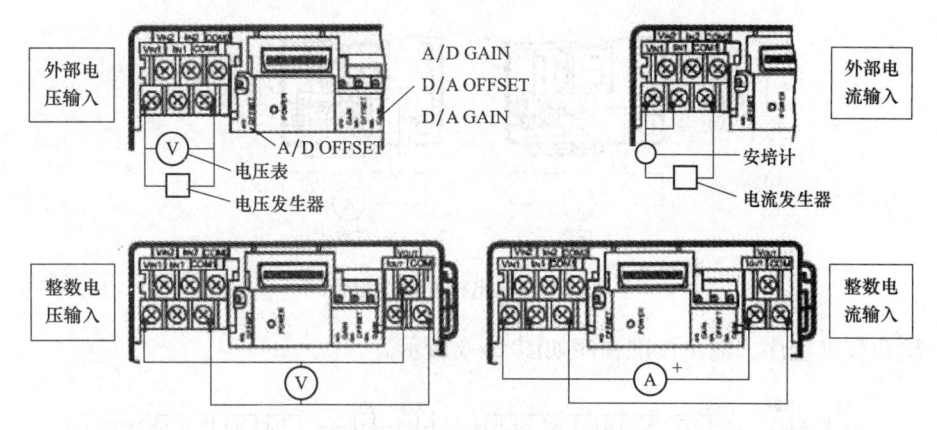

图 10-3 输入校准接线配置

1) 输入校准程序,如图 10-4 所示。
2) 校准偏置。
a. 运行前面的详细程序。确保 X02 为 0N。
b. 使用选择的发生器或模拟输出生成偏置电压/电流(符合要选择的模拟运行范围,见表 10-7)。
c. 调节 A/D OFFSET 电位器,直到数字值 1 读入 D00 为止。

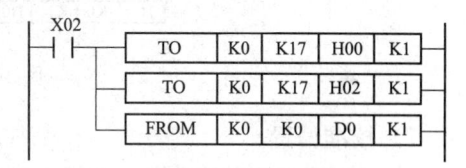

图 10-4 输入校准程序

注意事项:顺时针转 "pot",数字值增加,在最小设置值和最大设置值之间,"pot" 需要转 18 转。

表 10-7　　　　　　　　　　输入偏置校准值

模拟输入范围	0~10V DC	0~5V DC	4~20mA DC
偏置校准值	0.040V	0.020V	4.064mA

3) 校准增益。
a. 运行前面的详细程序。确保 X02 为 0N。
b. 使用选择的发生器或模拟输出生成增益电压/电流(符合要选择的模拟运行范围,见表 10-8)。
c. 调节 A/D GAIN 电位计,直到数字值 250 读入 D00 为止。

注意事项:①顺时针旋转 "pot",数字值增加,在最小设置值和最大设置值之间,"pot" 需要转 18 转。②当需要使用 8 位分辨率最大化时,增益调节(上面详细列出的)中使用的数字值应该用 255 代替。该部分被写入到所展示 250 满刻度标准。

表 10-8　　　　　　　　　　输入增益校准值

模拟输入范围	0~10V DC	0~5V DC	4~20mA DC
增益校准值	10.000V	5.000V	20.000mA

(3) 校准(D/A)的方法。使用下列程序和适当的接线配置来校准 FX_{0N}-3A 的输出通道,输出校准接线配置如图 10-5 所示。

电压输出 　　　　　　　　　电流输出

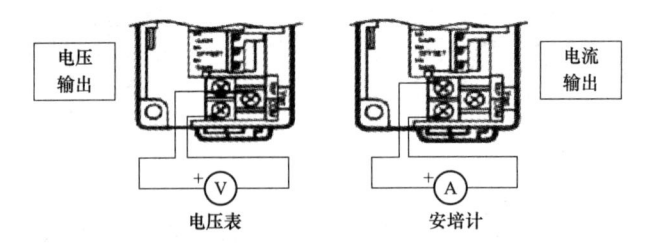

电压表　　　　安培计

图 10-5　输出校准接线配置

1）输出校准程序。输出校准程序如图 10-6 所示。

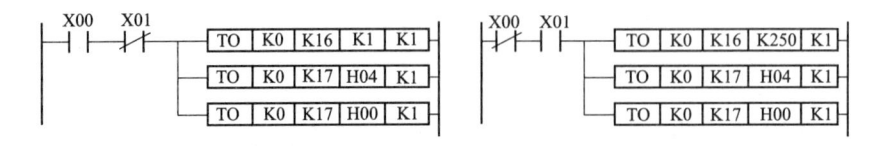

```
X00  X01
─┤├──┤/├──[TO K0 K16 K1   K1]
         ─[TO K0 K17 H04  K1]
         ─[TO K0 K17 H00  K1]

X00  X01
─┤/├──┤├──[TO K0 K16 K250 K1]
         ─[TO K0 K17 H04  K1]
         ─[TO K0 K17 H00  K1]
```

图 10-6　输出校准程序

2）校准偏置。

a. 运行前面的详细程序。确保 X00 为 ON，X01 为 OFF。

b. 调节 D/A OFFSET 电位器，直到选择的仪表显示适当的偏置电压/电流（符合选择的模拟运行范围，见表 10-9）。

注意事项：顺时针旋转"pot"，模拟输出信号增加，在最小设置值和最大设置值之间，"pot"需要转 18 转。

表 10-9　　输　出　校　准　值

模拟输出范围	0～10V DC	0～5V DC	4～20mA DC
偏置校准仪表值	0.040V	0.020V	4.064mA

3）校准增益。

a. 运行前面的详细程序。确保 X00 为 OFF，X01 为 ON。

b. 调节 D/A GAIN 电位计，直到选择的仪表显示适当的增益电压/电流（符合选择的模拟运行范围，见表 10-10）。

注意事项：①顺时针旋转"pot"，模拟输出信号增加，在最小设置值和最大设置值之间，"pot"需要转 18 转。②当需要使用 8 位分辨率最大化时，增益调节（上面详细列出的）中使用的数字值应用 255 代替。该部分被写入到所展示 250 满刻度标准。

表 10-10　　输　出　校　准　增　益

模拟输出范围	0～10V DC	0～5V DC	4～20mA DC
增益校准仪表值	10.000V	5.000V	20.000mA

8. 程序例子

(1) 使用模拟输入。FX_{0N}-3A 的缓冲存储器（BFM）是通过上位机 PLC 写入或读取的。在下列程序中，当 M0 变成 ON 时，从 FX_{0N}-3A 的通道 1 读取模拟输入，当 M1 为 ON 时，读取通道 2 的模拟输入数据，模拟输入实例程序如图 10-7 所示。

第10章 A/D、D/A模块应用实验

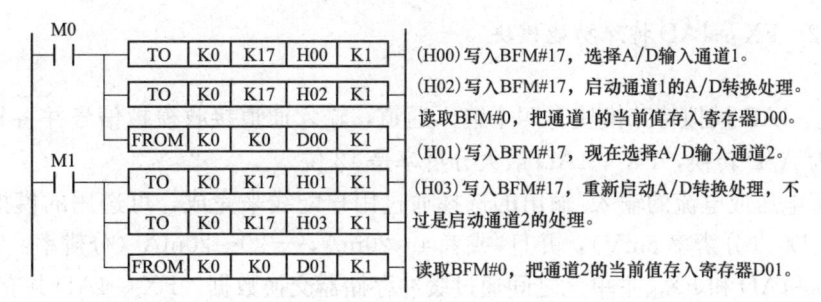

```
   M0
───┤├─────┬──[ TO   K0   K17  H00  K1 ]──  (H00)写入BFM#17,选择A/D输入通道1。
          ├──[ TO   K0   K17  H02  K1 ]──  (H02)写入BFM#17,启动通道1的A/D转换处理。
          └──[ FROM K0   K0   D00  K1 ]──  读取BFM#0,把通道1的当前值存入寄存器D00。
   M1
───┤├─────┬──[ TO   K0   K17  H01  K1 ]──  (H01)写入BFM#17,现在选择A/D输入通道2。
          ├──[ TO   K0   K17  H03  K1 ]──  (H03)写入BFM#17,重新启动A/D转换处理,不过是启动通道2的处理。
          └──[ FROM K0   K0   D01  K1 ]──  读取BFM#0,把通道2的当前值存入寄存器D01。
```

图10-7 模拟输入实例程序

读取模拟输入通道所需的时间 TAD 按如下计算:

$$TAD = (TO 指令处理时间) \times 2 + (FROM 指令处理时间)$$

注意事项:当从 FX_{0N}-3A 模拟输入通道读取数据时,一定要使用上面所示的3(TO/FROM)命令格式。

(2) 使用模拟输出。FX_{0N}-3A 的缓冲存储器(BFM)是通过上位机 PLC 写入或读取的。在下列程序中,当 M0 变成 ON 时,执行 D/A 转换处理,在该例中,存储的相当于数字值的模拟信号输出到寄存器 D02 中,模拟输出实例程序如图10-8所示。

```
   M0
───┤├─────┬──[ TO   K0   K16  D02  K1 ]──  D2的内容写入BFM#16。这将转换成模拟输出。
          ├──[ TO   K0   K17  H04  K1 ]──  (H04)写入BFM#17,启动D/A转换处理。
          └──[ TO   K0   K17  H00  K1 ]──
```

图10-8 模拟输出实例程序

写入模拟输入通道所需的时间 TAD 按如下计算:

$$TAD = (TO 指令处理时间) \times 3$$

注意事项:当把数据写入 FX_{0N}-3A 模拟输出通道时,一定要使用上面所示的3(TO)指令格式。

FROM 和 TO 指令(分别为功能78和79)的详情都可以在"FX 系列编程手册(Ⅱ)"中找到。

(3) 使用 FX_{1N},FX_{2N}(V3.00 或更高)或 FX_{2NC}(V3.00 或更高)系列 PLC。

请使用 FNC176(RD3A)和 FNC177(WR3A)。

参考 FX 系列编程手册Ⅱ。

9. 出错检查

如果 FX_{0N}-3A 特殊功能块工作不太正常,则检查下列项目:

(1) 检查 POWER LED 的状态。亮:扩展电缆正确连接了;否则:检查扩展电缆的连接情况。

(2) 检查外部接线。

(3) 检查连接到模拟输出端子的输出负载是否在下列指定限制之内。电压输出负载:1kΩ~1MΩ,电流输出负载:500Ω 或更小。

(4) 检查输入设备的阻抗是否在指定限制之内。电压输入阻抗:200kΩ,电流输入阻抗:250Ω。

(5) 按要求使用电压表/电流表检查 FX_{0N}-3A 模拟通道(输入和输出)的校准。

10.1.1.2 FX$_{2N}$-4AD 特殊功能模块

1. 简介

(1) FX$_{2N}$-4AD 模拟特殊模块有四个输入通道，输入通道接收模拟信号并将其转换成数字量，这称为 A/D 转换，FX$_{2N}$-4AD 最大分辨率是 12 位。

(2) 基于电压或电流的输入/输出的选择通过用户配线来完成，可选用的模拟值范围是 $-10V \sim 10V$ DC（分辨率 5mV），并且/或者 $4 \sim 20mA$，$-20 \sim 20mA$（分辨率：$20\mu A$）。

(3) FX$_{2N}$-4AD 和 FX$_{2N}$ 主单元之间通过缓冲存储器交换数据，FX$_{2N}$-4AD 共有 32 个缓冲存储器（每个 16 位）。

(4) FX$_{2N}$-4AD 占用 FX$_{2N}$ 扩展总线的 8 个点，这 8 点可以分配成输入或输出，FX$_{2N}$-4AD 消耗 FX$_{2N}$ 主单元或有源扩展单元 5V 电源槽 30mA 的电流。

FX$_{2N}$-4AD 外形尺寸如图 10-9 所示。

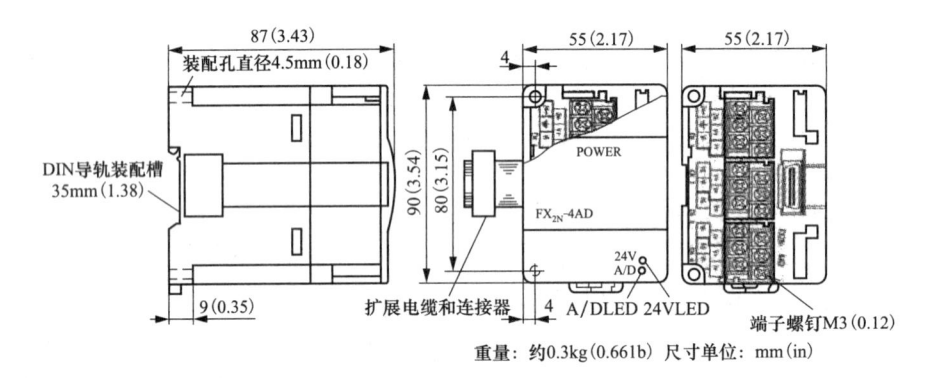

图 10-9 FX$_{2N}$-4AD 外形尺寸

2. 配线

FX$_{2N}$-4AD 的配线如图 10-10 所示。

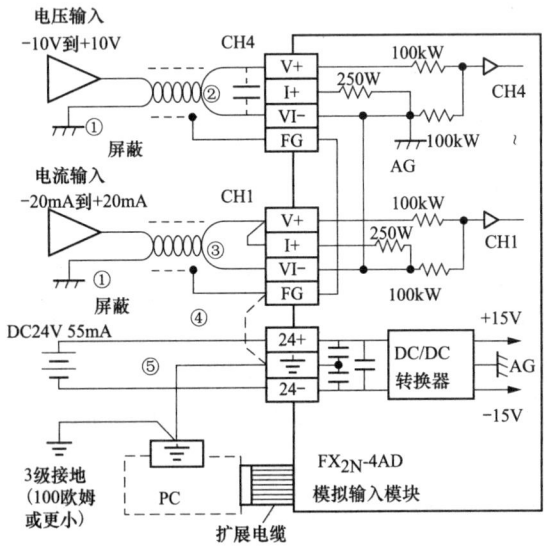

图 10-10 FX$_{2N}$-4AD 的配线

第 10 章 A/D、D/A 模块应用实验

3. 安装使用说明

（1）FX$_{2N}$-4AD 的环境指标见表 10-11。

表 10-11　　　　　　　　　　　　FX$_{2N}$-4AD 的环境指标

项目	说明
环境指标（除下面一项之外）	与 FX$_{2N}$ 主单元的相同
耐压绝缘电压	5000VAC、1 分钟（在所有端子和地之间）

（2）FX$_{2N}$-AD 的电源指标见表 10-12。

表 10-12　　　　　　　　　　　　FX$_{2N}$-4AD 的电源指标

项目	说明
模拟电路	24V DC±10%，55mA（源于主单元的外部电源）
数字电路	5V DC，3mA（源于主单元的内部电源）

（3）性能指标。FX$_{2N}$-4AD 模拟输入性能指标见表 10-13、表 10-14。模拟输入的三种形式：预设 0、预设 1 和预设 2 如图 10-11 所示。

表 10-13　　　　　　　　　　　FX$_{2N}$-4AD 模拟输入性能指标

项目	电压输入	电流输入
	电压或电流输入的选择基于您对输入端子的选择，一次可同时使用 4 个输入点	
模拟输入范围	DC-10~10V（输入阻抗：200kΩ）。注意：如果输入电压超过±15V，单元会被损坏	DC-20~20mA（输入阻抗：250Ω）。注意：如果输入电流超过±32V，单元会被损坏
数字输出	12 位的转换结果以 16 位二进制补码方式存储。最大值：+2047，最小值：-2048	
分辨率	5mV（10V 默认范围：1/20000）	20μA（20mA 默认范围：1/1000）
总体精度	±1%（对于-10~10V 的范围）	±1%（对于-20~20mA 的范围）
转换速度	15ms/通道（常速），6ms/通道（高速）	

表 10-14　　　　　　　　　　　　　其他项目

项目	说明
隔离	模拟和数字电路之间用光电耦合器隔离。DC/DC 转换器用来隔离电源和 FX$_{2N}$ 主单元。模拟通道之间没有隔离
占用 I/O 点数目	占用 FX$_{2N}$ 扩展单元 8 点 I/O（输入输出皆可）

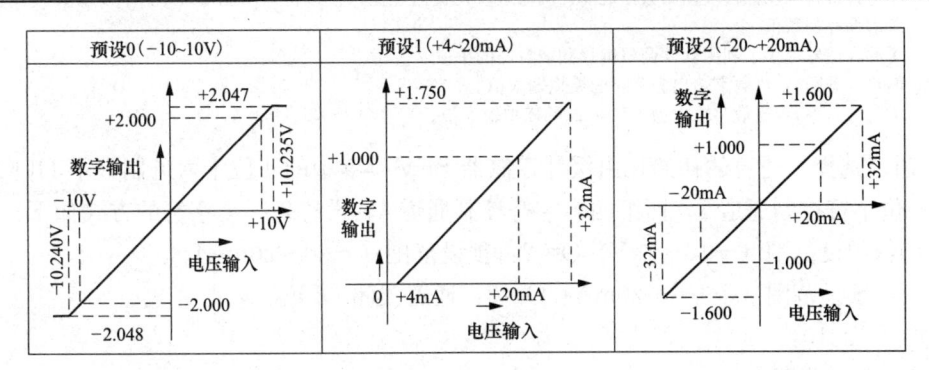

图 10-11　模拟输入

(4) 缓冲存储器（BFM）的分配。FX$_{2N}$-4AD 的缓存分配见表 10-15。

表 10-15　　　　　　　　　　　　FX$_{2N}$-4AD 的缓存分配

BFM	内容							
*♯0	通道初始化，缺省值＝H0000							
*♯1	通道1	包含采样数（1-4096）、用于得到平均结果，缺省值设为8-正常速度，高速操作可选择1						
*♯2	通道2							
*♯3	通道3							
*♯4	通道4							
♯5	通道1	这些缓冲区包含采样数和平均输入值，这些采样数是分别输入在♯1-♯4缓冲区中的通道数据						
♯6	通道2							
♯7	通道3							
♯8	通道4							
♯9	通道1	这些缓冲区包含每个输入通道读入的当前值						
♯10	通道2							
♯11	通道3							
♯12	通道4							
♯13-♯14	保留							
♯15	选择 A/D 转换速度，参见注2	如设为 0，则选择正常速度，15ms/通道（缺省）						
		如设为 1，则选择高速，6ms/通道						
BFM		b7	b6	b5	b4	b3	b2	b1	b0
♯16-♯19	保留							
*♯20	复位到缺省值和预设，缺省值＝0							
*♯21	禁止调整偏移，增益值，缺省值＝(0，1) 允许							
*♯22	偏移，增益调整	G4	O4	G3	O3	G2	O2	G1	O1
*♯23	偏移值　　缺省值＝0							
*♯24	增益值　　缺省值＝5,000							
*♯25-♯28	保留							
♯29	错误状态							
♯30	识别码 K2010							
♯31	禁用							

注　1. 带 * 号的缓存器（BFMS）可以使用 TO 指令从 PC 写入。
　　2. 不带 * 号的缓存器的数据可以使用 FROM 指令读入 PC。
　　3. 在从模拟特殊功能模块读出数据之前，确保这些设置已经送入模拟特殊功能模块中。否则，将使用模块里面以前保存的数值。
　　4. 缓冲存储器提供了利用软件调整偏移和增益值的手段。
　　5. 偏移（截距）：当数字输出为 0 时的模拟输入值。
　　6. 增益（斜率）：当数字输出为＋1000 时的模拟输入值。

1) 通道选择。通道的初始化由缓冲存储器 BFM ♯0 中的 4 位十六进制数字 H0000 控制，第一位字符控制通道1，而第四个字符控制通道4，设置每一个字符的方式如下：

O＝0：预设范围（－10～10V）　O＝2：预设范围（－20～20mA）。
O＝1：预设范围（＋4～＋20mA）　O＝3：通道关闭 OFF。
例如：H3310：
CH1：预设范围（－10～10V）。

CH2：预设范围（+4～+20mA）。

CH3、CH4：通道关闭 OFF。

2) 模拟到数字转换速度的改变。在 FX_{2N}-4AD 的 BFM♯15 中写入 0 或 1，就可以改变 A/D 转换的速度，不过要注意下列几点：

为保持高速转换率，尽可能少地使用 FROM/TO 指令。

注意事项：当改变了转换速度后，BFM♯1-♯4 将立即设置到缺省值，这一操作将不考虑它们原有的数值，如果速度改变作为正常程序执行的一部分时，请记住此点。

3) 调整增益和偏移值。

a. 当通过将 BFM♯20 设为 K1 而将其激活后，包括模拟特殊功能模块在内的所有的设置将复位成缺省值，对于消除不希望的增益和偏移调整，这是一种快速的方法。

b. 如果 BFM♯21 的 (b1, b0) 设为 (1, 0)，增益和偏移的调整将被禁止，以防止操作者不正确的改动，若需要改变增益和偏移，(b1, b0) 必须设为 (0, 1) 缺省值是 (0, 1)。

c. BFM♯23 和♯24 的增益和偏移量被传送进指定输入通道的增益与偏移的稳定寄存器，待调整的输入通道可以由 BFM♯22 适当的 G-O（增益-偏移）位来指定。例：如果位 G1 和 O1 设为 1，当用 TO 指令写入 BFM♯22 后，将调整输入通道 1。

d. 对于具有相同增益和偏移量的通道，可以单独或一起调整。

e. BFM♯23♯24 中的增益和偏移量的单位是 mV 或 μA，由于单元的分辨率，实际的响应以 5mV 或 20μA 为最小刻度。

4) 状态信息 BFM♯29。BFM♯29 各位的定义见表 10-16。

表 10-16   BFM♯29 各位的定义

BFM♯29 的位设备	开 ON	关 OFF
b0：错误	b1～b4 中任何一个为 ON。如果 b2～b4 中任何一个为 ON、所有通道的 A/D 转换停止	无错误
b1：偏移/增益错误	在 EEPROM 中的偏移/增益数据不正常或者调整错误	增益/偏移数据正常
b2：电源故障	24V DC 电源故障	电源正常
b3：硬件错误	A/D 转换器或其他硬件故障	硬件正常
b10：数字范围错误	数字输出值小于 −2048 或大于 +2047	数字输出值正常
b11：平均采样错误	平均采样数不小于 4097，或者不大于 0（使用缺省值 8）	平均正常（在 1～4096）
b12：偏移/增益调整禁止	禁止-BFM♯21 的 (b1, b0) 设为 (1, 0)	允许 BFM♯21 的 (b1, b0) 设为 (1, 0)

注   b4～b7、b9 和 b13～b15 没有定义。

5) 识别码 BFM♯30。可以使用 FROM 指令读出特殊功能模块的识别码（或 ID）。

FX_{2N}-4AD 单元的识别码是 K2010。

可编程控制器中的用户程序可以在程序中使用这个号码，以在传输/接收数据之前确认此特殊功能模块。

注意事项：

1) BFM♯0，♯23 和♯24 的值将复制到 FX_{2N}-4AD 的 EEPROM 中，只有数据写入增益/

偏移命令缓冲 BFM♯22 中时才复制 BFM♯21 和 BFM♯22，同样，BFM♯20 也可以写入 EEPROM 中，EEPROM 的使用寿命大约是 10000 次（改变），因此不要使用程序频繁地修改这些 BFM。

2) 因为写入 EEPROM 需要时间，因此指令间需要 300ms 左右的延迟，以供写入 EEPROM。因此，在第二次写入 EEPROM 之前，需要使用延迟器。

4. 定义增益和偏移

FX_{2N}-4AD 定义偏移和增益如图 10-12 所示。

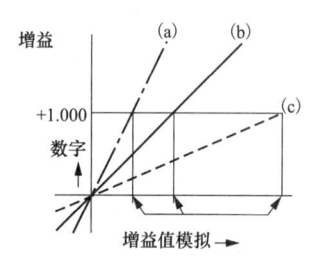

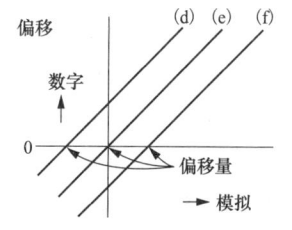

增益
+1.000
数字
(a) (b)
(c)
增益值模拟

偏移
数字
0
(d) (e) (f)
偏移量
模拟

增益决定了校正线的角度或者斜率由数字值1000标识
(a) 小增益 读取数字值间隔大；
(b) 零增益 缺省：5V或20mA；
(c) 大增益 读取数字值间隔小；

偏移是校正线的"位置"，由数字值0标识
(d) 负偏移；
(e) 零偏移 缺省：0V或4mA；
(f) 正偏移

图 10-12　FX_{2N}-4AD 定义偏移和增益

偏移和增益可以独立或一起设置，合理的偏移范围是 $-5\sim+5$V 或 $-20\sim20$mA。而合理的增益是 $1\sim15$V 或 $4\sim32$mA，增益和偏移都可以用 FX_{2N} 主单元的程序调整。

(1) 增益/偏移 BFM♯21 的位设备 b1、b2 应该设置为 0、1，以允许调整。

(2) 一旦调整完毕，这些位元件应该设为 1、0，以防止进一步的变化。

(3) 通道初始化（BFM♯0）应该设到最接近的范围，电压/电流等。

5. 实例程序

(1) 基本程序。如图 10-13 所示，通道 CH1 和 CH2 用作电压输入，FX_{2N}-4AD 模块连接在特殊功能模块的 0 号位置，平均数设为 4，并且可编程控制器的数据寄存器 D0 和 D1 可以接收平均数字值。

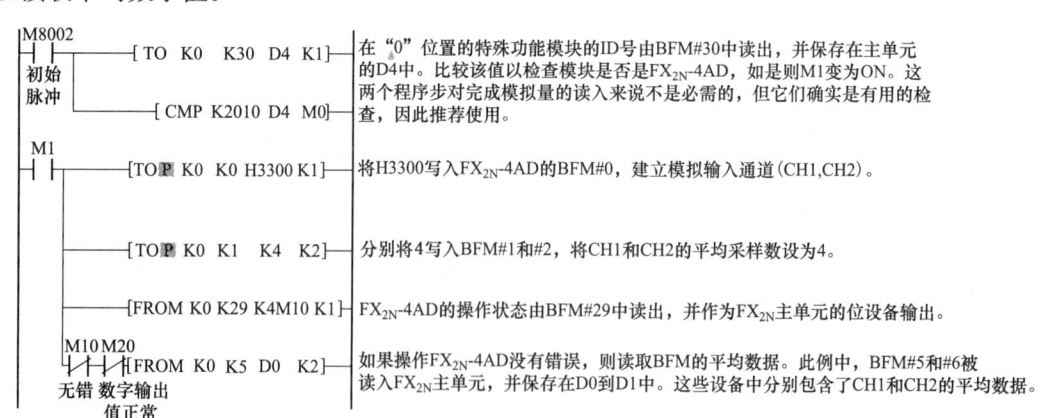

```
M8002         ┤[TO  K0  K30  D4  K1]    在"0"位置的特殊功能模块的ID号由BFM#30中读出，并保存在主单元
初始                                     的D4中。比较该值以检查模块是否是FX2N-4AD，如是则M1变为ON。这
脉冲          ┤[CMP K2010 D4  M0]       两个程序步对完成模拟量的读入来说不是必需的，但它们确实是有用的检
                                         查，因此推荐使用。
M1
├┤            ┤[TOP K0  K0  H3300 K1]   将H3300写入FX2N-4AD的BFM#0，建立模拟输入通道(CH1,CH2)。

              ┤[TOP K0  K1  K4  K2]     分别将4写入BFM#1和#2，将CH1和CH2的平均采样数设为4。

              ┤[FROM K0 K29 K4M10 K1]   FX2N-4AD的操作状态由BFM#29中读出，并作为FX2N主单元的位设备输出。

M10 M20
├┤ ┤/├         ┤[FROM K0 K5  D0  K2]    如果操作FX2N-4AD没有错误，则读取BFM的平均数据。此例中，BFM#5和#6被
无错 数字输出                            读入FX2N主单元，并保存在D0到D1中。这些设备中分别包含了CH1和CH2的平均数据。
    值正常
```

图 10-13　实例程序

(2) 在程序中使用增益和偏移量。可以使用可编程控制器输入终端上的下压按钮开关来调整 FX_{2N}-4AD 的增益和偏移，也可以通过 PC 中传出的软件设置来调整，只有 FX_{2N}-4AD 存储器中的增益和偏移值需要调整，模拟输入不需要电压表和电流表，但是需要 PC 中的程序。通过软件设置调整偏移/增益量，如图 10-14 所示，输入通道 CH1 的偏移和增益值被分别调整为 0V 和 2.5V。FX_{2N}-4AD 模块在模块 NO.0 位置处（例中最靠近 FX_{2N} 主单元的模块）。

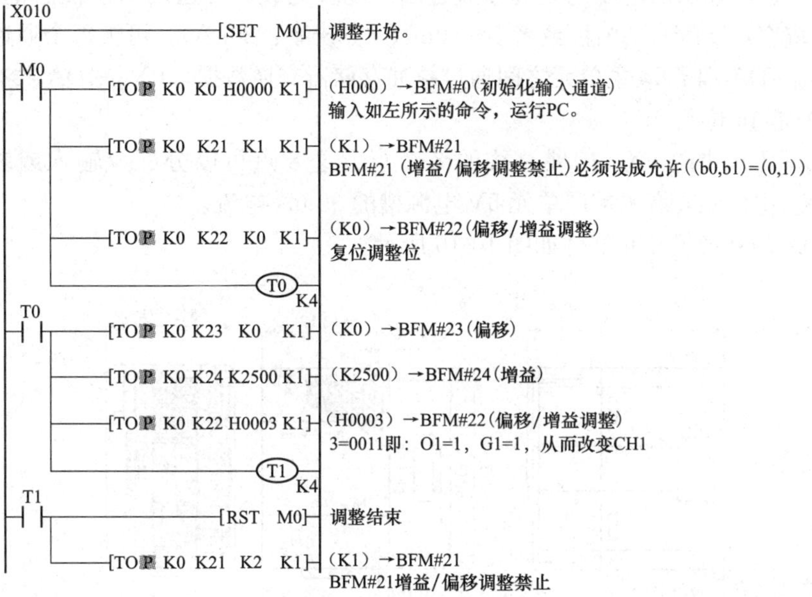

```
X010
─┤├─────────────────────[SET M0]      调整开始。
  M0
─┤├────────[TOP K0 K0 H0000 K1]       (H000)→BFM#0（初始化输入通道）
                                      输入如左所示的命令，运行PC。

           [TOP K0 K21 K1 K1]         (K1)→BFM#21
                                      BFM#21（增益/偏移调整禁止）必须设成允许((b0,b1)=(0,1))

           [TOP K0 K22 K0 K1]         (K0)→BFM#22（偏移/增益调整）
                                      复位调整位
                             (T0)
                              K4
  T0
─┤├────────[TOP K0 K23 K0 K1]         (K0)→BFM#23（偏移）

           [TOP K0 K24 K2500 K1]      (K2500)→BFM#24（增益）

           [TOP K0 K22 H0003 K1]      (H0003)→BFM#22（偏移/增益调整）
                                      3=0011即：O1=1，G1=1，从而改变CH1
                             (T1)
                              K4
  T1
─┤├─────────────────────[RST M0]      调整结束

           [TOP K0 K21 K2 K1]         (K1)→BFM#21
                                      BFM#21增益/偏移调整禁止
```

图 10-14 通过软件设置调整偏移/增益量的程序

6. 诊断

(1) 初步检查。

1) 检查输入配线和/或扩展电缆是否正确连接到 FX_{2N}-4AD 模拟特殊功能模块上。

2) 检查没有违背 FX_{2N} 系统配置规则，例如，特殊功能模块的数目不能超过 8 个，并且总的系统 I/O 点数不能超过 256 点。

3) 确保应用中选择正确的操作范围。

4) 检查在 5V 或 24V 电源上没有电源过载，记住：FX_{2N} 主单元或者有源扩展单元的负载是根据所连接的扩展模块或特殊功能模块的数目而变化的。

5) 置 FX_{2N} 主单元为 RUN 状态。

(2) 检查错误。如果特殊功能模块 FX_{2N}-4AD 不能正常运行，请检查下列项目。

1) 检查电源 LED 指示灯的状态，点亮：扩展电缆正确连接；否则：检查扩展电缆的连接情况。

2) 检查外部配线。

3) 检查 "24V" LED 指示灯的状态（FX_{2N}-4AD 的右上角），点亮：FX_{2N}-4AD 正常，24V 电源正常；否则：可能 24V 电源故障，如果电源正常则是 FX_{2N}-4AD 故障。

4) 检查 "A/D" LED 指示灯的状态（FX_{2N}-4AD 的右上角），点亮：A/D 转换正常运行；否则：检查缓冲存储器#29（错误状态）。如果任何一个位（b2 和 b3）是 ON 状态，那就是 A/D 指示灯熄灭的原因。

10.1.1.3 FX$_{2N}$-4DA 特殊功能模块

1. 简介

（1）FX$_{2N}$-4DA 模拟特殊模块有四个输出通道，输出通道接收数字信号并转换成等价的模拟信号，这称为 D/A 转换，FX$_{2N}$-4DA 的最大分辨率是 12 位。

（2）基于输入/输出的电压电流选择通过用户配线完成，可选用的模拟值范围是－10～10V DC（分辨率：5mV），并且/或者 0～20mA（分辨率：20μA），可被每个通道分别选择。

（3）FX$_{2N}$-4DA 和 FX$_{2N}$ 主单元之间通过缓冲存储器交换数据，FX$_{2N}$-4DA 共有 32 个缓冲存储器（每个是 16 位）。

（4）FX$_{2N}$-4DA 占用 FX$_{2N}$ 扩展总线的 8 个点，这 8 点可以分配成输入或输出，FX$_{2N}$-4DA 消耗 FX$_{2N}$ 主单元或有源扩展单元 5V 电源槽的 30mA 电流。

FX$_{2N}$-4DA 的外形尺寸和部件如图 10-15 所示。

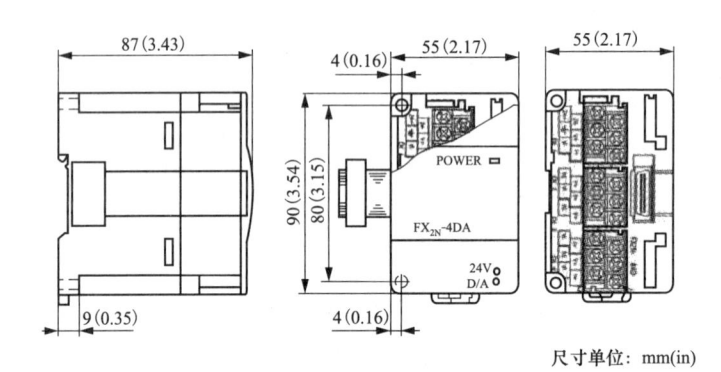

图 10-15 FX$_{2N}$-4DA 的外形尺寸和部件

2. 安装和配线（连接到可编程控制器）

由 FROM/TO 指令控制的各种特殊模块，例如，模拟量输入模块、高速计数模块等，都可以连接到 FX$_{2N}$ 可编程控制器（MPU）或者连接到其他扩展模块或者单元的右边。最多 8 个特殊模块可以按 NO.0～NO.7 的数字顺序连接到一个 MPU 上。FX$_{2N}$-4DA 的安装如图 10-16 所示。

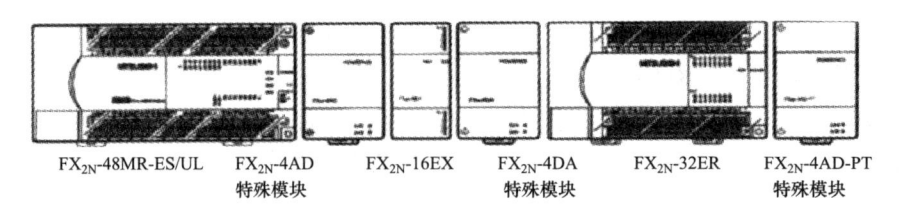

图 10-16 FX$_{2N}$-4DA 的安装

配线：下面所示的端子排列可能和实际的排列不同。FX$_{2N}$-4DA 的配线如图 10-17 所示。

3. 环境和性能指标

FX$_{2N}$-4DA 的环境指标见表 16-17，性能指标见 10-18。

第 10 章 A/D、D/A 模块应用实验

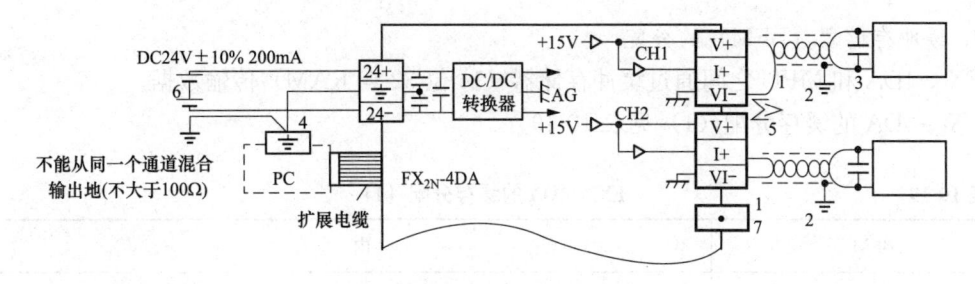

图 10-17 FX$_{2N}$-4DA 的配线

1—对于模拟输出使用双绞屏蔽电缆，电缆应远离电源线或其他可能产生电气干扰的电线；2—在输出电缆的负载端使用单点接地（3级接地：不大于100Ω）；3—如果输出存在电气噪声或者电压波动，可以连接一个平滑电容器（0.1～0.47μ，25V）；4—将 FX$_{2N}$-4DA 的接地端 和可编程控制器 MPU 的接地端 连接在一起；5—将电压输出端子短路或者连接电流输出负载到电压输出端子可能会损坏 FX$_{2N}$-4DA；6—也可以使用可编程控制器 24V DC 服务电源；7—不要将任何单元连接到未用端子

表 10-17　　　　　　　　　FX$_{2N}$-4DA 的环境指标

项　目	说　明
环境指标（除下面一项以外）	与 FX$_{2N}$ 主单元的相同
耐压绝缘电压	5000AC，1分钟（在所有端子和地之间）

表 10-18　　　　　　　　　FX$_{2N}$-4DA 的性能指标

项目	电压输出	电流输出
模拟输出范围	DC-10～10V（外部负载阻抗：2kΩ 到 1MΩ）	DC 0～20mA（外部负载阻抗：500Ω）
数字输入	16位，二进制，有符号［数值有效位：11位和一个符号位（1位）］	
分辨率	5mV（10V×1/2000）	20μA（20mA×1/1000）
总体精度	±1%（对于+10V的全范围）	±1%（对于+20mA的全范围）
转换速度	4个通道 2.1ms（改变使用的通道不会改变转换速度）	
隔离	模拟和数字电路之间用光电耦合器隔离，DC/DC 转换器用来隔离电源和 FX$_{2N}$ 主单元，模拟通道之间没有隔离	
外部电源	24V DC±10% 200mA	
占用 I/O 点数目	占用 FX$_{2N}$ 扩展总线 8 点 I/O（输入输出皆可）	
功率消耗	5V，30mA（MPU 的内部电源或者有源扩展单元）	
I/O 特性（缺省值：模式0）根据第8节所述过程修改	可编程控制器发出的命令可以改变模式，所选择的电压/电流输出模式决定了所用输出端子	

4. 缓冲存储器（BFM）的分配

FX_{2N}-4DA 和 MPU 之间通过缓冲存储器（16 位 32 点 RAM）传输数据。

FX_{2N}-4DA 的缓存分配（1）见表 10-19。

表 10-19　　　　　　　　　　　FX_{2N}-4DA 的缓存分配（1）

BFM		内　　存
W	♯0E	输出模式选择，出厂设置 H0000
	♯1	
	♯2	
	♯3	
	♯4	
	♯5E	数据保持模式，出厂设置 H0000
♯6，♯7		保留

（1）（BFM ♯0）输出模式选择。BFM ♯0 的值使每个通道的模拟输出在电压输出和电流输出之间切换，采用 4 位十六进制数的形式，第一位数字是通道 1（CH1）的命令，而第二位数字则是通道 2 的（CH2），以此类推，这四个数字的数字值分别代表下列项目：

$$H\,\underline{O}\,\underline{O}\,\underline{O}\,\underline{O}$$
$$CH4\ CH3\ CH2\ CH1$$

O＝0：设置电压输出模式（-10～+10V）：电压输出（-10～+10V）；

O＝1：设置电流输出模式（+4～20mA）：电流输出（+4～20mA）；

O＝2：设置电流输出模式（0～20mA）：电流输出（0～20mA）。

切换输出模式将复位 I/O 特性为出厂设定值。

例如：H2110。

（2）（BFM ♯1，♯2，♯3 和 ♯4）：输出数据通道 CH1，CH2，CH3 和 CH4。

BFM ♯1：CH1 的输出数据（初始值：0）；BFM ♯2：CH2 的输出数据（初始值：0）；BFM ♯3：CH3 的输出数据（初始值：0）；BFM ♯4：CH4 的输出数据（初始值：0）。

（3）（BFM ♯5）数据保持模式。当可编程控制器处于停止（STOP）模式，RUN 模式下的最后输出值将被保持，要复位这些值使其成为偏移值，可按如下所示，将十六进制值写入 BFM ♯5 中。

$$H\,\underline{O}\,\underline{O}\,\underline{O}\,\underline{O}$$
$$CH4\ CH3\ CH2\ CH1$$

O＝0：保持输出；

O＝1：复位到偏移值。

例如：H0011　　　　　CH1 和 CH2＝偏移值，CH3 和 CH4＝输出保持。

除了上述功能外，缓冲存储器可以调整 FX_{2N}-4DA 的 I/O 特性，并且将 FX_{2N}-4DA 的状态报告给可编程控制器。FX_{2N}-4DA 的缓存分配（2）见表 10-20。

表 10-20　　　　　　　　　　FX$_{2N}$-4DA 的缓存分配（2）

BFM		说　明
W	♯8（E）	CH1、CH2 的偏移/增益设定命令，初始值 H0000
	♯9（E）	CH3、CH4 的偏移/增益设定命令，初始值 H0000
	♯10	偏移数据 CH1＊1
	♯11	增益数据 CH1＊2
	♯12	偏移数据 CH2＊1
	♯13	增益数据 CH2＊2
	♯14	偏移数据 CH3＊1
	♯15	增益数据 CH3＊2
	♯16	偏移数据 CH4＊1
	♯17	增益数据 CH4＊2
♯18，♯19		保留
W	♯20（E）	初始化，初始值＝0
	♯21E	禁止调整 I/O 特性（初始值：1）
♯22-♯28		保留
♯29		错误状态
♯30		K3020 识别码
♯31		保留

单元：mV 或 μA　　＊3
初始偏移值：0　　输出
初始增益值：＋5,000 模式 0

（4）（BFM ♯8 和♯9）偏移/增益设置命令。在 BFM ♯8 或♯9 响应的十六进制数据位中写入 1，以改变通道 CH1 到 CH4 的偏移和增益值，只有此命令输出后，当前值才会有效。

BFM ♯8　　　　　　　　　　BFM ♯9

H$\underline{O}$　$\underline{O}$　$\underline{O}$　$\underline{O}$　　　　H$\underline{O}$　$\underline{O}$　$\underline{O}$　$\underline{O}$
　G2　O2　G1　O1　　　　　　G4　O4　G3　O3

O＝0：不作改变。

O＝1：改变数据的数值。

（5）（BFM ♯10 到♯17）偏移/增益数据。将新数据写入 BFM ♯10 到♯17，可以改变偏移和增益值。写入数据的单位是 mV 或 μA。数据写入后 BFM ♯8 和 BFM ♯9 作相应的设置，要注意的是数据可能被舍入成以 5mV 或 20μA 为单位的最近值。

（6）（BFM ♯20）初始化。当 K1 写入 BFM ♯20 时，所有的值将被初始化成出厂设定。（注意 BFM ♯20 的数据会覆盖 BFM ♯21 的数据）。这个初始化功能提供了一种撤销错误调整的便捷方式。

（7）（BFM ♯21）禁止调整 I/O 特性。设置 BFM ♯21 为 2，会禁止用户对 I/O 特性的疏忽性调整。一旦设置了禁止调整功能，该功能将一直有效，直到设置了允许命令（BFM ♯21＝1）。初始值是 1（允许）。所设定的值即使关闭电源也会得到保持。

（8）（BFM ♯29）错误状态。当出现错误时，可以用 FROM 指令从这里读出错误的详细信息。

FX$_{2N}$-4DA 的缓存分配（3）见表 10-21。

表 10-21　　　　　　　　　　FX$_{2N}$-4DA 的缓存分配（3）

位	名字	位设为"1"（打开）时的状态	位设为"0"（关闭）时的状态
b0	错误	b1 到 b4 任何一位为 ON。	错误无错
b1	O/G 错误	EEPROM 中的偏移/增益数据不正常或者发生设置错误。	偏移/增益数据正常
b2	电源错误	24V DC 电源故障	电源正常
b3	硬件错误	D/A 转换器故障或者其他硬件故障	没有硬件缺陷
b10	范围错误	数字输入或模拟输出值超出指定范围	输入或输出值在规定范围内
b12	G/O 调整禁止状态	BFM ♯21 没有设为"1"	可调整状态（BFM ♯21＝1）

注 位 b4～b9，b11，b13～b15 未定义。

（9）（BEM ♯30）特殊模块的标识码，可使用 FROM 命令读取。FX$_{2N}$-4DA 单元的标识码是 K3020。MPU 与特殊功能模块交换任何数据之前，可以再程序中使用标识码来确定特殊功能模块。

说明：BFM ♯的标记 E/(E)。

• BFM ♯0、♯5 和♯21 的值（以 E 标记）保存在 FX$_{2N}$-4DA 的 EEPROM 中。当使用增益/偏移设定命令♯8、♯9 时，BFM ♯10～♯17 的值将拷贝到 FX$_{2N}$-4DA 的 EEPROM 中。同样，BFM ♯20 会导致 EEPROM 的复位。EEPROM 的使用寿命大约是 10000 次（改变）。因此不要使用频繁修改这些 BFM 的程序。

• BFM ♯0 的模式变化自动导致对应的偏移和增益值的变化，因为向内部 EEPROM 写入新值需要一定的时间，在改变 BFM ♯0 的指令和写对应的 BFM ♯10～BFM ♯17 的指令之间大约需要 3s 的延迟，因此，在向 BFM ♯10～BFM ♯17 写入之前，必须使用延迟定时器。

5. 操作和实例程序

如果出厂设置的 I/O 特性没有被改变，并且没有使用状态信息，可以使用图 10-18 的简单指令来操作 FX$_{2N}$-4DA。有关 FROM 和 TO 命令，请参考 FX 编程手册。

CH1 和 CH2：电压输出模式。（－10V 到＋10V）；

CH3：电流输出模式（＋4mA 到＋20mA）；

CH4：电流输出模式（0mA 到＋20mA）。

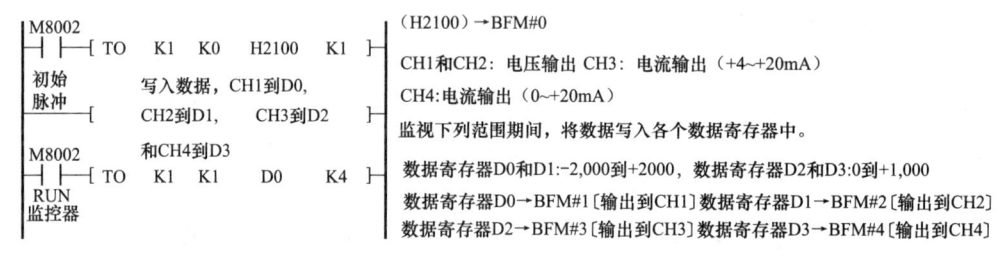

```
M8002
─┤├──[ TO  K1  K0  H2100  K1 ]      (H2100)→BFM#0
初始                                    CH1和CH2：电压输出 CH3：电流输出（+4~+20mA）
脉冲     写入数据，CH1到D0，             CH4：电流输出（0~+20mA）
         CH2到D1， CH3到D2
M8002    和CH4到D3                      监视下列范围期间，将数据写入各个数据寄存器中。
─┤├──[ TO  K1  K1  D0  K4 ]         数据寄存器D0和D1:-2,000到+2000，数据寄存器D2和D3:0到+1,000
RUN                                     数据寄存器D0→BFM#1〔输出到CH1〕数据寄存器D1→BFM#2〔输出到CH2〕
监控器                                  数据寄存器D2→BFM#3〔输出到CH3〕数据寄存器D3→BFM#4〔输出到CH4〕
```

图 10-18　实例程序

操作过程：

(1) 关闭 MPU 的电源，连接 FX$_{2N}$-4DA。然后，配置 FX$_{2N}$-4DA 的 I/O 导线。

(2) 设置 MPU 为 STOP，打开电源。写入上面的程序，然后切换 MPU 到 RUN 状态。

(3) 从 D0（BFM ♯1），D1（BFM ♯2），D2（BFM ♯3）和 D3（BFM ♯4）将模拟值分别写入各自对应的 FX$_{2N}$-4DA 输出通道。当 MPU 处于 STOP 状态时，停止 MPU 之前的

模拟值将保持在输出端（输出保持）。

(4) 当 MPU 处于 STOP 状态，偏移值也可以输出。

程序实例：

如图 10-19 所示，连接在特殊功能模块 1 号位置的 FX_{2N}-4DA 的 CH1 和 CH2 用作电压输出通道。CH3 作为电流输出通道（$+4\sim+20$mA），CH4 也作为电流输出通道（$0\sim+20$mA）。当 MPU 处于 STOP 状态，输出保持。另外，使用了状态信息。

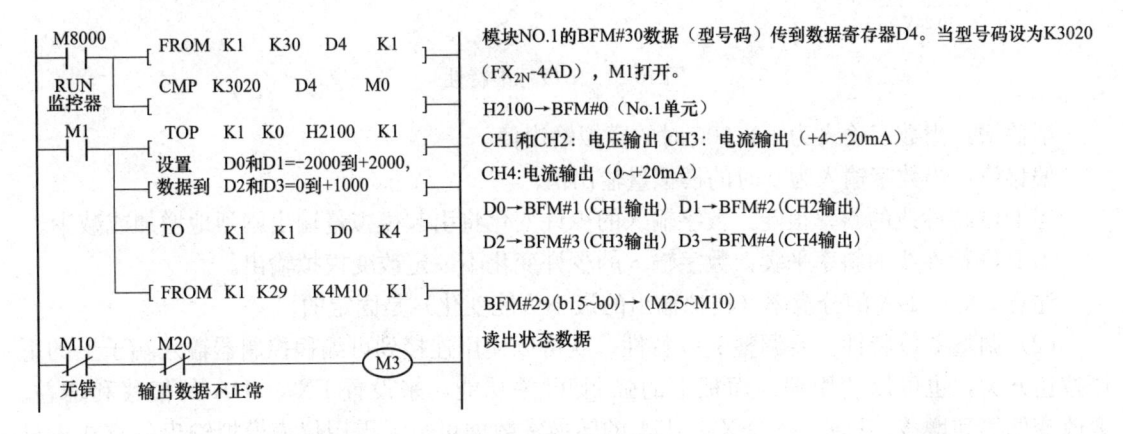

```
M8000
──┤├──[FROM  K1   K30   D4   K1]   模块NO.1的BFM#30数据（型号码）传到数据寄存器D4。当型号码设为K3020
RUN            [CMP  K3020  D4   M0]   （FX2N-4AD），M1打开。
监控器
M1
──┤├──[TOP   K1   K0   H2100  K1]  H2100→BFM#0（No.1单元）
     设置 D0和D1=-2000到+2000,    CH1和CH2：电压输出 CH3：电流输出（+4~+20mA）
     数据到 D2和D3=0到+1000        CH4：电流输出（0~+20mA）
              [TO    K1   K1   D0   K4]   D0→BFM#1（CH1输出） D1→BFM#2（CH2输出）
                                          D2→BFM#3（CH3输出） D3→BFM#4（CH4输出）
              [FROM  K1   K29  K4M10 K1]  BFM#29（b15~b0）→（M25~M10）
                                          读出状态数据
M10  M20
──┤├──┤/├──────────────(M3)
无错  输出数据不正常
```

图 10-19 实例程序

6. 有关操作的注意事项

(1) 检查输出配线和/扩展电缆是否正确连接到 FX_{2N}-4DA 模拟特殊功能模块。

(2) 检查没有违背 FX_{2N}-4DA 系统配置规则，例如：特殊功能模块的数目不能超过 8 个，并且总的系统 I/O 点数不能超过 256 点。

(3) 确保应用中选择正确的输出模式。

(4) 检查在 5V 或 24V 电源上没有电源过载，注：FX_{2N} 的 MPU 或者有源扩展单元的负载时根据所连接的扩展模块或特殊功能模数目而变化的。

(5) 置 FX_{2N} 主单元为 RUN 状态。

(6) 打开或关闭模拟信号的 24V DC 电源后，模拟输出将起伏大约 1s，这是由于 MPU 电源的时延或启动时刻的电压差异造成的，因此，确保采取预防性措施，以避免输出的波动影响外部单元。

预防性措施举例，如图 10-20 所示。

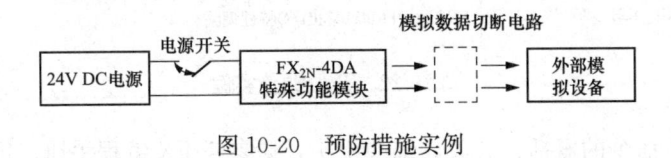

```
                              模拟数据切断电路
           电源开关
┌────────┐   /  ┌──────────┐    ┌ ─ ─ ─ ┐   ┌────────┐
│24V DC电源│───/──│ FX2N-4DA │───→│       │──→│外部模  │
│        │      │特殊功能模块│    │       │   │拟设备  │
└────────┘      └──────────┘    └ ─ ─ ─ ┘   └────────┘
```

图 10-20 预防措施实例

7. I/O 特性的调整

(1) I/O 特性。标准特性（出厂缺省值）如图 10-21 所示。这些特性可以根据用户的系统环境进行调整。

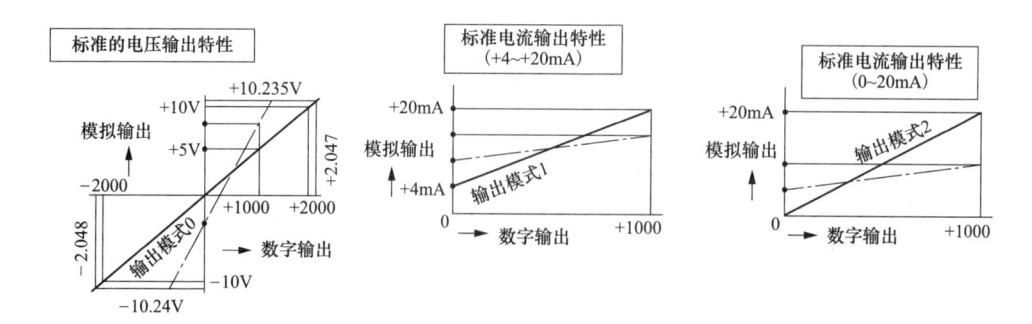

图 10-21 I/O 标准特性

增益增：当数字输入为＋1,000 时的模拟输出值。
偏移值：当数字输入为 0 时的模拟量输出值。
当 I/O 特性线的斜率很陡：数字输入的少许变化将引起模拟量输出剧烈地增加或减少。
当 I/O 特性线的斜率平缓：数字输入的少许变化不一定改变模拟输出。
注意 FX$_{2N}$-4DA 的分辨率（模拟输出的最小可能变化）是固定的。

（2）调整 I/O 特性。要调整 I/O 特性，既可以使用连接到可编程控制器输入端子上的下压按钮开关，也可以使用编程面板上的强制开/关功能，来设置 FX$_{2N}$-4DA 的偏移和增益。要改变偏移和增益，只要改变 FX$_{2N}$-4DA 的转换常数即可，无需用仪表模拟输出的方式来进行调整，但是，需要在 MPU 中创建的程序。

下面是一个调整用的例子程序，如图 10-22 所示。这个例子说明作用于 FX$_{2N}$-4DA 模块 NO.1 的通道 CH2，将偏移值改变为 7mA，并且将增益值变为 20mA。须注意的是 CH1、CH3 和 CH4 设置了标准电压输出特性。

图 10-22 T/O 调整实例

FROM 和 TO 命令的概括：有关详细的说明，请参考 FX 编程手册。FROM 和 TO 命令的说明如图 10-23 所示。

当 X010 和 X011 关闭时，将不执行传输，因此目的数据值不会发生改变。

8. 检查错误

如果特殊功能模块 FX$_{2N}$-4DA 不能正常运行，请检查下列项目。

第10章 A/D、D/A模块应用实验

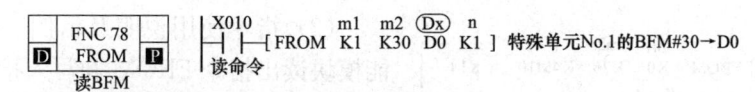

```
         ┌─────────┐    X010       m1  m2  (Dx)  n
         │ FNC 78  │   ─┤├──[ FROM  K1  K30  D0  K1 ]  特殊单元No.1的BFM#30→D0
         │D FROM  P│    读命令
         └─────────┘
            读BFM
```

m1: 特殊单元或模块号（K0~K7, 从MPU开始编号）
m2: 缓冲存储器头地址（K0~K31）
(D*): 目的数据的头设备号。T,C,D,KnM,KnY,KnS,V和Z可用于指明头设备
　　　每个设备号可以使用索引进行限定
n : 传输点的数目（K1或K32）（K1到K16是对于32位命令的）

（a）FROM命令的说明

```
         ┌─────────┐    X011       m1  m2  (Sx)  n
         │ FNC 79  │   ─┤├──[ TO   K1  K1  D2   K2 ]  D2和D3→特殊单元No.1的BFM#1和#2
         │D  TO   P│    写命令
         └─────────┘
            写BFM
```

m1, m2, n: 和上面的含义相同
(S*): 源数据的头设备数,T,C,D,KnX,KnM,KnY,KnS,V,K和H可用于指明头设备
　　　每个设备号可以使用索引进行限定

（b）TO命令的说明

图 10-23　FROM 和 TO 命令的说明

（1）检查外部配线。

（2）检查 FX$_{2N}$-4DA 的电源 LED 指示灯状态。点亮：扩展电缆正确连接；熄灭或闪烁：检查扩展电缆的连接情况，同时检查 5V 电源容量。

（3）检查 FX$_{2N}$-4DA 的"24V"电源 LED 指示灯的状态（FX$_{2N}$-4DA 的右上角），点亮：24V DC 电源正常；熄灭：供给 24V DC（±10％）电源给 FX$_{2N}$-4DA。

（4）检查 FX$_{2N}$-4DA 的"D/A"转换 LED 指示灯的状态，闪烁：D/A 转换正常运行。点亮或关闭：环境条件不适合 FX$_{2N}$-4DA，或者 FX$_{2N}$-4DA 发生故障。

（5）检查连接到每一个模拟输出端子的外部负载阻抗没有超出 FX$_{2N}$-4DA 可以驱动的容量（电源输出：2kΩ 到 1MΩ/电流输出：500Ω）。

（6）用电压表或电流表检查输出电压或电流值，确认输出符合 I/O 特性，如果不符合，重新调整偏移和增益。

注意事项：要测试 FX$_{2N}$-4DA 的耐压性，将所有端子连接到地线端子即可。

9. 特殊功能模块读写指令

（1）指令组成要素。特殊功能模块与 PLC 的数据联系通信需要使用 FROM（读出）指令和 TO（写入）指令。FROM 指令用于将特殊功能模块缓冲存储器（BFM）中的数据读入到 PLC。TO 指令可将数据从 PLC 写入特殊功能模块的缓冲存储器中。

特殊功能模块读写指令的助记符、功能码、操作数范围和占用程序步数，见表 10-22。

表 10-22　　　　　特殊功能模块读出/写入指令的使用要素

指令名称	功能码、处理位数	助记符	操作数范围				占用程序步数
			m1	m2	[D·]、[S·]	n	
特殊功能模块读出	FNC78 (16/32)	FROM FROMP	K、H：0~7，特殊功能模块编号	K、H：0~32767，BFM号	KnY、KnM、KnS、T、C、D、V、Z	K、H：1~32767	FROM…9 步 FROMP…17 步
特殊功能模块写入	FNC79 (16/32)	TO TOP	K、H：0~7，特殊功能模块编号	K、H：0~32767，BFM号	KnY、KnM、KnS、T、C、D、V、Z	K、H：1~32767	TO…9 步 TOP…17 步

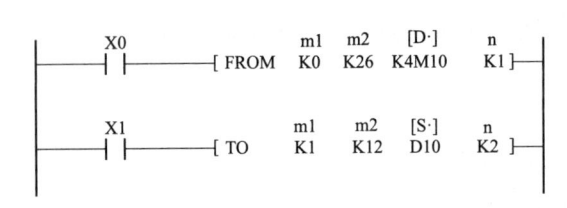

```
   X0                  m1   m2   [D·]   n
───┤ ├──────────[ FROM  K0   K26  K4M10  K1 ]

   X1                  m1   m2   [S·]   n
───┤ ├──────────[ TO    K1   K12  D10    K2 ]
```

图 10-24 读出/写入指令的格式

(2) 指令使用说明及示例。使用特殊功能模块读出指令 FROM 和写入指令 TO 可以进行模块的配置，偏移及增益的调整，模拟量转换成数字量或待转换为模拟量的数字量的传送等。

特殊功能模块的读出/写入指令的使用，如图 10-24 所示。

在图 10-24 中，梯形图中第一行中的 X0 接通时，将 PLC 右边编号为 0 的特殊功能模块内的第 26 个数据缓冲存储器（BFM♯26）开始的一个数据读入到 PLC 中的 M10～M25（一个字）中。

在梯形图中的第二行中的 X1 接通时，将 PLC 基本单元中从 D10 开始的两个字的数据写入到编号为 1 的特殊功能模块内从编号 12 开始的 2 个数据缓冲存储器中（BFM♯12 和 BFM♯13）。注意，M8028 为 ON 时，在读出、写入指令执行过程中，禁止中断；在此期间发生的中断，在读、写指令执行完后执行。

在 PLC 基本单元扩展特殊功能模块后系统中特殊功能模块编号的举例，如图 10-25 所示。

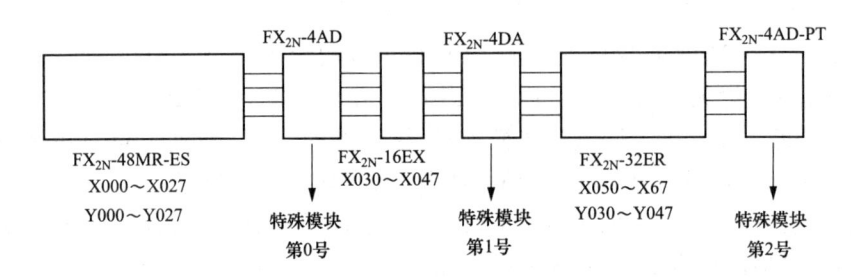

```
                        FX_{2N}-4AD       FX_{2N}-4DA              FX_{2N}-4AD-PT
┌──────────────┐  ┌──────┐  ┌──────┐  ┌──────┐  ┌──────┐  ┌──────┐
│              │──│      │──│      │──│      │──│      │──│      │
└──────────────┘  └──┬───┘  └──┬───┘  └──┬───┘  └──┬───┘  └──┬───┘
 FX_{2N}-48MR-ES        │     FX_{2N}-16EX  │    FX_{2N}-32ER   │          │
  X000～X027        │      X030～X047   │     X050～X67    │          │
  Y000～Y027        ↓                   ↓      Y030～Y047   ↓          ↓
                  特殊模块              特殊模块             特殊模块
                   第0号                第1号               第2号
```

图 10-25 特殊功能模块的编号

10.1.2 实验目的

熟练掌握外部设备及外部 I/O 设备指令（如 FROM、TO 等）的使用方法。

10.1.3 实验设备

个人计算机、PLC 主机（FX_{2N} 或 FX_{1N}）、模拟量输入输出混合模块 FX_{0N}-3A、0～10V 直流电源、电位器、万能表、按钮、指示灯、SC-09 编程电缆、SWOPC-FXGP/WIN-C 编程软件、GX Developer 和 GX-Simulator 软件、导线及电工工具等。

10.1.4 实验内容及要求

某 PLC 压力调节控制系统采用 FX_{2N}（或 FX_{1N}）基本单元扩展 FX_{0N}-3A 模拟量输入输出混合模块的控制结构，需进行以下项目的编程练习。

(1) 线性标度变换编程练习。FX_{0N}-3A 的输入通道 1 用来采集压力传感器的信号。已知该压力传感器的量程为 0～10Mpa，输出信号为直流 0～10V（可手动调节 0～10V 电位器进行模拟），FX_{0N}-3A 输入通道相应选择 0～10V 电压信号的输入形式（请选择 FX_{0N}-3A 模块的外部接线形式并连线）。模拟量转换后在 PLC 中对应的数字量为 0～4000，设转换后的数字值为 N 且存储于数据寄存器 D101 和 D100 中，试列写以 kPa 为单位的标度变换压力值公式并编写出梯形图。参考程序如图 10-26 所示。

(2) 特殊功能模块读写（FROM/TO）指令练习。FX_{0N}-3A 的缓冲存储器（BFM）中的数据是通过 PLC 写入或读取的。试编写程序当 M0 变为 ON 时，FX_{0N}-3A 读取通道 1 模拟量输入数据，当 M1 为 ON 时，读取通道 2 的模拟量输入数据。参考程序如图 10-27 所示。

10.1.5 参考程序

(1) 线性标度变换参考程序。线性标度变换公式的推导。由于压力 0～10MPa（即 0～10000kPa）对应转换后的数字值 0～4000，利用线性标度变换公式可得

$$P = \frac{N}{4000} \times 10000 \text{kPa} = 2.5N \text{ kPa}$$

采用定点数算数逻辑运算的计算公式为：$P = N \times \frac{5}{2} \text{kPa}$。

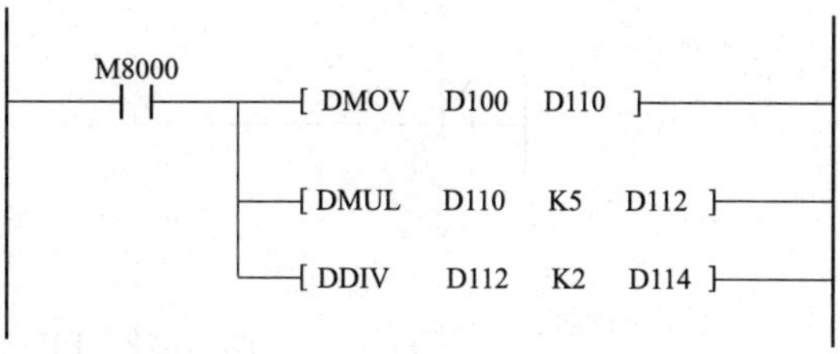

图 10-26 线性标度变换参考程序

线性标度变换参数程序如图 10-26 所示。

(2) 特殊功能模块读写（FROM/TO）指令参考程序如图 10-27 所示。

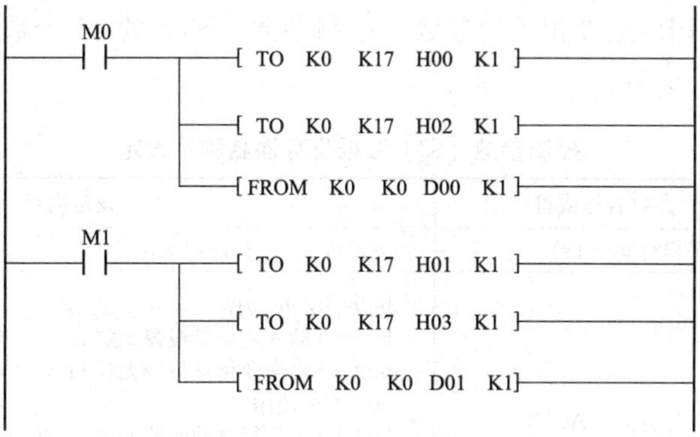

图 10-27 特殊功能模块读写指令参考程序

10.2 PID 指令应用实验

10.2.1 相关知识

(1) PID 指令组成要素。PID 指令对测量值数据寄存器［S2］和设定值数据寄存器［S1］进行比较，通过 PID 回路处理两数值之间的偏差来产生一个调节值，此值已考虑了计算偏差前一次的迭代和趋势。PID 回路计算出的输出调节值存入目标软元件［D］中。［S3］指定 PID 运算的参数表首地址，PID 控制回路的设定参数存储在由［S3］+0 到［S3］+24 的 25 个地址连续的数据寄存器中。因为该参数表需要占用 25 个数据寄存器，所以首元件号不可大于 D7975。该指令在编程时可多次使用，但应注意各 PID 回路占用的数据寄存器不可重复。PID 指令有特定的出错代码，出错标志为 M8067，相应的出错代码存放在 D8067。

三菱 FX 系列 PLC 的 PID 指令的组成要素，见表 10-23。

表 10-23　　　　　　　　　　　　　　PID 指令的组成要素

指令名称	功能码、处理位数	助记符	操作数范围				占用程序步数
			[S1]	[S2]	[S3]	[D]	
PID 运算	FNC88 (16)	PID	D [目标值 (SV)]	D [测量值 (PV)]	D0~D7975 (参数表)	D [输出值 (MV)]	PID…9 步

PID 运算指令的使用，如图 10-28 所示。

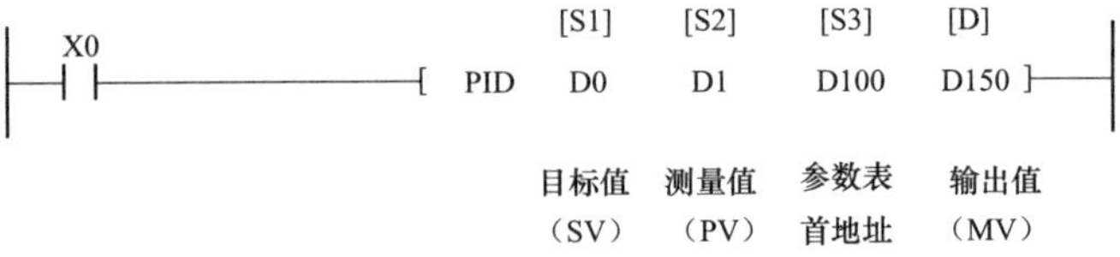

```
       X0                    [S1]  [S2]  [S3]  [D]
   ────┤├───────────[ PID   D0    D1    D100  D150 ]─
                         目标值  测量值  参数表  输出值
                         (SV)   (PV)  首地址  (MV)
```

图 10-28　PID 运算指令的使用

(2) PID 控制参数表。在使用 PID 运算指令前，需要先对目标值、测量值以及控制参数进行设定。其中测量值是传感器元件反馈量在 PLC 中产生的数字量，目标值则应该结合工程实际值、传感器测量范围、模数转换字长等参数的量值，它应当是控制系统稳定运行的期望值。控制参数则为 PID 运算相关的参数。控制参数 [S3] 的 25 个数据寄存器的名称及参数的设定内容，见表 10-24。

表 10-24　　　　　　　　　　控制参数 [S3] 数据寄存器名称及设定

寄存器号数	参数名称或符号	设定内容
[S3]	采样时间 (Ts)	设定范围 1~32767 (ms)
[S3]+1	动作方向 (ACT)	bit0=0，正动作　bit0=1 逆动作 bit1=0 输入变化量报警无效 bit1=1 输入变化量报警有效 bit2=0 输出变化量报警无效 bit2=1 输出变化量报警有效 bit3 不可使用 bit4=0 不执行自动调节 bit4=1 执行自动调节 bit5=0 输出上下限设定无效 bit5=1 输出上下限设定有效 bit6~bit15 不可使用 注意，bit2 及 bit5 不能同时为 ON
[S3]+2	输入滤波常数 (α)	0~99%，设定为 0 时无输入滤波
[S3]+3	比例增益 (Kp)	1%~32767%
[S3]+4	积分时间 (T_I)	0~32767 (×100ms) 设定为 0 时无积分处理
[S3]+5	微分增益 (K_D)	0~100% 设定为 0 时无微分增益
[S3]+6	微分时间 (T_D)	0~32767 (×100ms) 设定为 0 时无微分处理
[S3]+7~[S3]+19	—	PID 运算内部占用
[S3]+20	输入变化量（增加方向）报警设定值	0~32767 [动作方向 (ACT) 的 bit1=1 有效]
[S3]+21	输入变化量减少方向）报警设定值	0~32767 [动作方向 (ACT) 的 bit1=1 有效]
[S3]+22	输出变化量（增加方向）报警设定值	0~32767 [动作方向 (ACT) 的 bit2=1，bit5=0 有效]
[S3]+23	输出变化量（减少方向）报警设定值	0~32767 [动作方向 (ACT) 的 bit2=1，bit5=0 有效]

寄存器号数	参数名称或符号	设定内容
[S3]+24	报警输出	bit0=1，输入变化量（增加方向）溢出报警［动作方向（ACT）的 bit1=1 或 bit2=1 有效］ bit1=1 输入变化量（减少方向）溢出报警 bit2=1 输出变化量（增加方向）溢出报警 bit3=1 输出变化量（减少方向）溢出报警

注 [S3]+20～[S3]+24 在 [S3]+1 在（ACT）的 bit1=1，bit2=1 或 bit5=1 时被占用。

表中 [S3]+1 参数 PID 调节方向设定，一般来说大多情况下，PID 调节为逆动作方向，即测量值减少时应使 PID 调节的输出增加。正方向动作调节用得较少，即测量值减少时就使 PID 调节的输出值减少。[S3]+3～[S3]+6 是涉及 PID 调节中比例、积分、微分调节强弱的参数，是 PID 调节的关键参数。这些参数的设定直接影响系统的快速性和稳定性。一般在系统调试中经过对系统测定后调节至合适值。

(3) PID 指令使用说明。

1) PID 指令在定时器中断、子程序、步进梯形程序、跳转指令中也可使用。在这种情况下，执行 PID 指令前应清除 [S3]+7 后再使用，如图 10-29 所示。

2) 采样时间 Ts 的最大误差为-(1 扫描周期+1ms)～+(1 扫描周期)。Ts 的数值较小时，这种误差将成为问题。在这种情况下，应执行恒定扫描模式或在定时器中断程序中编程，以解决该问题。

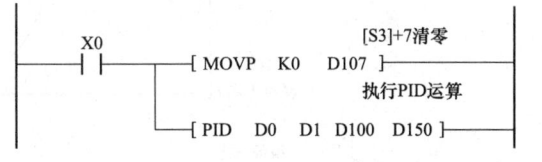

图 10-29 执行 PID 指令前的清零

3) 如果采样时间 Ts 小于或等于可编程控制器的 1 个扫描周期，则 M8067=ON，出错代码为 D8067=K6740，并按 Ts＝扫描周期执行。在这种情况下，建议最好在定时器中断（I6□□～I8□□）中使用 PID 指令。

4) 输入滤波常数有使测量值变化平滑的效果。

5) 微分增益有缓和输出值急剧变化的效果。

6) 动作方向 [S3]+1（ACT）含义的解释。正动作、逆动作指定系统的动作方向。正动作是指，过程测量值 PV_{nf} 大于设定值 SV 时动作。例如，空调的控制，空调未启动时室温上升，超过设定值，则启动空调工作。逆动作是指，过程值 PV_{nf} 小于设定值 SV 时动作。例如，电炉的控制，当炉温低于设定值时，须投入电炉工作以升高炉温。动作方向各位设置具体内容如下：

① 动作方向：bit0=0 为正动作，bit=1 为逆运作。

② 输出值上下限设定 (bit5)。在输出值上下限设定有效（[S3]+1（ACT）的 bit5=1）的情况下，输出值如图 10-30 所示。如果使用这种设定，也有抑制 PID 控制积分项增大的效果。另外，使用这个功能时，应必须使 [S3]+1（ACT）的 bit2 设为 OFF (0)。

③ 报警设定（过程量、输出量）(bit1, bit2)。使 [S3]+1（ACT）的 bit1，bit2 为 ON 后，可以监视过程量和输出量。过程量、输出量与 [S3]+20～[S3]+23 的值进行比较，超过设定值时，报警标志 [S3]+24 的相应各位在该 PID 指令执行后立刻 ON，如图 10-31 所示。但是，[S3]+21、[S3]+23 作为报警值使用时，设定值按负值处理。另外，使用输出变化量的报警功能时，[S3]+1（ACT）的 bit5 必须设为 OFF (0)。

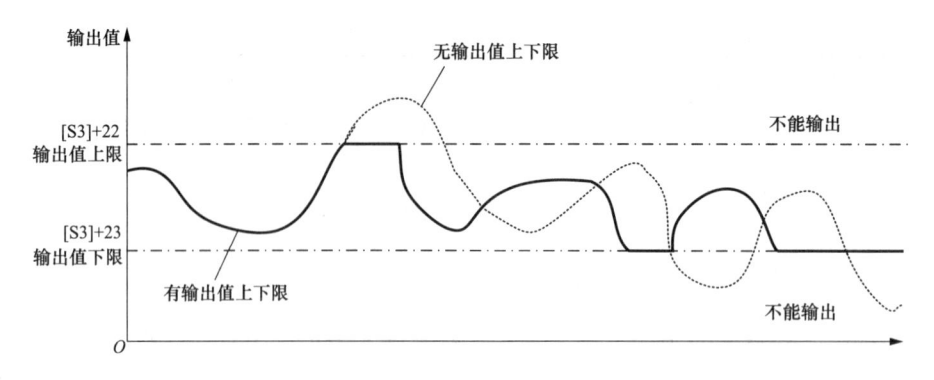

图 10-30 PID 输出值上下限有效

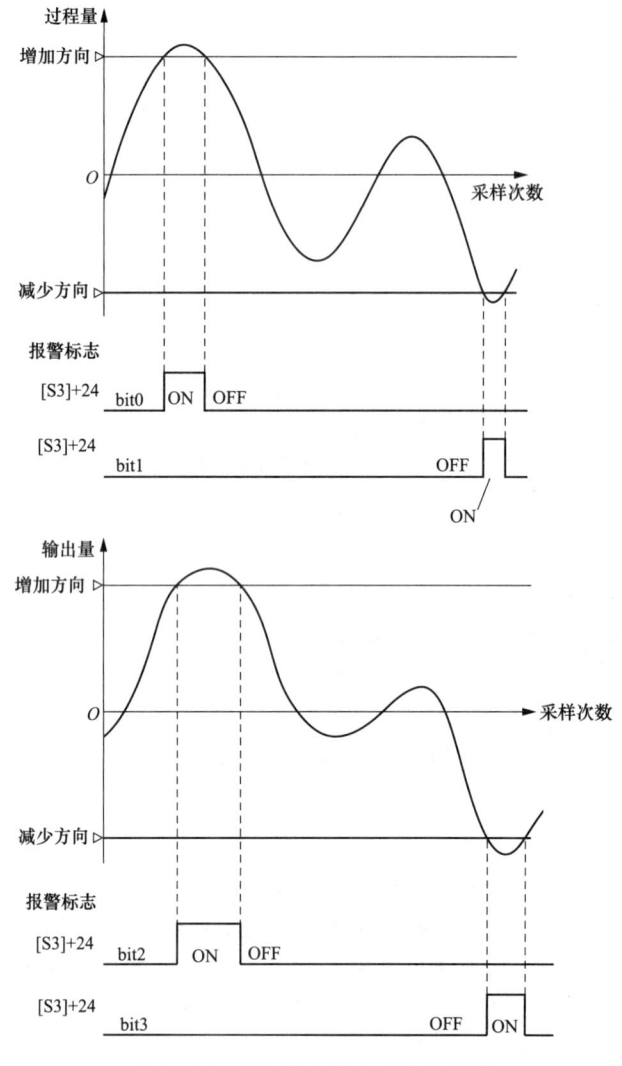

图 10-31 PID 输入输出变化量报警

变化量的定义是：(上次采样值)－(本次采样值)＝变化量。

报警标志的动作（[S3]＋24）：输入变化量是 bit0、bit1，输出变化量是 bit2、bit3。

(4) 确定 PID 参数的方法。为了执行 PID 控制获得良好的控制效果，必须设定与控制对象相适合的 P、I、D 参数的最佳值，也就是需要确定比例增益 K_P、积分时间 T_I 和微分时间 T_D。

1) 阶跃响应法。下面介绍计算这三个参数的一种方法——阶跃响应法。所谓阶跃响应法，就是给控制对象施加阶跃输入，测出其输出响应曲线，并据此曲线计算 K_P、T_I 和 T_D 的方法。

阶跃响应法确定 PID 参数，如图 10-32 所示。动作特性和 PID 三个参数的关系，见表 10-25。

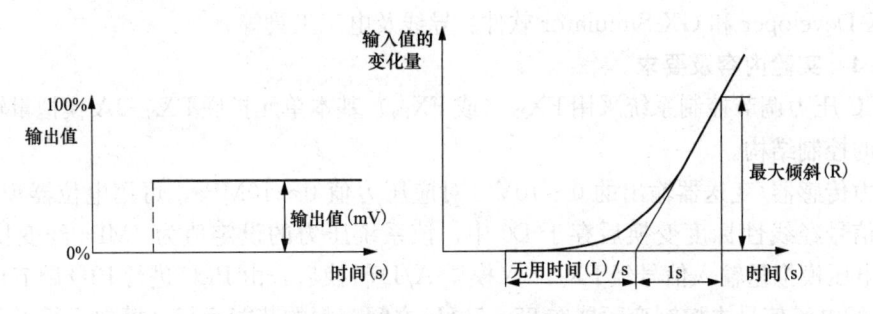

图 10-32 阶跃响应法确定 PID 参数

表 10-25　　　　　　　　　动作特性和 PID 的三个参数

项目	比例增益 K_P（%）	积分时间 T_I（×100ms）	微分时间 T_D（×100ms）
仅有比例 P 控制（P 动作）	1/RL×输出值（MV）	—	—
PI 控制（PI 动作）	0.9/RL×输出值（MV）	33L	—
PID 控制（PID 动作）	1.2/RL×输出值（MV）	20L	50L

2) 自动调节功能自动生成参数的方法。自动调节功能可以自动生成下面的重要参数：

动作方向（正动作，逆动作）（[S3]+1，bit0）；

比例增益 K_P（[S3]+3）；

积分时间 T_I（[S3]+4）；

微分时间 T_D（[S3]+6）。

首先将除了上面几个参数以外的没有提到的参数设置好，应该设定的参数包括：采样时间 T_S（[S3]+0）、输入滤波常数（[S3]+2）、微分增益 K_D（[S3]+5）、设定值 SV（[S1]）和所有报警限制值（[S3]+20～[S3]+23），然后将 [S3]+1 的 bit4 置 1，即可开始自动预调节过程。

为了使自动调节能够高效的进行，在调节开始时偏差（设定值与当前测量值之差）必须大于 150，可通过设定值的设置来满足这项要求。

系统会自动监视过程值，当过程当前值达到设定值的 1/3 时，自动调节标志（[S3]+1，bit4）会被复位，自动调节完成，转为正常的 PID 调节。这时可将设定值改回到正常的设定值而不必令 PID 指令 OFF。

而在正常 PID 调节进行中要重新作一次自动调节，则必须令 PID 指令 OFF 后再重新开始调节过程。

自动调节时应将采样时间设为大于 1s（1000ms）。通常的采样时间应远大于扫描周期。

自动调节应在系统稳定时进行，否则会产生不正确的结果。例如，不应在冰箱门开启时或混合罐加料时作自动调节。

10.2.2 实验目的

进一步熟练掌握外部设备及外部 I/O 设备指令（如 PID 等）的使用方法。

10.2.3 实验设备

个人计算机、PLC 主机（FX_{2N} 或 FX_{1N}）、模拟量输入输出混合模块 FX_{0N}-3A、0～10V 直流电源、电位器、万能表、按钮、指示灯、SC-09 编程电缆、SWPOC-FXGP/WIN-C 编程软件、GX-Developer 和 GX-Simulator 软件、导线及电工工具等。

10.2.4 实验内容及要求

某 PLC 压力调节控制系统采用 FX_{2N}（或 FX_{1N}）基本单元扩展 FX_{0N}-3A 模拟量输入输出混合模块的控制结构。

设压力传感器/变送器输出的 0～10V（对应压力值 0～10MPa，可用电位器模拟输入）标准电压信号经线性标度变换后存于 D0 中，该系统压力的设定值为 7MPa 经变换后存于 D10 中。电压模拟量输入信号经 FX_{0N}-3A 模块 A/D 转换后，由 PLC 进行 PID 调节运算输出 4～20mA 的电流信号去控制变频器在 25～50Hz 之间变频的节能运行（模拟运行可不接变频器，用万能表电流挡测量 FX_{0N}-3A 模拟量输出通道的电流值），试编写 PID 调节程序。参考程序如图 10-33 所示。

10.2.5 参考程序

参考程序如图 10-33 所示。

```
    M10
────┤├────────────────────────────────[MOVP  K200  D300]
     │
     ├────────────────────────────────[MOVP   K1   D301]
     │
     ├────────────────────────────────[MOVP   K50  D302]
     │
     ├────────────────────────────────[MOVP  K100  D303]
     │
     ├────────────────────────────────[MOVP   K30  D304]
     │
     ├────────────────────────────────[MOVP   K0   D305]
     │
     ├────────────────────────────────[MOVP   K0   D306]
     │
     └──────────────────────[PID  D0  D10  D300  D350]
```

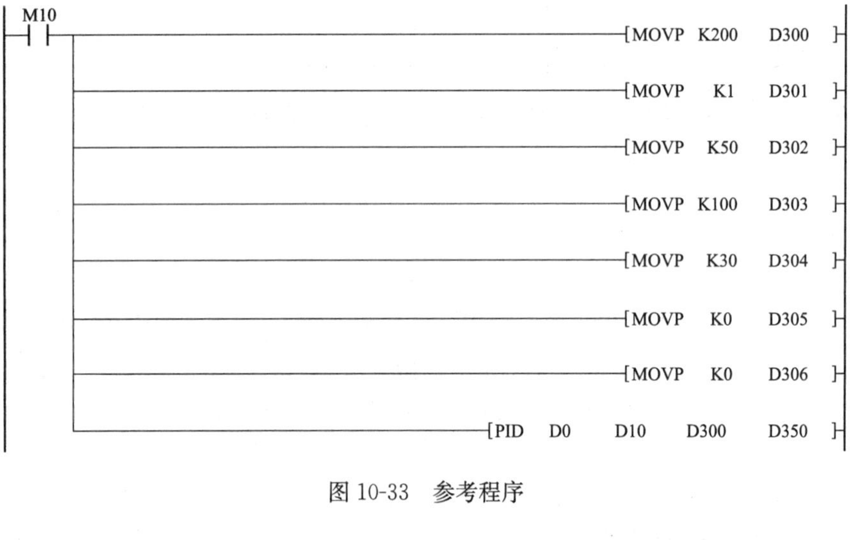

图 10-33 参考程序

第 11 章　PLC 的综合设计实验

11.1　交通信号灯控制设计实验

11.1.1　相关知识

在十字路口，行人穿行，车辆穿梭，秩序有条不紊，靠的是交通信号灯的自动指挥系统。交通信号灯控制方式很多，该实验练习时序设计编程的方法。

某人行横道有绿、红两盏信号灯（PLC 驱动红灯为输出点 Y0，驱动绿灯为输出点 Y1），在通常情况下是红灯亮，路边设有按钮 X0，行人要横穿街道时需按一下按钮，5s 之后，红灯灭，绿灯亮；再过 10s 后，绿灯闪烁 3s（亮 0.5s，灭 0.5s）后熄灭，然后红灯又亮，这样又恢复到系统的初始状态。人行道按钮控制系统的时序图如图 11-1 所示。从按下按钮 X0 后到下一次红灯亮之前的这段时间里，再次按下按钮将不起作用。

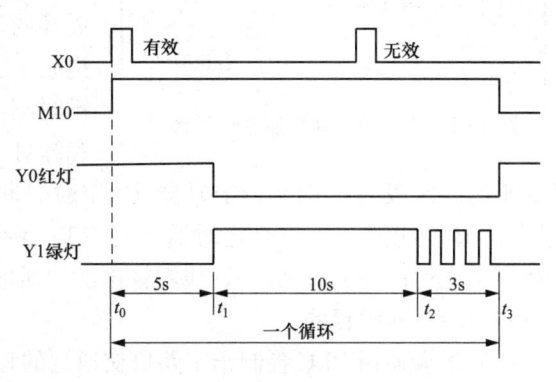

图 11-1　人行道按钮控制系统时序图

1. 系统的时序图和各时间区段定时器功能明细

由上面的时序图可知，一个循环中可分为 3 个时间区段，这三个时间区段对应 4 个分界点，即 t_0、t_1、t_2 和 t_3，在这 4 个分界点处信号灯的状态将有可能发生变化。显然，一个循环中的 3 个时间段必须采用 3 个定时器来定时，为了明确每个定时器的功能，列出每个定时器的功能明细，见表 11-1。

表 11-1　　　　　　　　　一个循环中各定时器的功能明细

定时器	t_0	t_1	t_2	t_3
T0，定时 5s	开始定时。红灯亮，绿灯灭	定时到，输出为 ON 并保持，红灯灭，绿灯开始亮	输出为 ON	通过 T2 动断触点的断开，使定时器 T0 复位
T1，定时 10s	不工作	开始定时	定时到，输出为 ON 并保持，绿灯开始闪烁	通过 T2 动断触点的断开，使定时器 T1 复位
T2，定时 3s	不工作	不工作	开始定时	定时到，输出为 ON，通过其动断触点实现各定时器的复位。系统回到初始状态，红灯亮，绿灯灭

2. 系统的梯形图程序

根据表 11-1 中各个定时器的功能明细和 I/O 分配，可以明确地知道一个工作循环中，每一时间区段都通过哪几个定时器来进行时间的计时和驱动相应输出点的启动和停止条件。人行道按钮控制系统的梯形图，如图 11-2 所示。

程序说明：由于按钮按下是短信号，为了保证定时器线圈"通电"有足够长的时间以便定时到设定的时间，这里采用起保停电路驱动线圈 M10，将其动合触点作为定时器 T0 的输入信号。按下按钮后，三个定时器像跑"接力"一样依次对一个工作循环的三个时间区段进行定时（5s、10s、3s）。根据表 11-1 各定时器开始定时和定时时间到这两个关键时刻，可以很容易地确定出控制输出信号红灯 Y0 和绿灯 Y1 的启动和停止的条件。在一个循环的最后一个时间区段的 t_3 时刻，定时器 T2 定时时间到，其动断触点断开，使 M10 的线圈"断电"其动合触点断开，三个定时器 T0、T1、T2 将随之全部被复位。T2 的动断触点在一个扫描周期之后旋即又接通，Y0 线圈将再次"通电"，系统回到初始状态红灯亮、绿灯灭。

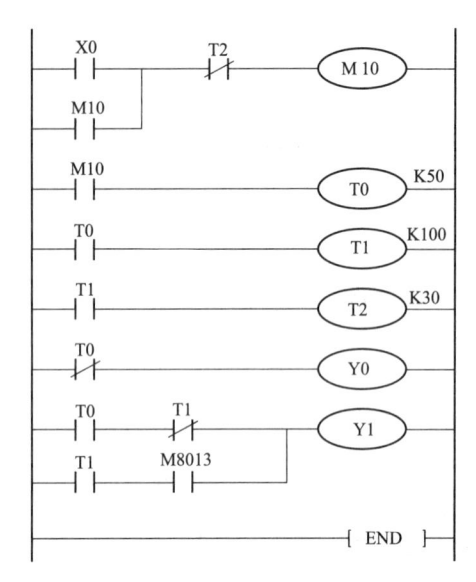

图 11-2 人行道按钮控制系统梯形图

11.1.2 实验目的

(1) 学会使用 PLC 控制十字路口交通灯的程序设计法。
(2) 熟悉用时序波形图方法设计梯形图程序。
(3) 掌握 PLC 与外围电路接口的连线。
(4) 掌握定时器的使用方法。
(5) 进一步掌握 GX-Simulator 的仿真方法。

11.1.3 实验设备

个人计算机、PLC 主机、编程电缆、导线、按钮、数码管、红灯、绿灯、黄灯、SWOPC-FXGP/WIN-C 编程软件、GX-Developer 和 GX-Simulator 软件、输入/输出实验板、电源、电工工具及导线若干。

11.1.4 实验内容及要求

十字路口南北向及东西向均设有红、黄、绿三只信号灯，交通信号灯启动时（输入 X000 控制启动，输入 X001 控制停止），6 只灯依一定的时序循环往复工作。十字路口交通灯控制系统的时序图如图 11-3 所示。

当按下启动按钮时，信号灯系统开始工作，并周而复始地循环工作；当按动停止按钮时，系统将停止在初始状态，即南北红灯亮，禁止通行；东西绿灯亮，允许通行。

(1) 南北红灯亮维持 30s，在南北红灯亮的同时，东西绿灯也亮，并维持 25s，到 25s 时，东西方向绿灯闪，闪亮 3s 后，绿灯灭。在东西绿灯熄灭的同时，东西黄灯亮，并维持 2s，到 2s 时，东西黄灯灭，东西红灯亮。同时，南北红灯熄灭，南北绿灯亮。

(2) 东西红灯亮维持 30s。南北绿灯亮维持 25s，然后闪亮 3s，再熄灭。同时南北方向黄灯亮，并维持 2s 后熄灭，这时南北红灯亮，东西绿灯亮。

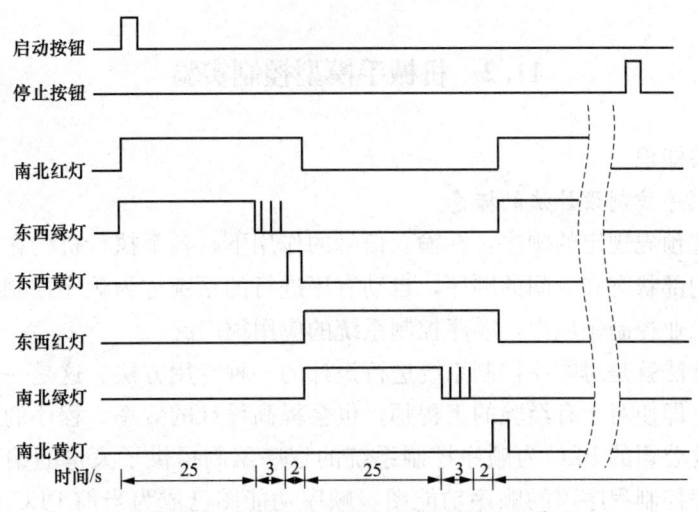

图 11-3　十字路口交通灯控制系统的时序图

接下去周而复始，直到停止按钮被按下为止。

要求用时序设计法编程，并且连接电路调试程序。参考程序如图 11-4 所示。

11.1.5　参考程序

十字路口交通灯梯形图（时序图设计法）如图 11-4 所示。

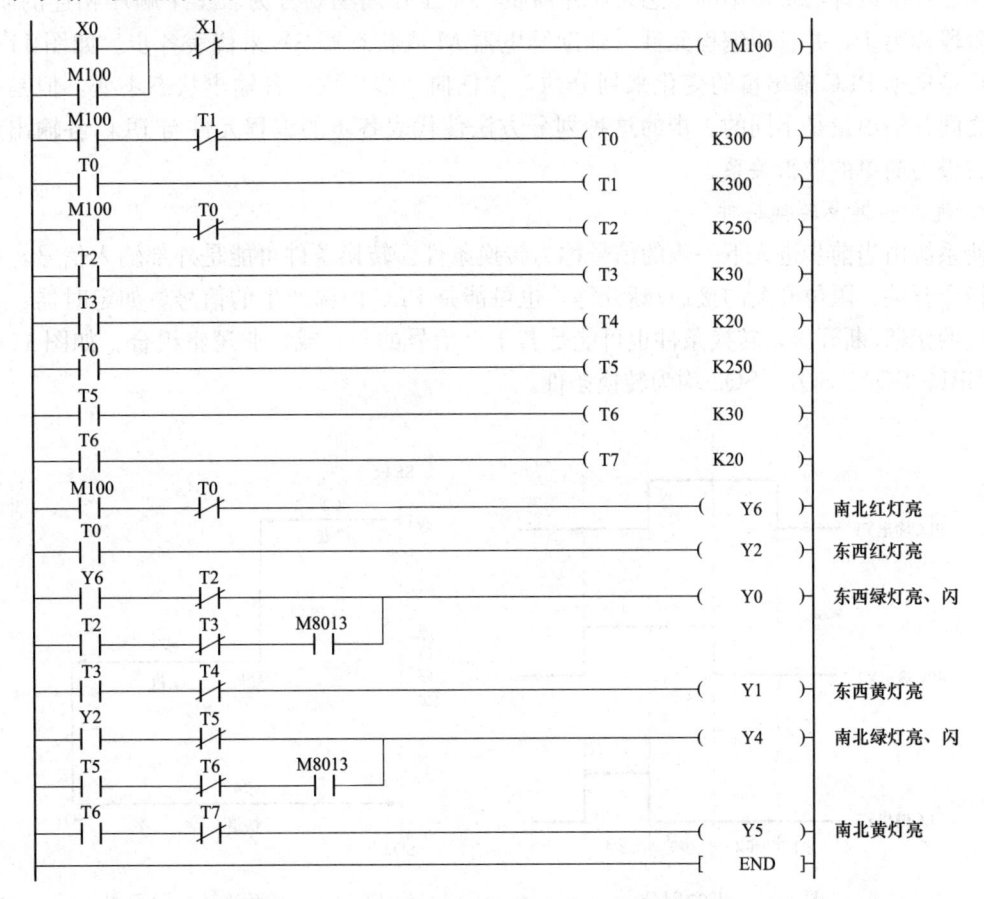

图 11-4　十字路口交通灯梯形图（时序图设计法）

11.2 机械手模型控制实验

11.2.1 相关知识

11.2.1.1 顺序控制设计法的概念

按照生产工艺预先规定的顺序，在输入信号的作用下，各个执行机构在生产过程中根据外部输入信号、内部状态和时间的顺序，自动有序进行的系统称为顺序控制系统，也称为步进控制系统。在工业控制领域中，顺序控制系统的应用很广泛。

顺序控制设计法就是对顺序控制系统进行设计的一种专用方法。这是一种先进的设计方法，容易被接受。即使对于有经验的工程师，也会提高设计的效率，程序的调试、修改和阅读也很方便。三菱公司的 PLC 为顺序控制系统的程序编制提供了大量的编程元件，并开发了专门供编制顺序控制程序用的顺序功能图，顺序功能图已成为当前 PLC 程序设计的主要方法。

11.2.1.2 顺序控制设计法的设计内容

顺序控制设计法的基本内容介绍如下。

1. 划分步

顺序控制设计法最基本的思想是将系统的一个工作周期划分为若干个顺序相连的阶段，这些阶段称为步，并且用编程元件（辅助继电器 M 或状态器 S）来代表各步。如图 11-5 所示，步是根据 PLC 输出量的变化来划分的，在任何一步之内，各输出状态不变，但是相邻两步之间各输出量是不同的。步的这种划分方法使代表各步的编程元件与 PLC 各输出量之间有着极为简单的逻辑关系。

2. 确定转换及转换条件

使系统由当前步进入下一步的信号称为转换条件。转换条件可能是外部输入信号，如按钮、指令开关、限位开关的接通/断开等，也可能是 PLC 内部产生的信号，如定时器、计数器触点的接通/断开等，转换条件也可能是若干个信号的与、或、非逻辑组合。如图 11-6 所示的 SB1、SQ0、SQ1、SQ2 均为转换条件。

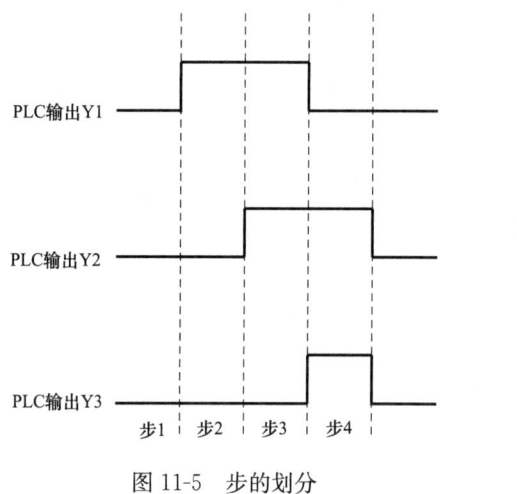

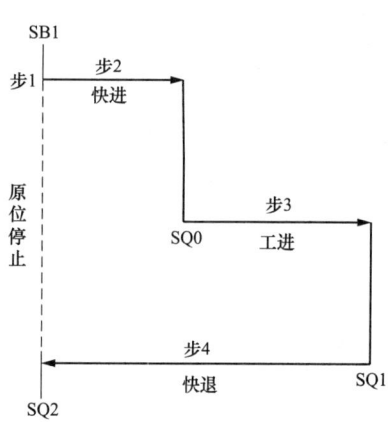

图 11-5 步的划分

图 11-6 某系统转换示意图

顺序控制设计法用转换条件控制代表各步的编程元件，让它们的状态按一定的顺序变化，然后用代表各步的编程元件去控制各输出继电器。

3. 绘制顺序功能图

绘制顺序功能图是顺序控制设计法中最为关键的一个步骤。顺序功能图又称做状态转移图，它是描述控制系统的控制过程、功能和特性的一种图形，也是设计PLC的顺序控制程序的有力工具。功能表图并不涉及所描述的控制功能的具体技术，它是一种通用的技术语言，可以用于进一步和不同专业的设计人员之间进行技术交流。

各国家也都制定了顺序功能图的国家标准。法国在1979年，公布了顺序功能图的国家标准——GRSFCET。我国于1986年颁布了功能表图的国家标准（GB 6988.6—86）。在1994年5月，IEC公布了PLC标准，其中顺序功能图被确定为PLC的首位的编程语言。

如图11-7所示顺序功能图主要由步、有向连线、转换、转换条件和动作（命令）组成。

（1）步。用矩形框表示步，方框内的数字是该步的编号。也可以用代表该步的编程元件的元件号作为步的编号，如M100等，这样在根据顺序功能图设计梯形图时较为方便。

与系统的初始状态相对应的步称为初始步。初始状态一般是系统等待启动命令的相对静止的状态。初始步用双线方框表示，每一个顺序功能图至少应该有一个初始步。

当系统正处于某一步时，称该步处于活动状态，该步为"活动步"。步处于活动状态时，相应的动作被执行。若为非保持型动作则指该步不活动时，动作也停止执行。

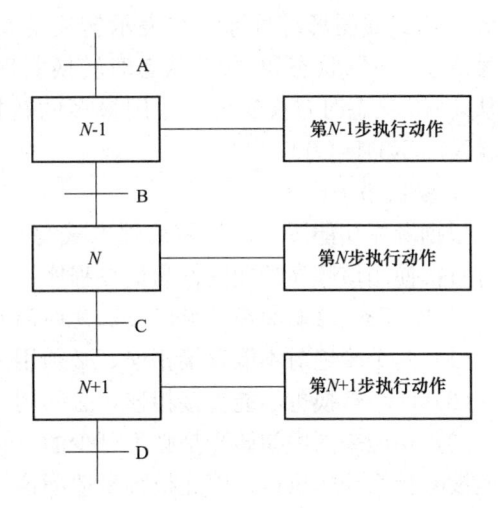

图 11-7　顺序功能图的一般形式

（2）动作或命令。一个控制系统可以划分为被控系统和施控系统，例如，在数控车床系统中，数控装置是施控系统，而车床是被控系统。对于被控系统，在某一步中要完成某些"动作"，对于施控系统，在某一步中则要向被控系统发出某些"命令"，将动作或命令简称为动作，并用矩形框中的文字或符号表示，该矩形框应与相应的步的符号相连。如果某一步有几个动作，可以用如图11-8所示的两种画法来表示，但是图中并不隐含这些动作之间的任何顺序。

（3）有向连线。在顺序功能图中，随着时间的推移和转换条件的实现，将会发生步的活动状态的顺序进展，这种进展按有向连线规定的路线和方向进行。在画顺序功能图时，将代表各步的方框按它们成为活动步的先后次序顺序排列，并用有向连线将它们连接起来。活动状态的进展方向习惯上是从上到下或从左至右，在这两个方向有向连线上的箭头可以省略。如果不是上述的方向，应在有向连线上用箭头注明进展方向。

（4）转换。转换是用有向连线上与有向连线垂直的短画线来表示，转换将相邻两步分隔开。步的活动状态的进展是由转换的实现来完成的，并与控制过程的发展相对应。

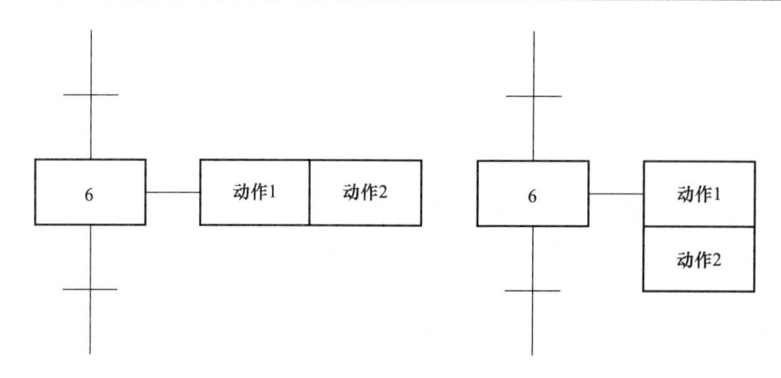

图 11-8 多个动作的表示

（5）转换条件。转换条件是与转换相关的逻辑条件，转换条件可以用文字语言、布尔代数表达式或图形符号标注在表示转换的短线的旁边。转换条件 X 和 $\overline{X}$ 分别表示在逻辑信号 X 为"1"状态和"0"状态时转换实现。符号 X↑ 和 X↓ 分别表示当 X 从 0→1 状态和从 1→0 状态时转换实现。使用最多的转换条件表示方法是布尔代数表达式，如转换条件（X0＋X3）·$\overline{C0}$。

4. 编制梯形图程序

根据顺序功能图，按某种编程方式写出梯形图程序。如果 PLC 支持顺序功能图语言，则可直接使用该顺序功能图作为最终程序。

11.2.1.3 绘制顺序功能图应注意的问题

（1）两个步绝对不能直接相连，必须用一个转换将它们隔开。

（2）两个转换也不能直接相连，必须用一个步将它们隔开。

（3）功能表图中初始步是必不可少的，它一般对应于系统等待起动的初始状态，这一步可能没有什么动作执行，因此很容易遗漏这一步。如果没有该步，无法表示初始状态，系统也无法返回停止状态。

（4）只有当某一步所有的前级步都是活动步时，该步才有可能变成活动步。如果用无断电保持功能的编程元件代表各步，则 PLC 开始进入 RUN 方式时各步均处于"0"状态，因此必须要有初始化信号，将初始步预置为活动步，否则功能表图中永远不会出现活动步，系统将无法工作。

11.2.1.4 步进指令

步进梯形指令（Step Ladder Instruction）简称为 STL 指令。FX 系列就有 STL 指令及 RET 复位指令。利用这两条指令，可以很方便地编制顺序控制梯形图程序。

FX_{2N} 系列 PLC 的状态器 S0～S9 用于初始步，S10～S19 用于返回原点，S20～S499 为通用状态，S500～S899 有断电保持功能，S900～S999 用于报警。用它们编制顺序控制程序时，应与步进梯形指令一起使用。FX 系列还有许多用于步进顺控编程的特殊辅助继电器以及使状态初始化的功能指令 IST，使 STL 指令用于设计顺序控制程序更加方便。

使用 STL 指令的状态的动合触点称为 STL 触点，它们在梯形图中的元件符号如图 11-9 所示。图 11-9 中可以看出功能图与梯形图之间的对应关系，STL 触点驱动的电路块具有三个功能：对负载的驱动处理、指定转换条件和指定转换目标。

除了后面要介绍的并行序列的合并对应的梯形图外，STL 触点是与左侧母线相连的动合触点，当某一步为活动步时，对应的 STL 触点接通，该步的负载被驱动。当该步后面的转换条件满足时，转换实现，即后续步对应的状态器被 SET 指令置位，后续步变为活动步，同时与前级步对应的状态器被系统程序自动复位，前级步对应的 STL 触点断开。

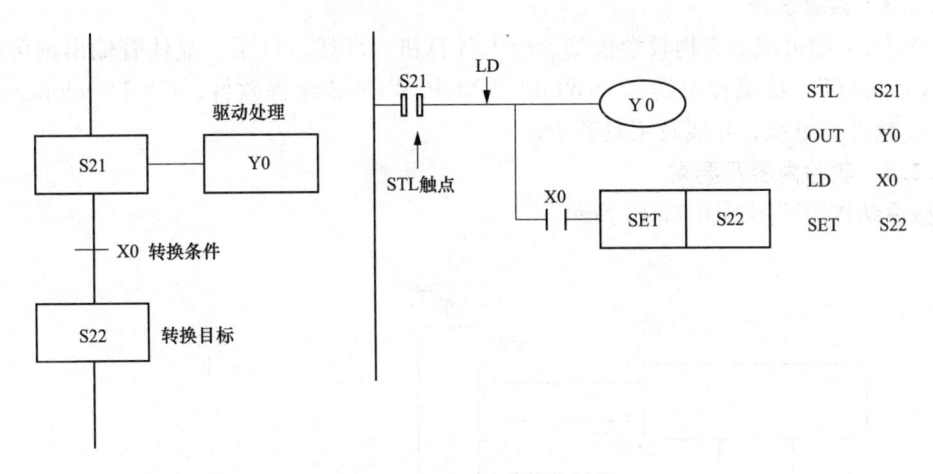

图 11-9 STL 触点的电路块

使用 STL 指令时应该注意以下问题：

（1）与 STL 触点相连的触点应使用 LD 或 LDI 指令，即 LD 触点移到 STL 触点的右侧，直到出现下一条 STL 指令或出现 RET 指令，RET 指令使 LD 点返回左侧母线。各个 STL 触点驱动的电路一般放在一起，最后一个电路结束时一定要使用 RET 指令。

（2）STL 触点可以直接驱动或通过别的触点驱动 Y、M、S、T 等元件的线圈，STL 触点也可以使 Y、M、S 等元件置位或复位。

（3）STL 触点断开时，CPU 不执行它驱动的电路块，即 CPU 只执行活动步对应的程序。在没有并行序列时，任何时候只有一个活动步，因此大大缩短了扫描周期。

（4）由于 CPU 只执行活动步对应的电路块，使用 STL 指令时允许双线圈输出，即同一元件的几个线圈可以分别被不同的 STL 触点驱动。实际上在一个扫描周期内，同一元件的几条 OUT 指令中只有一条被执行。

（5）STL 指令只能用于状态寄存器，在没有并行序列时，一个状态寄存器的 STL 触点在梯形图中只能出现一次。

（6）STL 触点驱动的电路块中不能使用 MC 和 MCR 指令，但是可以使用 CJP 和 CJ 指令。当执行 CJP 指令跳入某一 STL 触点驱动的电路块时，不管该 STL 触点是否为"1"状态，均执行对应的 CJP 指令之后的电路。

（7）与普通的辅助继电器一样，可以对状态寄存器使用 LD、LDI、AND、ANI、OR、ORI、SET、RST、OUT 等指令，这时状态寄存器触点的画法与普通触点的画法相同。

（8）使状态寄存器置位的指令如果不在 STL 触点驱动的电路块内，执行置位指令时系统程序不会自动将前级步对应的状态寄存器复位。

11.2.2 实验目的

（1）掌握顺序功能图的绘制。

(2) 掌握顺序功能图转化为梯形图的方法。
(3) 掌握 STL、RET 指令的使用。
(4) 掌握 GX-Simulator 的仿真方法。
(5) 掌握 PLC 与外围电路接口的连线。

11.2.3 实验设备

THWJX-1 型机械手实物教学模型、个人计算机、导线、气泵、晶体管输出型可编程控制器 FX_{1N}-24MT（带编程电缆）、SWOPC-FXGP/WIN-C 编程软件、GX-Developer 和 GX-Simulator 软件、电源、导线及工具若干。

11.2.4 实验内容及要求

机械手动作原理图如图 11-10 所示。

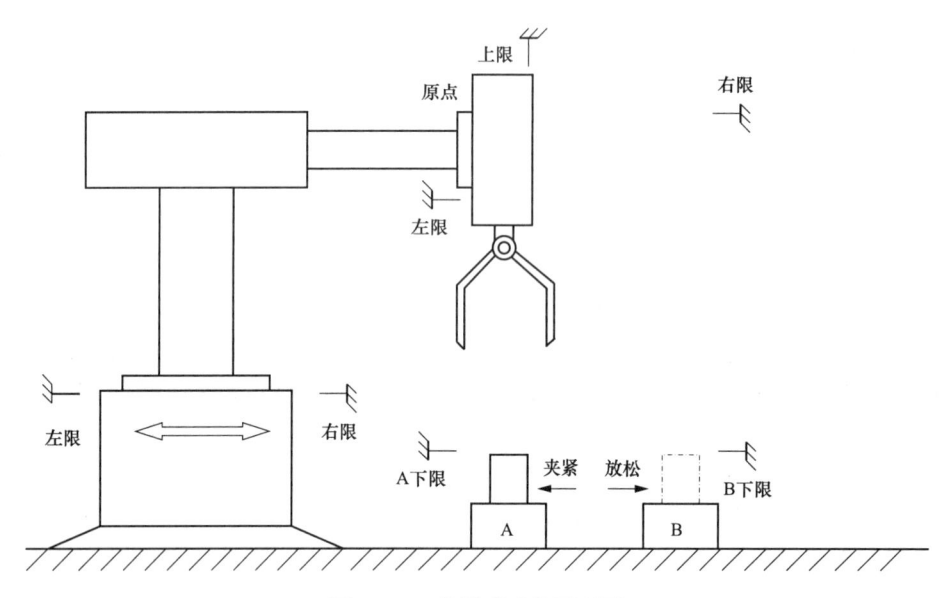

图 11-10　机械手动作原理图

将物体从位置 A 搬至位置 B；其整个过程：从原点开始，按下启动按钮，系统初始化，气夹正转，到位后机械手下降，下降到底时，碰到下限位开关，下降停止，同时机械手夹紧，夹紧后机械手上升，上升到顶时，碰到上限位开关，上升停止，基座正转，到位后机械手右移，右移到位时，碰到右限位开关，右移停止，机械手下降，下降到底时，碰到下限位开关，下降停止，同时气夹电磁阀断电，机械手放松，放松后，机械手上升，上升到顶时，碰到上限位开关，上升停止，机械手开始左移，左移到位时，碰到左限位开关，左移停止，基座反转，到位后回到原点位置。至此，机械手经过十二步动作完成了一个动作周期。参考程序如图 11-11 所示。

要求用顺序控制设计法编程，连接机械手模型，调试程序。

11.2.5 参考程序

机械手控制系统的顺序功能图如图 11-11 所示。

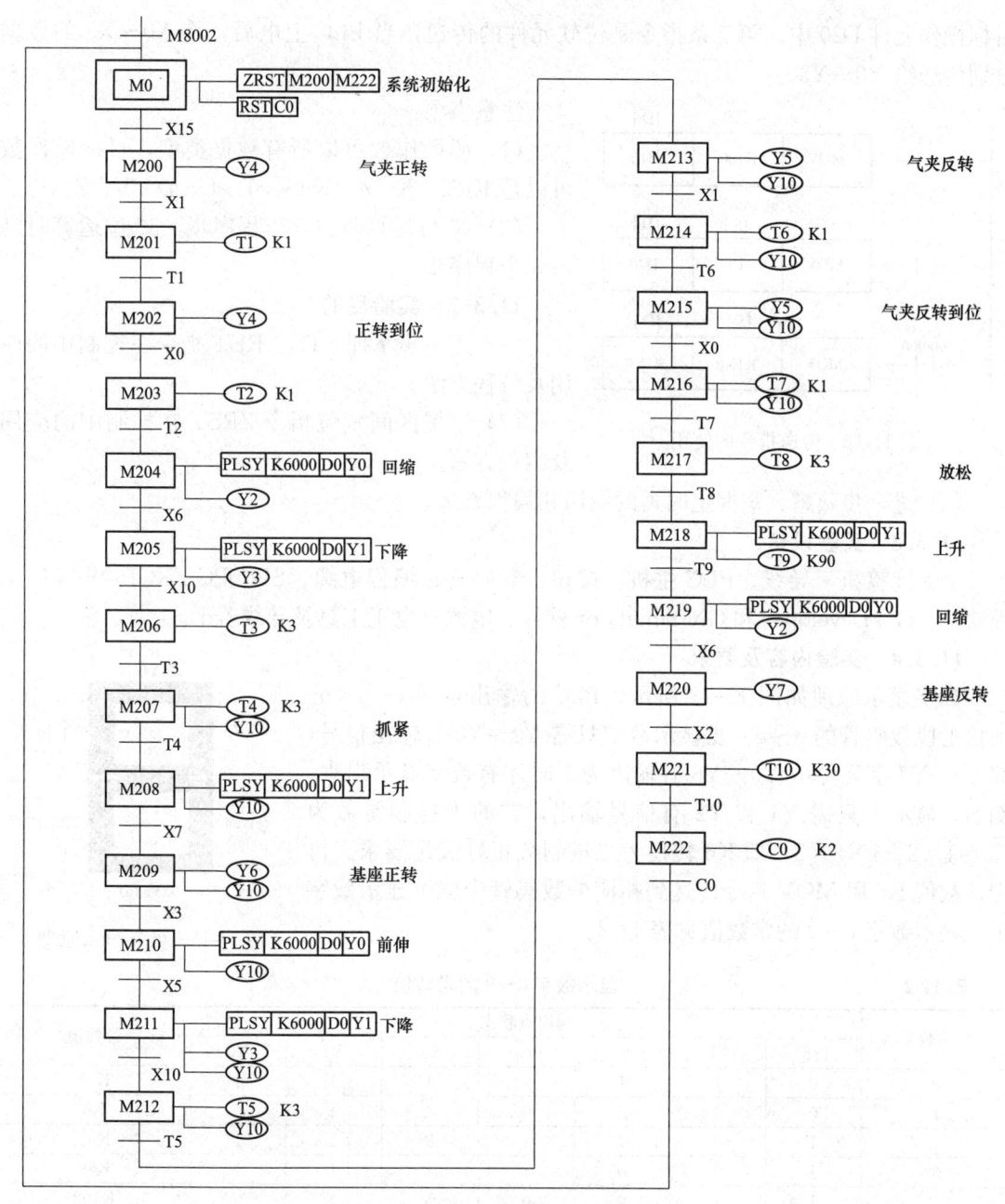

图 11-11 机械手控制系统的顺序功能图

11.3 LED 数码显示实验

11.3.1 相关知识

传送指令 MOV、(D) MOV (P) 指令的编号为 FNC12，该指令的功能是将源数据传送到指定的目标。如图 11-12 所示，当 X1 为 ON 时，则将 [S·] 中的数据 K100 传送到目标操作元件 [D·] 即 D10 中。在指令执行时，常数 K100 会自动转换成二进制数。当 X1 为 OFF 时，则指令不执行，数据保持不变。当 X2 为 ON 时，则将定时器 T0 中的数据传送到目标操作元件 D20 中。第三条指令是位软元件的传送，当 PLC 上电后，将 X0～X3 的数据分别传送给 Y0～Y3。

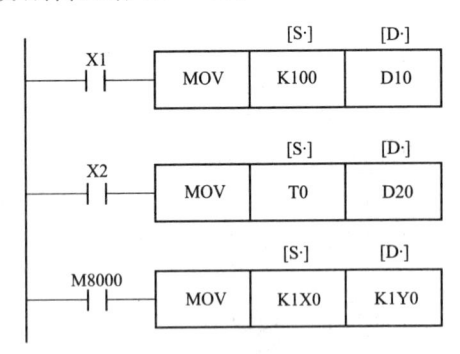

```
   X1         [S·]    [D·]
───┤├──────[ MOV  K100   D10 ]

   X2         [S·]    [D·]
───┤├──────[ MOV   T0    D20 ]

  M8000       [S·]    [D·]
───┤├──────[ MOV  K1X0   K1Y0 ]
```

图 11-12 传送指令的使用

注意事项：

（1）源操作数可取所有数据类型，目标操作数可以是 KnY、KnM、KnS、T、C、D、V、Z。

（2）16 位运算时占 5 个程序步，32 位运算时则占 9 个程序步。

11.3.2 实验目的

（1）进一步掌握 STL、RET 指令在控制中的应用及编程方法。

（2）掌握区间复位指令 ZRST 在控制中的应用及编程方法。

（3）进一步熟悉、掌握定时器的应用和编程方法。

11.3.3 实验设备

个人计算机、导线、PLC 主机、按钮、数码管、编程电缆、SWOPC-FXGP/WIN-C 编程软件、GX Developer 和 GX-Simulator 软件、电源、电工工具及导线若干。

11.3.4 实验内容及要求

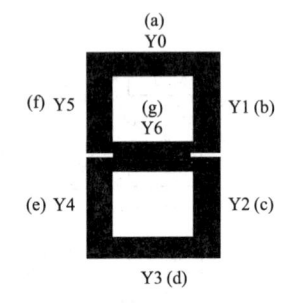

数字显示原理如图 11-13 所示，PLC 的输出点 Y0～Y6 分别接七段数码管的 a～g。要显示数字只需 Y0～Y6 有输出信号，即 Y0～Y7 字元件中 Y0～Y6 有输出为 1 时才有数字显示出来。例如，显示 1 只需 Y1 和 Y2 有信号输出，它的十进制常数为 K6＝1×2＋1×2×2，即 K6 转换为二进制数正好满足要求。再把常数值 K6 用 MOV 指令传送到相应的数码管中就可显示数字了。显示数字 0～9 的常数值见表 11-2。

图 11-13 数字显示原理

表 11-2　　　　　　　　　显示数字 0～9 的常数值

显示数字	输出点状态							常数值
	Y6	Y5	Y4	Y3	Y2	Y1	Y0	
0	0	1	1	1	1	1	1	K63
1	0	0	0	0	1	1	0	K6
2	1	0	1	1	0	1	1	K91
3	1	0	0	1	1	1	1	K79
4	1	1	0	0	1	1	0	K102
5	1	1	0	1	1	0	1	K109
6	1	1	1	1	1	0	1	K125
7	0	0	0	0	1	1	1	K7
8	1	1	1	1	1	1	1	K127
9	1	1	0	1	1	1	1	K111

按下启动按钮后，八段数码管开始显示：显示 0、1、2、3、4、5、6、7、8、9，再返回初始显示，并循环不止。参考程序如图 11-14 所示。

11.3.5 参考程序

数码显示实验程序如图 11-14 所示。

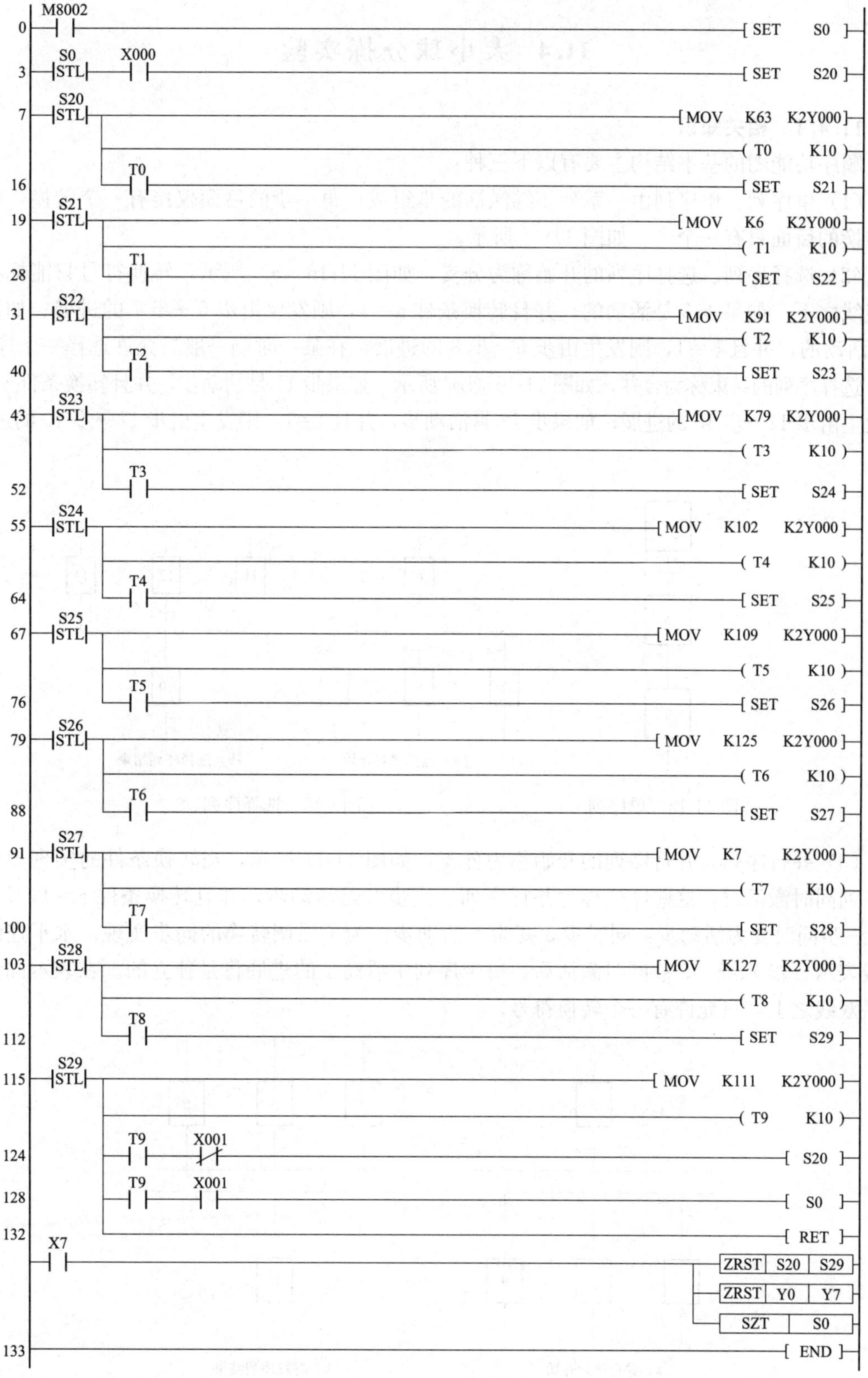

```
   M8002
0  ─┤├─────────────────────────────────────────[ SET   S0  ]
    S0    X000
3  ─┤STL├──┤├─────────────────────────────────[ SET   S20 ]
    S20
7  ─┤STL├─────────────────────────────[MOV  K63   K2Y000]
                                              ( T0    K10 )
         T0
16       ─┤├─────────────────────────────────[ SET   S21 ]
    S21
19 ─┤STL├─────────────────────────────[MOV  K6    K2Y000]
                                              ( T1    K10 )
         T1
28       ─┤├─────────────────────────────────[ SET   S22 ]
    S22
31 ─┤STL├─────────────────────────────[MOV  K91   K2Y000]
                                              ( T2    K10 )
         T2
40       ─┤├─────────────────────────────────[ SET   S23 ]
    S23
43 ─┤STL├─────────────────────────────[MOV  K79   K2Y000]
                                              ( T3    K10 )
         T3
52       ─┤├─────────────────────────────────[ SET   S24 ]
    S24
55 ─┤STL├─────────────────────────────[MOV  K102  K2Y000]
                                              ( T4    K10 )
         T4
64       ─┤├─────────────────────────────────[ SET   S25 ]
    S25
67 ─┤STL├─────────────────────────────[MOV  K109  K2Y000]
                                              ( T5    K10 )
         T5
76       ─┤├─────────────────────────────────[ SET   S26 ]
    S26
79 ─┤STL├─────────────────────────────[MOV  K125  K2Y000]
                                              ( T6    K10 )
         T6
88       ─┤├─────────────────────────────────[ SET   S27 ]
    S27
91 ─┤STL├─────────────────────────────[MOV  K7    K2Y000]
                                              ( T7    K10 )
         T7
100      ─┤├─────────────────────────────────[ SET   S28 ]
    S28
103─┤STL├─────────────────────────────[MOV  K127  K2Y000]
                                              ( T8    K10 )
         T8
112      ─┤├─────────────────────────────────[ SET   S29 ]
    S29
115─┤STL├─────────────────────────────[MOV  K111  K2Y000]
                                              ( T9    K10 )
         T9    X001
124      ─┤├───┤/├───────────────────────────[  S20 ]
         T9    X001
128      ─┤├───┤├────────────────────────────[  S0  ]
132                                           ─[ RET ]
    X7
    ─┤├──────────────────────────────────[ZRST  S20  S29]
                                          [ZRST  Y0   Y7 ]
                                          [ SZT       S0 ]
133                                            ─[ END ]
```

图 11-14　数码显示实验程序

11.4 大小球分拣实验

11.4.1 相关知识

顺序功能图的基本结构主要有以下三种：

（1）单序列。单序列由一系列相继激活的步组成，每一步的后面仅接有一个转换，每一个转换的后面只有一个步，如图 11-15 所示。

（2）选择序列。选择序列的开始称为分支，如图 11-16（a）所示，转换符号只能标在水平连线之下。如果步 6 是活动的，并且转换条件 a＝1，则发生由步 6→步 7 的进展；如果步 6 是活动的，并且 b＝1，则发生由步 6→步 8 的进展。在某一时刻一般只允许选择一个序列。

选择序列的结束称为合并，如图 11-16（b）所示。如果步 11 是活动步，并且转换条件 e＝1，则发生由步 11→步 10 的进展；如果步 12 是活动步，并且 f＝1，则发生由步 12→步 10 的进展。

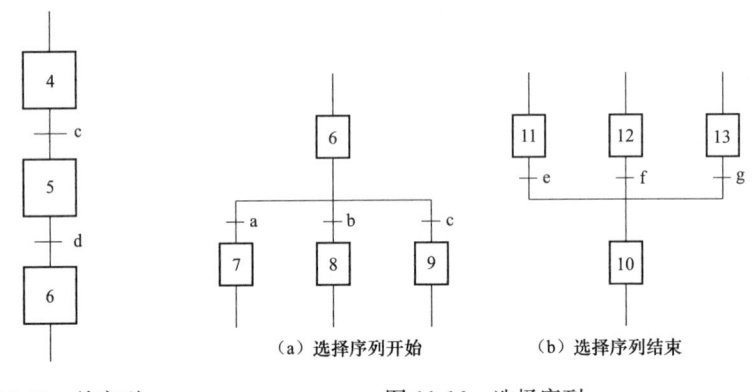

图 11-15　单序列

图 11-16　选择序列

（3）并行序列。并行序列的开始称为分支，如图 11-17 所示，当转换条件的实现导致几个序列同时激活时，这些序列称为并行序列。当步 3 是活动步，并且转换条件 a＝1，7、8、9 这三步同时变为活动步，同时步 3 变为不活动步。为了强调转换的同步实现，水平连线用双线表示。步 7、8、9 被同时激活后，每个序列中活动步的进展将是独立的。在表示同步的水平双线之上，只允许有一个转换符号。

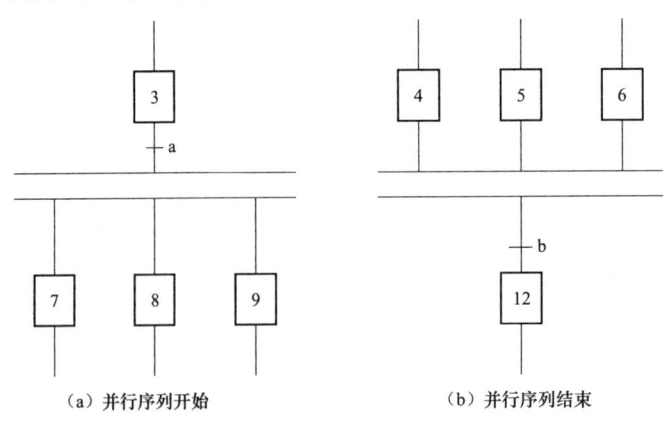

图 11-17　并行序列

并行序列的结束称为合并,如图 11-17 (b) 所示,在表示同步的水平双线之下,只允许有一个转换符号。当直接连在双线上的所有前级步都处于活动状态,并且转换条件 b=1 时,才会发生步 4、5、6 到步 12 的进展,即步 4、5、6 同时变为不活动步,而步 12 变为活动步。并行序列表示系统的几个同时工作的独立部分的工作情况。

11.4.2 实验目的

(1) 进一步熟悉步进指令的应用。
(2) 选择性分支的应用。
(3) 进一步熟悉顺序控制设计法。

11.4.3 实验设备

个人计算机、导线、PLC 主机、按钮、大小球分拣装置、编程电缆、SWOPC-FXGP/WIN-C 编程软件、GX Developer 和 GX-Simulator 软件、电源、电工工具及导线若干。

11.4.4 实验内容及要求

大小球分拣传送机械示意图如 11-18 所示。

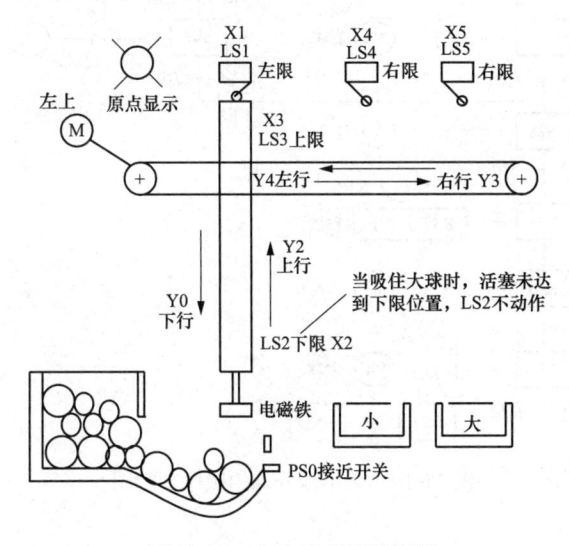

图 11-18 大小球分拣示意图

大小球分拣传送机械控制要求:

(1) 机械臂起始位置在机械原点(如图 11-18 所示),为左限、上限并有显示。
(2) 有启动按钮和停止按钮控制运行,停止时机械臂必须已回到原点。
(3) 启动后,机械臂动作顺序为:下降→吸球→上升(至上限)→右行(至右限)→下降→释放→上升(至上限)→左行返回(至原点)。
(4) 机械臂右行时有小球右限(LS4)和大球右限(LS5)之分;下降时,当电磁铁压着大球时,下限开关 LS2 断开(="0");压着小球时,下限开关 LS2 接通(="1")。左、右移分别由 Y004、Y003 控制;上升、下降分别由 Y002、Y000 控制,吸球电磁铁由 Y001 控制。根据工艺要求,该控制流程根据吸住的是大球还是小球有两个分支,且属于选择性分支。分支在机械臂下降之后根据下限开关 LS2 的通断,分别将球吸住、上升、右行到 LS4 或 LS5 处下降,然后再释放、上升、左移到原点。参考程序如图 11-19 所示。

要求绘制顺序功能图,并且对顺序功能图进行编程,连接电路进行调试。

11.4.5 参考程序

大小球分拣的顺序功能图如图 11-19 所示。

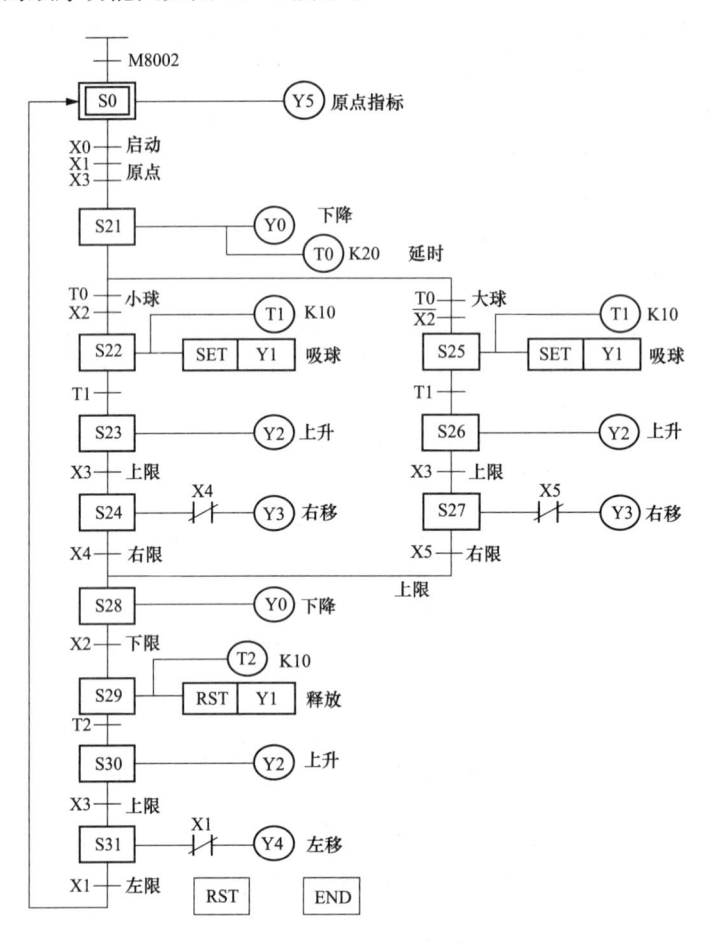

图 11-19 大小球分拣的顺序功能图

第三篇 课程设计部分

第12章 课程设计指南

本篇将结合实际应用,介绍课程设计的目的和要求、电气控制与PLC系统的设计步骤、PLC的选型和硬件配置及一些典型的课程设计课题。要完成好电气控制系统的设计任务,除掌握必要的电气设计基础知识外,还必须经过反复实践,深入生产现场,将不断积累的经验应用到设计中来。课程设计正是为这一目的而安排的实践性教学环节,它是一项初步的工程训练。通过课程设计,了解一般电气控制系统的设计要求、设计内容和设计方法。

12.1 课程设计的目的

《电气控制与PLC技术应用实训教程》是与专业课《电气控制与PLC技术》相配套的一门重要的实践课程,是理论与实践相结合的一个重要教学环节,其目的是培养学生电气控制与可编程控制器应用能力,同时通过课程设计与实践加深对理论的理解和认识。

通过《电气控制与PLC技术应用实训教程》,要求学生具备以下的专业技能:
(1) 具备一般电气控制与PLC控制系统的原理设计与施工设计能力。
(2) 具备电气控制与PLC控制系统的技术资料的编写能力。
(3) 具备一定的电气控制与PLC选型能力。
(4) 具备一般电气控制与PLC控制系统安装、调试能力。

课程设计的主要目的是通过某一生产设备的电气控制装置的设计实践,了解一般电气控制系统设计过程、设计要求、应完成的工作内容和具体设计方法。通过设计也有助于复习、巩固以往所学的知识,达到灵活应用的目的。电气设计必须满足生产设备和生产工艺的要求,因此,设计之前必须了解设备的用途、结构、操作要求和工艺过程,在此过程中培养从事设计工作的整体观念。

课程设计应强调能力培养为主,在独立完成设计任务的同时,还要注意其他几方面能力的培养与提高,如独立工作能力与创造力;综合运用专业及基础知识的能力,解决实际工程技术问题的能力;查阅图书资料、产品手册和各种工具书的能力;工程绘图的能力;书写技术报告和编制技术资料的能力。

12.2 课程设计的要求

在课程设计中,学生是主体,应充分发挥他们的主动性和创造性。教师的主导作用是引导其掌握完成设计内容的方法。

为保证顺利完成设计任务还应做到以下几点：

（1）在接受设计任务后，应根据设计要求和应完成的设计内容进度计划，确定各阶段应完成的工作量，妥善安排时间。

（2）在方案确定过程中应主动提出问题，以取得指导教师的帮助，同时要广泛讨论，依据充分。在具体设计过程中要多思考，尤其是主要参数，要经过计算论证。

（3）所有电气图样的绘制必须符合国家有关规定的标准，包括线条、图形符号、项目代号、回路标号、技术要求、标题栏、元器件明细表以及图样的折叠和装订。

（4）说明书要求文字通顺、简练、字迹端正、整洁。

（5）应在规定的时间内完成所有的设计任务。

（6）如果条件允许，应对自己的设计线路进行试验论证，考虑进一步改进的可能性。

12.3 设 计 任 务

课程设计要求是以设计任务书的形式表达，设计任务书应包括以下内容：

（1）设备的名称、用途、基本结构、动作原理以及工艺过程的简要介绍。

（2）拖动方式、运动部件的动作顺序、各动作要求和控制要求。

（3）连锁、保护要求。

（4）照明、指示、报警等辅助要求。

（5）绘制电气图、布置图及安装接线图等图样的要求。

（6）程序编写要求。

（7）说明书要求。

原理设计的中心任务是绘制电气原理图和选用电器元件。工艺设计的目的是为了得到电气设备制造过程中需要的施工图样。图样的类型、数量较多，设计中主要以电气设备总体配置图、电器板元器件布置图、控制面板布置图、接线图、电气箱以及主要加工零件（电器安装底板、控制面板等）为练习对象。对于每位设计者只需完成其中一部分。原理图及工艺图样均应按要求绘制，元器件布置图应标注总体尺寸、安装尺寸和相对位置尺寸。接线图的编号应与原理图一致，要标注组件所有进出线编号、配线规格、进出线的连接方式（采用端子板或接插板）。

12.4 设 计 方 法

在接到设计任务书后，按原理设计和工艺设计两方面进行。

1. 原理图设计的步骤

（1）根据要求拟定设计任务。

（2）根据拖动要求设计主电路。在绘制主电路时，可考虑以下几个方面：

1）每台电动机的控制方式，应根据其容量及拖动负载性质考虑其启动要求，选择适当的启动线路。对于容量小（7.5kW以下）、启动负载不大的电动机，可采用直接启动；对于大容量电动机应采用降压启动。

2）根据运动要求决定转向控制。

3) 根据每台电动机的工作制,决定是否需要设置过载保护或过电流控制措施。
4) 根据拖动负载及工艺要求决定停车时是否需要制动控制,并决定采用何种控制方式。
5) 设置短路保护及其他必要的电气保护。
6) 考虑其他特殊要求:调速要求、主电路参数测量、信号检测等。

(3) 根据主电路的控制要求设计控制回路,其设计方法:
1) 正确选择控制电路电压种类及大小。
2) 根据每台电动机的起动、运行、调速、制动及保护要求依次绘制各控制环节(基本单元控制线路)。
3) 设置必要的连锁(包括同一台电动机各动作之间以及各台电动机之间的动作连锁)。
4) 设置短路保护以及设计任务书中要求的位置保护(如极限位、越位、相对位置保护)、电压保护、电流保护和各种物理量保护(温度、压力、流量等)。
5) 根据拖动要求,设计特殊要求控制环节,如自动抬刀、变速与自动循环、工艺参数测量等控制。
6) 按需要设置应急操作。

(4) 根据照明、指示、报警等要求设计辅助电路。

(5) 总体检查、修改、补充及完善。主要内容包括:
1) 校核各种动作控制是否满足要求,是否有矛盾或遗漏。
2) 检查接触器、继电器、主令电器的触点使用是否合理,是否超过电器元器件允许的数量。
3) 检查连锁要求能否实现。
4) 检查各种保护能否实现。
5) 检查发生误操作所引起的后果与防范措施。

(6) 进行必要的参数计算。

(7) 正确、合理地选择各电器元器件,按规定格式编制元件目录表。

(8) 根据完善后的设计草图,按电气制图标准绘制电气原理线路图,按《电气技术中的项目代号》要求标注器件的项目代号,按《绝缘导线的标记》的要求对线路进行统一编号。

2. 工艺设计步骤

(1) 根据电气设备的总体配置及电器元件的分布状况和操作要求划分电器组件,绘制电气控制系统的总装配图和接线图。

(2) 根据电器元器件的型号、外形尺寸、安装尺寸绘制每一组件的元件布置图(如电器安装板、控制面板、电源、放大器等)。

(3) 根据元器件布置图及电气原理图绘制组件接线图,统计组件进出线的数量、编号以及各组件之间的连接方式。

(4) 绘制并修改工艺设计草图后,便可按机械、电气制图要求绘制工程图。最后按设计过程和设计结果编写设计说明书及使用说明书。

12.5 课程设计的内容

(1) 确定控制系统设计的各技术条件。技术条件一般以设计任务书的形式提供,它是整个控制系统设计的重要依据。

(2) 选择适当的电气传动形式（直流传动还是交流传动，是否需要直流调速器和变频器等），确定 PLC 的输入输出设备，如按钮、选择开关、拨码开关等输入元件和电动机、继电器、接触器、数码显示管、电磁阀等各类执行机构。

(3) 选择 PLC 的型号。

(4) 编写 PLC 的 I/O 分配表，绘制 PLC 的外部接线图（系统 I/O 接线图）。

(5) 根据系统设计的要求编写软件规格说明书，然后再用相应的编程语言（如梯形图、指令表、SFC）进行程序的设计。

(6) 了解并遵循用户认知心理学，重视、美化人机界面的设计，增强操作者与机器设备之间的友善关系。

(7) 设计操作台（站）、电气柜及非标准电器元、部件。

(8) 最后编写设计说明书和用户使用、操作说明书。

根据具体的任务要求，上述 PLC 控制系统的设计内容可以适当地进行调整。

12.6 系统的设计步骤

电气控制与 PLC 技术应用课程设计的主要步骤，如图 12-1 所示。

1. 深入了解被控制系统的工艺流程和控制要求

在进行 PLC 硬件设计、软件设计之前，需深入地了解和分析被控对象的工艺流程和控制要求。这里的被控对象就是受控的各类机械、电气设备、自动化生产线或生产过程。

控制要求主要指控制的基本方式，机械、设备应完成的动作，工作方式（手动工作方式、自动工作方式）和必要的保护、连锁等。对于比较复杂的控制系统，还可以将控制要求分成几个相对独立的部分，这样可以化繁为简，有利于编程和系统调试的工作。

2. 硬件的配置、设计

(1) 确定 PLC 的输入设备、元件和输出设备、元件的种类、型号。根据被控对象对 PLC 控制系统的功能要求，确定系统所需要的输入输出设备、元件。常用的输入设备、元件有按钮、选择开关、行程开关、接近开关、光电开关等，常用的输出设备、元件有变频器、继电器、接触器、指示灯、电磁阀等。

(2) 根据被控对象对控制系统的要求，以及 PLC 的输入量、输出量的类型和点数，选择 PLC 型号，配置系统的硬件。根据已确定的用户输入输出设备，计算所需要的输入信号和输出信号的点数，选择合适的 PLC 型号，包括机型的选择、输出类型、用户存储容量的选择、I/O 模块的选择等。

(3) 分配 PLC 的 I/O 地址，绘制 PLC 外部接线图。根据 PLC 输入量、输出量，分配 I/O 地址及编写 I/O 分配表，画出 PLC 的外部接线图（PLC 的 I/O 接线图）。同时，还可进行操作台、控制柜的设计和现场的施工，下面可以进行 PLC 的程序设计。

3. 程序的设计

控制系统程序的设计。对于比较复杂的控制系统，可以先绘制系统的顺序功能图或状态流程图，然后再选择相应的编程语言进行程序的设计即编程。这一步是整个控制系统设计中最核心的工作，也是比较困难的一步。进行程序的设计工作应首先熟悉系统的控制要求，同时还应掌握程序的编程方法及技巧，具备一定的程序开发、设计的实际经验。

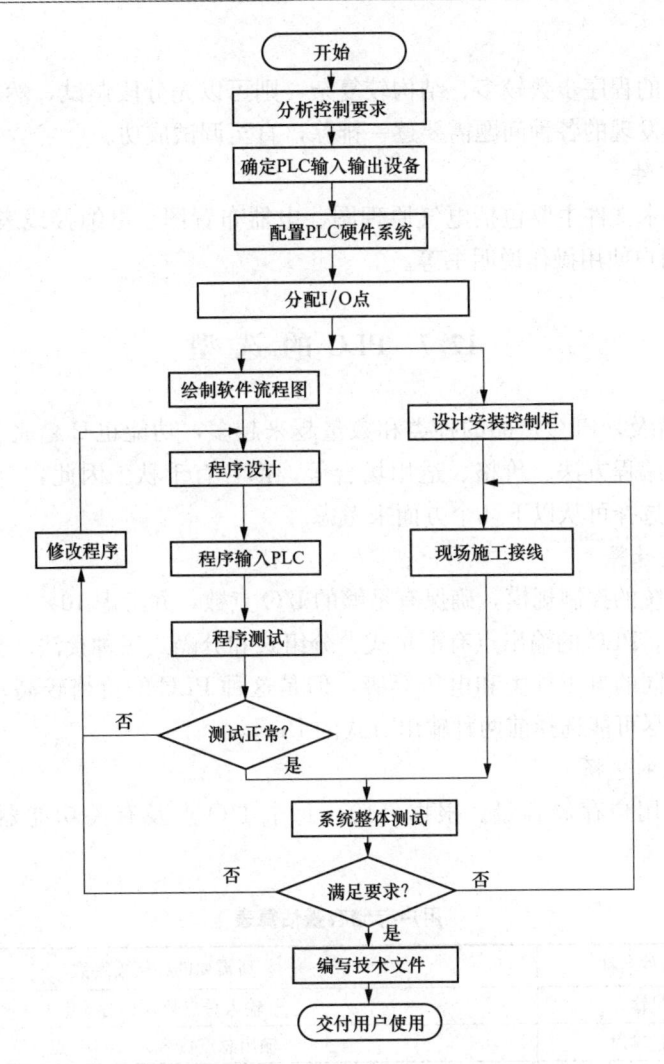

图 12-1 电气控制与 PLC 技术应用课程设计的主要步骤

程序编写完成后就可以下载到 PLC。当使用简易手持编程器下载程序到 PLC 时，需要先将梯形图转换成指令表。现在使用手持编程器编程已经越来越少，一般使用基于个人计算机的编程软件，通过专用的编程连接电缆将程序下载到 PLC 中。

4. 程序的测试、模拟运行

在下载 PLC 程序后可以进行程序的测试。在程序现场运行之前，应先进行程序的测试工作。因为在程序设计过程中，难免会有疏漏、错误和不完善的地方。因此，在将 PLC 连接到现场设备上去之前，必须进行软件测试，以排除程序中的错误，同时也为整体调试打好基础，缩短整体调试的周期。

利用三菱的 GX Simulator 仿真软件，可以很好地进行程序的测试、模拟试运行，缩短程序的设计、开发周期。

5. 现场调试程序

在进行了 PLC 的硬件、软件设计并完成电气控制柜安装和现场施工后，可以进行整个系统的联机调试。如果控制系统是由几个部分组成，则应先进行局部的调试，然后再进行整体调试。

如果控制系统的程序步数较多、结构较复杂，则可以先分段调试，然后再各部分连起来进行统调。调试中发现的各种问题需要逐一排除，直至调试成功。

6. 编写技术文件

需要编写的技术文件主要包括电气原理图、电器布置图、电缆接线表、元器件明细表、PLC 程序说明和用户使用操作说明书等。

12.7　PLC 的 选 型

随着 PLC 的普及，PLC 产品的种类和数量越来越多，功能也日趋完善。由于其结构形式、性能、指令、编程方法、价格、适用场合等，都各有千秋。因此，合理选择 PLC 是至关重要的。机型的选择可从以下几个方面来考虑。

1. 对 I/O 点的选择

首先要根据系统的控制规模，确保有足够的 I/O 点数，并考虑 10%～15% 的 I/O 点数作为余量，以备后用。PLC 的输出点有汇总式、分组式和分隔式三种接法。分隔式的各组输出点之间可以采用不同的电压种类和电压等级，但是这种 PLC 的价格较高。如果输出信号之间不需要隔离，应尽可能选择前两种输出方式的 PLC。

2. 对存储容量的选择

我们可以估算用户存储容量。根据经验，每个 I/O 点及有关功能器件占用的内存见表 12-1。

表 12-1　　　　　　　　　　用户存储容量估算表

序号	功能器件名称	所需要的存储器字数
1	开关量输入	输入总点数×10 字/点
2	开关量输出	输出总点数×3～10 字/点
3	定时器/计数器	定时器/计数器的个数×5 字/个
4	模拟量	模拟量通道数×80～100 字/通道
5	通信端口	端口数×300/个

对用户容量，可以按照上表方法计算，再留出 25% 作为备用量。对缺乏经验的设计者，选择 PLC 容量时，留有裕量要大些。

3. 对 I/O 响应时间的选择

对开关量控制的系统，PLC 的 I/O 响应时间一般都能满足实际需要，可不考虑 I/O 响应问题。但是对模拟量控制的系统则需要考虑这个问题。

4. 根据输出负载的特点选型

负载类型不同，对 PLC 的输出方式的要求也不同。例如，频繁通断的感性负载，应选择晶体管或晶闸管输出型的 PLC；动作不频繁的交、直流负载可以选择继电器输出型的 PLC。

5. 根据是否联网通信选型

如果 PLC 控制的系统需要联入工厂自动化网络，则 PLC 需要有通信联网功能，要求

PLC 具有连接其他 PLC、上位计算机等的接口。

6. 对 PLC 结构形式的选择

整体式比模块式价格低。但模块式具有扩展灵活，维修方便，要按实际需要选择 PLC 的结构形式。

12.8 PLC 控制系统软件设计

编写 PLC 程序有以下几步：

1. 分解系统任务

把一个复杂的控制系统，分解成多个比较简单的小任务。这样可便于编制程序。

2. 绘制控制系统的程序流程图

在深入分析系统控制要求后，就可以画出系统控制的流程图，便于明确地表明动作的顺序和条件。

3. 绘制电路图

绘制电路的目的，是把系统的输入输出的地址和名称联系起来。在绘制电路时，要考虑输入端的电压和电流是否合适、PLC 输出模块的带负载能力和耐电压能力、电源的输出功率和极性问题等。尽可能提高其稳定性和可靠性。

4. 编制 PLC 程序并进行模拟调试

编制程序就是根据设计的程序流程图编写控制程序，这是整个程序设计工作的核心部分。在编程时，要注意程序正确、可靠简捷、便于阅读、便于修改。编好程序后先进行模拟调试，查找问题，及时修改。

5. 制作控制台与电气控制柜

这步要注意选择开关、按钮、继电器等器件型号规格必须满足要求。设备的安装必须注意安全、可靠。

6. 现场调试

最后要到现场与硬件设备进行联机统调。当整个调试工作完成之后，可将程序固化在 EPROM 中。

7. 编写技术文件并现场试运行

如果整个系统的硬件和软件没有问题了。这时就需要编制技术文件，包括电路图、PLC 程序、使用说明及帮助文件。

12.9 PLC 的安装与接线

12.9.1 FX 系列可编程控制器安装环境与注意事项

1. FX 系列可编程控制器安装环境

为保证可编程控制器工作的可靠性，在安装时，其安装场合应该满足以下几点：

(1) 环境温度在 0～55℃ 范围内。

(2) 环境相对湿度应在 35%～85% 范围内。

(3) 周围无易燃和腐蚀性气体。

（4）周围无过量的灰尘和金属微粒。

（5）避免过度的震动和冲击。

（6）不能受太阳光的直接照射或水的溅射。

2. FX 系列可编程控制器安装时的注意事项

FX 系列可编程控制器安装时，除满足以上环境条件外，安装时还应注意以下几点：

（1）可编程控制器的所有单元必须在断电时安装和拆卸。

（2）为防止静电对可编程控制器组件的影响，在接触可编程控制器前，先用手接触某一接地的金属物体，以释放人体所带静电。

（3）注意可编程控制器机体周围的通风和散热条件，切勿将导线头、铁屑等杂物通过通风窗落入机体内。

12.9.2　FX 系列可编程控制器安装与接线

1. 可编程控制器 PLC 系统的安装

FX 系列可编程控制器的安装方法有底板安装和 DIN 导轨安装两种方法。

（1）底板安装。利用可编程控制器机体外壳四个角上的安装孔，用规格为 M4 的螺钉将控制单元、扩展单元、A/D 转换单元、D/A 转换单元及 I/O 链接单元固定在底板上。

（2）DIN 导轨安装。利用可编程控制器底板上的 DIN 导轨安装杆将控制单元、扩展单元、A/D 转换单元、D/A 转换单元及 I/O 链接单元安装在 DIN 导轨上。安装时安装单元与安装导轨槽对齐向下推压即可。将该单元从 DIN 导轨上拆下时，需用一字形的螺丝刀向下轻拉安装杆。

2. PLC 系统的接线

PLC 系统的接线主要包括电源接线、接地、I/O 接线及对扩展单元接线等。

（1）电源接线。FX 系列 PLC 使用直流 24V、交流 100～120V 或 200～240V 的工业电源。FX 系列 PLC 的外接电源端位于输出端子板左上角的两个接线端。使用直径为 0.2cm 的双绞线作为电源线。过强的噪声及电源电压波动过大都可能使 FX 系列可编程控制器的 CPU 工作异常，以致引起整个控制系统瘫痪。为避免由此引起的事故发生，在电源接线时，需采取隔离变压器等有效措施，且用于 FX 系列可编程控制器、I/O 设备及电动设备的电源接线应分开连接。

另外，在进行电源接线时还要注意以下几点：

1) FX 系列 PLC 必须在所有外部设备通电后才能开始工作。为保证这一点，可采取下面的措施：

a. 所有外部设备都上电后再将方式选择开关由 "STOP" 方式设置为 "RUN" 方式。

b. 将 FX 系列 PLC 编程设置为在外部设备未上电前不进行输入、输出操作。

2) 当控制单元与其他单元相接时，各单元的电源线连接应能同时接通和断开。

3) 当电源瞬间掉电时间小于 10ms 时，不影响 PLC 的正常工作。

4) 为避免因失常而引起的系统瘫痪或发生无法补救的重大事故，应增加紧急停车电路。

5) 当需要控制两个相反的动作时，应在 PLC 和控制设备之间加互锁电路。

（2）接地。良好的接地是保证 PLC 正常工作的必要条件。在接地时要注意以下几点：

1) PLC 的接地线应为专用接地线，其直径应在 2mm 以上。

2) 接地电阻应小于 100Ω。

3) PLC 的接地线不能和其他设备共用，更不能将其接到一个建筑物的大型金属结构上。

4) PLC 的各单元的接地线相连。

(3) 控制单元输入端子接线。FX 系列的控制单元输入端子板为两头带螺钉的可拆卸板，外部开关设备与 PLC 之间的输入信号均通过输入端子进行连接。在进行输入端子接线时，应注意以下几点：

1) 输入线尽可能远离输出线、高压线及电机等干扰源。

2) 不能将输入设备连接到带"."端子上。

3) 交流型 PLC 的内藏式直流电源输出可用于输入；直流型 PLC 的直流电源输出功率不够时，可使用外接电源。

4) 切勿将外接电源加到交流型 PLC 的内藏式直流电源的输出端子上。

5) 切勿将用于输入的电源并联在一起，更不可将这些电源并联到其他电源上。

(4) 控制单元输出端子接线。FX 系列控制单元输出端子板为两头带螺钉的可拆卸板，PLC 与输出设备之间的输出信号均通过输出端子进行连接。在进行输出端子接线时，应注意以下几点：

1) 输出线尽可能远离高压线和动力线等干扰源。

2) 不能将输出设备连接到带"."端子上。

3) 各"COM"端均为独立的，故各输出端既可独立输出，又可采用公共并接输出。当各负载使用不同电压时，采用独立输出方式；而各个负载使用相同电压时，可采用公共输出方式。

4) 当多个负载连到同一电源上时，应使用型号为 AFP1803 的短路片将它们的"COM"端短接起来。

5) 若输出端接感性负载时，需根据负载的不同情况接入相应的保护电路。在交流感性负载两端并接 RC 串联电路；在直流感性负载两端并接二极管保护电路；在带低电流负载的输出端并接一个泄放电阻以避免漏电流的干扰。以上保护器件应安装在距离负载 50cm 以内。

6) 在 PLC 内部输出电路中没有保险丝，为防止因负载短路而造成输出短路，应在外部输出电路中安装熔断器或设计紧急停车电路。

上述接线的示意图，参阅 FX 系列可编程控制器的用户手册。

(5) 扩展单元接线。若一台 PLC 的输入输出点数不够时，还可将 FX 系列的基本单元与其他扩展单元连接起来使用。具体配置视不同的机型而定，当要进行扩展配置时，请参阅有关的用户手册。

(6) FX 系列可编程控制器的 A/D、D/A 转换单元接线。A/D、D/A 转换单元的接线方法在有关章节已叙述，下面是连接时的注意事项。

1) A/D 模块。

a. 为防止输入信号上有电磁感应和噪声干扰，应使用两线双绞式屏蔽电缆。

b. 建议将屏蔽电缆接到框架接地端（F.G）。

c. 若需将电压范围选择端（RNAGE）短路，应直接在端子板上短接，不要拉出引线短接。

d. 应使主回路接线远离高压线。

e. 应确保使用同一组电源线对控制单元和 A/D 单元进行供电。

2）D/A 模块。

a. 为防止输出信号上有电磁感应和噪声干扰，应使用两线双绞式屏蔽电缆。

b. 建议将屏蔽电缆接到负载设备的接地端。

c. 在同一通道上的电压输出和电流输出不能同时使用。没有使用的输出端子应开路。

d. 应使主回路接线远离高压线。

e. 应确保使用同一组电源线对控制单元和 D/A 单元进行供电。

第 13 章 课程设计课题

13.1 基于双轴定位模块 FX$_{2N}$-20GM 的数控钻床设计

13.1.1 概述

随着数控技术、PLC 应用技术和变频技术的迅速发展,一些新的控制方法越来越广泛地被应用到机床行业的控制中,这些新技术不仅使设备控制更加稳定,加工精度得到提高,也能够简化机械结构和电气电路,为机床电气控制技术的持续发展提供了很好的理论技术。从当前的发展趋势来看,传统的机床行业已经在数控技术的影响下产生了革命性的变化,而且数控技术的应用对一些关系到国计民生的重要行业也产生了深远的影响。

钻床在工业生产的过程中起着不可或缺的重要作用,不论是在科技相对落后的时代还是在科技突飞猛进的当今社会,不论是精密仪器还是普通零件,它们的加工过程几乎都离不开钻床,钻床的使用几乎涵盖了工业生产的各个领域。数控钻床以其较高的加工精度和工作效率而在一些对机械设备加工要求高的场合得到了广泛的应用。

我国的工业自动化水平同世界上一些发达国家相比还存在一定差距,具体表现在自动化程度普遍较低,自动化设备应用不广等。目前,在我国的机床行业领域中,接触器和继电器控制仍然作为一种主要的控制方式。因此,运动控制器控制技术在我国的自动化领域里有广阔的发展前景。在竞争如此激烈的现代社会,那些经济效益好、实用性高的控制器产品便成为公司和企业的首要选择,以此来提高自己的市场竞争力和产品的经济效益。

可编程控制器(PLC)是一种专门为在工业环境下的应用而设计的数字运算电子系统,它具有特殊的监控功能,能够对正在运行的系统进行监控,当系统运行过程中出现异常或发生故障时,PLC 能及时报警或自动停止运行。PLC 可在线调整、修改控制程序中的定时器和计数器等设定值或者强制 I/O 状态。这些特点不仅可以使 PLC 取代传统的继电器、接触器控制系统,还可以构成复杂的工业过程控制网络,是一种适应现代工业发展的新型控制器。

FX$_{2N}$-20GM 定位单元是一种双轴定位控制模块,用户通过使用步进电动机或伺服电动机,并连接相应的驱动器,可以实现对轴的定位控制,因此将此模块开发应用于数控钻床的控制具有重要的意义。

13.1.2 控制要求

数控钻床能够实现对工件的钻孔、扩丝、攻螺纹和锪孔等加工操作。加工流程图如图 13-1 所示。

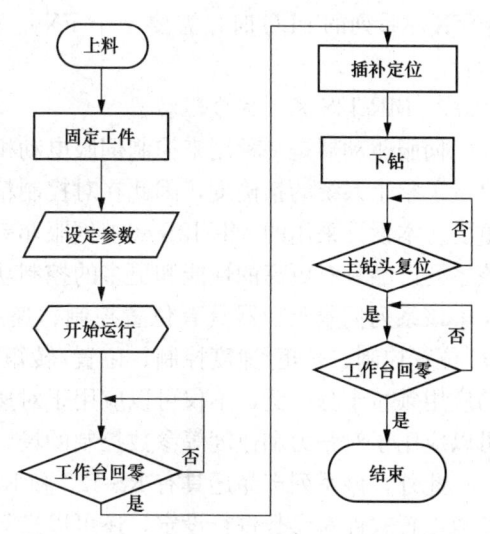

图 13-1 加工流程图

系统采用带有运动控制功能的 PLC 作为中心控制元件，以十字双轴线性模块组为运动机构，以伺服电动机为驱动系统，以槽型光电开关和霍尔传感器为各轴的前后极限信号开关和原点信号装置。控制系统采用模块化设计，包括 PLC 与 HMI 控制模块、定位模块、驱动模块和执行模块等。其中 PLC 对定位模块进行相应的辅助操作，交流伺服系统实现对工作台的驱动，威纶触摸屏作为操作面板。数控钻床系统组成示意图如图 13-2 所示。

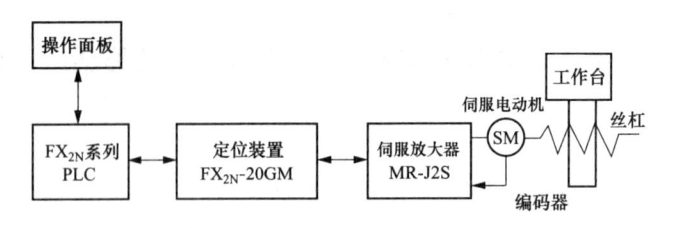

图 13-2 数控钻床系统组成示意图

1. 平面双轴定位模块（FX_{2N}-20GM）

FX_{2N}-20GM 是三菱公司开发的一种定位模块。该模块能够实现 2 轴的插补（直线插补、圆弧插补），具有 8 个输入点和 8 个输出点，最大输出脉冲串为 200kHz，可以脱离 PLC 而独立运行。

该定位模块是一种输出脉冲序列的、并通过伺服系统（包括伺服电机和驱动器）进行驱动的定位单元，具有以下特点：

（1）控制轴数目。一个 FX_{2N}-20GM 能够同时对两个坐标轴进行直线插补或圆弧插补。

（2）定位语言。该模块可以使用两种语言进行定位程序的编写，分别是用 cod 指令定位语言和用 PLC 基本指令的顺序语言。

（3）手动脉冲发生器。该模块可以通过连接一个手动脉冲发生器进行手动进给。

（4）绝对位置（ABS）检测。该模块带有绝对位置检测功能，并且能够将检测的绝对位置保存下来。

（5）与 PLC 的连接。当连上一个 $FX_{2N/2NC}$ 系列 PLC 时，定位数据可被读写，当连上一个 FX_{2NC} 系列的 PLC 时，需要一个 FX_{2NC}-CNV-IF。定位单元也可不需要任何 PLC 而单独运行。

2. MR-J2S 系列伺服驱动器

伺服驱动器是一种用来控制伺服电动机的器件，是伺服系统的核心部分，它的控制精度决定了整个系统的精确度，因此在对控制精度要求较高的场合，伺服驱动器的选择显得尤为重要。本设计采用的 MR-J2S-40A 伺服驱动器属于三菱 MR-J2S 系列，相比较 MR-J2 系列，该系列产品具有更高的性能和更多的控制功能。

该系列伺服驱动器具有位置控制、速度控制和转矩控制 3 种控制模式，还可以提供速度/位置控制、转矩/速度控制、位置/转矩控制等不同的切换控制方式。该系列伺服驱动器的应用领域十分广泛，不仅可以应用于对速度和位置控制精度要求较高的工业机械场合，还可以应用于对张力和速度等参数控制的场合。

此外，该系列产品还具有 RS-422 和 RS-232 串行通信的功能，可以通过计算机安装伺服参数设置软件对参数进行设定，还可以进行增益调整、状态显示和试运行等操作。

本设计采用的三菱 MR-J2S-40A 伺服驱动器外观及各部分功能如图 13-3 所示。

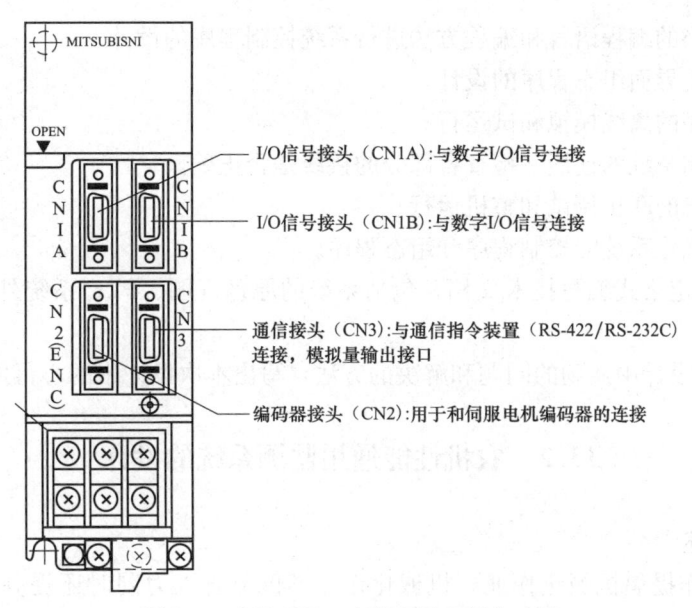

图 13-3 MR-J2S-40A 外观及各部分功能

3. 威纶 MT6070iH

人机界面威纶通公司生产的 MT6070iH，该产品具有以下特点：

(1) MT6070iH 采用 16：9 宽屏设计，CPU 为 400MHz，具有 128M 的内存配置。

(2) 显示器为 65536 色 TFT LCD，分辨率为 800×480。

(3) 具有 3 个 COM 端口，1 个 USB2.0 接口，1 个 USB1.1 接口。

(4) USB 接口能够实现工程文件的下载功能。

威纶 MT6070iH 的外观如图 13-4 所示。

图 13-4 威纶 MT6070iH 外观

13.1.3 所需设备

(1) 三菱 FX_{2N} 系列 PLC 一台。

(2) 威纶触摸屏 MT6070iH 一台。

(3) 平面双轴定位模块（FX_{2N}-20GM）一个。

(4) MR-J2S-40A 伺服驱动器两个。

(5) HC-KFS43 伺服电动机两个。

(6) 钻床实验台一个。

(7) 直流 24V 开关电源一个。

(8) 装有组态软件和编程软件的计算机一台。

(9) 小型继电器、选择开关、按钮及导线若干。

13.1.4 设计任务

(1) 选择 PLC 的具体机型，进行 PLC 的 I/O 地址分配。

(2) 画出 PLC 的外部接线图。

(3) 画出控制系统的控制流程图或顺序功能图。

(4) 选用适当的编程语言和编程方法进行系统控制程序的设计。
(5) 进行人机界面组态程序的设计。
(6) 进行程序的离线模拟和试运行。
(7) 完成控制系统的连线并检查各部分的接线是否正确。
(8) 进行系统的联机调试和整机运行。
(9) 进一步优化系统的控制程序和组态程序。
(10) 按照一定格式编写技术文档，包括系统的原理框图、PLC 系统外部接线图、程序清单等。
(11) 总结在设计中遇到的问题和解决的方法，写出本次设计中的心得体会。

13.2 农机性能通用监测系统的设计

13.2.1 概述

现代农业耕作提倡机械化作业，机械化作业不仅节省人力同时还提高了作业效率。国外发达国家采用农场生产模式，土地集中，利于机械化作业，机械化程度相对较高。国内平原地区多采用大型机械作业，丘陵地区多采用运动较为灵活的小型机械。不管是在平原地区使用的大型机械，还是山岭地带使用的小型农业机械都是由农机悬挂各种功能型的农机具（小麦收割机、花生播种机等）来完成作业。因此农机的悬挂装置的研究至关重要。结合当前国内外对悬挂装置的研究，提出该题目，研究设计出具有较强通用性的针对农机悬挂装置的监测系统。

农机悬挂装置是连接农机与作业农机具的重要部分。目前，较为主流的悬挂装置都有牵引装置、液压装置、动力输出装置组成。农机具悬挂使用时对上述各装置的性能都有特定的要求，因此获得这些装置的性能参数意义重大。在新型农机具的研发过程中，农机具需要悬挂于农机上进行大量的农机具田间试验来获得机具的实际工作性能及各项参数。因此需要一种有效、实用的工具对农机具工作时悬挂装置产生的拉压力、牵引力、扭矩和转速等参数数据进行同步、实时、准确的监测。实现新型农机具性能数据实时、准确的监测有利于改进新型农机具的性能，使农业资源的使用更加科学合理。

目前新型农业机械发展迅猛，农业机械向着自动化、智能化方向发展，新型机械的各项性能参数只是设计初值，需要在实际生产中监测农具的各项性能。农业生产中农机工作环境相对恶劣、多变，设计的各项性能在实际生产中可能达不到要求的标准，因此，监测检验工具的高准确度至关重要。传统的检验监测装置存在安装麻烦不具有通用性、误差大、准确性差等缺陷。新型通用系统的研究能有效改变这些缺陷，突出检验设备的通用性及高精确度，减少农机具监测的工作量，提高监测工作的效率。

农机性能监测系统不仅能够监测农机悬挂装置的各项性能参数，而且能够记录农机作业时的各种相关数据，可以利用实验时记录的数据建立数据库，更加科学合理的为农业生产的研究提供相关参数，为后继研发的新型农机具提供有效的参考，为新型农机具的研发提供方便。

13.2.2 控制要求

农机通用性能监测系统的设计要实现对农机悬挂装置中各项性能参数的实时、准确的监测，主要研究系统内部各个部分之间的连接、数据的传输、数据的转换、监测结果的可视化等内容，农机悬挂系统如图 13-5 所示。

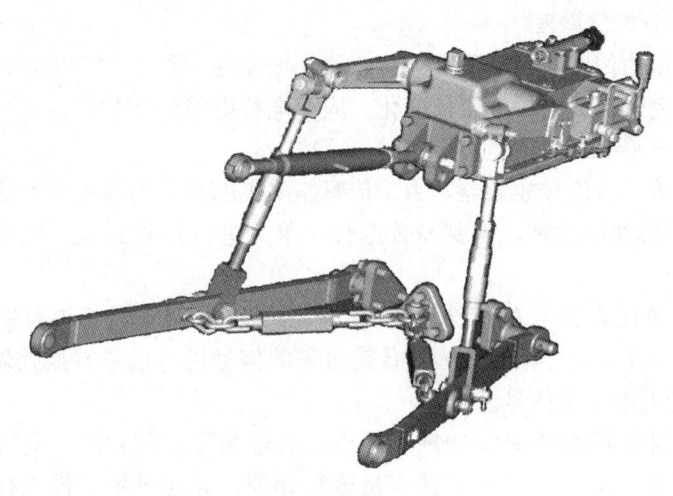

图 13-5 农机悬挂系统

1. 研究中要解决的问题

（1）查阅资料熟悉农机后置悬挂装置的结构、工作原理、使用方法。

（2）硬件的选择，包括传感器、信号放大器、可编程控制器 PLC 及特殊功能模块模拟量输入模块、触摸屏的选择。熟悉各功能模块的型号、性能参数、工作特性、工作原理及使用方法。

（3）传感器安放位置的选择，传感器安放的位置能够正确反映出被测物理量的实际值，防止测量值出现偏移及误差。

（4）各部分硬件的通信连接，解决各硬件之间的数据传输问题，特别是可编程控制器 PLC 与可视化组件之间的通信。

（5）程序的编写，可编程控制器 PLC 中程序的编写，编写输入数字量处理程序及模数装换程序，可视化组件触摸屏程序的编写，通过程序处理由可编程控制器 PLC 传输过来的数据，达到显示目的。

根据设计要求，系统要实现对悬挂装置的牵引力、拉压力、转速、扭矩四个物理量的监测、数据传输、数据转换、数据处理、数据显示及保存的功能。经过分析，采用传感器采集到相关数据经信号放大器放大后经过 A/D 转换模块送入 PLC 进行处理，PLC 与显示模块联通实现数据显示的思路。编写 PLC 数据处理程序及显示模块显示程序。显示模块采用触摸屏监控，实现显示组件可控系统。系统中硬件传感器的选择除了要满足所测量物理量的参数要求外，还要适应机械田间作业环境及机械本身油、震动等农机本身因素的影响。系统各部分的连接布线要合理，保证系统正常工作的同时，不能影响农机正常活动作业。

2. 系统运行原理

农机通用性能监测系统主要组成部件有数据采集组件（传感器）、数据转换单元、A/D 转换单元、可编程控制器（PLC）、可视化组件。传感器将农机具工作时产生的即时的牵引力、拉压力、扭矩、转速等物理量转变为电信号。电信号经过数据转换单元进行信号放大，变换后转换成 4～20mA 标准电流信号。电流信号通过 PLC 的 A/D 转换模块变换后提供给 PLC。PLC 内部程序运行,将输入的信号进行分析、处理,并将信息传送给显示组件。显示功能是由触摸屏来实现,同时触摸屏作为控制端能够控制 PLC 的工作状态并且保存采集到的数据。

3. 系统中各部分工作原理

(1) 系统中使用的传感器为应变片式传感器,该型传感器采用应变电测技术,当弹性片受到外力产生微小变形引起电桥电阻值变化,应变电桥电阻的变化转变为电信号的变化从而实现力的测量。

(2) 数据转换单元为信号放大器,由于传感器采集的电信号为毫伏级别信号,信号强度较小,不能被 A/D 模块所识别,需要经数据转换单元进行信号放大、变换后转换成标准的 4~20mA 电流信号。

(3) A/D 转换单元为 PLC 的特殊功能模块,该模块为 PLC 的扩展模块,由 PLC 基本单元的程序对其进行功能操作。信号放大器传输过来的信号进行模数转换处理,将模拟量信号转换为 PLC 可识别的数字量信号。

(4) 可编程控制器 PLC 为系统的控制中枢,通过编写内部程序,实现其对特殊功能模块 A/D 转换模块的控制,对转换后的数字量进行处理,并与显示组件进行通信,将监测到的数据传输给显示组件,实现性能数据实时监控。

(5) 可视化组件为与可编程控制器连接的触摸屏组件,通过在该组件上添加各类元件,同时建立资料数据库,达到显示系统监测到的农机具参数的目的,实现监测可视化。添加控制元件实现对 PLC 的控制。

系统将上述各部分连接整合,完成系统的统一,实现数据采集传输和系统的设计功能,系统工作框架图如 13-6 所示。

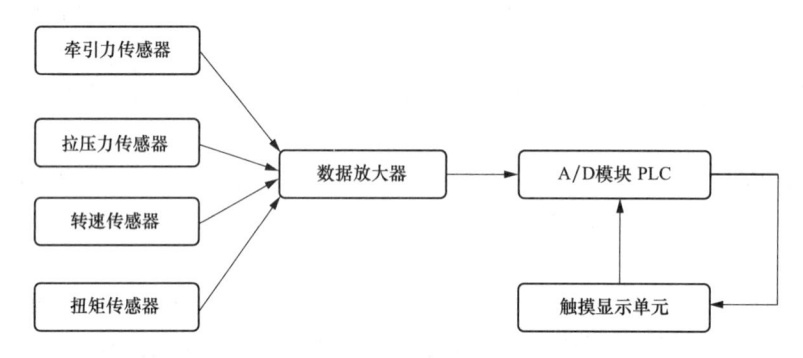

图 13-6 系统工作框架图

13.2.3 所需设备

(1) 三菱 FX_{2N} 系列 PLC 一台。

(2) 威纶触摸屏 MT6070iH 一台。

(3) 数据采集组件(传感器)、数据转换单元、A/D 转换单元、可编程控制器(PLC)、可视化组件。

(4) 直流 24V 开关电源一个。

(5) 装有组态软件和编程软件的计算机一台。

(6) 小型继电器、选择开关、按钮及导线若干。

13.2.4 设计任务

(1) 选择 PLC 的具体机型，进行 PLC 的 I/O 地址分配。
(2) 画出 PLC 的外部接线图。
(3) 画出控制系统的控制流程图或顺序功能图。
(4) 选用适当的编程语言和编程方法进行系统控制程序的设计。
(5) 进行人机界面组态程序的设计。
(6) 进行程序的离线模拟和试运行。
(7) 完成控制系统的连线并检查各部分的接线是否正确。
(8) 进行系统的联机调试和整机运行。
(9) 进一步优化系统的控制程序和组态程序。
(10) 按照一定格式编写技术文档，包括系统的原理框图、PLC 系统外部接线图、程序清单等。
(11) 总结在设计中遇到的问题和解决的方法，写出本次设计中的心得体会。

13.3 基于 PLC 的液位控制系统设计

13.3.1 概述

液位是过程控制中的一项重要参数，他对生产的影响不容忽视。为了保证安全生产以及产品的质量和数量，对液位进行及时有效地控制是非常必要的。水箱液位控制是液位控制系统中的一个重要问题，它在工业过程中普遍存在，具有代表性而且非常典型实用。

可编程控制器是一种数字运算操作的电子系统，专为在工业环境应用而设计。它采用可编程的存储器，用于其内部存储程序、执行逻辑运算、顺序控制、定时、计数与算术操作等面向用户的指令，并通过数字或模拟式输入、输出控制各种类型的机械或生产过程。可编程控制器及其有关外部设备，都按易于与工业控制系统联成一个整体，易于扩充其功能的原则设计。

所以基于 PLC 的液位控制系统可以很好地满足工业中的液位控制系统的要求，为控制带来便捷与准确，在现在讲求效率的社会里具有重要的实用价值。在以前的工业中，液位控制的实现方法莫过于人为的去看然后去调，或者通过固定的液位开关，当液位达到一定的高度后液位开关自动闭合或断开来控制液位的。随着自动化不断地发展，在工业中很多时候需要我们连续的去控制液位，时刻的去观察液位的高度，而且越来越多的时候需要在计算机上进行监测液位和控制液位，这就是本设计的目的。

13.3.2 控制要求

此系结的结构图如图 13-7 所示。在设计中，核心部件 PLC 是采用的三菱 FX_{1n}-40MR 型号，三菱 PLC 有自己专门的 PID 指令，而且参数的确定可以通过自动调节来获取，简单方便。液位控制桶包含了控制桶和储水桶两个部分，设计所要达到的目的就是要把控制桶中的液位控制在指定的高度。而控制液位的驱动元件就是直流泵，通过 PLC 进行控制。传感电路是用来对液位高度的信号进行采集和处理，然后传入 PLC 中供其控制使用。上位机用来

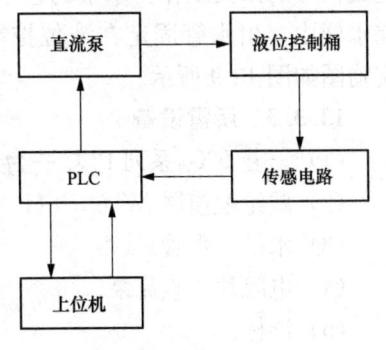

图 13-7 结构图

对整个系统进行实时检测,对液位过高和过低进行检测报警,上位机采用工控软件 MCGS 来编写。采用三菱 PLC 的 PID 指令设计在工业上有着广泛的运用,所以将其用在本次设计中也是简单可行的。经查阅资料可知基于三菱 PLC 的 PID 指令对温度的控制是可行的,其控制理念就是通过 PID 输出值控制加热器工作时间来实现的。由此可知控制泵的工作时间来实现水位的控制也是可行的。

本设计主要实现的功能如下:
(1) 用户可以直接了解现场设备工作状态及水位变化。
(2) 用户可以远程控制水泵的启动停止。
(3) 用户可以自由控制水位的高低以实现不同高度的液位控制。
(4) 水位过高或过低时提示用户并报警。
(5) 系统出现故障时用户可以及时了解。

下位机是直接控制设备获取设备状况的计算机,一般是 PLC/单片机之类的。上位机发出的命令首先给下位机,下位机再根据此命令解释成相应时序信号直接控制相应设备。下位机不时读取设备状态数据(一般为模拟量),转化成数字信号反馈给上位机。本设计中,下位机主要包括了传感器电路、控制电路、PLC 电路。传感器电路包括了变阻器电路和放大电路。控制电路包括了电动机电路和液位控制桶部件。PLC 电路包括了 FX_{on}-3A 模块和 FX_{1n}-40MR 型号的 PLC。其基本的流程图如图 13-8 所示:

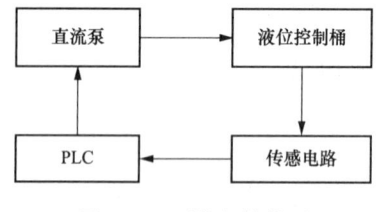

图 13-8 下位机结构图

传感器电路为控制提供了实时数据,可以随时测量到液位高度,经 FX_{on}-3A 模块将数据进行模数转换后传到 PLC 中。经过 PLC 的 PID 程序运算将运算输出值传到电机控制电路中,从而达到控制液位高度的目的。

实验里用到了两个桶,分别用来储水和控制液位高度,而在液位控制桶的边缘有用来感应液位高度的合金片,贴在了桶边。而液位桶里有一个用泡沫做的浮标,用来使桶里与桶外的显示高度一致。浮标的外指针用一根金属条做成,与贴在桶壁上的合金片相接处,合金片的底部引出一个地端,指针引出一个信号传到放大电路中,从而完成信号的采集工作。水泵的进水管接到储水桶中,出水管固定在液位控制桶中。实物图如图 13-9 所示。

13.3.3 所需设备

(1) 三菱 FX_{2N} 系列 PLC 一台。
(2) 威纶触摸屏 MT6070iH 一台。
(3) 水桶、水管。
(4) 电阻片、直流泵。
(5) 浮标。
(6) 直流 24V 开关电源一个。

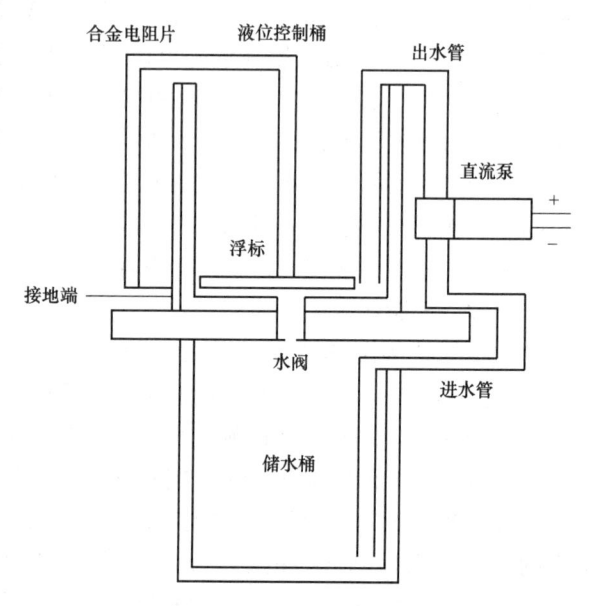

图 13-9 液位控制模型图

(7) 装有组态软件和编程软件的计算机一台。
(8) 小型继电器、选择开关、按钮及导线若干。

13.3.4 设计任务

(1) 选择 PLC 的具体机型，进行 PLC 的 I/O 地址分配。
(2) 画出 PLC 的外部接线图。
(3) 画出控制系统的控制流程图或顺序功能图。
(4) 选用适当的编程语言和编程方法进行系统控制程序的设计。
(5) 进行人机界面组态程序的设计。
(6) 进行程序的离线模拟和试运行。
(7) 完成控制系统的连线并检查各部分的接线是否正确。
(8) 进行系统的联机调试和整机运行。
(9) 进一步优化系统的控制程序和组态程序。
(10) 按照一定格式编写技术文档，包括系统的原理框图、PLC 系统外部接线图、程序清单等。
(11) 总结在设计中遇到的问题和解决的方法，写出本次设计中的心得体会。

13.4 智能窗的控制设计

13.4.1 概述

眼睛是心灵的窗户，窗户是居室的眼睛。窗户对建筑、民居的重要性是生活在现代都市的人们早已意识到的问题。有时候我们出门忘了关窗户，遇上刮风下雨家里可就麻烦了；有时由于一时疏忽，屋内的煤气由于紧缩的门窗无法散发出去而酿成大错，有什么办法能让家里的窗户变得聪明起来，遇到特殊情况自动开关呢？随着科学技术的不断发展和人们对家居环境质量要求的提高，智能窗应运而生。智能窗可以轻松地解决上述难题，给人们带来了一个全新的生活环境。目前，国内已经有很多家企业生产智能窗这类智能化产品，但是由于价格过高的原因，智能窗在市场上的占有率还比较低，只在一些豪华建筑中才看到它的身影，在寻常百姓家还没有得到大量的推广使用。在增加智能窗功能的同时设法降低产品的成本，让智能窗进入千家万户，这是智能窗在将来的一个发展方向。

13.4.2 控制要求

智能窗系统主要有智能控制中心、温度传感器、湿度传感器、红外线接收装置、气敏传感器、烟雾传感器、电动机及一系列的机械传动装置组成的智能化产品。传感器不断地采集周围的环境信息并将信息传送给控制中心，控制中心通过执行预先写入的程序控制着窗户开启或关闭。智能窗通过各个部分的相互配合实现了消防智能排烟、智能防盗报警、自动防风雨、防燃气泄漏、远程遥控、与空调联动等多项功能。

采用三菱 FX_{2N} 系列 PLC 进行控制，采用湿敏电阻 HR202、直热式气敏传感器 TGS109、旁热式烟雾传感器 MQS2B、红外探测模块等元件，通过设计合理的硬件电路，能够准确地采集外界环境的状况。主要功能如下：

(1) 下雨时自动关窗。
(2) 室内可燃性气体、烟雾等超标时自动开窗，并启动排气扇进行排气。

(3) 室内温度超过 30℃时自动开窗通风。

(4) 遇到小偷试图闯入窗户时,会立即关闭窗户,并发出高分贝声音报警。

(5) 通过按钮实现手动开窗关窗功能。

对该流程的说明：打开电源开关后,PLC 的电源就接通了,PLC 启动后以扫描的方式开始工作。煤气检测模块、烟雾检测模块、温度检测模块、红外线探测模块、湿度检测模块等将检测到的信号传入到 PLC 中,PLC 根据这些信息控制着窗户的开启或关闭。当煤气烟雾模块检测到煤气、烟雾超标时,PLC 将控制执行机构完成开窗、报警、启动排气扇进行排气,当窗框上的右限位开关受到挤压时,电动机马上停止转动,但报警器和排气扇依然在工作,直到煤气烟雾的含量低于设定值。当温控开关检测到温度超过 30℃时,还必须在红外探测器和湿度检测器未检测到盗情和雨情的情况下才执行开窗命令,这样做法的目的是为了更好地维护家居的安全、保护室内的装饰物品免遭雨淋。当红外线探测器探测到窗外有陌生人驻留或湿度检测器检测到正在下雨时,这时防盗报警器会发出高分贝的声音报警,至于是否要进行关窗时,还必须以当前室内的煤气烟雾没有超标为前提,毕竟室内主人的生命安全要远高于财物的安全。如果此时室内煤气烟雾没有超标,窗户将左移关闭,当挤压到窗框上的左限位开关时,电动机马上停止转动。如此反复循环,PLC 进入到下一个工作周期,继续处理传感器采集到的信号,直到将 PLC 停止（由 RUN 状态到 STOP 状态）。

本系统的开关窗户的动力由 24V 的直流减速电动机来提供,该电动机转速低扭矩大,适合作开关窗户的动力装置,而且直流电动机进行正反转换向非常方便,只需通过两组继电器进行控制。电动机连着一条长螺丝杆,在活动的窗扇上固定着与螺丝杆配套的螺丝套,螺丝杆在电动机的带动下旋转时,窗扇就会平移运动。窗框的两边装有两个限位开关,当窗户压迫到限位开关时,电动机就会断电停止转动,防止损坏窗户和机械传动装置。这种螺杆传动装置还具有自锁功能,当电动机关闭窗户停止转动后,无论怎么用力推窗扇都不能打开窗户,更加强了防盗的功能。为了更好地完成设计的功能,设计了如图 13-10 所示的窗户模型：

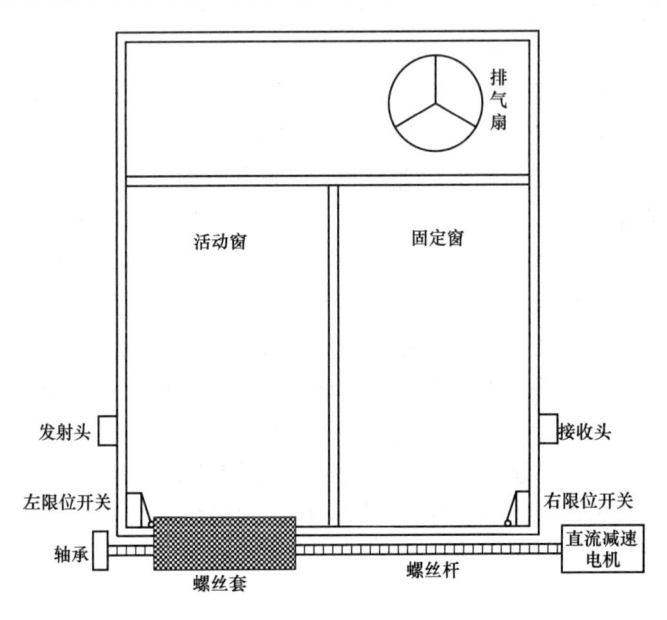

图 13-10　窗户模型

13.4.3 所需设备

(1) 三菱 FX_{2N} 系列 PLC 一台。
(2) 威纶触摸屏 MT6070iH 一台。
(3) 窗户模型，排气扇。
(4) 采用湿敏电阻 HR202、直热式气敏传感器 TGS109、旁热式烟雾传感器 MQS2B、红外探测模块等元件。
(5) 限位开关、螺杆。
(6) 轴承、直流减速电机；直流 24V 开关电源一个。
(7) 装有组态软件和编程软件的计算机一台。
(8) 小型继电器、选择开关、按钮及导线若干。

13.4.4 设计任务

(1) 选择 PLC 的具体机型，进行 PLC 的 I/O 地址分配。
(2) 画出 PLC 的外部接线图。
(3) 画出控制系统的控制流程图或顺序功能图。
(4) 选用适当的编程语言和编程方法进行系统控制程序的设计。
(5) 进行人机界面组态程序的设计。
(6) 进行程序的离线模拟和试运行。
(7) 完成控制系统的连线并检查各部分的接线是否正确。
(8) 进行系统的联机调试和整机运行。
(9) 进一步优化系统的控制程序和组态程序。
(10) 按照一定格式编写技术文档，包括系统的原理框图、PLC 系统外部接线图、程序清单等。
(11) 总结在设计中遇到的问题和解决的方法，写出本次设计中的心得体会。

13.5 机械手模型控制系统的设计

13.5.1 概述

工业上机械手的控制大多采用 PLC 控制，本次控制对象是机械手实物教学模型的控制。如图 13-11 所示为 THWJX-1 型机械手实物教学模型，机械结构采用滚珠丝杆、滑杆、气缸、气夹等机械部件组成；电气方面有步进电动机、步进电动机驱动器、传感器、开关电源、电磁阀等电子器件组成。

1. 技术性能

(1) 输入电源：单相三线 220V±10％ 50Hz。
(2) 工作环境：温度 −10～+40℃ 相对湿度小于 85％（25℃）海拔小于 4000m。
(3) 绝缘电阻：大于 3MΩ。
(4) 外形尺寸：80×50×120cm³。

2. 工作原理

(1) 步进电动机。采用二相八拍混合式步进电动机。设计采用串联型接法，其电气图如图 13-12 所示。

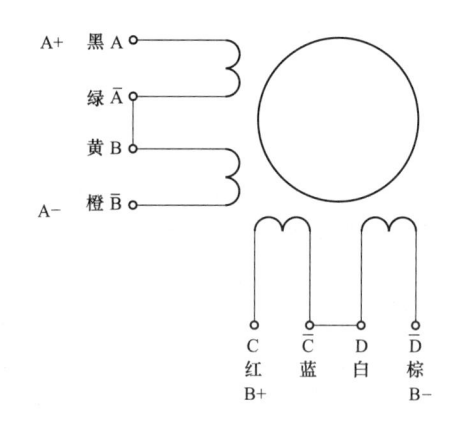

图 13-11 THWJX-1 型机械手实物教学模型　　图 13-12 步进电机串联型接法

（2）步进电动机驱动器。步进电动机驱动器主要有电源输入部分、信号输入部分、输出部分等。驱动器参数见表 13-1～表 13-4。

表 13-1　　　　　　　　　　　　电　气　规　格

说明	最小值	典型值	最大值
供电电压（V）	18	24	40
均值输出电流（mA）	0.21	1	1.50
逻辑输入电流（mA）	6	15	30
步进脉冲响应频率（kHz）	—	—	100
脉冲低电平时间（μs）	5	—	1

表 13-2　　　　　　　　　　　　电　流　设　定

电流值	SW1	SW2	SW3
0.21A	OFF	ON	ON
0.42A	ON	OFF	ON
0.63A	OFF	OFF	ON
0.84A	ON	ON	OFF
1.05A	0FF	ON	OFF
1.26A	ON	OFF	OFF
1.50A	OFF	OFF	OFF

表 13-3　　　　　　　　　　　　细　分　设　定

细分倍数	步数/圈（1.8° 整步）	SW4	SW5	SW6
1	200	ON	ON	ON
2	400	OFF	ON	ON
4	800	ON	OFF	ON
8	1600	OFF	OFF	ON

细分倍数	步数/圈（1.8º 整步）	SW4	SW5	SW6
16	3200	ON	ON	OFF
32	6400	OFF	ON	OFF
64	12800	OFF	ON	OFF
由外部确定	动态改细分/禁止工作	OFF	OFF	OFF

表 13-4　　　　　　　　　接　线　信　号

信号	功能
PUL	脉冲信号：上升沿有效，每当脉冲由低变高时电动机走一步
DIR	方向信号：用于改变电机转向，TTL 平驱动
OPTO	光耦驱动电源
ENA	使能信号：禁止或允许驱动器工作，低电平禁止
GND	直流电源地
+V	直流电源正极，典型值+24V
A+	电动机 A 相
A−	电动机 A 相
B+	电动机 B 相
B−	电动机 B 相

（3）传感器。

1）接近开关。接近开关当与挡块接近时输出电平为低电平，否则为高电平。

2）行程开关。当挡块碰到开关时，动合点闭合，当挡板离开开关时，闭合的动合点断开。设计过程中共采用两对行程开关，横轴的前后行程限位开关，竖轴的上下行程开关。

（4）直流电动机驱动单元。本装置中直流电动机驱动模块是有两个继电器的吸合与断开来控制电动机的转动方向的。

13.5.2　控制要求

1. 开机复位　　　　　2. 横轴前升　　　　　3. 手旋转到位
4. 电磁阀动作，手张开　5. 竖轴下降　　　　　6. 电磁阀动作，手夹紧
7. 竖轴上升　　　　　8. 横轴缩回　　　　　9. 底盘旋转到位
10. 横轴前伸　　　　　11. 手旋转　　　　　12. 竖轴下降
13. 电磁阀动作，手张开　14. 竖轴上升　　　　　15. 复位

气夹在电磁阀未通电动作时为夹紧状态，通电后变为张开状态。在上述步骤中，4～5 和 13～15 之间为电磁阀通电状态。

13.5.3　所需设备

（1）三菱 FX_{2N} 系列 PLC 一台。

（2）威纶触摸屏 MT6070iH 一台。

（3）THWJX-1 型机械手实物教学模型一台。

（4）装有组态软件和编程软件的计算机一台。

(5) 小型继电器、选择开关、按钮及导线若干。

13.5.4 设计任务

(1) 选择 PLC 的具体机型，进行 PLC 的 I/O 地址分配。
(2) 画出 PLC 的外部接线图。
(3) 画出控制系统的控制流程图或顺序功能图。
(4) 选用适当的编程语言和编程方法进行系统控制程序的设计。
(5) 进行人机界面组态程序的设计。
(6) 进行程序的离线模拟和试运行。
(7) 完成控制系统的连线并检查各部分的接线是否正确。
(8) 进行系统的联机调试和整机运行。
(9) 进一步优化系统的控制程序和组态程序。
(10) 按照一定格式编写技术文档，包括系统的原理框图、PLC 系统外部接线图、程序清单等。
(11) 总结在设计中遇到的问题和解决的方法，写出本次设计中的心得体会。

13.6 四层电梯的控制

13.6.1 概述

电梯的控制越来越多地采用 PLC 控制，本控制对象是 THPLC-DT 型四层电梯实物教学模型。如图 13-13 所示是模拟电梯演示装置的示意图，模拟电梯由电动机拖动，每楼层有四个霍尔开关 SQ1、SQ2、SQ3、SQ4 检测轿箱位置，各楼层设置上行"▲"下行"▼"按钮开关。

13.6.2 控制要求

(1) 采用 PLC 构成四层简易电梯电气控制系统。电梯的上、下行由一台电动机拖动，电动机正转为电梯上升，反转为下降。一层有上升呼叫按钮 SB11 和指示灯 H11，二层有上升呼叫按钮 SB21 和指示灯 H21 以及下降呼叫按钮 SB22 和指示灯 H22，三层有上升呼叫按钮 SB31 和指示灯 H31 以及下降呼叫按钮 SB32 和指示灯 H32，四层有下降呼叫按钮 SB41 和指示灯 H41。一～四层有到位行程开关 ST1～ST4。电梯内有一～四层呼叫按钮 SB1～SB4 和指示灯 H1～H4；电梯开门和关门按钮 SB5 和 SB6，电梯开门和关门分别通过电磁铁 YA1 和 YA2 控制，关门到位由行程开关 ST5 检测。此外还有电梯载重超限检测压力继电器 KP 以及故障报警电铃 HA。控制信号说明见表 13-5。
(2) 楼层呼叫按钮及电梯内按钮按下，电梯未达到相应楼层或未得到相应的响应时，相应指示灯一直接通指示。
(3) 电梯运行时，电梯开门与关门按钮不起作用，电梯到达停在各楼层时，电梯开门与关门动作可由电梯开门与关门按钮控制，也可延时控制，但检测到电梯超重时，电梯门不能关闭，并由报警电铃发出报警信号。
(4) 电梯最大运行区间为三层距离，若一次运行时间超过 30s，则电动机停转，并由 HA 报警。

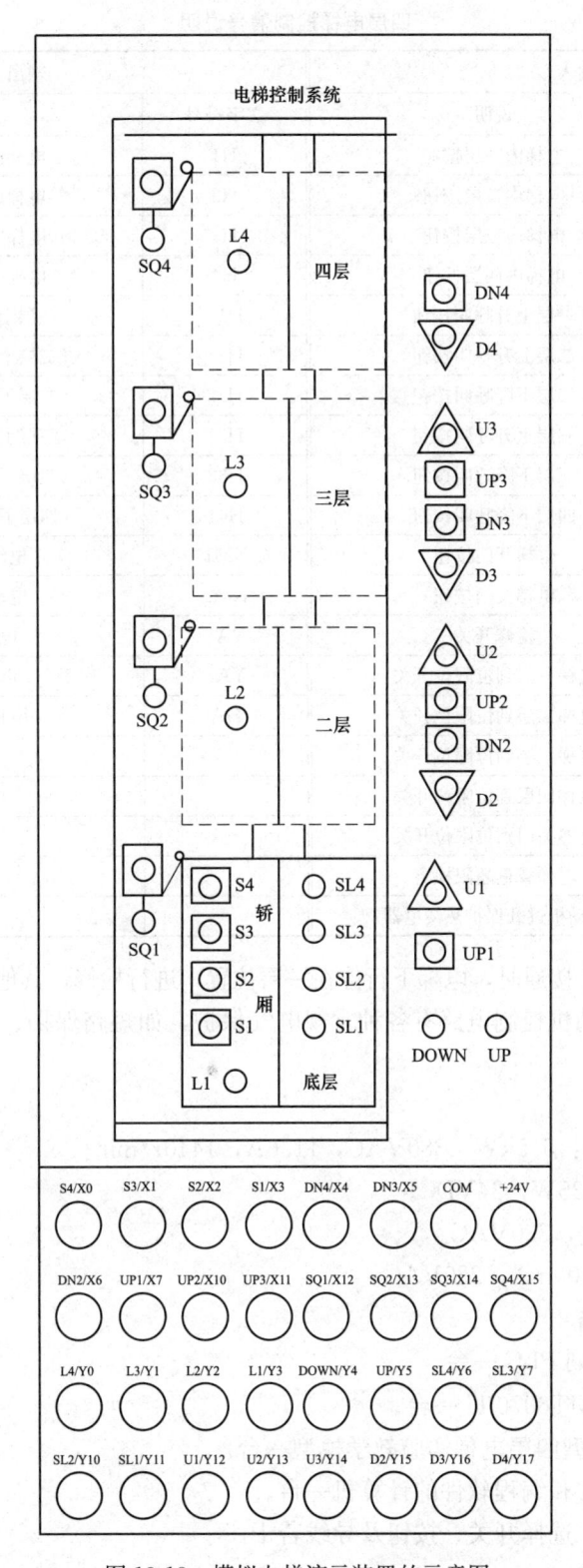

图 13-13 模拟电梯演示装置的示意图

表 13-5　　　　　　　　　　　　　四层电梯控制信号说明

输入		输出	
文字符号	说明	文字符号	说明
SB1	电梯内一层按钮	H1	电梯内一层按钮指示灯
SB2	电梯内二层按钮	H2	电梯内二层按钮指示灯
SB3	电梯内三层按钮	H3	电梯内三层按钮指示灯
SB4	电梯内四层按钮	H4	电梯内四层按钮指示灯
SB11	一层上升呼叫按钮	H11	一层上升呼叫按钮指示灯
SB21	二层上升呼叫按钮	H21	二层上升呼叫按钮指示灯
SB22	二层下降呼叫按钮	H22	二层下降呼叫按钮指示灯
SB31	三层上升呼叫按钮	H31	三层上升呼叫按钮指示灯
SB32	三层下降呼叫按钮	H32	三层下降呼叫按钮指示灯
SB41	四层下降呼叫按钮	H41	四层下降呼叫按钮指示灯
SB5	电梯开门按钮	KM1	电动机正转接触器
SB6	电梯关门按钮	KM2	电动机反转接触器
SB7	检修开关	YA1	电梯开门电磁铁
ST1	电梯一层到位限位开关	YA2	电梯关门电磁铁
ST2	电梯二层到位限位开关	HA	电梯故障报警电铃
ST3	电梯三层到位限位开关		
ST4	电梯四层到位限位开关		
ST5	电梯关门到位限位开关		
SP	电梯载重超限检测		
FR	电动机过载保护热继电器		

(5) 检修开关 SB7 接通时，电梯下行停在一层位置，进行检修，其他所有动作均不相应。

(6) 电梯拖动电动机控制电路有各种常规电气保护，如短路保护、过载保护、正反转互锁等。

(7) 相关参数：

1) 拖动电动机 M：5.5kW，380VAC，11.6A，1440r/min。

2) 指示灯 H：0.25W，24VDC。

3) 电铃 HA：8W，220VAC。

4) 电磁铁 YA：100mA，220VAC。

13.6.3　所需设备

(1) 三菱 FX_{2N} 系列 PLC 一台。

(2) 威纶触摸屏 MT6070iH 一台。

(3) THPLC-DT 型四层电梯实验教学模型一台。

(4) 装有组态软件和编程软件的计算机一台。

(5) 小型继电器、选择开关、按钮及导线若干。

13.6.4　设计任务

(1) 选择 PLC 的具体机型，进行 PLC 的 I/O 地址分配。

(2) 画出 PLC 的外部接线图。
(3) 画出控制系统的控制流程图或顺序功能图。
(4) 选用适当的编程语言和编程方法进行系统控制程序的设计。
(5) 进行人机界面组态程序的设计。
(6) 进行程序的离线模拟和试运行。
(7) 完成控制系统的连线并检查各部分的接线是否正确。
(8) 进行系统的联机调试和整机运行。
(9) 进一步优化系统的控制程序和组态程序。
(10) 按照一定格式编写技术文档，包括系统的原理框图、PLC 系统外部接线图、程序清单等。
(11) 总结在设计中遇到的问题和解决的方法，写出本次设计中的心得体会。

13.7 THFLT-1 型立体仓库的控制

13.7.1 概述

THFLT-1 型立体仓库实物教学模型在机械上采用丝杆传动方式，在电气控制方面，可以通过目前市面上比较流行的各类晶体管输出的 PLC 采集各种传感器信号，对步进电动机和直流电动机进行较复杂的位置控制及时序逻辑控制，实现仓位定位和送/取动作（X、Y 轴完成仓位定位，Z 轴完成送/取动作）。

模型采用滚珠丝杠、滑杠和普通丝杠作为主要传动机构，电动机采用步进电动机和直流电动机，其关键部分是堆垛机，它由水平移动、垂直移动及伸叉机构三部分组成，其水平和垂直移动分别用两台步进电动机驱动滚珠丝杠来完成，伸叉机构由一台直流电动机来控制。它分为上下两层，上层为货台，可前后伸缩，低层装有丝杠等传动机构。当堆垛机平台移动到货架的指定位置时，伸叉电机驱动货台向前伸出可将货物取出或送入，当取到货物或货已送入，则铲叉向后缩回。整个系统需要三维的位置控制。

13.7.2 控制要求

1. 控制面板上的开关及按钮功能及仓位号（见图 13-14、图 13-15 及表 13-6）

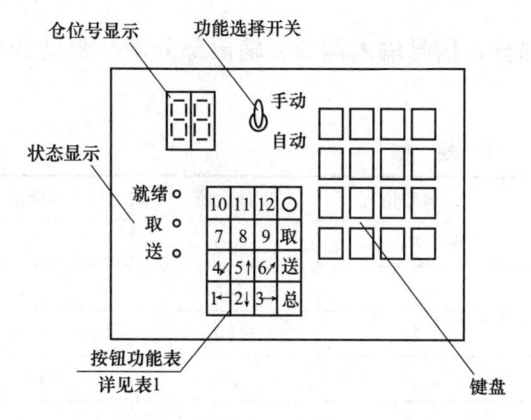

图 13-14 控制面板上的开关及按钮功能

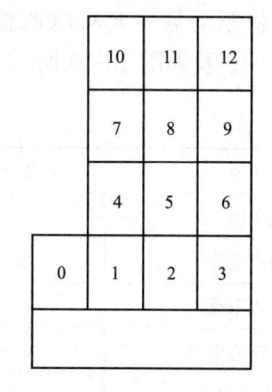

图 13-15 控制面板上的仓位号

表 13-6　　　　　　　　　　　　　　控制面板上的按钮功能表

按键号	功能选择	定义
1	自动	选择 1 号仓位
1	手动	机构水平向左移动
2	自动	选择 2 号仓位
2	手动	机构垂直向下移动
3	自动	选择 3 号仓位
3	手动	机构水平向右移动
4	自动	选择 4 号仓位
4	手动	机构水平向后移动
5	自动	选择 5 号仓位
5	手动	机构垂直向上移动
6	自动	选择 6 号仓位
6	手动	机构水平向前移动
7	自动	选择 7 号仓位
7	手动	无意义
8	自动	选择 8 号仓位
8	手动	无意义
9	自动	选择 9 号仓位
9	手动	无意义
10	自动	选择 10 号仓位
10	手动	无意义
11	自动	选择 11 号仓位
11	手动	无意义
12	自动	选择 12 号仓位
12	手动	无意义

2. 步进电动机驱动器

步进电动机驱动器主要有电源输入部分、信号输入部分、输出部分等。驱动器参数见表 13-7～表 13-10 及如图 13-16 所示。

表 13-7　　　　　　　　　　　　　　电　气　规　格

说明	最小值	典型值	最大值	单位
供电电压	18	24	40	V
均值输出电流	0.21	1	1.50	A
逻辑输入电流	6	15	30	mA
步进脉冲响应频率	—	—	100	kHz
脉冲低电平时间	5	—	1	μs

表 13-8　　　　　　　　　　　电　流　设　定

电流值	SW1	SW2	SW3
0.21A	OFF	ON	ON
0.42A	ON	OFF	ON
0.63A	OFF	OFF	ON
0.84A	ON	ON	OFF
1.05A	OFF	ON	OFF
1.26A	ON	OFF	OFF
1.50A	OFF	OFF	OFF

表 13-9　　　　　　　　　　　细　分　设　定

细分倍数	步数/圈（1.8°整步）	SW4	SW5	SW6
1	200	ON	ON	ON
2	400	OFF	ON	ON
4	800	ON	OFF	ON
8	1600	OFF	OFF	ON
16	3200	ON	ON	OFF
32	6400	OFF	ON	OFF
64	12800	OFF	ON	OFF
由外部确定	动态改细分/禁止工作	OFF	OFF	OFF

表 13-10　　　　　　　　　　　接　线　信　号　描　述

信号	功　能
PUL	脉冲信号：上升沿有效，每当脉冲由低变高时电动机走一步
DIR	方向信号：用于改变电机转向，TTL 平驱动
OPTO	光耦驱动电源
ENA	使能信号：禁止或允许驱动器工作，低电平禁止
GND	直流电源地
+V	直流电源正极，典型值+24V
A+	电动机 A 相
A−	电动机 A 相
B+	电动机 B 相
B−	电动机 B 相

3. 步进电动机

采用二相八拍混合式步进电动机，主要特点：体积小，具有较高的起动和运行频率，有定位转矩等。本模型中采用并联型接法，其电气图如图 13-17 所示。

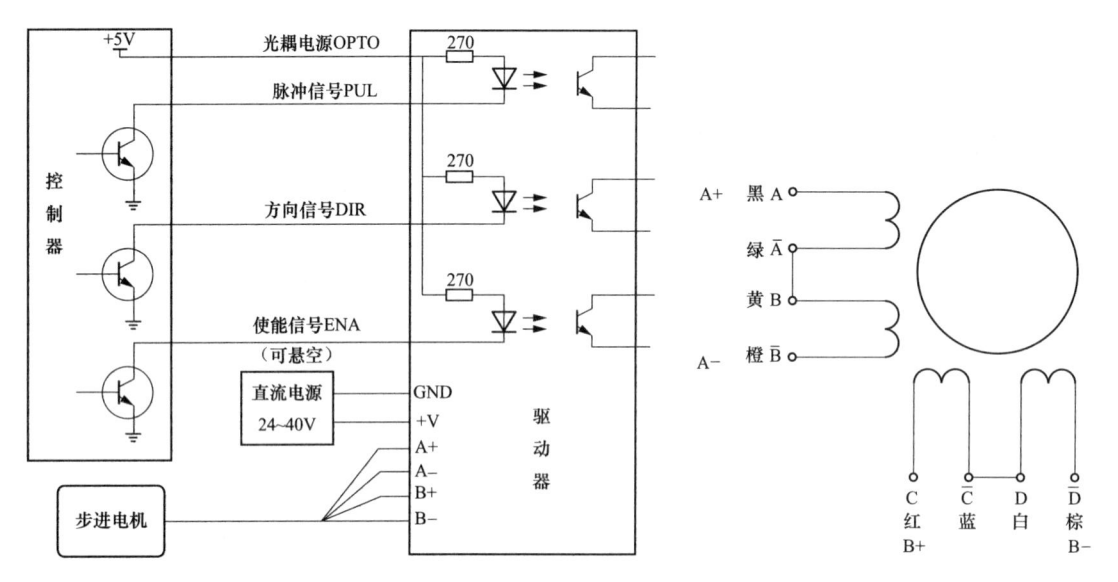

图 13-16　PLC 控制器与步进电动机驱动器工作原理图　　图 13-17　并联型接法电气图

4. 控制要求

将 Z 轴上的货物送到指定位置；将任意位置的货物送到另一位置；将零号位置的货物送到任意位置；从任意位置取回货物放至零号位；实现低速启动—变速运行—低速停车的功能；0~12 号仓位扫描检测等功能。能执行手动操作（手动位置此时 1~6 号有效）和自动运行。其输入输出分配表见表 13-11。

表 13-11　　　　　　　　　　　输 入 输 出 分 配 表

输入部分			输出部分		
X0	货台到位限位		Y0	横轴脉冲	
X1	货台回位限位		Y1	竖轴脉冲	
X2	货台是否有物		Y2	横轴方向 I/O	
X3	自动/手动（0/1）		Y3	竖轴方向 I/O	
X4	十六进制输入	键盘值 1 位	Y6	货台前升	
X5		键盘值 2 位	Y7	货台退回	
X6		键盘值 3 位	Y10	显示部分	就绪
X7		键盘值 4 位	Y11		取
X10	横轴右限位		Y12		放
X11	横轴左限位		Y13		十位显示
X12	竖轴上限位		Y14	BCD 码输出显示	BCD 码 1 位
X13	竖轴下限位		Y15		BCD 码 2 位
			Y16		BCD 码 3 位
			Y17		BCD 码 4 位

13.7.3　所需设备

（1）三菱 FX_{2N} 系列 PLC 一台。

(2) 威纶触摸屏 MT6070iH 一台。
(3) 立体仓库实物教学模型 THFLT-1 一台。
(4) 装有组态软件和编程软件的计算机一台。
(5) 小型继电器、选择开关、按钮及导线若干。

13.7.4　设计任务

(1) 选择 PLC 的具体机型，进行 PLC 的 I/O 地址分配。
(2) 画出 PLC 的外部接线图。
(3) 画出控制系统的控制流程图或顺序功能图。
(4) 选用适当的编程语言和编程方法进行系统控制程序的设计。
(5) 进行人机界面组态程序的设计。
(6) 进行程序的离线模拟和试运行。
(7) 完成控制系统的连线并检查各部分的接线是否正确。
(8) 进行系统的联机调试和整机运行。
(9) 进一步优化系统的控制程序和组态程序。
(10) 按照一定格式编写技术文档，包括系统的原理框图、PLC 系统外部接线图、程序清单等。
(11) 总结在设计中遇到的问题和解决的方法，写出本次设计中的心得体会。

13.8　全自动售货机的控制

13.8.1　概述

自动售货机的新奇、文明、高档、灵活方便等深受广大市民欢迎。自动售货机最基本的功能是对投入的货币进行运算，并根据所投入的货币数值判断是否能够购买某种商品，并做出相应的反应。因此，售货机应能够辨识机内包含的商品，能够对所投入的币值进行累计，并提供所要购买的商品。当按下选择商品的按钮时，售货机根据投入的币值，启动电动机，提取商品到出货口，顾客取出商品，完成此次交易。它还具有识币系统、货物和货币的传送系统来实现完整的售货功能。

在实际生活中，我们见到的售货机的基本功能就是对投入的货币进行运算，并根据货币数值判断是否能够购买某种商品，并作出相应的反应。自动售货机的工作流程图如图 13-18 所示。

13.8.2　控制要求

售货机中有 8 种商品，其中 01 号商品（代表第一种商品）价格为 3.20 元，02 商品为 4.50 元，其余类推。现投入 1 个 1 元硬币，当投入的货币

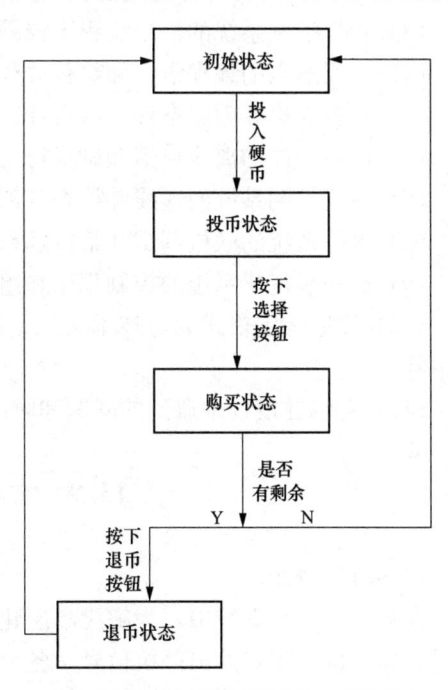

图 13-18　自动售货机工作流程图

超过 01 商品的价格时，01 商品的选择按钮处应有变化，提示可以购买，其他商品同比。当按下选择 01 商品的价格时，售货机进行减法运算，从投入的货币总值中减去 01 商品的价格同时启动相应的电动机，提取 01 号商品到出货口。此时售货机继续进行等待外部命令，如继续交易，则同上，如果此时不再购买而按下退币按钮，售货机则要进行退币操作，退回相应的货币，并在程序中清零，完成此次交易。由此看来，售货机一次交易要涉及加法运算、减法运算以及在退币时的除法运算，这是它的内部功能。还要有货币识别系统和货币的传动来实现完整的售货、退币功能。

此外，具有货物选择、出货、投币及数额显示，还要有货币识别系统和货币的传动来实现完整的售货、退币功能。可 24h 连续运转，自动找零，实现真正的自动售卖。具有制冷、加热转换功能，可根据季节变换进行设定，使饮料处于最佳饮用温度，提高饮料销量。多重防盗设计，节能环保设计。

13.8.3 所需设备

（1）三菱 FX_{2N} 系列 PLC 一台。
（2）威纶触摸屏 MT6070iH 一台。
（3）数码管、接触器、指示灯、按钮、刀开关、热继电器、熔断器、电磁阀、感应开关等。
（4）编程电缆一根。
（5）装有组态软件和编程软件的计算机一台。
（6）导线若干。

13.8.4 设计任务

（1）选择 PLC 的具体机型，进行 PLC 的 I/O 地址分配。
（2）画出 PLC 的外部接线图。
（3）画出控制系统的控制流程图或顺序功能图。
（4）选用适当的编程语言和编程方法进行系统控制程序的设计。
（5）进行人机界面组态程序的设计。
（6）进行程序的离线模拟和试运行。
（7）完成控制系统的连线并检查各部分的接线是否正确。
（8）进行系统的联机调试和整机运行。
（9）进一步优化系统的控制程序和组态程序。
（10）按照一定格式编写技术文档，包括系统的原理框图、PLC 系统外部接线图、程序清单等。
（11）总结在设计中遇到的问题和解决的方法，写出本次设计中的心得体会。

13.9 水塔液位的 PLC 控制

13.9.1 概述

在自来水供水系统中，为解决高层建筑的供水问题，修建了水塔。当水塔水位达到高水位时，高液位传感器发出停机信号，各个电动机组停止运行。当水塔水位低于低水位时，低液位传感器自动发出开机信号，系统自动按顺序降压启动。水塔有固定的高度，正常水位变化有一定的范围，为保证水塔的正常水位，需要用水泵为其供水。水泵房有 3 台泵用异步电动机（交流 380V，220kW）。正常运行时，2 台电动机运转，1 台电动机备用。

13.9.2 控制要求

（1）因电动机功率较大，为减少启动电流，电动机采用 Y-△降压启动，并要错开启动时间（间隔时间为 10s）。

（2）为防止某一台电动机因长期闲置而产生锈蚀，备用电动机可通过预置开关预先随意设置。如果未设置备用电动机组号，则系统默认为 3 号电动机组为备用。

（3）每台电动机都有手动和自动两种控制状态。在自动控制状态时，不论设置哪一台电动机作为备用，其余的 2 台电动机都要按顺序逐台启动。

（4）在自动控制状态下，如果由于故障使某台电动机组停车，而水塔水位又未达到高水位时，备用电动机组自动降压启动；同时对发生故障的电动机组根据故障性质发出停机报警信号，提请维护人员及时排除故障。当水塔水位达到高水位时，高液位传感器发出停机信号，各个电动机组停止运行。当水塔水位低于低水位时，低液位传感器自动发出开机信号，系统自动按顺序降压启动。

（5）因水泵房距离水塔较远，每台电动机都有就地操作按钮和远程操作按钮。

（6）每台电动机都有运行状态指示灯（运行、备用和故障）。

（7）液位传感器要有位置状态指示灯。

13.9.3 所需设备

（1）三菱 FX_{2N} 系列 PLC 一台。

（2）威纶触摸屏 MT6070iH 一台。

（3）3 台泵用异步电动机（交流 380V，220kW）、液位传感器、按钮、指示灯、报警器、电磁阀、水箱等。

（4）编程电缆一根。

（5）装有组态软件和编程软件的计算机一台。

（6）导线若干。

13.9.4 设计任务

（1）选择 PLC 的具体机型，进行 PLC 的 I/O 地址分配。

（2）画出 PLC 的外部接线图。

（3）画出控制系统的控制流程图或顺序功能图。

（4）选用适当的编程语言和编程方法进行系统控制程序的设计。

（5）进行人机界面组态程序的设计。

（6）进行程序的离线模拟和试运行。

（7）完成控制系统的连线并检查各部分的接线是否正确。

（8）进行系统的联机调试和整机运行。

（9）进一步优化系统的控制程序和组态程序。

（10）按照一定格式编写技术文档，包括系统的原理框图、PLC 系统外部接线图、程序清单等。

（11）总结在设计中遇到的问题和解决的方法，写出本次设计中的心得体会。

13.10 十字路口带倒计时显示的交通信号灯控制

13.10.1 概述

随着社会经济和城市交通快速发展，城市规模不断扩大，交通日益繁忙，红绿灯保障了城市交通有序、安全、快速运行。现在城市十字路口的红绿灯基本都是采用程序控制，其中大多采用可编程控制器（PLC）程序控制的，并且数显红绿灯在实际使用中占有很大的比例。在一个十字路口为了实现交通指示，需要用到红绿黄三色放光二极管给出指示信号；并通过计时装置显示等待时长，需要计数器、七段显示管等。

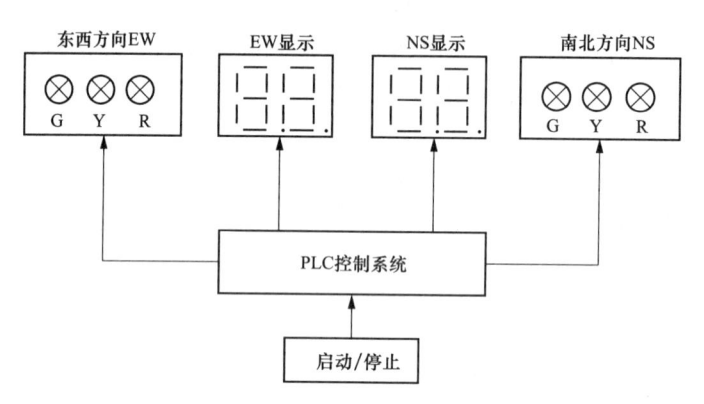

系统框图如图 13-19 所示。

图 13-19 十字路口带倒计时显示的交通信号灯控制图

13.10.2 控制要求

（1）南北方向为主干道，绿灯亮的时间比东西方向次干道绿灯亮的时间多一倍，黄灯间隔 0.5s 闪烁 3s 后切换到红灯，信号灯工作时序图如图 13-20 所示，一次循环共需 96s。

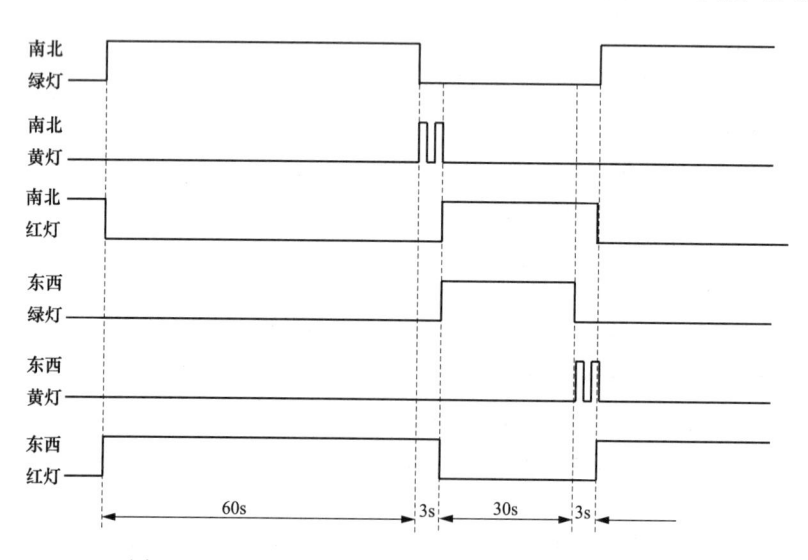

图 13-20 十字路口带倒计时显示的交通信号灯时序图

(2) 主干道的数码显示应该与红、黄及绿灯同步，且两条主、次干道应该一样显示。例如，南北方向绿灯亮时，东西方向和南北方向均应显示数字 63（绿灯亮 60s，黄灯亮 3s），然后隔秒减 1，当减到 0 时，换成东西方向绿灯亮，南北方向红灯亮，此时，数码管应显示 33，然后隔秒减 1，当减到 0 时，再进行切换，完成一次工作循环。

(3) 有白天/夜间操作转换开关，运行/停止开关，紧急操作开关 1 号、2 号，其功能介绍如下：

(1) 白天/夜间操作转换开关在"白天"位置时，按上述时序正常工作，在"夜间"位置时，两边均只有黄灯闪烁，运行开关在接通电源时，方可切换白天/夜间开关。

(2) 开关在"运行"位置时，系统启动，在"停止"位置时，系统关闭。

(3) 当有特殊情况（如事故）需某一方向的绿灯一直亮，则应用紧急操作开关实现此功能。例如，1 号开关 = "1"，则南北方向绿灯一直亮，东西方向红灯一直亮，2 号开关 = "1"，则东西方向绿灯一直亮，南北方向红灯一直亮，关闭紧急开关，则系统恢复正常。

13.10.3 所需设备

(1) 三菱 FX_{2N} 系列 PLC 一台。
(2) 威纶触摸屏 MT6070iH 一台。
(3) 数码管、红灯、绿灯、黄灯。
(4) 编程电缆一根。
(5) 装有组态软件和编程软件的计算机一台。
(6) 导线若干。

13.10.4 设计任务

(1) 选择 PLC 的具体机型，进行 PLC 的 I/O 地址分配。
(2) 画出 PLC 的外部接线图。
(3) 画出控制系统的控制流程图或顺序功能图。
(4) 选用适当的编程语言和编程方法进行系统控制程序的设计。
(5) 进行人机界面组态程序的设计。
(6) 进行程序的离线模拟和试运行。
(7) 完成控制系统的连线并检查各部分的接线是否正确。
(8) 进行系统的联机调试和整机运行。
(9) 进一步优化系统的控制程序和组态程序。
(10) 按照一定格式编写技术文档，包括系统的原理框图、PLC 系统外部接线图、程序清单等。
(11) 总结在设计中遇到的问题和解决的方法，写出本次设计中的心得体会。

13.11 自动门控制系统的设计

13.11.1 概述

自动门控制装置由门内光电探测开关 K1、门外光电探测开关 K2、开门到位限位开关 K3、关门到位限位开关 K4、开门执行机构 KM1（使直流电动机正转）、关门执行机构

KM2（使直流电动机反转）等部件组成。光电探测开关为检测到人或物体时 ON，否则为 OFF。

自动门控制系统的动作如下：人靠近自动门时，感应器 X0 为 ON，Y0 驱动电动机高速开门，碰到开门减速开关 X1 时，变为低速开门。碰到开门极限开关 X2 时电动机停转，开始延时。若在 0.5s 内感应器检测到无人，Y2 启动电动机高速关门。碰到关门减速开关 X4 时，改为低速关门，碰到关门极限开关 X5 时电动机停转。在关门期间若感应器检测到有人，停止关门，T1 延时 0.5s 后自动转换为高速开门。

13.11.2 控制要求

（1）当有人由内到外或由外到内通过光电检测开关 K1 或 K2 时，开门执行机构 KM1 动作，电动机正转，到达开门限位开关 K3 位置时，电机停止运行。

（2）自动门在开门位置停留 8s 后，自动进入关门过程，关门执行机构 KM2 被启动，电动机反转，当门移动到关门限位开关 K4 位置时，电动机停止运行。

（3）在关门过程中，当有人员由外到内或由内到外通过光电检测开关 K2 或 K1 时，应立即停止关门，并自动进入开门程序。

（4）在门打开后的 8s 等待时间内，若有人员由外至内或由内至外通过光电检测开关 K2 或 K1 时，必须重新开始等待 8s 后，再自动进入关门过程，以保证人员安全通过。

（5）开门与关门不可同时进行。

13.11.3 所需设备

（1）三菱 FX_{2N} 系列 PLC 一台。
（2）威纶触摸屏 MT6070iH 一台。
（3）光电探测开关、限位开关、开门执行机构 KM1 和 KM2、减速开关、直流电动机。
（4）编程电缆一根。
（5）装有组态软件和编程软件的计算机一台。
（6）导线若干。

13.11.4 设计任务

（1）选择 PLC 的具体机型，进行 PLC 的 I/O 地址分配。
（2）画出 PLC 的外部接线图。
（3）画出控制系统的控制流程图或顺序功能图。
（4）选用适当的编程语言和编程方法进行系统控制程序的设计。
（5）进行人机界面组态程序的设计。
（6）进行程序的离线模拟和试运行。
（7）完成控制系统的连线并检查各部分的接线是否正确。
（8）进行系统的联机调试和整机运行。
（9）进一步优化系统的控制程序和组态程序。
（10）按照一定格式编写技术文档，包括系统的原理框图、PLC 系统外部接线图、程序清单等。
（11）总结在设计中遇到的问题和解决的方法，写出本次设计中的心得体会。

13.12　全自动洗衣机的控制

13.12.1　概述

全自动洗衣机已经是家用普及的电器，况且现在工业用的全自动洗衣机由于它的特殊性，也越来越多地采用 PLC、变频器和触摸屏控制，该控制对象具有如下功能：波轮式全自动洗衣机的洗衣桶（外桶）和脱水桶（内桶）是以同一中心安装的。外桶固定，作盛水用，内桶可以旋转，作脱水（甩干）用。内桶的四周有许多小孔，使内外桶水流相通。洗衣机的进水和排水分别由进水电磁阀和排水电磁阀控制。进水时，控制系统使进水电磁阀打开，将水注入外桶；排水时，使排水电磁阀打开，将水由外桶排到机外。洗涤和脱水由同一台电机拖动，通过电磁阀离合器来控制，将动力传递给洗涤波轮或甩干桶（内桶）。电磁离合器失电，电动机带动洗涤波轮实现正、反转，进行洗涤；电磁离合器得电，电动机带动内桶单向旋转，进行甩干（此时波轮不转）。水位高低分别由高低水位开关进行检测。启动按钮用来启动洗衣机工作。

13.12.2　控制要求

启动时，首先进水，到高位时停止进水，开始洗涤。正转洗涤 15s，暂停 3s 后反转洗涤 15s，暂停 3s 后再正转洗涤，如此反复 30 次。洗涤结束后开始排水，当水位下降到低水位时，进行脱水（同时排水），脱水时间为 10s。这样完成一次从进水到脱水的大循环过程。

经过 3 次上述大循环后（第 2、3 次为漂洗），进行洗衣完成报警，报警 10s 后结束全部过程，自动停机。

此外，还要求可以按下排水按钮以实现手动排水；按下停止按钮以实现手动停止进水、排水、脱水及报警。

13.12.3　所需设备

(1) 三菱 FX_{2N} 系列 PLC 一台。
(2) 威纶触摸屏 MT6070iH 一台。
(3) 液位传感器、按钮、报警器、选择开关、电磁离合器、电动机等。
(4) 编程电缆一根。
(5) 装有组态软件和编程软件的计算机一台。
(6) 导线若干。

13.12.4　设计任务

(1) 选择 PLC 的具体机型，进行 PLC 的 I/O 地址分配。
(2) 画出 PLC 的外部接线图。
(3) 画出控制系统的控制流程图或顺序功能图。
(4) 选用适当的编程语言和编程方法进行系统控制程序的设计。
(5) 进行人机界面组态程序的设计。
(6) 进行程序的离线模拟和试运行。
(7) 完成控制系统的连线并检查各部分的接线是否正确。
(8) 进行系统的联机调试和整机运行。
(9) 进一步优化系统的控制程序和组态程序。

(10) 按照一定格式编写技术文档,包括系统的原理框图、PLC 系统外部接线图、程序清单等。

(11) 总结在设计中遇到的问题和解决的方法,写出本次设计中的心得体会。

13.13 花式喷水池的控制

13.13.1 概述

在游人和居民经常光顾的场所,如公园、广场、旅游景点及一些知名建筑前,经常会修建一些喷泉供人们休闲、观赏,这些喷泉按一定的规律改变喷水式样。当系统控制要求发生变化时,只需要改变程序,硬件接线不变或作较小变动即可,方便简单。如图 13-21 所示为花式喷水池喷嘴布局示意图和控制开关面板图。

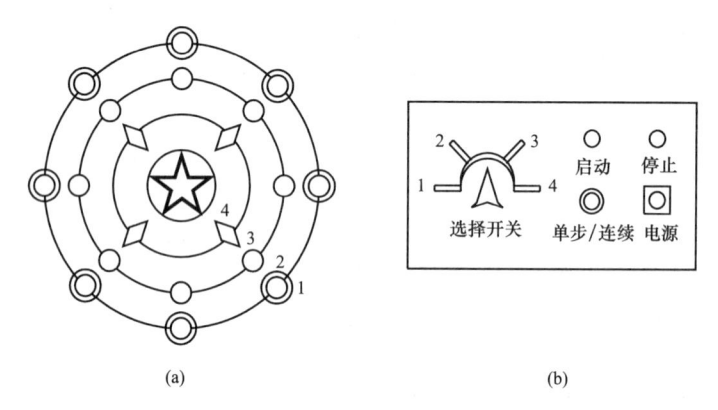

图 13-21 花式喷水池喷嘴布局示意图和控制开关面板图
(a) 花式喷水池喷嘴布局示意图;(b) 花式喷水池控制开关面板图

图 3-21 (a) 中 4 为中间喷水管,3 为内环状喷水管,2 为中环形状喷水管,1 为外环形状喷水管。图 13-21 (b) 中的选择开关可有 4 种选择,可分别用 4 个开关模拟实现;单步/连续开关为"1"=单步,"0"=连续,其他为单一功能开关。

13.13.2 控制要求

(1) 水池控制电源开关接通后,按下启动按钮,喷水装置即开始工作。按下停止按钮,则停止喷水。工作方式由"选择开关"和"单步/连续"开关来决定。

(2) "单步/连续"开关在单步位置时,喷水池只运行一个循环;在连续位置时,喷水池反复循环运行。

(3) 方式选择开关用以选择喷水池的喷水花样,1~4 号喷水管的工作方式选择如下:

1) 选择开关在位置"1"。按下启动按钮后,4 号喷水,延时 2s,3 号喷水,再延时 2s,2 号喷水,再延时 2s,1 号喷水,接着一起喷水 15s 为一个循环。

2) 选择开关在位置"2"。按下启动按钮后,1 号喷水,延时 2s,2 号喷水,再延时 2s,3 号喷水,再延时 2s,4 号喷水,接着一起喷水 30s 为一个循环。

3) 选择开关在位置"3"。按下启动按钮后,1、3 号同时喷水,延时 3s 后,2、4 号同时喷水,1、3 号停止喷;交替运行 5 次后,再 1~4 号全部喷水 30s 为一个循环。

4) 选择开关在位置"4"。按下启动按钮后,喷水池 1~4 号水管的工作顺序为 1→2→

3→4 按顺序延时 2s 喷水，然后一起喷水 30s 后，1、2、3 和 4 号水管分别延时 2s 停水，再等待 1s，由 4→3→2→1 反序分别延时 2s 喷水，然后再一起喷水 30s 为一个循环。

（4）不论在什么工作方式，按下停止按钮，喷水池立即停止工作，所有存储器复位。

13.13.3　所需设备

（1）三菱 FX_{2N} 系列 PLC 一台。
（2）威纶触摸屏 MT6070iH 一台。
（3）按钮、选择开关、彩灯等。
（4）编程电缆一根。
（5）装有组态软件和编程软件的计算机一台。
（6）导线若干。

13.13.4　设计任务

（1）选择 PLC 的具体机型，进行 PLC 的 I/O 地址分配。
（2）画出 PLC 的外部接线图。
（3）画出控制系统的控制流程图或顺序功能图。
（4）选用适当的编程语言和编程方法进行系统控制程序的设计。
（5）进行人机界面组态程序的设计。
（6）进行程序的离线模拟和试运行。
（7）完成控制系统的连线并检查各部分的接线是否正确。
（8）进行系统的联机调试和整机运行。
（9）进一步优化系统的控制程序和组态程序。
（10）按照一定格式编写技术文档，包括系统的原理框图、PLC 系统外部接线图、程序清单等。
（11）总结在设计中遇到的问题和解决的方法，写出本次设计中的心得体会。

13.14　皮带运输机传输系统的控制

13.14.1　概述

皮带运输机传输系统的控制越来越多地采用 PLC 控制，如图 13-22 所示为皮带运输机传输系统装置示意图，皮带运输机传输系统由电动机拖动四条传送带，每条传送带都有一个故障或超载的开关。

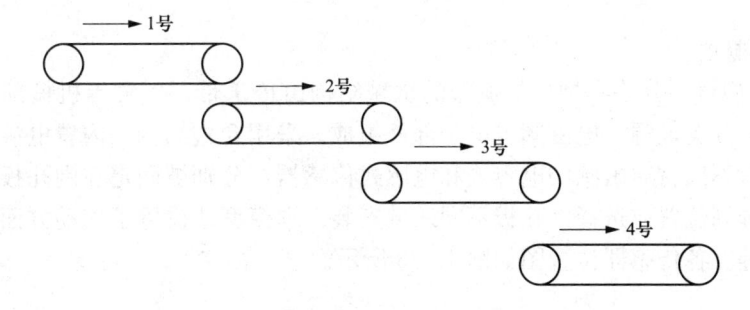

图 13-22　皮带运输机传输系统装置示意图

13.14.2 控制要求

(1) 皮带运输机传输系统由四台电动机 M1、M2、M3、M4 带动。

1) 启动时 M4→ M3→ M2→ M1（分别间隔 5s）。

2) 停止时 M1→ M2→ M3→ M4（分别间隔 5s）。

(2) 当某条皮带机发生故障时，该皮带机及其前面的皮带机立即停止，而其后的皮带机则待料运完后才停止。例如，M2 出故障，M2 和 M1 立即停止，经 5s 延时后，M3 停，再经过 5s，M4 停。

(3) 设置故障调试开关。

13.14.3 所需设备

(1) 三菱 FX_{2N} 系列 PLC 一台。

(2) 威纶触摸屏 MT6070iH 一台。

(3) 按钮、电动机、故障调试开关等。

(4) 编程电缆一根。

(5) 装有组态软件和编程软件的计算机一台。

(6) 导线若干。

13.14.4 设计任务

(1) 选择 PLC 的具体机型，进行 PLC 的 I/O 地址分配。

(2) 画出 PLC 的外部接线图。

(3) 画出控制系统的控制流程图或顺序功能图。

(4) 选用适当的编程语言和编程方法进行系统控制程序的设计。

(5) 进行人机界面组态程序的设计。

(6) 进行程序的离线模拟和试运行。

(7) 完成控制系统的连线并检查各部分的接线是否正确。

(8) 进行系统的联机调试和整机运行。

(9) 进一步优化系统的控制程序和组态程序。

(10) 按照一定格式编写技术文档，包括系统的原理框图、PLC 系统外部接线图、程序清单等。

(11) 总结在设计中遇到的问题和解决的方法，写出本次设计中的心得体会。

13.15 材料分拣模型的控制

13.15.1 概述

THFCL-1 型材料分拣实物教学模型的机械结构由传送带、气缸等机械部件组成，电气方面由传感器、开关电源、电磁阀等电子部件组成。采用台式结构，内置电源。选用了颜色识别传感器及对不同材质敏感的电容式和电感式传感器，分别被固定在网孔板上，允许可重新安装传感器排列位置或选择网孔板不同区域安装。本模型还设置了气动方面的减压器、滤清、气压指示等。各传感器位置图如图 13-23 所示。

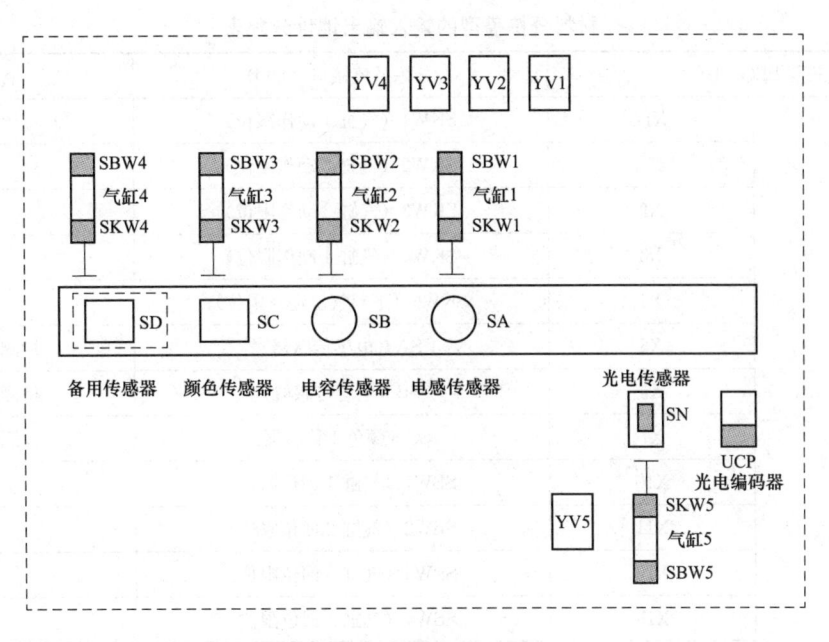

图 13-23 各传感器位置图

13.15.2 控制要求

（1）在物料斗中放三个不同的物块，在程序运行后传送电动机开始运行，传送带转动。运行 5s 后，气缸 5 动作，将物块推到传送带中。此时传送电动机停止，以便物块放正位置。过 0.5s 后，电动机又开始运行。如果程序运行时，物料斗中没有物体，则运行一定时间后自动停止。

（2）在第一个物块推出到传送带上前行一定路程后，再推出第二个物块。然后再推出第三个物块，过程和推出第一个物块相同。

（3）当物块靠近各传感器时，就会使传感器动作，此时物块并没有到达物料槽的位置，因此要在检测到物块之后再计传送带运行的步距。各传感器的灵敏度不同，用试验测定，在确定步距后，在程序中相应网络中进行修改。当光电编码器检测到所走的步距后，驱动相应的电磁阀控制气缸推动物块到相应的物料槽中。

（4）各传感器依次分别为电感传感器（可检测出铁质物块）、电容传感器（可检测出金属物块）、颜色传感器（可检测出不同的颜色，且色度可调）。备用传感器可选用颜色传感器或者物体检测传感器。当铁质物块经过第一传感器时被分拣出，当铝质物块经过第二传感器时被分拣出，非金属物块中的某一颜色在过第三个传感器时被分拣出。不同的在过第四传感器时分拣出。

（5）扩展分拣功能，需调整传感器的安装位置。

1）分拣出金属和非金属。位置 1：电容传感器，位置 2：物体检测传感器。

2）分拣出某一颜色块。位置 1：颜色传感器，位置 2：物体检测传感器。

3）分拣出非金属中某一颜色。位置 1：电容传感器，位置 2：颜色传感器，位置 3：物体检测传感器。

材料分拣模型的输入输出地址分配表见表 13-12。

表 13-12　　　　　　　　　　　　材料分拣模型的输入输出地址分配表

三菱 PLC (I/O)		分拣系统接口 (I/O)	备注
输入部分	X17	SKW1（气缸 1 动作限位）	
	X1	SKW2（气缸 2 动作限位）	
	X2	SKW3（气缸 3 动作限位）	
	X3	SKW4（气缸 4 动作限位）	
	X4	SKW5（下料气缸动作限位）	
	X5	SA（电感传感器）	检测铁质
	X6	SB（电容传感器）	检测金属
	X7	SC（颜色 1 传感器）	检测颜色
	X10	SBW1（气缸 1 回位限位）	
	X11	SBW2（气缸 2 回位限位）	
	X12	SBW3（气缸 3 回位限位）	
	X13	SBW4（气缸 4 回位限位）	
	X14	SBW5（下料气缸回位限位）	
	X15	SD（颜色 2 传感器）	预留传感器
	X16	SN（下料传感器）	判断下料有无
	X0	UCP（计数传感器）	光电编码器
输出部分	Y0	YV1（气缸 1 电磁阀）	
	Y1	YV2（气缸 2 电磁阀）	
	Y2	YV3（气缸 3 电磁阀）	
	Y3	YV4（气缸 4 电磁阀）	
	Y4	YV5（下料气缸电磁阀）	
	Y5	M（输送带电动机）	
西门子 PLC (I/O)		分拣系统接口 (I/O)	备注
输入部分	I2.1	SKW1（气缸 1 动作限位）	
	I0.0	SKW2（气缸 2 动作限位）	
	I0.2	SKW3（气缸 3 动作限位）	
	I0.3	SKW4（气缸 4 动作限位）	
	I0.4	SKW5（下料气缸动作限位）	
	I0.5	SA（电感传感器）	检测铁质
	I0.6	SB（电容传感器）	检测金属
	I0.7	SC（颜色 1 传感器）	检测颜色
	I1.0	SBW1（气缸 1 回位限位）	
	I1.1	SBW2（气缸 2 回位限位）	

续表

三菱 PLC（I/O）		分拣系统接口（I/O）	备注
输入部分	I1.2	SBW3（气缸 3 回位限位）	
	I1.3	SBW4（气缸 4 回位限位）	
	I1.4	SBW5（下料气缸回位限位）	
	I1.5	SD（颜色 2 传感器）	预留传感器
	I2.0	SN（下料传感器）	判断下料有无
	I0.1	UCP（计数传感器）	光电编码器
输出部分	Q0.0	YV1（气缸 1 电磁阀）	
	Q0.1	YV2（气缸 2 电磁阀）	
	Q0.2	YV3（气缸 3 电磁阀）	
	Q0.3	YV4（气缸 4 电磁阀）	
	Q0.4	YV5（下料气缸电磁阀）	
	Q0.5	M（输送带电动机）	
公共端	1M	24+	在面板中所有输出端子为低电平有效输入端子为高电平有效
	2M		
	1L		
	2L		
	M	GND	

13.15.3 所需设备

（1）三菱 FX_{2N} 系列 PLC 一台或者 S7-200PLC 一台。

（2）威纶触摸屏 MT6070iH 一台。

（3）THFCL-1 型材料分拣实物教学模型一台。

（4）编程电缆一根。

（5）装有组态软件和编程软件的计算机一台。

（6）导线若干。

13.15.4 设计任务

（1）选择 PLC 的具体机型，进行 PLC 的 I/O 地址分配。

（2）画出 PLC 的外部接线图。

（3）画出控制系统的控制流程图或顺序功能图。

（4）选用适当的编程语言和编程方法进行系统控制程序的设计。

（5）进行人机界面组态程序的设计。

（6）进行程序的离线模拟和试运行。

（7）完成控制系统的连线并检查各部分的接线是否正确。

（8）进行系统的联机调试和整机运行。

（9）进一步优化系统的控制程序和组态程序。

（10）按照一定格式编写技术文档，包括系统的原理框图、PLC 系统外部接线图、程序清单等。

(11) 总结在设计中遇到的问题和解决的方法，写出本次设计中的心得体会。

13.16 锅炉车间输煤机组控制

13.16.1 概述

输煤机组控制系统示意图如图 13-24 所示，输煤机组控制信号说明见表 13-13。

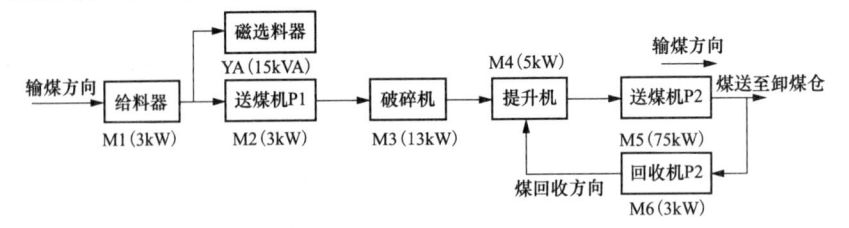

图 13-24 输煤机组控制系统示意图

表 13-13 输煤机组控制信号说明

输入		输出	
文字符号	说明	文字符号	说明
SA1-1	输煤机组手动控制开关	KM1	给料器和磁选料器接触器
SA1-2	输煤机组自动控制开关	KM2	1号送煤机接触器
SB1	输煤机组自动开车按钮	KM3	破碎机接触器
SB2	输煤机组自动停车按钮	KM4	提升机接触器
SB3	输煤机组紧急停车按钮	KM5	2号送煤机接触器
SB4	给料器和磁选料器手动按钮	KM6	回收机接触器
SB5	1号送煤机手动按钮	HL7	手动运行指示灯
SB6	破碎机手动按钮	HL8	紧急停车指示灯
SB7	提升机手动按钮	HL9	系统正常运行指示灯
SB8	2号送煤机手动按钮	HL10	系统故障指示灯
SB9	回收机手动按钮	HA	报警电铃
KM	M1~M6，YA 运行正常信号	HL1~6	输煤机组单机运行指示
FR	M1~M6，YA 过载保护信号		

输煤机组的拖动系统由 6 台三相异步电动机 M1~M6 和一台磁选料器 YA 组成。SA1 为手动/自动转换开关，SB1 和 SB2 为自动开车/停车按钮，SB3 为事故紧急停车按钮，SB4~SB9 为 6 个控制按钮，手动时单机操作使用。HA 为开车/停车时讯响器，提示在输煤机组附近的工作人员物煤机准备起动请注意安全。HL1~HL6 为 M1~M6 电动机运行指示，HL7 为手动运行指示，HL8 为紧急停车指示，HL9 为系统运行正常指示，HL10 为系统故障指示。

13.16.2 控制要求

(1) 手动开车/停车功能。SA1 手柄指向左 45°时，接点 SA1-1 接通，通过 SB4~SB9 控制按钮，对输煤机组单台设备独立调试与维护使用，任何一台单机开车/停车时都有音响提示，保证检修和调试时人身和设备安全。

(2) 自动开车/停车功能。SA1 手柄指向右 45°时，接点 SA1-2 接通，输煤机组自动运行。

1) 正常开车。按下自动开车按钮 SB1，音响提示 5s 后，回收电动机 M6 启动运行并点亮 HL6 指示灯；10s 后，2 号送煤电动机 M5 电动机启动运行并点亮 HL5 指示灯；10s 后，提升电动机 M4 启动运行并点亮 HL4 指示灯；10s 后，破碎电动机 M3 启动运行并点亮 HL3 指示灯；10s 后，1 号送煤电动机 M2 启动运行并点亮 HL2 指示灯；10s 后，给料器电动机 M1 和磁选料器 YA 启动运行并点亮 HL1 指示灯；10s 后，点亮 HL9 系统正常运行指示灯，输煤机组正常运行。

2) 正常停车。按下自动开车按钮 SB2，音响提示 5s 后，给料器电动机 M1 和磁选料器 YA 停车并熄灭 HL1 指示灯，同时，熄灭 HL9 系统正常运行指示灯；10s 后，1 号送煤电动机 M2 停车并熄灭 HL2 指示灯；10s 后，破碎电动机 M3 停车并熄灭 HL3 指示灯；10s 后，提升电动机 M4 停车并熄灭 HL4 指示灯；10s 后，2 号送煤电动机 M5 停车并熄灭 HL5 指示灯；10s 后，回收电动机 M6 停车并熄灭 HL6 指示灯；输煤机组全部正常停车。

3) 过载保护。输煤机组有三相异步电动机 M1~M6 和磁选料器 YA 的过载保护装置热继电器，如果电动机、磁选料器在输煤生产中，发生过载故障需立即全线停车并发出报警指示。系统故障指示灯 HL10 点亮，HA 电铃断续报警 20s，HL10 一直点亮直到事故处理完毕，继续正常开车，恢复生产。

4) 紧急停车。输煤机组正常生产过程中，可能会突发各种事件，因此需要设置紧急停车按钮，实现紧急停车防止事故扩大。紧急停车与正常停车不同，当按下红色蘑菇形紧急停车按钮 SB3 时，输煤机组立即全线停车，HA 警报声持续 10s 停止，紧急停车指示灯 HL8 连续闪亮直到事故处理完毕，回复正常生产。

5) 系统正常运行指示。输煤机组中，拖动电动机 M1~M6 和磁选料器 YA 按照程序全部正常启动运行后，HL9 指示灯点亮。如果有一台电动机或选料器未能正常启动运行，则视为故障，系统故障指示灯 HL10 点亮，输煤机组停车。

(3) 相关参数。

1) M1~M6 及磁选料器 YA 功率如图 13-24 中所示。

2) 指示灯 HL：0.25W，24VDC。

3) 电铃 HA：8W，220VAC。

13.16.3 所需设备

(1) 三菱 FX_{2N} 系列 PLC 一台。

(2) 威纶触摸屏 MT6070iH 一台。

(3) 电动机、指示灯、电铃、开关、按钮、接触器、热继电器等。

(4) 编程电缆一根。

(5) 装有组态软件和编程软件的计算机一台。

(6) 导线若干。

13.16.4 设计任务

(1) 选择 PLC 的具体机型，进行 PLC 的 I/O 地址分配。

(2) 画出 PLC 的外部接线图。

(3) 画出控制系统的控制流程图或顺序功能图。
(4) 选用适当的编程语言和编程方法进行系统控制程序的设计。
(5) 进行人机界面组态程序的设计。
(6) 进行程序的离线模拟和试运行。
(7) 完成控制系统的连线并检查各部分的接线是否正确。
(8) 进行系统的联机调试和整机运行。
(9) 进一步优化系统的控制程序和组态程序。
(10) 按照一定格式编写技术文档，包括系统的原理框图、PLC 系统外部接线图、程序清单等。
(11) 总结在设计中遇到的问题和解决的方法，写出本次设计中的心得体会。

13.17 抢答器 PLC 控制系统设计

13.17.1 概述

实用抢答器的这一产品是各种竞赛活动中不可缺少的设备，无论是学校、工厂、军队还是益智性电视节目，都会举办各种各样的智力竞赛，都会用到抢答器。目前，市场上已有的各种各样的智力竞赛抢答器绝大多数是早期设计的，只具有抢答锁定功能的一个电路，以模拟电路、数字电路或者模拟电路与数字电路相结合的产品，这部分抢答器已相当成熟。现在的抢答器具有倒计时、定时、自动（或手动）复位、报警（即声响提示，有的以音乐的方式来体现）、屏幕显示、按键发光等多种功能。但功能越多的电路相对来说就越复杂，且成本偏高，故障率高，显示方式简单（有的甚至没有显示电路），无法判断提前抢按按钮的行为，不便于电路升级换代。本设计要求就是利用 PLC 作为核心部件进行逻辑控制及信号的产生，用 PLC 本身的优势使竞赛真正达到公正、公平、公开。

13.17.2 控制要求

(1) 抢答器同时供 8 名选手或 8 个代表队比赛，分别用 8 个按钮 S0~S7 表示。
(2) 设置一个系统清除和抢答控制开关 S，该开关由主持人控制。
(3) 抢答器具有锁存与显示功能。即选手按动按钮，锁存相应的编号，并在 LED 数码管上显示，同时扬声器发出报警声响提示。选手抢答实行优先锁存，优先抢答选手的编号一直保持到主持人将系统清除为止。
(4) 抢答器具有定时抢答功能，且一次抢答的时间由主持人设定（如 30s）。当主持人启动 "开始" 键后，定时器进行减计时，同时扬声器发出短暂的声响，声响持续的时间 0.5s 左右。
(5) 参赛选手在设定的时间内进行抢答，抢答有效，定时器停止工作，显示器上显示选手的编号和抢答的时间，并保持到主持人将系统清除为止。
(6) 如果定时时间已到，无人抢答，本次抢答无效，系统报警并禁止抢答，定时显示器上显示 00。

13.17.3 所需设备

(1) 三菱 FX_{2N} 系列 PLC 一台。
(2) 威纶触摸屏 MT6070iH 一台。

(3) 指示灯、电铃、开关、按钮、数码管等。
(4) 编程电缆一根。
(5) 装有组态软件和编程软件的计算机一台。
(6) 导线若干。

13.17.4 设计任务

(1) 选择 PLC 的具体机型，进行 PLC 的 I/O 地址分配。
(2) 画出 PLC 的外部接线图。
(3) 画出控制系统的控制流程图或顺序功能图。
(4) 选用适当的编程语言和编程方法进行系统控制程序的设计。
(5) 进行人机界面组态程序的设计。
(6) 进行程序的离线模拟和试运行。
(7) 完成控制系统的连线并检查各部分的接线是否正确。
(8) 进行系统的联机调试和整机运行。
(9) 进一步优化系统的控制程序和组态程序。
(10) 按照一定格式编写技术文档，包括系统的原理框图、PLC 系统外部接线图、程序清单等。
(11) 总结在设计中遇到的问题和解决的方法，写出本次设计中的心得体会。

13.18　卧式车床电气控制系统

13.18.1　概述

车床是机床中应用最广泛的一种，它可以用于切削各种工件的外圆、内孔、端面及螺纹。车床在加工工件时，随着工件材料和材质的不同，应选择合适的主轴转速及进给速度。但目前中小型车床多采用不变速的异步电动机拖动，它的变速是靠齿轮箱的有级调速来实现的，所以它的控制电路比较简单。为满足加工的需要，主轴的旋转运动有时需要正转或反转，这个要求一般是通过改变主轴电动机的转向或采用离合器来实现的。进给运动多半是把主轴运动分出一部分动力，通过挂轮箱传给进给箱来实现刀具的进给。有的为了提高效率，刀架的快速运动由一台进给电动机单独拖动。车床一般都设有交流电动机拖动的冷却泵，来实现刀具切削时冷却。有的还专设一台润滑泵对系统进行润滑。

13.18.2　控制要求

(1) 主要控制电器为三台电机：主电动机、冷却泵电机、快速移动电机。三台电机都要有短路保护措施。
1) 主电动机和冷却泵电机采用热继电器进行过载保护。
2) 主电动机要采用降压启动方式启动。
2) 主电动机要求能够正反转控制，并且有点动调整控制和长动控制，采用反接制动。
4) 主回路负载的电流大小能够监控，但要防止启动电流对电流表产生冲击。
5) 机床要有照明设施。
车床控制系统信号说明见表 13-14。

表 13-14　　　　　　　　　　　车床控制系统信号说明

符号	名称及用途	符号	名称及用途
QF	断路器作电源引入及短路保护用	FR1	热继电器，主电动机过载保护用
FU1~FU2	熔断器作短路保护	FR2	热继电器，冷却泵电动机过载保护用
M1	主电动机	KM1	接触器，主电动机正向启动、停止用
M2	冷却泵电动机	KM2	接触器，主电动机反向启动、停止用
M3	快速电动机	KM3	接触器，主电动机启动、制动切入电阻
SB1~SB4	主电动机启、停、点动按钮	KM4	接触器，冷却泵电动机启动、停止用
SB5~SB6	冷却泵电动机启停按钮	KM5	接触器，快速电动机启动、停止用
SQ	限位开关，快速移动电动机控制	TC	控制与照明变压器
HL1	主电动机启停指示灯	SA	机床照明灯开关
HL2	电源接通指示灯		
EL	机床照明灯		

13.18.3　所需设备

(1) 三菱 FX_{2N} 系列 PLC 一台。

(2) 威纶触摸屏 MT6070iH 一台。

(3) 卧式车床、电动机、接触器、热继电器、指示灯、变压器、按钮、限位开关等。

(4) 编程电缆一根。

(5) 装有组态软件和编程软件的计算机一台。

(6) 导线若干。

13.18.4　设计任务

(1) 选择 PLC 的具体机型，进行 PLC 的 I/O 地址分配。

(2) 画出 PLC 的外部接线图。

(3) 画出控制系统的控制流程图或顺序功能图。

(4) 选用适当的编程语言和编程方法进行系统控制程序的设计。

(5) 进行人机界面组态程序的设计。

(6) 进行程序的离线模拟和试运行。

(7) 完成控制系统的连线并检查各部分的接线是否正确。

(8) 进行系统的联机调试和整机运行。

(9) 进一步优化系统的控制程序和组态程序。

(10) 按照一定格式编写技术文档，包括系统的原理框图、PLC 系统外部接线图、程序清单等。

(11) 总结在设计中遇到的问题和解决的方法，写出本次设计中的心得体会。

13.19　摇臂钻床电气控制系统

13.19.1　概述

钻床可以进行多种形式的加工，如：钻孔、镗孔、铰孔及攻螺纹。因此要求钻床的主轴运动和进给运动有较宽的调速范围。Z3040 型摇臂钻床的主轴的调速范围为 50∶1，正转最低转速为 40r/min，最高为 2000r/min，进给范围为 0.05~1.60r/min。它的调速是通过三相交流异步电动机和变速箱来实现的。也有的是采用多速异步电动机拖动，这样可以简化变速机构。

钻床的种类很多，有台钻、立钻、卧钻、专门化钻床和摇臂钻床。台钻和立钻的电气电路比较简单，其他形式的钻床在控制系统上也大同小异。

摇臂钻床适合于在大、中型零件上进行钻孔、扩孔、铰孔及攻螺纹等工作，在具有工艺装备的条件下还可以进行镗孔。摇臂钻床的主轴旋转运动和进给运动由一台交流异步电动机拖动，主电动机只有一个旋转方向，而主轴的正反向旋转运动是通过机械转换实现的。

摇臂钻床除了主轴的旋转和进给运动外，还有摇臂的上升、下降及立柱的夹紧和放松。摇臂的上升、下降由一台交流异步电动机拖动，主轴箱、立柱的夹紧和放松由另一台交流电动机拖动。通过电动机拖动一台齿轮泵，供给夹紧装置所需要的压力油。而摇臂的回转和主轴箱的左右移动通常采用手动。此外还有一台冷却泵电动机对加工的刀具进行冷却。

13.19.2 控制要求

(1) 主要控制电器为主电动机、摇臂升降电动机、液压泵电动机、冷却泵电机共四台。

(2) 主电动机和液压泵电机采用热继电器进行过载保护，摇臂升降电动机、冷却泵电机均为短时工作，不设过载保护。

(3) 摇臂的升降，主轴箱、立柱的夹紧放松都要求拖动摇臂升降电动机、液压泵电动机能够正反转。

(4) 摇臂的升降控制：按下摇臂上升启动按钮，液压泵电动机启动供给压力油，经分配阀体进入摇臂的松开油腔，推动活塞使摇臂松开。同时摇臂升降电动机旋转使摇臂上升。如果摇臂没有松开，摇臂升降电动机不能转动，必须保证只有摇臂的可靠松开后方可使摇臂上升或下降，可使用限位开关控制。

当摇臂上升到所需要的位置时，松开摇臂上升启动按钮，升降电动机断电，摇臂停止上升。当持续1~3s后，液压泵电动机反转，使压力油经分配阀进入的夹紧液压腔，摇臂夹紧，同时液压泵电动机停止，完成了摇臂的松开—上升—夹紧动作。

(5) 摇臂升降电动机的正转与反转不能同时进行，否则将造成电源两相间的短路。

(6) 因为摇臂的上升或下降是短时的调整工作，所以应采用点动方式。

(7) 摇臂的上升或下降要设立极限位置保护。

(8) 立柱和主轴箱的松开与夹紧控制：主轴箱与立柱的松开及夹紧控制可以单独进行，也可以同时进行。由开关 SA2 和按钮 SB5（或 SB6）进行控制。SA2 有三个位置：在中间位置（零位）时为松开及夹紧控制同时进行，扳到左边位置时为立柱的夹紧或放松，扳到右边位置时为主轴箱的夹紧或放松。SB5 为主轴箱和立柱的松开按钮；SB6 为主轴箱和立柱的夹紧按钮。

(9) 主轴箱的松开和夹紧的动作过程：首先将组合开关 SA2 扳向右侧。当要主轴箱松开时，按下按钮 SB5，经 1~3s 后，液压泵电动机正转使压力油经分配阀进入主轴箱液压缸，推动活塞使主轴箱放松。主轴箱和立柱松开指示灯 HL2 亮。当要主轴箱夹紧时，按下按钮 SB6，经 1~3s 后，液压泵电动机反转，压力油经分配阀进入主轴箱液压缸，推动活塞使主轴箱夹紧。同时指示灯 HL3 亮，HL2 灭，指示主轴箱与立柱夹紧。

(10) 当将 SA2 扳到左侧时，立柱松开或夹紧。SA2 在中间位置按下 SB5 或 SB6 时，主轴箱和主柱同时进行夹紧或放松。其他动作过程和主轴箱松开和夹紧完全相同，不再重复。

(11) 机床要有照明设施。

摇臂钻床电器元件列表见表 13-15。

表 13-15　　　　　　　　　　摇臂钻床电器元件列表

符号	名称及用途	符号	名称及用途
M1	主电动机	YA1	主轴箱放松、夹紧用电磁铁
M2	摇臂升降电动机	YA2	立柱松开、夹紧用电磁铁
M3	液压泵电动机	K1	工作准备用中间继电器
M4	冷却泵电动机	SA1	机床工作灯开关
KM1	主轴旋转接触器	SA2	主轴箱、立柱松开、夹紧用转换开关
KM2	摇臂上升接触器	FR1	M1 电动机过载保护用热继电器
KM3	摇臂下降接触器	FR2	M3 电动机过载保护用热继电器
KM4	主轴箱、立柱、摇臂放松接触器	TC	控制变压器
KM5	主轴箱、立柱、摇臂夹紧接触器	SB1	总启动按钮
KT1	摇臂上升、下降用时间继电器	SB2	主电动机启动按钮
KT2	主轴箱、立柱和摇臂放松、夹紧用时间继电器	SB3	摇臂上升启动按钮
KT3	主轴箱、立柱和摇臂放松、夹紧用时间继电器	SB4	摇臂下降启动按钮
SQ1	摇臂升降极限保护限位开关	SB5	主轴箱、立柱、摇臂松开按钮
SQ2	摇臂放松用限位开关	SB6	主轴箱、立柱、摇臂夹紧按钮
SQ3	摇臂夹紧用限位开关	SB7	总停止按钮
SQ4	立柱夹紧、放松指示用限位开关	SB8	主电动机停止按钮
QF1～QF4	电源引入兼做短路保护用断路器	HL1～HL4	工作状态指示信号灯
QF5	工作灯用断路器	EL	机床工作灯
QF6	冷却泵电动机电源断路器		

13.19.3　所需设备

(1) 三菱 FX_{2N} 系列 PLC 一台。

(2) 威纶触摸屏 MT6070iH 一台。

(3) 摇臂钻床、电动机、接触器、热继电器、指示灯、变压器、按钮、限位开关等。

(4) 编程电缆一根。

(5) 装有组态软件和编程软件的计算机一台。

(6) 导线若干。

13.19.4　设计任务

(1) 选择 PLC 的具体机型，进行 PLC 的 I/O 地址分配。

(2) 画出 PLC 的外部接线图。

(3) 画出控制系统的控制流程图或顺序功能图。

(4) 选用适当的编程语言和编程方法进行系统控制程序的设计。

(5) 进行人机界面组态程序的设计。

(6) 进行程序的离线模拟和试运行。

(7) 完成控制系统的连线并检查各部分的接线是否正确。

(8) 进行系统的联机调试和整机运行。

(9) 进一步优化系统的控制程序和组态程序。

（10）按照一定格式编写技术文档，包括系统的原理框图、PLC 系统外部接线图、程序清单等。

（11）总结在设计中遇到的问题和解决的方法，写出本次设计中的心得体会。

13.20　基于 PLC 的啤酒发酵温度控制系统设计

13.20.1　概述

啤酒的发酵被认为是整个工艺流程中至关重要的一步，尤其是温度以及压力等因素对其的影响。过去，生产者们对啤酒发酵的原理不能做到深入得认识。伴随科学技术的发展，人们开始深入的研究啤酒发酵的机理。同时，一些自动化生产控制技术也应用到生产过程中。PLC 温度控制由于具有很好的稳定性，便于编制程序等优点，应用起来非常方便，使得 PLC 温度控制系统在啤酒发酵过程中使用具有了可行性。

13.20.2　控制要求

在传统的啤酒发酵过程中，人们发现温度调节往往是人为的手动调节，而且要求生产者们不间断的看守，费时费神，消耗了大量的人力。同时，过去这种人为手动调节，达不到优质高效要求，生产出来的啤酒口感差，对于生产过程中的各种工艺参数的修改与制定增添了很大的难度。在现代化工业生产过程中，在已知的几种过程变量中，温度被视为是最重要的，在啤酒酿造的工艺过程中温度是酵母参与生化反应的重要外界因素，能否控制得好，是影响啤酒发酵物质的变化，决定了啤酒口感与质量，因此在设计生产工艺时，温度的控制通常是作为第一位的技术参数来考虑，而对于温度的控制，应用 PLC 是人们所认可的最好方法。怎样才能使用有限的人力、物力、财力来解决所遇到的问题。作者认为利用 PLC 控制器，结合啤酒发酵的生产实际，发挥 PLC 的优点，对发酵罐温度进行自动操作控制，并且可实现"一机多控"的效果，即利用同一个 PLC 控制器来调节多个发酵罐体的温度。每个罐体可以按照各自事先设定好的程序运行，程序运行结束后自动关闭。

啤酒发酵温度系统框图如图 13-25 所示，信号经过放大、VF 转换以后各个元件测得的虚拟信号传送到 PLC 上，在指定时间内通过 SPD 计数，且由测温元件校对、计算，使得频率转换成温度值，获得各啤酒发酵罐体内的真实温度，然后分别与每个啤酒发酵罐体所选温度曲线中需要的设定温度进行比较，通过 PID 指令进行运算，控制 PLC 输出点的导通时间，分别控制每个固态继电器 SSR 的输出，调整各啤酒发酵罐体加热元件的加热时间，获得控温效果。控制加热主电源的通断是 PLC 控制接触器的开合来实现的。

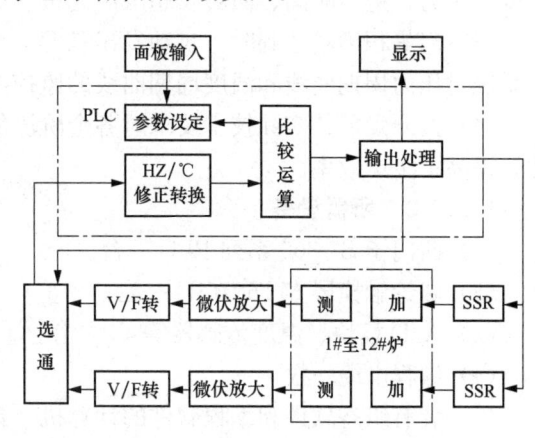

图 13-25　啤酒发酵温度系统框图

按照实际的啤酒发酵过程，可将冷却盘设置在啤酒发酵罐体的上、中、下三个部位，用酒精液作为冷媒，通入管内，发酵过程的温度通过控制阀来控制。发酵罐工艺流程图如图 13-26 所示。

全部的控制系统包括上位机和下位机两部分。一台微型计算机和一台打印机构成上位机。下位机为 S7-300 可编程的控制器。两部分通过 Profibus-DP 总线连接，组成整个温度控制系统。控制系统结构图如图 13-27 所示，其中 PLC 控制，按照所需控制罐体的数量，可以使用数台 PLC 亦可以是一台。

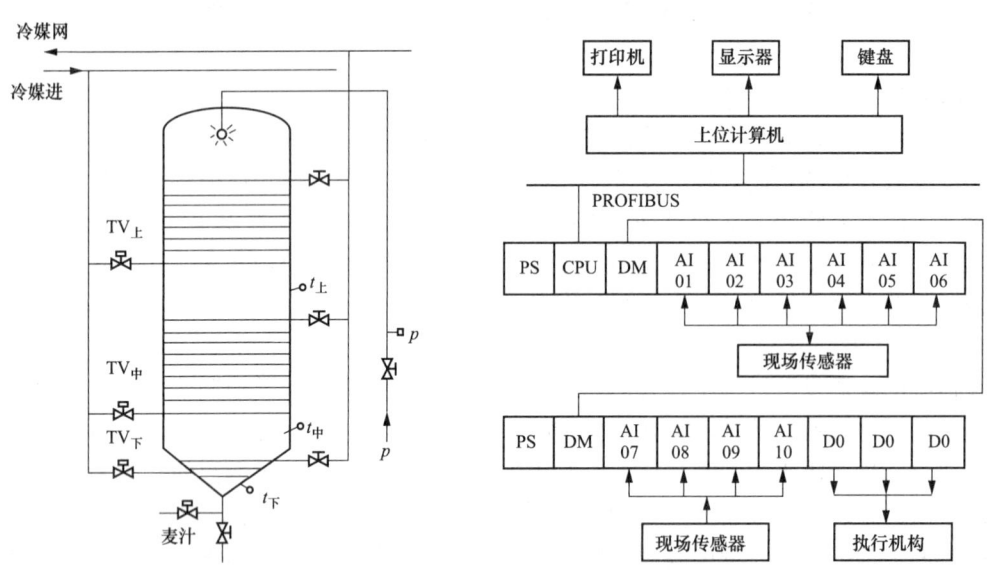

图 13-26　发酵罐工艺流程图　　　图 13-27　控制系统组成构图

（1）检测发酵罐体的上中下三个监测点的温度，达到自动控制的实现，检测罐内压力。整个过程按照：主酵→双乙酰还原→冷却→酵母回收→后储存的阶段。为使 PLC 温控系统控制精度更符合工艺要求，各阶段可设定曲线实行控制，同时采用滞后预估等控制方法。

（2）计算机可以将发酵罐的工艺流程动态地显示出来，达到对发酵罐进行宏观管理，如温度、压力、进酒时间、酒龄及超限声光报警等。计算机还能够显示阀门的状态。

（3）当累积酒龄达到时，自动发出信号，可以方便人为的执行后续操作。这是 PLC 控制系统对压力周期曲线和温度周期曲线的监控结果。

（4）按照发酵的实际技术要求对各个阶段的工艺参数进行报表处理。确保了系统的可靠性，提高了生产效率。

13.20.3　所需设备

（1）西门子 S7-300 系列 PLC 一台。
（2）威纶触摸屏 MT6070iH 一台。
（3）A/D 模块、温度传感器等。
（4）编程电缆一根。
（5）装有组态软件和编程软件的计算机一台。
（6）导线若干。

13.20.4　设计任务

（1）选择 PLC 的具体机型，进行 PLC 的 I/O 地址分配。
（2）画出 PLC 的外部接线图。
（3）画出控制系统的控制流程图或顺序功能图。

(4) 选用适当的编程语言和编程方法进行系统控制程序的设计。
(5) 进行人机界面组态程序的设计。
(6) 进行程序的离线模拟和试运行。
(7) 完成控制系统的连线并检查各部分的接线是否正确。
(8) 进行系统的联机调试和整机运行。
(9) 进一步优化系统的控制程序和组态程序。
(10) 按照一定格式编写技术文档，包括系统的原理框图、PLC 系统外部接线图、程序清单等。
(11) 总结在设计中遇到的问题和解决的方法，写出本次设计中的心得体会。

第四篇 毕业设计部分

第14章 毕业设计指南

毕业论文（设计）是本科教学计划的重要组成部分，是实现本科培养目标的重要教学环节，是培养学生综合运用所学知识进行科学研究工作的初步训练，是使学生掌握科学研究基本方法，提高分析和解决问题能力的教育过程，同时也是对学生专业能力和综合素质的全面检验。本篇将结合实际应用，主要介绍毕业设计的目的和要求及一些典型的毕业设计课题。

14.1 毕业设计的目的和要求

14.1.1 毕业设计的目的

通过毕业设计环节的锻炼，主要达到以下几个目的：

（1）使学生进一步巩固、加深对所学的基础理论、基本技能和专业知识的掌握，使之系统化、综合化。

（2）使学生获得从事科研工作的初步训练，培养学生的独立工作、独立思考和综合运用已学知识解决实际问题的能力，尤其注重培养学生独立获取新知识的能力。

（3）培养学生在制定研究（设计）方案、设计计算、工程绘图、实验方法、数据处理、文件编辑、文字表达、文献查阅、计算机应用、工具书使用等方面的基本工作实践能力，使学生初步掌握科学研究的基本方法。

（4）使学生树立具有符合国情和生产实际的正确设计思想和观点；树立严谨、负责、实事求是、刻苦钻研、勇于探索、具有创新意识、善于与他人合作的工作作风。

14.1.2 毕业设计的要求

毕业设计要求学生毕业论文的框架和毕业设计说明书应符合学校规定；毕业论文（设计）的表述及图纸要符合学术规范和技术规范，最终具备PLC综合控制系统的原理设计与施工设计能力；具备PLC综合控制系统的技术资料的撰写能力；具备PLC综合控制系统安装、调试和维护能力。

14.2 PLC控制系统的施工设计

PLC控制系统在完成原理设计和程序模拟调试之后，就要进入施工设计阶段，施工设计的目的是为了满足电气控制设备的制造和使用要求。PLC 控制系统施工设计内容包括 PLC 与其他电器元件的布置、电气接线图的绘制、电气控制柜箱的设计等，它是 PLC 控制系统的非常关键的设计环节。

14.2.1 绘图原则

为了便于电气控制系统的设计、分析、安装、调整、使用和维修，需要将电气控制系统中各电气元件及其连接，用一定的图形表达出来。电气图的种类很多，不同种类电气图的表达方式和适用范围，GB/T 6988《电气技术用文件的编制》已作了明确的规定和划分。对不同专业和不同场合，只要是按照同一用途绘制的电气图，不仅在表达方式上必须是统一的，而且在图的分类与属性上也应该一致。绘制电气线路时，一般应遵循以下原则：

(1) 表示导线、信号通路、连接线等的图线都应是交叉和折弯最少的直线。可以水平地布置，或者垂直地布置，也可以采用斜的交叉线。

(2) 电路或元件应按功能布置，并尽可能按其工作顺序排列，对因果次序清楚的简图，其布置顺序应该是从左到右和从上到下。

(3) 元器件和设备的可动部分通常应表示在非激励或不工作的状态或位置。

(4) 所有图形符号应符合 GB/T 4728《电气简图用图形符号》的规定。如果采用上述标准中未规定的图形符号时，必须加以说明。当 GB/T 4728 给出几种形式时，选择符号应遵循的原则：尽可能采用优选形式；在满足需要的前提下，尽量采用最简单的形式；在同一图号的图中使用同一种形式。

(5) 同一电器元件的不同部分的线圈和触点均采用同一文字符号标明。

14.2.2 电气布置图

电气布置图主要用来表明各种电气设备在机械设备上和电气控制柜中的实际安装位置，为电气控制设备的制造、安装、维修提供必要的资料。电气布置图包括电气设备布置图和电气元件布置图。

1. 电气设备布置图

在绘制电气设备布置图时，所有能见到的以及需表示清楚的电气设备均用粗实线绘制出简单的外形轮廓，其他设备的轮廓用双点画线表示。电气设备或元件的安装位置首先要根据生产机械的结构与要求，如电动机要和被拖动的机械部件在一起，行程开关应放在要取得信号的地方，操作元件要放在操纵台及悬挂操纵箱等操作方便的地方，一般 PLC 等电气元件应放在控制柜内。

电气设备布置图设计要使整个系统集中、紧凑，同时在场地允许条件下，对发热厉害、噪声振动大的电气部件，如电动机组，启动电阻箱等尽量放在离操作者较远的地方或隔离起来，对于多工位加工的大型设备，应考虑两地操作的可能。设计合理与否将影响到 PLC 控制系统工作的可靠性，并关系到电气系统的制造、装配质量、调试、操作及维护是否方便等。

2. 电器元件布置图

电器元件布置图是指在电气设备中电器元件的布置图，如控制柜（箱）或控制板的电器元件布置图、操纵台或悬挂操纵箱或操作面板的电器元件布置图等组成。在同一单元组件中，电器元件的布置应注意以下几个问题：

(1) 体积大和较重的电器元件应安装在电器板的下面，而发热元件应安装在电器板的上面。

(2) 强电弱电分开并注意屏蔽，防止外界干扰。

(3) 需要经常维护、检修、调整的电器元件安装位置不宜过高或过低。

(4) 电器元件的布置应考虑整齐、美观、对称。外形尺寸与结构类似的电器安放在一起，以利加工、安装和配线。

(5) 电器元件布置不宜过密，要留有一定的间距，若采用板前走线槽配线方式，应适当加大各排电器间距，以利布线和维护。

各电器元件的位置确定以后，便可绘制电器元件布置图。电器元件布置图是根据电器元件的外形绘制，并标出各元件间距尺寸。每个电器元件的安装尺寸及其公差范围，应严格按产品手册标准标注，作为底板加工依据，以保证各电器的顺利安装。

在电器元件布置图设计中，还要根据本部件进出线的数量和采用导线规格，选择进出线方式，并选用适当接线端子板或接插件，按一定顺序标上进出线的接线号。

14.2.3 电气接线图绘制

电气接线图是为电气设备和电器元件的安装配线和检查维修电气线路故障服务的，它是表示成套装置、设备或装置的内部、外部各种连接关系的一种简图。也可用接线表（以表格形式表示连接关系）来表示这种连接关系。接线图和接线表只是形式上的不同，可以单独使用，也可以组合使用，一般以接线图为主，接线表予以补充。

电气接线图是根据电气原理图和电气布置图进行绘制。电气接线图的绘制应符合 GB/T 6988 中《接线图和接线表》的规定。在电气接线图中要表示出各电气设备的实际接线情况，标明各连线从何处引出，连向何处，即各线的走向，并标注出外部接线所需的数据。电气接线图一般包括单元接线图和互连接线图。

电气接线图应按以下要求绘制：

(1) 电气接线图中的电气元件按外形绘制（如正方形、矩形、圆形或它们的组合），并与布置图一致，偏差不要太大。器件内部导电部分（如触点、线圈等）按其图形符号绘制。

(2) 在接线图中各电器元件的文字符号、元件连接顺序、接线号都必须与原理图一致。接线号应符合 GB/T 4026—2010《人机界面标志标识的基本和安全规则设备端子和导体终端的标识》的要求。

(3) 与电气原理图不同，在接线图中同一电器元件的各个部分（触头、线圈等）必须画在一起。

(4) 除大截面导线间，各单元的进出线都应经过接线端子板，不得直接进出。端子板上各接点按接线号顺序排列，并将动力线、交流控制线、直流控制线分类排列。

(5) 接线图中的连接导线与电缆一般应标出配线用的各种导线的型号、规格、截面积及颜色要求。

1. 单元接线图

单元接线图是表示电气单元内部各项目连接情况的图，通常不包括单元之间的外部连接，但可给出与之有关的互连接线图的图号。

单元接线图走线方式有板前走线及板后走线两种，一般采用板前走线，对于复杂单元一般是采用线槽走线。

单元接线图中的各电器元件之间接线关系有直接连线和间接标注两种表示方法。对于简单电气控制单元，电器元件数量较少，接线关系不复杂，可直接画出电器元件之间的连线；

对于复杂单元，电器元件数量多，接线较复杂的情况，只要在各电器元件上标出接线号，不必画出各元件间连线。

单元接线图的绘制方法如下：

（1）在单元接线图上，代表项目的简化外形和图形符号是按照一定规则布置的，这个规则就是大体按各个项目的相对位置进行布置，项目之间的距离不以实际距离为准，而是以连接线的复杂程度而定。

（2）单元接线图的视图选择，应最能清晰地表示出各个项目的端子和布线情况。当一个视图不能清楚地表示多面布线时，可用多个视图。

（3）项目间彼此叠成几层放置时，可把这些项目翻转或移动后画出视图，并加注说明。

（4）对于 PLC、转换开关、组合开关之类的项目，它们本身具有多层接线端子，上层端子遮盖下层端子，这时可延长被遮盖的端子，以标明各层的接线关系。

2．互连接线图

互连接线图是用于表示成套装置或设备内各个不同单元之间的连接情况，通常不包含所涉单元的内部连接，但可以给出与之有关的电路图或单元接线图的图号。互连接线图中各单元的视图应画在同一平面上，以便表示各单元之间的连接关系。

14.2.4 电气控制柜（箱）的设计

在电气控制比较简单时，控制电器可以附在生产机械内部，而在控制系统比较复杂，或生产环境及操作的需要时通常都带有单独的电气控制柜（箱），以利制造、使用和维护。电气控制柜（箱）可设计成立柜式、工作台式、手提式或悬挂式。在设计电气控制柜（箱）时主要应该考虑以下几个问题：

（1）根据面板及箱内各电气部件的尺寸确定总体尺寸及结构方式。

（2）结构紧凑外形美观，要与生产机械相匹配，应提出一定的装饰要求。

（3）根据面板及箱内电气部件的安装尺寸，设计柜（箱）内安装支架，并标出安装孔或焊接安装螺栓尺寸，或注明采用配作方式。

（4）从方便安装、调整及维修要求，设计其开门方式。

（5）为利于箱内电器的通风散热，在箱体适当部位设计通风孔或通风槽。

（6）为便于搬动，应设计合适的起吊勾、起吊孔、扶手架或箱体底部带活动轮。

根据以上要求，先勾画出箱体的外形草图，估算出各部分尺寸，然后按比例画出外形图，再从对称、美观、使用方便等方面考虑进一步调整各尺寸比例。外形确定以后，再按上述要求进行各部分的结构设计，并注明加工要求。

14.2.5 编写设计说明书与使用说明书

新型生产设备的设计制造中，电气控制系统的投资占有很大比重。同时，控制系统对生产机械运行可靠性、稳定性起着重要的作用。

所以当控制系统设计方案完成后，在投入生产前应经过严格的审定；同时为了确保设备达到设计指标，设备制造完成后，又要经过调试，使设备运行处在最佳状态。

设计说明书与使用说明书是设计审定及调试、使用、维护过程中必不可少的技术资料。

设计及使用说明书应包含的主要内容：

（1）被控对象的分析、拖动方案选择及依据。

（2）本设计的主要特点。

(3) 各部分设计的依据及说明。
(4) 主要参数的计算及元器件的选用。
(5) 设计任务书中要求各项技术指标的核算与评价（满足设计任务书要求的情况）。
(6) 设备调试要求与调试方法。
(7) 使用、维护要求及注意事项。

第 15 章　PLC 毕业设计课题

15.1　种禽料量控制系统

15.1.1　概述

目前，国内智能化养殖业尚未发展成形，种禽喂料关键送料技术装置依赖进口，喂料系统的自动化程度低，喂料装置生产成本高，用户使用过程中饲养员劳动强度高，浪费饲料，影响种禽科学生长发育，种禽行业面临用工成本高。

对于种禽的喂养需严格控制其每天的饲料量，定量限饲喂养，以保证其生长健壮，拥有健康旺盛的生殖能力。目前，饲养家禽早已从散养方式转变为笼式喂养，笼式喂养的家禽易于管理、喂养方便而且还可避免污染周围环境，减少家禽之间感染疾病的概率，提高生产效益。但随着笼养家禽的普及，行业间相互竞争的增强，以往的手工喂养方式已经不能满足人们的需求，各种结构和喂料方式的喂料机开始出现。现有技术中，自动喂料装置其结构一般包括机架、喂料箱、喂料管、行走装置，这类装置结构复杂、维修不便、投资大。

现有的家禽槽式喂料器（主要是鸡用槽式喂料器），是由一个平底喂料槽和槽内刮板输送链构成，刮板输送链上相间隔的固定有倾斜角度的刮料板，传动过程将饲料刮送、布送到喂料槽各处，供站立在喂料槽二侧的家禽啄食。现有的喂料机往往导致喂料不均匀，各喂料器之间下料不协调，喂料的多少也只有通过人工推进或打开下料管的调节板进行控制，不能准确计量，也不能直接观察到喂料量，喂料量的失调将影响到家禽的科学喂养，造成鸡采食量的差异，从而导致种禽生长不均。

针对国内种禽养殖机械喂料系统调节效率低、各调节器之间不协调，造成种禽采食量的差异，从而导致生长不均以及劳动力短缺、节本增效需求迫切的现状，重点研究槽式种禽喂料系统的自动控制关键技术，解决依赖大量劳动力手动料量调节的技术难题，实现料量的自动化控制，确保各料量调节器的同步进行，保证种禽的同步均匀采食，为加快我国畜禽养殖机械化的发展提供技术支持。

如图 15-1～图 15-3 所示，一种槽式种禽自动喂料设备，包括由输料管 1 及设于输料管 1 内的送料杆 2 组成的饲料输送机构，以及用于盛装从饲料输送机构排出的饲料的喂料槽 3，该喂料槽 3 沿输料管 1 的延伸方向连续直线设置，也可根据实际的饲养场地螺旋式设计，在输料管 1 的管壁上开设有向喂料槽 3 排料的排料孔 4，还包括电源、与电源连接的电控系统及沿喂料槽 3 铺设方向设置在输料管 1 上的多个料量调节机构 5。

综合考虑该产品的实用性和性价比，选择基于单相永磁式同步电机、PLC、文本编辑器的控制技术。通过控制面板上的按钮来控制电动机的正反转，电动机作为动力与传动机构实现对出料量的调节。系统框图如图 15-4 所示。

(a) 侧视图

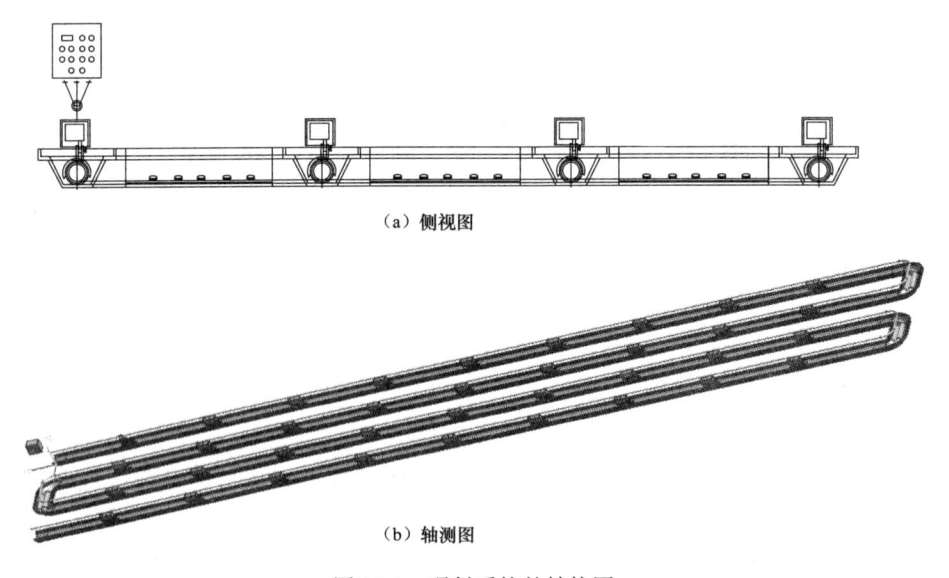

(b) 轴测图

图 15-1 喂料系统的结构图

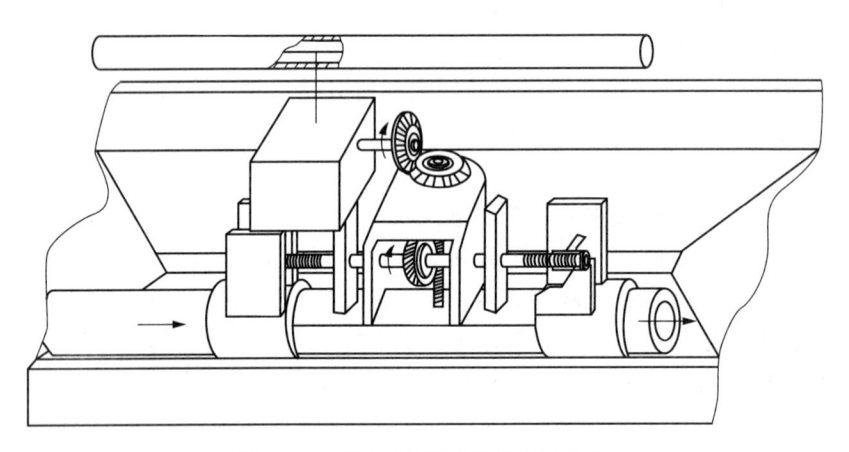

图 15-2 料量调节机构的局部放大图

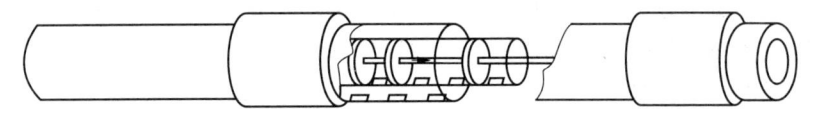

图 15-3 为输料管与料量调节管配合的结构示意图

该系统由 PLC、数据输入模块、信号输出模块、显示模块、交流接触器控制模块及多个与交流接触器控制模块并联连接的料量调节机构组成,考虑到系统的需求和可扩展性,选择 FX_{2N}-48MR 的 PLC。文本编辑器的型号选择信捷 OP320-A,用于显示出料口的开合度和实时时间,并且可以进行开合度和时间的设定功能。根据种禽的成长过程以及系统的具体要求,设计程序。

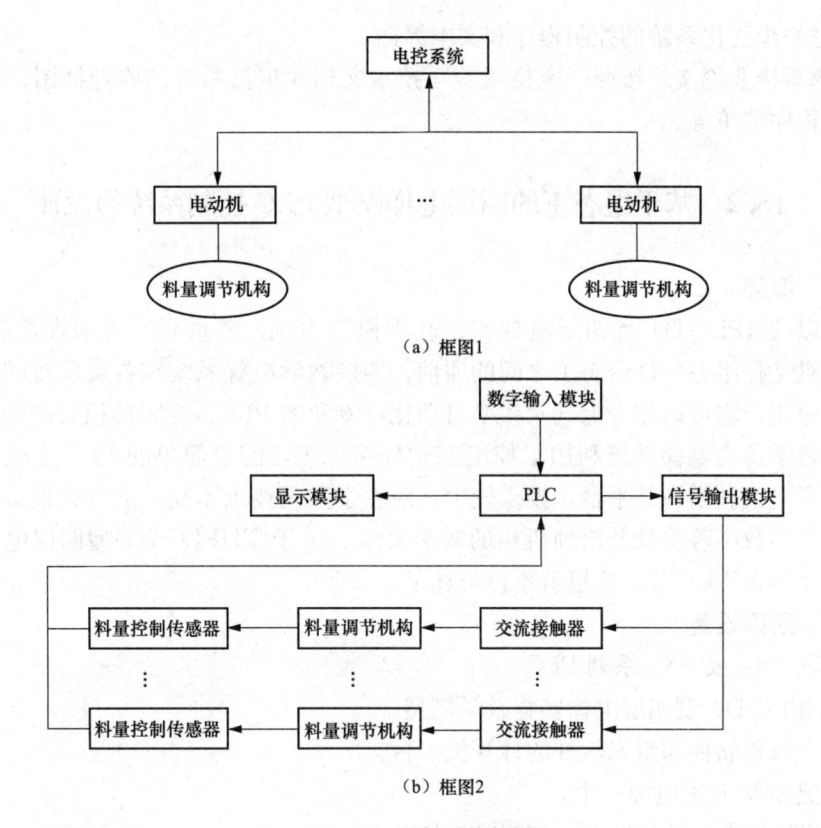

图 15-4 喂料系统框图

15.1.2 所需设备

(1) 三菱 FX_{2N} 或 FX_{1N} 系列 PLC 一台。
(2) 单相永磁电动机 3 台（功率 0.5kW）以及配套的断路器和齿轮传动机构。
(3) 装有编程软件和组态软件的计算机一台。
(4) 直流 24V 开关电源一个。
(5) 文本编辑器选择信捷 OP320-A 一台。
(6) 接触器多个。
(7) 小型继电器、选择开关、按钮及导线若干。

15.1.3 设计内容

(1) 选择 PLC 的具体机型，进行 PLC I/O 地址分配。
(2) 画出 PLC 的外部接线图。
(3) 画出控制系统的控制流程图。
(4) 进行系统控制程序的设计。
(5) 进行文本界面的设计。
(6) 进行程序的离线模拟和试运行。
(7) 元器件型号的选择。
(8) 完成控制系统的连线并检查各部分的接线是否正确。
(9) 进行系统的联机调试和整机运行。

(10) 进一步优化系统的控制程序和文本界面。

(11) 撰写毕业论文，按照一定格式编写技术文档，包括系统的原理框图、PLC 系统外部接线图、程序清单等。

15.2 基于组态王的四层电梯模型 PLC 控制系统的设计

15.2.1 概述

本课题以 THPLC-DT 型四层电梯实物教学模型为例，着重研究可编程控制器（PLC）与上位计算机工控组态软件组态王之间的通信。四层教学电梯系统在各类院校的实践教学中得到广泛的应用，它可以作为电气及楼宇自动化等专业的 PLC、变频器相关课程的实践教学平台。四层教学仿真电梯系统利用工控组态软件组态王，配合简单的 PLC 主机，在计算机界面上实现了实践教学训练平台，投入较少，对教学空间要求不高，适合大批量学生的实践训练，符合大多数高等院校及培训机构的教学要求。关于 THPLC-DT 型四层电梯实物教学模型的具体介绍在 13.6 节，这里就不再赘述了。

15.2.2 所需设备

(1) 三菱 FX_{2N} 或 FX_{1N} 系列 PLC 一台。

(2) THPLC-DT 型四层电梯实物教学模型。

(3) 装有编程软件和组态软件的计算机一台。

(4) 直流 24V 开关电源一个。

(5) 小型继电器、选择开关、按钮及导线若干。

15.2.3 设计内容

(1) 选择 PLC 的具体机型，进行 PLC I/O 地址分配。

(2) 画出 PLC 的外部接线图。

(3) 画出控制系统的控制流程图。

(4) 进行系统控制程序的设计。

(5) 进行组态界面的设计。

(6) 进行程序的离线模拟和试运行。

(7) 完成控制系统的连线并检查各部分的接线是否正确。

(8) 进行系统的联机调试和整机运行。

(9) 进一步优化系统的控制程序和组态程序。

(10) 撰写毕业论文，按照一定格式编写技术文档，包括系统的原理框图、PLC 系统外部接线图、程序清单等。

15.3 基于 PLC 和组态王的机械手模型控制系统的设计

15.3.1 概述

机械手的控制方法多种多样，在过去，主要使用继电器来控制，但是继电器控制系统存在许多问题。继电器控制系统的这些弊端迫使人们去寻求一种新的控制装置来取代它，可编程控制器（PLC）便应运而生。可编程控制器（PLC）是专为在工业环境下应用而设计的实时工业控制装置。随着微电子技术、自动控制技术和计算机通信技术的飞速发展，PLC 在硬件配置、软件编程、通信联网功能以及模拟量控制等方面均取得了长足的进步，已经成为工厂自动化的标准配置之一，被广泛应用于包括机械手在内的各种机械设备的控制系统当中。基于可编程控制器（PLC）的机械手控制系统具有可靠性高、功能完善、组合灵活、编程简单、功耗低等优点，已经得到越来越多的应用。为了便于观察 PLC 的控制过程，本课题通过组态王软件对机械手进行监控，将机械手的动作过程进行了动画显示，使机械手的动作过程更加形象化。可以很方便地监视和控制机械手的动作流程。关于 THWJX-1 型机械手实物教学模型的具体介绍也可以参考 13.5 节。

机械手实物教学模型的机械结构由滚珠丝杆、滑杆、气缸、气夹等机械部件组成；电气方面由步进电动机、步进电动机驱动器、传感器、开关电源、电磁阀等电子器件组成；可编程控制器采用目前市面上比较流行的各类 PLC，如西门子、三菱、欧姆龙等。

1. 技术性能

(1) 输入电源：单相三线 220V±10%、50Hz。
(2) 工作环境：温度 −10～+40℃，相对湿度小于 85%（25℃），海拔小于 4000m。
(3) 绝缘电阻：大于 3MΩ。
(4) 外形尺寸：80×50×120cm^3。

气泵实物图如图 15-5 所示，THWJX-1 型机械手实物教学模型如图 15-6 所示。

图 15-5　气泵实物图

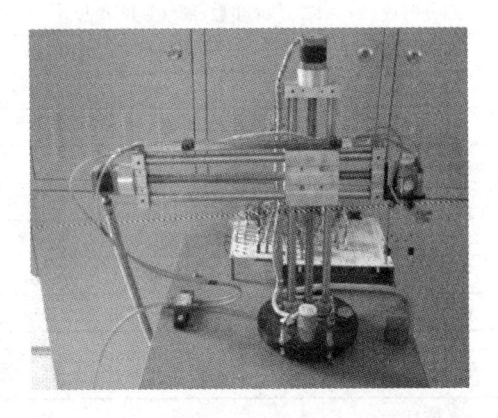

图 15-6　THWJX-1 型机械手实物教学模型

2. 工作原理

步进电动机采用二相八拍混合式步进电动机，其主要特点：体积小，具有较高的起动和运行频率，有定位转矩等优点。设计采用串联型接法，其电气图如图 15-7 所示。

3. 步进电动机驱动器

步进电动机驱动器主要有电源输入部分、信号输入部分、输出部分等。驱动器参数如下所示，电气规格见表 15-1，电流设定见表 15-2，细分设定见表 15-3，接线信号见表 15-4。

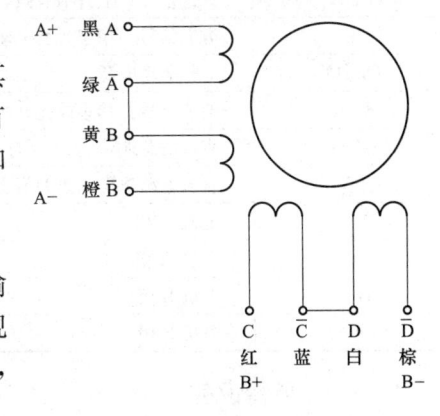

图 15-7　步进电机串联型电气图

表 15-1　　　　　　　　　　　电 气 规 格

说明	最小值	典型值	最大值
供电电压（V）	18	24	40
均值输出电流（A）	0.21	1	1.50
逻辑输入电流（mA）	6	15	30
步进脉冲响应频率（kHz）	—	—	100
脉冲低电平时间（μs）	5	—	1

表 15-2　　　　　　　　　　　电 流 设 定

电流值	SW1	SW2	SW3
0.21A	OFF	ON	ON
0.42A	ON	OFF	ON
0.63A	OFF	OFF	ON
0.84A	ON	ON	OFF
1.05A	OFF	ON	OFF
1.26A	ON	OFF	OFF
1.50A	OFF	OFF	OFF

表 15-3　　　　　　　　　　　细 分 设 定

细分倍数	步数/圈（1.8°整步）	SW4	SW5	SW6
1	200	ON	ON	ON
2	400	OFF	ON	ON
4	800	ON	OFF	ON
8	1600	OFF	OFF	ON
16	3200	ON	ON	OFF
32	6400	OFF	ON	OFF
64	12800	ON	OFF	OFF
由外部确定	动态改细分/禁止工作	OFF	OFF	OFF

表 15-4　　　　　　　　　　　接 线 信 号

信号	功　　能
PUL	脉冲信号：上升沿有效，每当脉冲由低变高时电动机走一步
DIR	方向信号：用于改变电动机转向，TTL 平驱动
OPTO	光耦驱动电源
ENA	使能信号：禁止或允许驱动器工作，低电平禁止
GND	直流电源地
+V	直流电源正极，典型值+24V
A+	电机 A 相
A-	电机 A 相
B+	电机 B 相
B-	电机 B 相

15.3.2　所需设备

(1) 三菱 FX_{2N} 或 FX_{1N} 系列 PLC 一台（晶体管输出型）。

(2) THWJX-1 型机械手实物教学模型和气泵各一台。
(3) 装有编程软件和组态软件的计算机一台。
(4) 直流 24V 开关电源一个。
(5) 小型继电器、选择开关、按钮及导线若干。

15.2.3　设计内容
(1) 选择 PLC 的具体机型，进行 PLC I/O 地址分配。
(2) 画出 PLC 的外部接线图。
(3) 画出控制系统的控制流程图。
(4) 进行系统控制程序的设计。
(5) 进行组态界面的设计。
(6) 进行程序的离线模拟和试运行。
(7) 完成控制系统的连线并检查各部分的接线是否正确。
(8) 进行系统的联机调试和整机运行。
(9) 进一步优化系统的控制程序和组态程序。
(10) 撰写毕业论文，按照一定格式编写技术文档，包括系统的原理框图、PLC 系统外部接线图、程序清单等。

15.4　基于组态王的全自动售货机控制系统的设计

15.4.1　概述
自动售货机产业正在走向信息化并进一步实现合理化。例如，实行联机方式，通过电话线路将自动售货机内的库存信息及时地传送各营业点的电脑中，从而确保了商品的发送、补充以及商品选定的顺利进行。并且，为防止地球暖化，自动售货机的开发致力于能源的节省，节能型清凉饮料自动售货机成为该行业的主流。在夏季电力消费高峰时，这种机型的自动售货机即使在关掉冷却器的状况下也能保持低温，与以往的自动售货机相比，它能够节约 10%～15% 的电力。进入 21 世纪，自动售货机也将进一步向节省资源和能源以及高功能化的方向发展。所以本课题主要研究售货机的下位机 PLC 的控制和上位机的组态设计。

控制要求：具有货物选择、出货、投币及数额显示，还要有货币识别系统和货币的传动来实现完整的售货、退币功能；可 24h 连续运转，自动找零，实现真正的自动售卖；具有制冷、加热转换功能，可根据季节变换进行设定，使饮料处于最佳饮用温度，提高饮料销量；多重防盗设计，节能环保设计；实现下位机和上位机的设计。

15.4.2　所需设备
(1) 三菱 FX_{2N} 或 FX_{1N} 系列 PLC 一台。
(2) 数码管、接触器、指示灯、按钮、刀开关、热继电器、熔断器、电磁阀、感应开关等。
(3) 装有编程软件和组态软件的计算机一台。
(4) 直流 24V 开关电源一个。
(5) 小型继电器、选择开关、按钮及导线若干。

15.4.3 设计内容

(1) 选择 PLC 的具体机型，进行 PLC I/O 地址分配。
(2) 画出 PLC 的外部接线图。
(3) 画出控制系统的控制流程图。
(4) 进行系统控制程序的设计。
(5) 进行组态界面的设计。
(6) 进行程序的离线模拟和试运行。
(7) 完成控制系统的连线并检查各部分的接线是否正确。
(8) 进行系统的联机调试和整机运行。
(9) 进一步优化系统的控制程序和组态程序。
(10) 撰写毕业论文，按照一定格式编写技术文档，包括系统的原理框图、PLC系统外部接线图、程序清单等。

15.5 基于三菱 PLC 的家居安防系统的设计

15.5.1 概述

自 20 世纪 90 年代以来，数字化技术取得突飞猛进的发展，并且日益渗透到各个领域，智能家居在 21 世纪将成为现代社会和家庭的新时尚。作为通用工业控制计算机的 PLC，30 多年来不论是在功能上还是在应用领域方面，都有着从逻辑控制到数字控制、单体控制到运动控制、过程控制到集散控制的飞跃，今天的可编程控制器（PLC）正逐渐成为工业控制领域的主流控制设备，在世界各地发挥着越来越大的作用。随着社会工作快节奏化，家庭生活的现代化，人们若有一套 PLC 遥控家居设备系统，如：让空调开起来，让电饭煲工作起来，将电脑开起来同时将图像送到手机上等。不久的将来，每个家庭将会拥有一套 PLC 遥控家居设备系统。本课题是采用 PLC 遥控家居设备，让用户可在任何地方、任何时间远距离启动系统，达到遥控系统的目的。通过修改程序还可控制多种家用电器，满足用户多种需求。

本课题以一厨房和一卧室为研究载体，控制对象有电灯、电控锁、门窗电动机、排风扇和灭火水阀，通过控制这些对象达到手动/遥控开门、手动/遥控开窗/关窗、防火、防盗、防煤气中毒和防风雨的目的。

系统的控制要求：设计一个家居安防控制系统，在房间内任何地方，可以随时通过遥控 PLC 的方式开启或关闭被控对象，而不受墙壁和其他信号干扰的影响，被控对象包括门、窗、排风扇或其他。为了更好地实现控制效果，需用必要的传感器实现闭环控制，比如：煤气传感器、门（窗）磁传感器。为了更好地利用现有的资源而不增加额外的布线，信号传输的方式采用有线和无线结合的方式，遥控器与 PLC 之间的控制信号采用红外线传送，传感器反馈 PLC 的检测信号也采用红外线的传输方式，PLC 与被控对象之间采用有线通信方式传送。由于红外线无法隔墙传输且方向性很强，要实现房间内随意控制需安装转接装置。同时控制对象按事先存储的程序工作或停止工作，在设计中，最难处理的是通信，可采用基本指令、功能指令和实际连接 PLC 试验等方法实现。

15.5.2 所需设备

(1) 三菱 FX_{2N} 或 FX_{1N} 系列 PLC 一台。

(2) 烟雾传感器、可燃气体报警器、振动探测器、风雨传感器、电控门锁、电控窗锁、直流电机、电磁水阀、红外控制开关、排风扇等。

(3) 装有编程软件和组态软件的计算机一台。

(4) 直流 24V 开关电源一个。

(5) 小型继电器、选择开关、按钮及导线若干。

15.5.3 设计内容

(1) 选择 PLC 的具体机型，进行 PLC I/O 地址分配。

(2) 画出 PLC 的外部接线图。

(3) 画出控制系统的控制流程图。

(4) 进行系统控制程序的设计。

(5) 进行组态界面的设计。

(6) 进行程序的离线模拟和试运行。

(7) 完成控制系统的连线并检查各部分的接线是否正确。

(8) 进行系统的联机调试和整机运行。

(9) 进一步优化系统的控制程序和组态程序。

(10) 撰写毕业论文，按照一定格式编写技术文档，包括系统的原理框图、PLC 系统外部接线图、程序清单等。

15.6 基于三菱 PLC 的农作物喷灌控制系统的设计

15.6.1 概述

我国把节水灌溉作为国民经济可持续发展的一项重要措施和战略任务，同时也是建设和保护干旱、半干旱地区生态环境的一条重要途径，目前，世界上许多工业国家把 PLC 的使用作为衡量电气控制水平的标志，PLC 汇集了超大规模集成电路的众多优点，把它应用在节水灌溉控制系统中，能够简化硬件结构、提高可靠性、增加灵活性，可收到人们常说的"以软（件）代硬（件）"的效果，研制和推广节水灌溉控制新技术是实现农业现代化的需要。可编程控制器是以微处理器为基础，综合了计算机、自动控制和通信等技术的一种新型通用工业控制装置，它具有结构简单、编程方便、可靠性高等优点，已广泛应用于工业生产过程和装置的自动控制中，成为工业控制的主要手段和重要的基础控制设备之一。虽然在国内外有许多类似的控制系统设计，但由于采用的是单片机或微型机控制，其接口及程序设计复杂，且抗干扰能力差，而由 PLC 构成的控制系统设计简单、编程方便、系统抗干扰能力强，此控制系统设计可以充分发挥现有的节水设备作用，优化调度，提高效益，通过自动控制技术的应用，更加节水节能，降低灌溉成本，提高灌溉质量，使灌溉更加科学、方便、提高管理水平。

本系统为基于 PLC 的农作物喷灌控制系统，系统要根据不同的区域及不同农作物生长的特点和要求，从而实现对 A、B、C 三区农作物何时喷灌何时停止进行自动控制，以保证农作物的正常生长又不造成水资源的浪费。这对加快农业现代化建设具有极其重要的意义。因此对系统的可靠性要求十分严格，这就要求系统既能能够满足农作物对水资源的需要，又可避免水资源的浪费，对喷灌进行切实可靠的控制。为此对本系统提出以下控制要求：

（1）A区采用喷雾，每喷 2min，停 5min，工作时间每天 7：00 开始，17：00 停止。

（2）B区采用旋转式喷头进行喷灌，分为二组喷灌工作，每组工作 5min，停 20min，每天 9：00 开始，14：00 停止。

（3）C区分为二组，交替工作，每 2 天灌溉一次。

（4）如遇阴雨天，系统会自动停止灌溉。

（5）系统不仅受时间控制，而且要求具有温度、湿度测控功能，即温度、湿度达到某一控制点时就报警并改变程序的运行方式。

（6）当 PLC 运行出错时，应能自动报警。

（7）当出现故障时系统能够可靠停止运行。

（8）能自动或手动控制水泵的运行与停止及各电磁阀的开关。

（9）为了避免意外事故或故障的发生，系统应有声光报警系统，为了使系统能正常运行，系统设计有报警器试验按钮，系统每次运行前可进行检测。

15.6.2 所需设备

（1）三菱 FX_{2N} 或 FX_{1N} 系列 PLC 一台。

（2）温度传感器、湿度传感器、雨量传感器、电动机、电磁阀、指示灯、报警器等。

（3）装有编程软件和组态软件的计算机一台。

（4）直流 24V 开关电源一个。

（5）小型继电器、选择开关、按钮及导线若干。

15.6.3 设计内容

（1）选择 PLC 的具体机型，进行 PLC I/O 地址分配。

（2）画出 PLC 的外部接线图。

（3）画出控制系统的控制流程图。

（4）进行系统控制程序的设计。

（5）进行组态界面的设计。

（6）进行程序的离线模拟和试运行。

（7）完成控制系统的连线并检查各部分的接线是否正确。

（8）进行系统的联机调试和整机运行。

（9）进一步优化系统的控制程序和组态程序。

（10）撰写毕业论文，按照一定格式编写技术文档，包括系统的原理框图、PLC 系统外部接线图、程序清单等。

15.7　PLC 在三面铣组合机床控制系统中的应用

15.7.1　概述

1. 三面铣组合机床概述

三面铣组合机床是用来对 Z512W 型台式钻床主轴箱的 $\phi80$、$\phi90$ 孔端面及定位面进行铣销加工的一种自动加工设备。加工工件的示意图如图 15-8 所示。

（1）基本结构。机床主要由底座、床身、铣削动力头、液压动力滑台、液压站、工作台、工件松紧油缸等组成。机床底座上安放有床身，床身上一头安装有液压动力滑台，工件及夹紧装置放于滑台上。床身的两边各安装有一台铣销头，上方有立铣头，液压站在机床附近。

(2) 加工过程。三面铣组合机床的加工过程如图15-9所示。操作者将要加工的零件放在工作台的夹具中，在其他准备工作就绪后，发出加工指令。工件夹紧后压力继电器动作，液压动力滑台（工作台）开始快进，到位转工进，同时起动左和右 1 铣头开始加工，加工到某一位置，立铣头开始加工，加工又过一定位置右 1 铣头停止，右 2 铣头开始加工，加工到终点三台电机同时停止。待电机完全停止后，滑台快退回原位，工件松开，一个自动工作循环结束。操作者取下加工好的工件，再放上未加工的零件，重新发出加工指令重复上述工作过程。

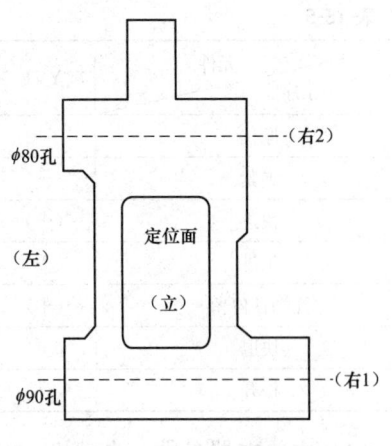

图 15-8 加工工件的示意图

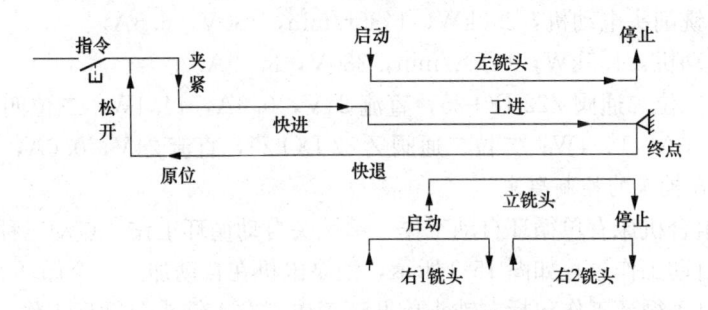

图 15-9 三面铣组合机床的加工过程

(3) 液压系统。三面铣组合机床中液压动力滑台的运动和工件松紧是由液压系统实现的。液压系统的原理图如图 15-10，其液压元件动作表见表 15-5。

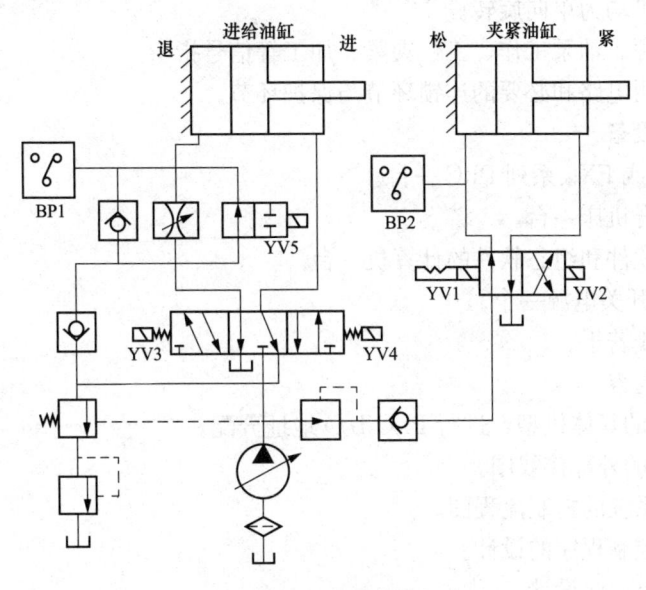

图 15-10 液压系统原理图

表 15-5 液压元件动作表

元件\工序	YV1	YV2	YV3	YV4	YV5	BP1	BP2
原位	—	(+)	—	—	—	—	—
夹紧	+	—	—	—	—	—	+
快进	(+)	—	+	—	—	—	+
工进	(+)	—	+	—	+	—	+
死挡铁停留	(+)	—	+	—	+	+	+
快退	(+)	—	—	+	—	—	+
松开	—	+	—	—	—	—	—

（4）主要电器参数。电动机、滑台、电磁阀参数如下：
1）左、右 2 铣削头电动机：4.0kW，1440r/min，380V，8.4A。
2）立、右 1 铣削头电动机：3.0kW，1430r/min，380V，6.5A。
3）液压泵电动机：1.5kW，1410r/min，380V，3.49A。
4）电磁阀：二位二通阀 Z22 DO-25，直流 24V，0.6A，14.4W；二位四通阀 Z 24 DW-25，直流 24V，0.6A，14.4W；二位二通阀 Z 22 DO-25，直流 24V，0.6A，14.4W。

2. 三面铣组合机床的控制要求

（1）三面铣组合机床有单循环自动工作、单铣头自动循环工作、点动三种工作方式。
（2）单循环自动工作过程如图 15-9 所示，油泵电机在自动加工一个循环后不停机。
（3）单铣头自动循环工作包括左铣头单循环工作、右 1 铣头单循环工作、右 2 铣头单循环工作、立头单循环工作。单铣头自动循环工作时，要考虑各铣头的加工区间。
（4）点动工作包括四台主轴电动机均能点动对刀、滑台快速（快进、快退）点动调整、松紧油缸的调整（手动松开与手动夹紧）。
（5）五台电动机均为单向旋转。
（6）要求有电源、油泵工作、工件夹紧、加工等信号指示。
（7）要求有照明电路和必要的连锁环节与保护环节。

15.7.2 所需设备

（1）三菱 FX_{2N} 或 FX_{1N} 系列 PLC 一台。
（2）三面铣组合机床一台。
（3）装有编程软件和组态软件的计算机一台。
（4）直流 24V 开关电源一个。
（5）按钮及导线若干。

15.7.3 设计内容

（1）选择 PLC 的具体机型，进行 PLC I/O 地址分配。
（2）画出 PLC 的外部接线图。
（3）画出控制系统的控制流程图。
（4）进行系统控制程序的设计。
（5）进行组态界面的设计。
（6）进行程序的离线模拟和试运行。

（7）完成控制系统的连线并检查各部分的接线是否正确。
（8）进行系统的联机调试和整机运行。
（9）进一步优化系统的控制程序和组态程序。
（10）撰写毕业论文，按照一定格式编写技术文档，包括系统的原理框图、PLC系统外部接线图、程序清单等。

15.8　小型SBR废水处理PLC电气控制系统的设计

15.8.1　概述

1. SBR废水处理工艺的技术要求

SBR废水处理技术是一种高效废水回用的处理技术，采用优势菌技术对校园生活污水进行处理，经过处理后的中水可以用来浇灌绿地、花木、冲洗厕所及车辆等，从而达到节约水资源的目的。

SBR废水处理系统方案要充分考虑现实生活中校园生活区较为狭小的特点，力求达到设备体积小，性能稳定，工程投资少的目的。废水处理过程中环境温度对菌群代谢产生的作用直接影响废水处理效果，因此采用地埋式砖混结构处理池以降低温度对处理效果的影响。同时，SBR废水处理技术工艺参数变化大，硬件设计选型与设备调试比较复杂，采用先进的PLC控制技术可以提高SBR废水处理的效率，方便操作和使用。

SBR废水处理系统分别由污水处理池、清水池、中水水箱、电控箱、水泵、罗茨风机、电动阀门和电磁阀等部分组成，在污水处理池、清水池、中水水箱中分别设置液位开关，用以检测水池与水箱中的水位。SBR废水处理系统示意图如图15-11所示。

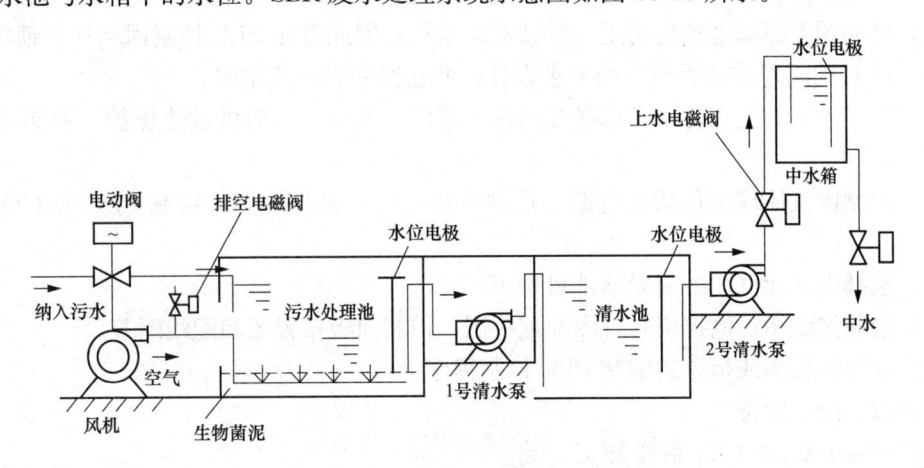

图15-11　SBR废水处理系统示意图

污水处理的第一阶段：当污水池中的水位处于低水位或无水状态时，电动阀会自动开启纳入污水。当污水池纳入的污水至正常高水位时，电动阀自动关闭，污水池中污水呈微氧和厌氧状态。

污水处理的第二阶段：采用能降解大分子污染物的曝气法，可使污水脱色、除臭、平衡菌群的pH值并对污染物进行高效除污，即好氧处理过程。整个好氧（曝气）时间一般需要6～8h。在曝气管路上安装了排空电磁阀，当电动阀门自动关闭后，排空电磁阀开启，罗茨风机延时空载启动,然后排空电磁阀关闭,污水池开始曝气。当曝气处理结束后,排空电磁阀再次开启,罗茨风机空载停机,然后排空电磁阀延时关闭。曝气风机在无负荷条件下启动和停止,能起到保护电动机和风机的作用。经过 0.5h 的水质沉淀,PLC 下达启动 1 号清水泵指令,将沉淀后的水泵入到清水池。当清水池中的水位升至正常高水位时,1 号清水泵自动停止运行。这时 2 号清水泵自动启动向中水箱泵水,当水箱内达到正常高水位时,2 号清水泵自动停止运行,这时中水箱内的水全部完成处理过程。

如上所示,当中水箱内水位降至低水位时,2 号清水泵又自动起动向中水箱泵水。当污水池中的水位降至低水位时,电动阀门会自动打开继续向污水池纳入污水,如此循环往复。

SBR 废水处理技术针对污水水质不同选用生物菌群不同,工艺要求有所不同,电气控制系统应有参数可修正功能,以满足废水处理的要求。

2. SBR 废水处理系统动力设备

SBR 废水处理系统中所使用的动力设备(水泵、罗茨风机、电动阀),均采用三相交流异步电动机,电动机和电磁阀(AC220V 选配)选配防水防潮型。

1 号清水泵:立式离心泵 LS50-10-A,扬程 10m,流量 $29m^3/h$,1kW。

2 号清水泵:立式离心泵 LS40-32.1,扬程 30m,流量 $16m^3/h$,3kW。

曝气罗茨风机:TSA-40,$0.7m^3/min$,1.1kW。

电动阀:阀体 D97A1X5-10ZB-125mm,电动装置 LQ20-1,AC380V,60W。

3. SBR 废水处理电气控制系统设计要求

(1) 控制装置选用 PLC 作为系统的控制核心,根据工艺要求合理选配 PLC 机型和 I/O 接口。

(2) 可执行手动/自动两种方式,应能按照工艺要求编辑程序并可实时整定参数。

(3) 电动阀上驱动电动机为正、反转双向运行,因此要在 PLC 控制回路加互锁功能。

(4) PLC 的接地应按手册中的要求设计,并在图中表示或说明。

(5) 为了设备安全运行,考虑必要的保护措施,例如,电动机过热保护、控制系统短路保护等。

(6) 绘制电气原理图包括主电路、控制电路、PLC 硬件电路,编制 PLC 的 I/O 接口功能表。

(7) 选择电器元件、编制元器件目录表。

(8) 绘制接线图、电控柜布置图和配线图、控制面板布置图和配线图等。

(9) 采用梯形图或指令表编制 PLC 控制程序。

15.8.2 所需设备

(1) 三菱 FX_{2N} 或 FX_{1N} 系列 PLC 一台。

(2) 动力设备(水泵、罗茨风机、电动阀),均采用三相交流异步电动机,电动机和电磁阀(AC220V 选配)选配防水防潮型。

1 号清水泵:立式离心泵 LS50-10-A,扬程 10m,流量 $29m^3/h$,1kW。

2 号清水泵:立式离心泵 LS40-32.1,扬程 30m,流量 $16m^3/h$,3kW。

曝气罗茨风机:TSA-40,$0.7m^3/min$,1.1kW。

电动阀:阀体 D97A1X5-10ZB-125mm,电动装置 LQ20-1,AC380V,60W。

(3) 装有编程软件和组态软件的计算机一台。

(4) 直流 24V 开关电源一个。
(5) 按钮及导线若干。

15.8.3 设计内容

(1) 选择 PLC 的具体机型，进行 PLC I/O 地址分配。
(2) 画出 PLC 的外部接线图。
(3) 画出控制系统的控制流程图。
(4) 进行系统控制程序的设计。
(5) 进行组态界面的设计。
(6) 进行程序的离线模拟和试运行。
(7) 完成控制系统的连线并检查各部分的接线是否正确。
(8) 进行系统的联机调试和整机运行。
(9) 进一步优化系统的控制程序和组态程序。
(10) 撰写毕业论文，按照一定格式编写技术文档，包括系统的原理框图、PLC 系统外部接线图、程序清单等。

15.9 基于 PLC 的变频器液位控制设计

15.9.1 概述

电力电子技术以及工业自动控制技术的发展，使交流变频调速系统工业电动机拖动领域得到了广泛应用。另外，PLC 功能强大、容易使用、高可靠性，常常被用来作为现场数据采集和设备控制。本课题就是利用变频器和 PLC 实现水池水位控制。

变频器技术是一门综合性技术，它建立在控制技术、电子电力技术、微电子技术和计算机技术基础上。它与传统交流拖动系统相比，利用变频器对交流电动机进行调速控制，有许多优点，如节电、容易实现对现有电动机调速控制、可以实现大范围内高效连续调速控制、实现速度精确控制。容易实现电动机正反转切换，可以进行高速度启停运转，可以进行电气制动，可以对电动机进行高速驱动。完善保护功能：变频器保护功能很强，运行过程中能随时检测到各种故障，并显示故障类别（如电网瞬时电压降低、电网缺相、直流过电压、功率模块过热、电动机短路等），并立即封锁输出电压。这种"自我保护"功能，不仅保护了变频器，还保护了电动机不易损坏。

本课题需要对电动机进行转速调节，考虑到电动机启动、运行、调速和制动特性，系统中采用由 PLC 完成数据采集和对变频器、电动机等设备控制任务。

本课题控制要求：
(1) 系统要求用户能够直观了解现场设备工作状态及水位变化。
(2) 要求用户能够远程控制变频器启动和停止。
(3) 用户可自行设置水位高低，以控制变频器启停。
(4) 变频器及其他设备故障信息能够及时反映在远程 PLC 上。
(5) 具有水位过高、过低报警和提示用户功能。

15.9.2 所需设备

(1) 三菱 FX_{2N} 或 FX_{1N} 系列 PLC 一台。

(2) 水泵、变频器、液位传感器、液位显示器、按钮、指示灯等。
(3) 装有编程软件和组态软件的计算机一台。
(4) 直流 24V 开关电源一个。
(5) 按钮及导线若干。

15.9.3 设计内容

(1) 选择 PLC 的具体机型，进行 PLC I/O 地址分配。
(2) 画出 PLC 的外部接线图。
(3) 画出控制系统的控制流程图。
(4) 进行系统控制程序的设计。
(5) 进行组态界面的设计。
(6) 进行程序的离线模拟和试运行。
(7) 完成控制系统的连线并检查各部分的接线是否正确。
(8) 进行系统的联机调试和整机运行。
(9) 进一步优化系统的控制程序和组态程序。
(10) 撰写毕业设计论文，按照一定格式编写技术文档，包括系统的原理框图、PLC 系统外部接线图、程序清单等。

15.10　基于 PLC 的电子时钟的设计

15.10.1　概述

PLC 作息时间控制器采用数码显示，能够准确显示分、时、星期，在一定的时间内能够自动打铃，放、关广播，放、关音乐，开、熄学生宿舍灯，且通过改变输入 PLC 的程序能够灵活改变冬、夏季作息时间。

此外，该 PLC 作息时间控制还设置了手动按钮，用于调整分、时、星期。

作息时间控制器的控制要求如下：

(1) 开机时初始状态显示为 00 时 00 分，显示星期为"星期一"。按下启动按钮，控制器开始计时工作。
(2) 能将时间显示调整到当前的日期及时间。
(3) 可按所设置的时间要求打铃。
(4) 可根据要求控制其他装置。
(5) 作息时间表（此处只列出冬季作息时间表）见表 15-6。
(6) 设置相应的手动按钮，使控制器使用更加方便。
(7) 为了便于广大师生过好双休日，从周五下午晚餐开始至周日下午 18：00 停止打铃及广播。

表 15-6　　　　　　　PLC 作息时间控制器冬季作息时间表

项目	起讫时间
起床	6：20-6：30
早操	6：40-6：50

续表

项目	起讫时间
洗漱	6：50-7：00
早餐	7：00-7：40
预备铃	7：40-7：50
第一节课	8：00-8：50
第二节课	9：00-9：50
课间操	9：50-10：10
第三节课	10：10-11：00
第四节课	11：10-12：00
中餐（广播）	12：00-12：30
午休	12：30-14：20
预备铃	14：20-14：30
第五节课	14：30-15：20
第六节课	15：30-16：20
文体活动	16：30-17：30
晚餐	17：30-18：00
自由活动	18：00-18：50
预备铃	18：50-19：00
晚自习	19：00-20：30
熄灯	21：30

15.10.2 所需设备

(1) 三菱 FX_{2N} 或 FX_{1N} 系列 PLC 一台。

(2) 数码管、按钮、指示灯等。

(3) 装有编程软件和组态软件的计算机一台。

(4) 直流 24V 开关电源一个。

(5) 按钮及导线若干。

15.10.3 设计内容

(1) 选择 PLC 的具体机型，进行 PLC I/O 地址分配。

(2) 画出 PLC 的外部接线图。

(3) 画出控制系统的控制流程图。

(4) 进行系统控制程序的设计。

(5) 进行组态界面的设计。

(6) 进行程序的离线模拟和试运行。

(7) 完成控制系统的连线并检查各部分的接线是否正确。

(8) 进行系统的联机调试和整机运行。

(9) 进一步优化系统的控制程序和组态程序。

(10) 撰写毕业设计论文。按照一定格式编写技术文档，包括系统的原理框图、PLC 系统外部接线图、程序清单等。

15.11 地形扫描仪运动控制系统的设计

15.11.1 概述

1. 控制系统组成简介

地形扫描仪控制系统由测量小车（测量单元）、测桥、水平行走控制单元和系统计算机等部分组成。测量小车完成地形的纵向和横向行走与定位控制、测量控制、数据采集信号处理、测量数据和断面曲线显示、数据保存和与上位机的通信等功能。

地形扫描仪的扫描探头固定于小车的框架上，小车框架长1.2m（X轴）、宽0.6m（Y轴），即在小车框架内两个轴的运动范围为1.2m×0.6m。在X轴、Y轴方向上由伺服运动单元带动探头扫描，扫描头的大小为20mm×20mm。一个扫描周期为5分钟，实行匀速动态扫描，定位精度要求1mm。一个框架范围内的测量单元结束之后，小车就沿测桥方向向前运动一个框架的长度至下一测量单元继续进行测量，反复测量多次；在完成测桥方向上整个单位长度内的地形测量工作后，再沿水平方向前进一个框架宽度的距离。地形扫描仪运动控制系统的示意图，如图15-12所示。

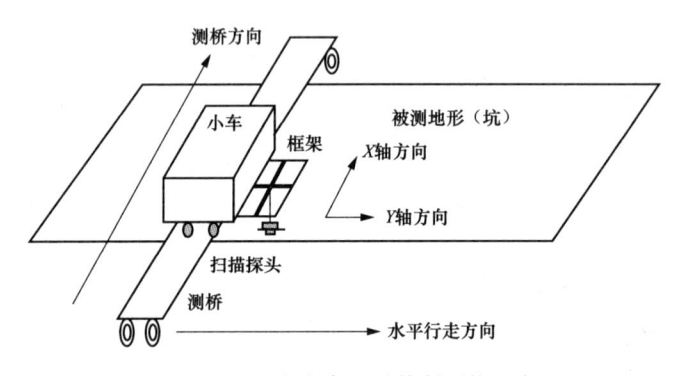

图15-12 地形扫描仪运动控制系统示意图

2. 控制要求

要求完成测量小车框架内两个轴（X轴和Y轴）的定位控制部分的设计工作。因此，地形扫描仪控制系统可以是一个基于PLC的步进电动机控制系统。

其机械部分主要由X轴方向运动单元、Y轴方向运动单元和沿测桥方向及沿水平行走方向的两台大型步进伺服运动单元组成。X轴、Y轴的伺服运动都执行点到点绝对值定位，在每个轴的机械零点位置加装接近开关，作为回零位传感器。要求选用PLC作为定位型伺服控制器，其输出端口可以输出一定频率和数量的脉冲串以驱动步进电动机以一定的速度实现准确的定位控制。因此，地形扫描仪定位控制系统可以是一个基于PLC的步进电动机控制系统。另有人机界面（HMI）作为系统监视运行窗口和进行现场重要运行参数的设置。

因该地形仪运动控制系统为多个方向的定位控制，它的完整设计较为复杂，这里只给出了两个方向定位控制系统的参考设计方案以达到PLC运动控制实训的基本目的，其他方向的运动控制系统的设计方案留作读者自己思考。

3. 参考设计方案

(1) 硬件部分。基于 PLC 的步进电动机伺服控制系统，其机械系统主要由滚珠丝杠、光杠、丝母座等机械部件组成；电气系统主要由步进电动机、步进电动机驱动器、开关电源、接近开关、限位开关等电器元件组成。

系统主控制器可采用三菱 FX 系列小型 PLC，如 FX_{1N}、FX_{2N} 等，注意 PLC 应为晶体管输出型。当然，也可选用其他公司同档次、同功能的 PLC，如西门子 S7-200 或欧姆龙 CPM1A 的小型机等。

两个轴的步进位置控制都采用点到点的绝对值定位，在每个机械的零点位置加装接近开关，作为零位传感器，另在两轴的两端极限位置加装限位开关用作行程保护。

选用触摸屏（或选用安装组态软件的工控机）作为人机界面（HMI），实现系统运行监视参数的显示和重要参数的设置等。

(2) 软件部分。按照系统的控制要求，可以先画出系统的顺序功能图（SFC），然后采用顺序控制设计法进行设计。

在设计具体程序时，应考虑到在三菱 FX 系列 PLC 应用指令中包括高速处理类的指令，利用其中的脉冲输出指令 PLSY 和带加、减速的脉冲输出指令 PLSR，可以通过晶体管输出型 PLC 的 Y0、Y1 输出端口输出两路相互独立的一系列的脉冲串，经步进驱动器功率放大后驱动步进电动机运行。

15.11.2 所需设备

(1) 两轴机械运动装置一套，包括丝杠和光杠等。
(2) 晶体管输出型 PLC 一台。
(3) 触摸屏一台或装有组态软件的计算机一台。
(4) 步进电动机两台。
(5) 步进驱动器两套。
(6) 直流 24V 开关电源一个。
(7) 接近开关、限位开关多个。
(8) 小型继电器、选择开关、按钮及导线若干。

15.11.3 设计内容

(1) 选择 PLC 的具体机型，进行 PLC I/O 地址分配。
(2) 画出 PLC 的外部接线图。
(3) 画出控制系统的控制流程图或顺序功能图。
(4) 选用适当的编程语言和编程方法进行系统控制程序的设计。
(5) 进行人机界面组态程序的设计。
(6) 进行程序的离线模拟和试运行。
(7) 完成控制系统的连线并检查各部分的接线是否正确。
(8) 进行系统的联机调试和整机运行。
(9) 进一步优化系统的控制程序和组态程序。
(10) 撰写毕业论文，按照一定格式编写技术文档，包括系统的原理框图、PLC 系统外部接线图、程序清单等。

15.12 基于 PLC 的恒压供水控制系统的设计

15.12.1 概述

在恒压供水系统中利用变频器改变电动机的电源频率，从而达到调节水泵转速改变水泵出口的压力，这种方法比靠调节阀门控制水泵出口压力的方法，具有很高的效率和优越性。由于水泵工作在变频工况下，在其出口流量小于额定流量时，泵的转速降低，减少了轴承的磨损和发热，延长了泵和电动机的机械使用寿命。实现恒压供水的自动控制，不需要操作人员频繁的操作，大大降低了人员的劳动强度，节省了人力和能源的消耗。

三台水泵恒压供水系统采用两用一备的供水方案。控制系统核心单元是 PLC 并适当扩展了模拟量输入输出模块。根据设定压力信号（如 1MPa）与现场压力传感器的反馈信号（0~10V）经 PLC 内部的调节运算（通常是 PID 调节），得到压力偏差和压力偏差的变化率，PLC 调节运算的输出值经模拟量输出模块后，将标准的模拟信号（0~10V 或 4~20mA）输出到变频器，通过 PLC 和变频器自动调节水泵的启停、增减、水泵电动机的运行方式（工频/变频）及电动机的转速，最终实现恒压供水、满足节能降耗的要求。

变频恒压供水 PLC 系统的主要控制要求如下：

(1) 两台工作水泵根据恒压的要求，采取"先开先停"的原则接入和退出系统。

(2) 当用水量小的时候，只有一台工作水泵变频运行（设为 30~50Hz）。如果一台泵连续运行超过 6h，则要切换至下一台工作泵，即系统具有"倒泵"功能，避免某一台电动机工作时间过长而损坏。

(3) 如果用水量加大供水压力下降，则两台工作水泵的运行方式变为一台工频运行另一台变频运行。

(4) 如果用水量持续加大，两台工作水泵运行时供水压力仍下降，则两台工作水泵都变为工频运行并启用备用泵在变频方式下运行。

(5) 如果用水量减少供水压力增大，则相应减少水泵的运行台数。

(6) 三台泵在启动时都要具有软启动功能。

(7) 具有报警功能。

(8) 对泵的操作要有手动功能，手动功能只在应急或检修时使用。

15.12.2 所需设备

(1) 数码管、按钮、开关、指示灯等。

(2) 个人计算机一台。

(3) 可编程控制器（带编程电缆）一台。

(4) 模拟量输入输出模块。

(5) 变频器一台。

(6) 编程软件。

(7) 24V 开关电源一台。

(8) 压力传感器（可用电位器模拟输入）、小型直流继电器和导线若干。

15.12.3 设计内容

(1) 选择 PLC 的具体机型，进行 PLC I/O 地址分配。

(2) 画出 PLC 的外部接线图。
(3) 画出控制系统的控制流程图或顺序功能图。
(4) 选用适当的编程语言和编程方法进行系统控制程序的设计。
(5) 进行人机界面组态程序的设计。
(6) 进行程序的离线模拟和试运行。
(7) 完成控制系统的连线并检查各部分的接线是否正确。
(8) 进行系统的联机调试和整机运行。
(9) 进一步优化系统的控制程序和组态程序。
(10) 撰写毕业论文，按照一定格式编写技术文档，包括系统的原理框图、PLC 系统外部接线图、程序清单等。

15.13 自动门 PLC 控制系统设计

15.13.1 概述

在自动门的上方内外两侧均装有检测元件光电开关，当有人接近门时，光电开关输出开关量信号进入 PLC，控制其开门，随后经一定延时自动关门。开门、关门的动作分为高速、低速两种。不管是开门还是关门都是先要高速动作，当低速开门或低速关门限位开关动作后再转为低速动作。

自动门 PLC 控制系统实训具体控制要求如下：

(1) 当有人由内到外或者由外到内通过门时，门上方的光电开关 1 或 2 将动作，自动门开门执行机构动作驱动电动机高速正转。
(2) 当自动门撞压低速开门限位开关后转为低速开门。
(3) 自动门到达开门限位开关位置后，电动机停止运行。
(4) 自动门在开门位置延时等待 4s 后，自动进入关门过程，关门执行机构动作驱动电动机高速反转。
(5) 当自动门撞压低速关门限位开关后将转为低速关门。
(6) 当自动门到达关门限位开关位置后，电动机停止运行。
(7) 在关门过程中，当有人员由外到内或由内到外通过光电检测开关 1 或 2 时，应立即停止关门，经延时 0.6s 后自动进入前面所述的高速开门至低速关门的控制过程。
(8) 在门打开后的 4s 等待时间内，如有人由外至内或由内至外通过光电检测开关 1 或 2 时，必须重新延时 4s 后再自动进入关门过程，以保证人员的安全通过。
(9) 除以上自动控制方式外自动门另设有手动控制方式，当按压手动操作按钮后，自动门以高速打开到达开门的限位位置后一直保持开门状态，直到按压复位按钮后自动门才以高速关闭。
(10) 上位计算机安装组态软件，如 KingView、MCGS、力控等，实现自动门的运行状态的监控。

自动门 PLC 控制系统主要检测元件包括，门内光电开关 SQ1，门外光电开关 SQ2，开门位置限位开关 SQ3，关门位置限位开关 SQ4，开门低速限位开关 SQ5，关门低速限位开关 SQ6 等组成。开门执行机构主要由正转继电器 KA1，反转继电器 KA2，正转交流接触器

KM1，反转交流接触器 KM2 和三相交流异步电动机等组成。

PLC 控制程序可以尝试练习使用顺序控制设计法进行编程。组态软件的设计中应加入动画连接，如颜色变化、大小变化、水平移动等，以实现监控系统形象、直观的动画效果。

15.13.2 所需设备

(1) 三菱 FX_{2N} 或 FX_{1N} 系列 PLC 一台。
(2) 三相交流异步电动机一台，功率 0.5kW。
(3) 装有组态软件的计算机一台。
(4) 直流 24V 开关电源一个。
(5) 光电开关两个。
(6) 限位开关四个。
(7) 交流接触器两个。
(8) 小型继电器、选择开关、按钮及导线若干。

15.13.3 设计内容

(1) 选择 PLC 的具体机型，进行 PLC I/O 地址分配。
(2) 画出 PLC 的外部接线图。
(3) 画出控制系统的控制流程图。
(4) 进行系统控制程序的设计。
(5) 进行上位机组态软件的设计。
(6) 进行程序的离线模拟和试运行。
(7) 完成控制系统的连线并检查各部分的接线是否正确。
(8) 进行系统的联机调试和整机运行。
(9) 进一步优化系统的控制程序和组态程序。
(10) 撰写毕业论文，按照一定格式编写技术文档，包括系统的原理框图、PLC 系统外部接线图、程序清单等。

15.14 锅炉 PLC 控制系统设计

15.14.1 概述

锅炉 PLC 控制系统主要包括以下几个环节的控制：锅炉水位的自动控制，蒸汽压力的自动控制，燃烧自动控制，系统的全自动起动、停止，联锁保护、报警和故障事件的处理等。

按照要求在 PLC 中编制程序实现给水，扫气，点火，燃烧等各环节的全自动起、停控制。锅炉定期定时维护保养的系统自动提示和超期不维护的系统自动闭锁。为了配合燃烧控制系统在起、停时应能根据要求自动起动、停止风机电机和打开、关闭风门以完成扫气工序，并能根据燃烧情况自动控制风门开闭的大小。另外，系统能实现风机电机故障、锅炉内压力超限联锁、燃烧发生故障等情况下的联锁控制和报警处理。

在自动工作方式下系统具体控制要求如下：

(1) 蒸汽压力控制要求。采用压力传感器测量锅炉的蒸汽压力。当水位正常时，如果蒸汽压力在 0.5～0.65MPa 范围内锅炉可正常的燃烧。当锅炉负荷减少，蒸汽压力上升到 0.65MPa 时锅炉即停止燃烧。若故障蒸汽压力继续上升至 0.7MPa 时，系统切断电源并发出报警。当蒸汽压力下降到 0.5MPa 以下时，锅炉可重新点火燃烧。

压力传感器测量锅炉的实际压力值经过变送器将标准模拟量信号（如 4～20mA）送入 PLC 的模拟量输入通道中，可以实现三级燃烧（大火、中火、小火）的控制，压力上限保护和实时压力监视等功能。

(2) 燃烧自动控制要求。燃烧自动控制就是实现蒸汽压力的自动控制、调节。锅炉蒸汽压力是燃烧自动控制的关键被控参数。发出锅炉自动启动信号后，可以自动启动油泵和风机，并把风门调到最大而不向炉膛内供油，用压缩空气大风量对炉膛进行吹扫（即预扫气），以防止点火时发生冷爆。预扫气结束后自动把风门关到最小位置，打开点火喷油电动调节阀喷入少量燃油，同时接通点火装置进行点火。点火成功后自动断开点火装置，燃油电动调节阀保持一定开度进入正常燃烧阶段。

(3) 水位控制要求。采用液位传感器对锅炉水位进行测量，可将 4 个水位（下下限水位、下限水位、上限水位、上上限水位）对应的开关量信号送入 PLC，通过 PLC 控制水泵电动机以实现给水量的控制、低水位联锁、报警处理、给水水泵电动机故障时的联锁控制等。

当锅炉正常点火燃烧后，当蒸汽压力达到正常供汽压力（0.65MPa）时，首先判断水位是否在上限和下限范围内，如果在此范围内则变频器变频运行使水泵进入恒压供水状态并不断检测锅炉实时水位。当水位上升到达上限时，水泵应停止供水并继续检测锅炉内的水位。如果水位高于上上限时，调用保护及报警子程序驱动 PLC 相应输出点报警，这时应排水以降低锅炉内的水位。如果水位低于上限时，重新启动另一台水泵进行供水以使两台水泵交替轮流运行。如果运行中检测到水位低于水位下限时，则两只水泵应同时在工频状态下起动运行。如果水位上升至高于下限时，关闭其中一台水泵，另一台水泵继续在工频状态下供水，直至水位上升到高于下限时再改为变频运行。如果两台水泵在工频状态运行下水位仍继续下降并低于水位下下限时，PLC 报警并控制锅炉停止鼓风压火，直至高于水位下下限时才解除鼓风停机恢复正常工作，以完成供水联锁控制。

(4) 变频器控制要求。为了实现锅炉 PLC 控制系统中给水、燃烧控制部分的高精度控制，可考虑使用变频器驱动水泵电动机、油泵电动机，以提高整个锅炉控制系统中主要被控参数的控制精度（如压力、液位、温度等过程参数）。另外，使用变频器的节能效果也是十分显著的，其明显的节能效益使得由于使用该设备带来的控制系统成本的提高在短期内就可得到回报。

(5) 安全保护和报警要求。可以实现锅炉过水位保护，高水位保护，点火失败报警和燃烧熄火报警等自动安全保护和报警功能。

(6) 人机界面要求。系统具有可组态的人机界面实现主要运行参数的实时显示和启动参数的设置。

另外，除自动控制方式外应同时设置手动操作方式，以供锅炉调整、检修时使用。通过手动操作按钮可以实现系统中各主要设备的启动、停止。当系统切换到手动工作方式，手动程序中必须实现 PLC 的联锁控制和安全保护、报警功能以保证供水正常及锅炉的安全、可靠运行。

1. 硬件部分

系统控制要求，锅炉控制系统可采用 FX_{2N} 或 FX_{1N} 系列 PLC，在基本单元外还需扩展模拟量输入输出模块，如 FX_{2N}-2AD、FX_{2N}-2DA、FX_{2N}-4AD、FX_{2N}-4DA 等。

2. 软件部分

系统控制程序根据上述控制要求，整个控制程序可分为自动程序和手动程序两大部分分别编写。自动程序中可包括若干个子程序，如压力控制子程序、燃烧控制子程序、供水控制子程序、保护联锁及报警子程序等，以供在自动工作方式下执行自动程序时分别调用。

三菱 PLC 基本单元与模拟量输入输出模块进行数据通信时，需要使用特殊功能模块读、写指令（FROM、TO 指令）。另外，如果对闭环模拟量的调节使用 PID 调节算法且在 PLC 中进行 PID 的调节、运算时，还需要使用 PID 指令。

15.14.2　所需设备

（1）三菱 FX_{2N} 或 FX_{1N} 系列 PLC 一台。

（2）变频器一台，如三菱 A500、E500 系列变频器。

（3）三相异步电动机四台，其中水泵电动机两台、油泵电动机一台、鼓风机电动机一台。

（4）压力传感器/变送器一个（可用电位器模拟）。

（5）液位传感器四个。

（6）点火装置一台（可用指示灯模拟）。

（7）直流 24V 开关电源一个。

（8）触摸屏一台或装有组态软件的计算机一台。

（9）电磁阀及电动调节阀多个。

（10）小型继电器、选择开关、按钮及导线若干。

15.14.3　设计内容

（1）选择 PLC 的具体机型，进行 PLC I/O 地址分配。

（2）画出 PLC 的外部接线图。

（3）画出控制系统的控制流程图或顺序功能图。

（4）选用适当的编程语言和编程方法进行系统控制程序的设计。

（5）进行人机界面组态程序的设计。

（6）进行程序的离线模拟和试运行。

（7）完成控制系统的连线并检查各部分的接线是否正确。

（8）进行系统的联机调试和整机运行。

（9）进一步优化系统的控制程序和组态程序。

（10）撰写毕业论文，按照一定格式编写技术文档，包括系统的原理框图、PLC 系统外部接线图、程序清单等。

附录A FX系列PLC应用指令简表

分类	FNC NO.	指令助记符	功能说明	对应不同型号的PLC					
				FX_{0S}	FX_{0N}	FX_{1S}	FX_{1N}	FX_{2N}、FX_{2NC}
程序流向	00	CJ	条件跳转	○	○	○	○	○
	01	CALL	子程序调用	—	—	○	○	○
	02	SRET	子程序返回	—	—	○	○	○
	03	IRET	中断返回	—	—	○	○	○
	04	EI	开中断	○	○	○	○	○
	05	DI	关中断	○	○	○	○	○
	06	FEND	主程序结束	○	○	○	○	○
	07	WDT	监视定时器刷新	○	○	○	○	○
	08	FOR	循环的起点与次数	○	○	○	○	○
	09	NEXT	循环的终点	○	○	○	○	○
传送与比较	10	CMP	比较	○	○	○	○	○
	11	ZCP	区间比较	○	○	○	○	○
	12	MOV	传送	○	○	○	○	○
	13	SMOV	位传送	—	—	—	—	○
	14	CML	取反传送	—	—	—	—	○
	15	BMOV	成批传送	—	○	○	○	○
	16	FMOV	多点传送	—	—	—	—	○
	17	XCH	交换	—	—	—	—	○
	18	BCD	二进制转换成BCD码	○	○	○	○	○
	19	BIN	BCD码转换成二进制	○	○	○	○	○
算术与逻辑运算	20	ADD	二进制加法运算	○	○	○	○	○
	21	SUB	二进制减法运算	○	○	○	○	○
	22	MUL	二进制乘法运算	○	○	○	○	○
	23	DIV	二进制除法运算	○	○	○	○	○
	24	INC	二进制加1运算	○	○	○	○	○
	25	DEC	二进制减1运算	○	○	○	○	○
	26	WAND	字逻辑与	○	○	○	○	○
	27	WOR	字逻辑或	○	○	○	○	○
	28	WXOR	字逻辑异或	○	○	○	○	○
	29	NEG	求二进制补码	—	—	—	—	○
循环与移位	30	ROR	循环右移	—	—	—	—	○
	31	ROL	循环左移	—	—	—	—	○
	32	RCR	带进位右移	—	—	—	—	○
	33	RCL	带进位左移	—	—	—	—	○
	34	SFTR	位右移	○	○	○	○	○
	35	SFTL	位左移	○	○	○	○	○

续表

分类	FNC NO.	指令助记符	功能说明	FX$_{0S}$	FX$_{0N}$	FX$_{1S}$	FX$_{1N}$	FX$_{2N}$、FX$_{2NC}$
循环与移位	36	WSFR	字右移	—	—	—	—	○
	37	WSFL	字左移	—	—	—	—	○
	38	SFWR	FIFO（先入先出）写入	—	—	○	○	○
	39	SFRD	FIFO（先入先出）读出	—	—	○	○	○
数据处理	40	ZRST	区间复位	○	○	○	○	○
	41	DECO	解码	○	○	○	○	○
	42	ENCO	编码	○	○	○	○	○
	43	SUM	统计 ON 位数	—	—	—	—	○
	44	BON	查询位某状态	—	—	—	—	○
	45	MEAN	求平均值	—	—	—	—	○
	46	ANS	报警器置位	—	—	—	—	○
	47	ANR	报警器复位	—	—	—	—	○
	48	SQR	求平方根	—	—	—	—	○
	49	FLT	整数与浮点数转换	—	—	—	—	○
高速处理	50	REF	输入输出刷新	○	○	○	○	○
	51	REFF	输入滤波时间调整	—	—	—	—	○
	52	MTR	矩阵输入	—	—	○	○	○
	53	HSCS	比较置位（高速计数用）	—	○	○	○	○
	54	HSCR	比较复位（高速计数用）	—	○	○	○	○
	55	HSZ	区间比较（高速计数用）	—	—	—	—	○
	56	SPD	脉冲密度	—	—	○	○	○
	57	PLSY	指定频率脉冲输出	○	○	○	○	○
	58	PWM	脉宽调制输出	○	○	○	○	○
	59	PLSR	带加减速脉冲输出	—	—	○	○	○
方便指令	60	IST	状态初始化	○	○	○	○	○
	61	SER	数据查找	—	—	—	—	○
	62	ABSD	凸轮控制（绝对式）	—	—	○	○	○
	63	INCD	凸轮控制（增量式）	—	—	○	○	○
	64	TTMR	示教定时器	—	—	—	—	○
	65	STMR	特殊定时器	—	—	—	—	○
	66	ALT	交替输出	○	○	○	○	○
	67	RAMP	斜波信号	○	○	○	○	○
	68	ROTC	旋转工作台控制	—	—	—	—	○
	69	SORT	列表数据排序	—	—	—	—	○
外围 I/O 设备	70	TKY	10 键输入	—	—	—	—	○
	71	HKY	16 键输入	—	—	—	—	○
	72	DSW	BCD 数字开关输入	—	—	○	○	○
	73	SEGD	七段码译码	—	—	—	—	○
	74	SEGL	七段码分时显示	—	—	○	○	○
	75	ARWS	方向开关	—	—	—	—	○

续表

分类	FNC NO.	指令助记符	功能说明	对应不同型号的 PLC				
				FX_{0S}	FX_{0N}	FX_{1S}	FX_{1N}	FX_{2N}、FX_{2NC}
外围I/O设备	76	ASC	ASCI 码转换	—	—	—	—	○
	77	PR	ASCI 码打印输出	—	—	—	—	○
	78	FROM	BFM 读出	—	○	—	○	○
	79	TO	BFM 写入	—	○	—	○	○
外围SER设备	80	RS	串行数据传送	—	○	○	○	○
	81	PRUN	八进制位传送（#）	—	○	○	○	○
	82	ASCI	16 进制数转换成 ASCI 码	—	○	○	○	○
	83	HEX	ASCI 码转换成 16 进制数	—	○	○	○	○
	84	CCD	校验	—	○	○	○	○
	85	VRRD	电位器变量输入	—	—	○	○	○
	86	VRSC	电位器变量区间	—	—	○	○	○
	87	—	—					
	88	PID	PID 运算	—	—	○	○	○
	89	—	—					
浮点数运算	110	ECMP	二进制浮点数比较	—	—	—	—	○
	111	EZCP	二进制浮点数区间比较	—	—	—	—	○
	118	EBCD	二进制浮点数→十进制浮点数	—	—	—	—	○
	119	EBIN	十进制浮点数→二进制浮点数	—	—	—	—	○
	120	EADD	二进制浮点数加法	—	—	—	—	○
	121	EUSB	二进制浮点数减法	—	—	—	—	○
	122	EMUL	二进制浮点数乘法	—	—	—	—	○
	123	EDIV	二进制浮点数除法	—	—	—	—	○
	127	ESQR	二进制浮点数开平方	—	—	—	—	○
	129	INT	二进制浮点数→二进制整数	—	—	—	—	○
	130	SIN	二进制浮点数 sin 运算	—	—	—	—	○
	131	COS	二进制浮点数 cos 运算	—	—	—	—	○
	132	TAN	二进制浮点数 tan 运算	—	—	—	—	○
	147	SWAP	高低字节交换	—	—	—	—	○
点位控制	155	ABS	ABS 当前值读取	—	—	○	○	—
	156	ZRN	原点回归	—	—	○	○	—
	157	PLSY	可变速的脉冲输出	—	—	○	○	—
	158	DRVI	相对位置控制	—	—	○	○	—
	159	DRVA	绝对位置控制	—	—	○	○	—
时钟运算	160	TCMP	时钟数据比较	—	—	○	○	○
	161	TZCP	时钟数据区间比较	—	—	○	○	○
	162	TADD	时钟数据加法	—	—	○	○	○
	163	TSUB	时钟数据减法	—	—	○	○	○
	166	TRD	时钟数据读出	—	—	○	○	○
	167	TWR	时钟数据写入	—	—	○	○	○
	169	HOUR	计时仪	—	—	○	○	

续表

分类	FNC NO.	指令助记符	功能说明	对应不同型号的PLC				
				FX_{0S}	FX_{0N}	FX_{1S}	FX_{1N}	FX_{2N}、FX_{2NC}
外围设备	170	GRY	二进制数→格雷码	—	—	—	—	○
	171	GBIN	格雷码→二进制数	—	—	—	—	○
	176	RD3A	模拟量模块（FX_{0N}-3A）读出	—	○	—	○	—
	177	WR3A	模拟量模块（FX_{0N}-3A）写入	—	○	—	○	—
触点式比较	224	LD=	(S1)＝(S2)时起始触点接通	—	—	○	○	○
	225	LD＞	(S1)＞(S2)时起始触点接通	—	—	○	○	○
	226	LD＜	(S1)＜(S2)时起始触点接通	—	—	○	○	○
	228	LD＜＞	(S1)＜＞(S2)时起始触点接通	—	—	○	○	○
	229	LD≤	(S1)≤(S2)时起始触点接通	—	—	○	○	○
	230	LD≥	(S1)≥(S2)时起始触点接通	—	—	○	○	○
	232	AND=	(S1)＝(S2)时串联触点接通	—	—	○	○	○
	233	AND＞	(S1)＞(S2)时串联触点接通	—	—	○	○	○
	234	AND＜	(S1)＜(S2)时串联触点接通	—	—	○	○	○
	236	AND＜＞	(S1)＜＞(S2)时串联触点接通	—	—	○	○	○
	237	AND≤	(S1)≤(S2)时串联触点接通	—	—	○	○	○
	238	AND≥	(S1)≥(S2)时串联触点接通	—	—	○	○	○
	240	OR=	(S1)＝(S2)时并联触点接通	—	—	○	○	○
	241	OR＞	(S1)＞(S2)时并联触点接通	—	—	○	○	○
	242	OR＜	(S1)＜(S2)时并联触点接通	—	—	○	○	○
	244	OR＜＞	(S1)＜＞(S2)时并联触点接通	—	—	○	○	○
	245	OR≤	(S1)≤(S2)时并联触点接通	—	—	○	○	○
	246	OR≥	(S1)≥(S2)时并联触点接通	—	—	○	○	○

注 "○"表示有相应的功能或可以使用该应用指令。
"—"表示无相应的功能或不能使用该应用指令。

附录B FX$_{2N}$系列PLC的特殊M和特殊D一览（部分）

1. PLC状态

编号	名称	备注
M8000	RUN监控a触点	RUN时常开
M8001	RUN监控b触点	RUN时常闭
M8002	初始化脉冲a触点	RUN后输出一个扫描周期的ON
M8003	初始化脉冲b触点	RUN后输出一个扫描周期的ON
M8004	出错发生	M8060～M8067检知*1
M8005	电池电压降低	
M8006	电池电压降低锁存	
M8007	瞬停检测	
M8008	停电检测	
M8009	24VDC降低	检测24V电源异常

编号	名称	备注
D8000	监视定时器	初始值200ms
D8001	PC类型和版本	*2
D8002	存储器容量	*3
D8003	存储器种类	*4
D8004	出错特殊M的编号	M8060～M8067
D8005	电池电压	0.1V单位
D8006	电池电压降低后的电压	3.0V（0.1V单位）
D8007	瞬停次数	电源关闭清除
D8008	停电检测时间	4～2项
D8009	下降单元编号	失电单元起始输出编号

2. 时钟

编号	名称	备注
M8010		
M8011	10ms时钟	以10ms为周期振荡
M8012	100ms时钟	以100ms为周期振荡
M8013	1s时钟	以1s为周期振荡
M8014	1min时钟	以1min为周期振荡
M8015	定时停止和预置	
M8016	停止显示时间	
M8017	±30s修正	
M8018	RTC检出	常ON
M8019	RTC出错	

编号	名称	备注
D8010	扫描时间当前值（单位0.1ms）	含恒定扫描等待时间
D8011	最小扫描时间（单位0.1ms）	含恒定扫描等待时间
D8012	最大扫描时间（单位0.1ms）	含恒定扫描等待时间
D8013	0～59秒预置值或当前值	时钟误差±45s/月（25℃）有闰年修正
D8014	0～59分预置值或当前值	时钟误差±45s/月（25℃）有闰年修正
D8015	0～23小时预置值或当前值	时钟误差±45s/月（25℃）有闰年修正
D8016	1～31日预置值或当前值	时钟误差±45s/月（25℃）有闰年修正
D8017	1～12月预置值或当前值	时钟误差±45s/月（25℃）有闰年修正
D8018	公历年二位表示的预置值或当前值	时钟误差±45s/月（25℃）有闰年修正
D8019	星期0（一）～6（六）预置值或当前值	时钟误差±45s/月（25℃）有闰年修正

3. 标志

编号	名称	备注
M8020	零标志	应用指令用运算标志
M8021	借位标志	应用指令用运算标志
M8022	进位标志	应用指令用运算标志
M8023		
M8024	BMOV方向指定	FNC15
M8025	HSC方式	FNC53～55
M8026	RAMP方式	FNC67
M8027	PR	FNC77
M8028	执行读写指令时允许中断	FNC78、79
M8029	指令执行结束标志	应用指令用

编号	名称	备注
D8020	输入滤波器调整	初始值10ms（0～15）
D8021		
D8022		
D8023		
D8024		
D8025		
D8026		
D8027		
D8028	Z0（Z）寄存器的内容	变址寄存器Z的内容
D8029	V0（Z）寄存器的内容	变址寄存器V的内容

4. PLC 方式

编号	名称	备注
M8030	电池关灯指令	关闭面板灯
M8031	非保持存储器全清除	清除软元件的 ON/OFF 和当前值当前值 *5
M8032	保持存储器全清除	
M8033	存储保持禁止	映像存储区保持
M8034	全输出禁止	外部输出全 OFF *5
M8035	强制 RUN 模式	8.1项 *6
M8036	强制 RUN 指令	
M8037	强制 STOP 指令	
M8038	参数设定	简易 PC 间链接通信参数设定标志
M8039	恒定扫描模式	定周期运转

编号	名称	备注
D8030	模拟电位器 VR1	0~255 可变
D8031	模拟电位器 VR2	0~255 可变
D8032		
D8033		
D8034		
D8035		
D8036		
D8037		
D8038		
D8039	恒定扫描时间	初始值 0（单位 1ms）

5. 步进梯形

编号	名称	备注
M8040	转移禁止	禁止状态空间转移
M8041	转移开始 *6	FNC60（IST）指令使用
M8042	启动脉冲	
M8043	回原点结束 *6	
M8044	原点条件 *6	
M8045	禁止全部输出复位	
M8046	STL 状态动作 *5	S0~899 动作检测
M8047	STL 监控有效 *5	D8040~8047 有效
M8048	报警工作	S900~S999 动作检测
M8049	报警有效	D8049 有效
M8050	I00□禁止	输入中断禁止
M8051	I10□禁止	
M8052	I20□禁止	
M8053	I30□禁止	
M8054	I40□禁止	
M8055	I50□禁止	
M8056	I60□禁止	定时中断禁止
M8057	I70□禁止	
M8058	I80□禁止	
M8059	I010~I060 禁止	计数中断禁止

编号	名称	备注
D8040	ON 状态编号 1 *5	M8047为ON时，S0~S999 之间动作的最小号存入 D8040，一次存入 8 点
D8041	ON 状态编号 2 *5	
D8042	ON 状态编号 3 *5	
D8043	ON 状态编号 4 *5	
D8044	ON 状态编号 5 *5	
D8045	ON 状态编号 6 *5	
D8046	ON 状态编号 7 *5	
D8047	ON 状态编号 8 *5	
D8048		
D8049	状态最小号	S900~S999 最小 ON 号
D8050		
D8051		
D8052		
D8053		
D8054	未使用	
D8055		
D8056		
D8057		
D8058		
D8059		

6. 错误检测

编号	名称	备注
M8060	I/O 配置出错	PLC 运行继续
M8061	PC 硬件出错	PLC 停止
M8062	PC/PP 通信出错	PLC 运行继续
M8063	并联链接出错	PLC 运行继续 *7
M8064	参数出错	PLC 停止
M8065	语法错误	PLC 停止
M8066	回路错误	PLC 停止
M8067	运算错误 *7	PLC 运行继续
M8068	运算错误锁存	M8067 的保持
M8069	I/O 总线检查	总线检查开始
M8070	并联链接主站说明	主站时 ON *7
M8071	并联链接从站说明	从站时 ON *7
M8072	并联链接运转时为 ON	运转中 ON
M8073	主站/从站设定不良	M8070、M8071 设定不良

编号	名称	备注
D8060	出错的 I/O 起始号	出错代码保存，参照后面的出错代码表
D8061	PC 硬件出错代码	
D8062	PC/PP 通信出错代码	
D8063	通信链接出错代码 *7	
D8064	参数出错代码	
D8065	语法出错代码	
D8066	回路出错代码	
D8067	运算出错代码 *7	
D8068	运算出错发生步	保持步号
D8069	M8065~7 出错发生步号	*7
D8070	并联链接出错判断时间	初始值 500ms
D8071		
D8072		
D8073		
D8027		

7. 存储器容量

编号	名称	备注
M8102	内存容量	

8. 通信链接用

编号	名称	备注
M8120		RS-232C 通信用
M8121	RS-232C 发送等待中 *7	
M8122	RS-232C 发送标志 *7	
M8123	RS-232C 接收结束标志 *7	
M8124	RS-232C 数据接收中	
M8125		
M8126	全局信号	RS-485 通信用
M8127	通信请求握手信号	
M8128	通信请求出错标志	
M8129	接通请求字/字节切换，还有超时判断	

编号	名称	备注
D8120	通信格式 *8（EEPROM 保持）	详细情况参见各通信设备的手册
D8121	站号设定 *8（EEPROM 保持）	
D8122	发送数据余数 *7	
D8123	接收数据数 *7	
D8124	起始符（STX）	
D8125	终止符（ETX）	
D8126		
D8127	通信请求用起始号指定	
D8128	通信请求数据数指定	
D8129	超时判断时间 *8（EEPROM 保持）	

9. 高速表/定位

编号	名称	备注
M8130	HSZ 表比较方式	
M8131	同上执行完成标记	
M8132	HSZ PLSY 速度图形	
M8133	同上执行完成标记	
M8140	CLR 信号输出功能有效	FNC156（ZRN）
M8141		
M8142		
M8143		
M8144		
M8145	Y000 脉冲输出禁止	
M8146	Y001 脉冲输出禁止	
M8147	Y000 脉冲输出中	（Busy/Ready）
M8148	Y001 脉冲输出中	（Busy/Ready）
M8149		

编号	名称		备注
D8130	HSZ 列表计数器		详细情况见三菱编程手册
D8131	HSZ PLSY 列表计数器		
D8132	速度图形频率 HSZ、PLSY	低位	
D8133		空	
D8134	速度图形目标	低位	
D8135	脉冲数 HSZ、PLSY	高位	
D8136	Y0、Y1 输出脉冲数 PLSY、PLR	低位	
D8137		高位	
D8138			
D8139			
D8140	Y0 的脉冲数	低位	详细情况见编程手册
D8141		高位	
D8142	Y1 的脉冲数	低位	
D8143		高位	
D8144			
D8145	执行时的偏执速度		FVC158（DRVI）FVC159（DRVA）
D8146	执行时的最高速度	低位	
D8147		高位	
D8148	执行时的加减速时间		
D8149			

10. 扩展功能

编号	名称	备注
M8160	XCH 的 SWAP 功能	同一元件内交换
M8161	8 位单位切换	16/8 位切换
M8162	高速并联链接模式	
M8163		
M8164		
M8165		写入十六进制数
M8166	HKY 的 HEX 处理	停止 BCD 的转换
M8167	SMOV 的 HEX 处理	
M8168		
M8169		

11. 脉冲捕捉

编号	名称	备注
M8170	输入 X000 脉冲捕捉	详细情况见三菱编程手册
M8171	输入 X001 脉冲捕捉	
M8172	输入 X002 脉冲捕捉	
M8173	输入 X003 脉冲捕捉	

编号	名称	备注
M8174	输入 X004 脉冲捕捉	详细情况见三菱编程手册
M8175	输入 X005 脉冲捕捉	
M8176		
M8177		
M8178		
M8179		

12. 简易 PLC 链接

编号	名称	备注
D8173	相应站号设定状态	简易 PLC 链接用
D8174	通信子站设定状态	
D8175	刷新范围设定状态	
D8176	相应站号设定	
D8177	通信子站数设定	
D8178	刷新范围设定	
D8179	重试次数	
D8180	监控时间	

13. 变址寄存器当前值

编号	名称	备注
D8180		
D8181		
D8182	Z1 寄存器的内容	
D8183	V1 寄存器的内容	
D8184	Z2 寄存器的内容	
D8185	V2 寄存器的内容	
D8186	Z3 寄存器的内容	
D8187	V3 寄存器的内容	
D8188	Z4 寄存器的内容	变址寄存器当前值
D8189	V4 寄存器的内容	
D8190	Z5 寄存器的内容	
D8191	V5 寄存器的内容	
D8192	Z6 寄存器的内容	
D8193	V6 寄存器的内容	
D8194	Z7 寄存器的内容	
D8195	V7 寄存器的内容	
D8196		
D8197		
D8198		
D8199		

14. 内部加/减计数器

编号	名称	备注
M8200	M8□□□为驱动时计数器 C □□□为减计数模式 M8□□□不驱动时计数器 C □□□为加计数模式 （□□□是 200～234）	详细情况见三菱编程手册
M8201 ⋮ M8233		
M8234		

15. 高速计数器

编号	名称	备注
M8235	驱动 M8□□□时单相高速计数器 C □□□为减计数器模式，不驱动时为加计数模式（□□□是 235～245）	详细情况见三菱编程手册
M8236		
M8237		
M8238		
M8239		
M8240		
M8241		
M8242		
M8243		
M8244		
M8245		
M8246	对应单相双输入计数器 C□□□减小/增加 M8□□□相应为 ON/OFF（□□□是 246～250）	
M8247		
M8248		
M8249		
M8250		
M8251	对应双相计数器 C□□□的减小/增加，M8□□□相应为 ON/OFF（□□□是 251～255）	
M8252		
M8253		
M8254		
M8255		

16. 出错代码

在特殊数据寄存器 D8060～D8067 中保存的出错代码及其出错内容见表。

类别	出错代码	出错内容	处理方法
PLC 硬件出错 M8061（D8061） 运行停止	0000	无异常	
	6101	RAM 出错	请检查扩展电缆的连接是否正确
	6102	扫描回路出错	
	6103	I/O 总线出错（M8069 驱动时）	
	6104	扩展设备 24V 以下时（M8069 驱动时）	
	6105	监视定时器出错	运算结果超过 D8000 的值，检查程序

类别	出错代码	出错内容	处理方法
并联链接 通信出错 M8063（D8063） 运行继续	0000	无异常	请检查双方的可编程控制器电源是否为ON，通信选件板（适配器）与可编程控制器间的连接、通信选件板（适配器）之间的连接是否正确
	6301	奇偶检验错误、溢出错误成帧错误	
	6302	通信字符错误	
	6303	通信数据和校验不一致	
	6304	数据格式错误	
	6305	指令错误	
	6306	监视定时器超时	
	6307~6311	无	
	6312	并联链接字符错误	
	63013	并联链接和数错误	
	6314	并联链接格式错误	
参数出错 M8064（D8064） 运行停止	0000	无异常	应停止PLC的运行，用参数方式设定正确值
	6401	程序的求和不一致	
	6402	内存容量设定错误	
	6403	保持区域设定错误	
	6404	注释区域设定出错	
	6405	文件寄存器区域设定错误	
	6409	其他的设定错误	
语法错误 M8065（D8065） 运行停止	0000	无异常	编程完成时，应该检查每个指令的使用方法是否正确，发生错误情况时，应用程序编辑模式修正指令
	6501	指令助记符－软元件－元件号的组合错误	
	6502	设定值前无OUT T、OUT C	
	6503	OUT T、OUT C的后面无设定值 应用指令的操作数数量不足	
	6504	标号重复 中断输入及高速计数器输入重复	
	6505	超出软元件号的范围	
	6506	使用了未定义的指令	
	6507	标号（P）定义错误	
	6508	中断输入（I）定义错误	
	6509	其他	
	6510	MC的嵌套编号大小方面错误	
	6511	中断输入和高速计数器输入重复	
梯形图错误 M8066（D8066） 运行停止	0000	无异常	对整个梯形图的而言，在指令的组合方法上不正确，或成对指令的关系不正确时，会发生这种情况，应在程序编辑模式下将指令的相互关系修改正确
	6601	LD、LDI的连续使用次数9次以上	
	6602	无LD、LDI指令。无线圈。LD、LDI与ANB、ORB的关系不正确 　　STL、RET、MCR、P（指针）、I（中断）、EI、DI、SRET、IRET、FOR、NEXT、FEND、END未与母线连接上 　　忘记了MPP	
	6603	MPS的连续使用次数达12次以上	
	6604	MPS与MRD、MPP的关系不正确	

续表

类别	出错代码	出错内容	处理方法
梯形图错误 M8066（D8066）运行停止	6605	STL 的连续使用次数 9 次以上 STL 内有 MC、MCR、I（中断）、SRET STL 外有 RET、无 RET	对整个梯形图的而言，在指令的组合方法上不正确，或成对指令的关系不正确时，会发生这种情况，应在程序编辑模式下将指令的相互关系修改正确
	6606	无 P（指针）、I（中断） 无 SRET、IRET 主程序中有 I（中断）SRET、IRET 子程序或中断程序中有 STL、RET、MC、MCR	
	6607	FOR 与 NEXT 的关系不正确，嵌套 6 层以上 FOR~NEXT 之间有 STL、RET、MC、MCR、IRET、SRET、FEND、END	
	6608	MC 与 MCR 的关系不正确 MCR 无 N0 MC~MCR 间有 SRET、IRET、I（中断）	
	6609	其他	
	6610	LD、LDI 的连续使用次数 9 次以上	
	6611	ANB、ORB 指令比 LD、LDI 指令数量多	
	6612	ANB、ORB 指令比 LD、LDI 指令数量少	
	6613	MPS 连续是使用次数 12 次以上	
	6614	忘记了 MPS	
	6615	忘记了 MPP	
	6616	忘记了 MPS-MRD，MPP 之间的线圈或关系不对	
	6617	应该从母线开始的指令 STL、RET、MCR、P、I、DI、EI、FOR、NEXT、SRET、IRET、FEND、END 未与母线连接	
	6618	在主程序以外（中断、子程序等）有只能在主程序中使用的指令 STL、MC、MCR	
	6619	FOR~NEXT 之间有不能使用的指令：STL、RET、MC、MCR、I、IRET	
	6620	FOR~NEXT 嵌套溢出	
	6621	FOR~NEXT 数的关系不对	
	6622	无 NEXT 指令	
	6623	无 MC 指令	
	6624	无 MCR 指令	
	6625	STL 的连续使用次数在 9 次以上	
	6626	STL-RET 之间有不能使用的命令：MC、MCR、I、SRET、IRET	
	6627	无 RET 指令	
	6628	在主程序内有主程序不能使用的指令	
	6629	无 P、I	
	6630	无 SRET、IRET 指令	
	6631	有不能使用 SRET 的地方	
	6632	有不能使用 FEND 的地方	

续表

类别	出错代码	出错内容	处理方法
运算错误 M8067（D8067） 运行继续	0000	无异常	
	6701	CJ、CALL 的转移地址没有 END 指令以后有标号 FOR～NEXT 之间或子程序之间有单独的标号	运算执行中有错误发生，应重新检查程序或检查一下应用指令的操作数内容。即使没有发生语法、回路错误，例如由于下列理由，也会发生运算错误。例如，T100Z 本身虽然不出错，但作为运算结果 Z=100 的话，就变成 T200，超出软元件号范围
	6702	CALL 的嵌套 6 层以上	
	6703	中断程序中有 EI 指令（不可以多重中断）	
	6704	FOR～NEXT 的嵌套 6 层以上	
	6705	应用指令的操作数在对象软元件以外	
	6706	应用指令操作数的软元件号范围或数据值溢出	
	6707	在没有设定文件寄存器的参数情况下，访问文件寄存器	
	6708	FROM/TO 指令错误	
	6709	其他（IRET、SRET 遗忘，FOR～NEXT 关系不正确）	
	6730	采样时间（T_S）在目标范围外（$T_S=0$）	停止 PID 运算
	6732	输入滤波常数（α）在目标范围外（$\alpha<0$ 或 $100\leq\alpha$）	
	6733	比列增益（K_P）在目标范围外（$K_P<0$）	
	6734	积分时间（T_I）在目标范围外（$T_I<0$）	
	6735	微分增益（K_D）在目标范围外（$K_D<0$ 或 $201\leq K_D$）	
	6736	微分时间（T_D）在目标范围外（$T_D<0$）	若控制参数的设定值或 PID 运算中发生数据错误，应检查参数内容
	6740	采样时间（T_S）≤扫描周期	
	6742	测定值变化量溢出（$\triangle PV<-32768$ 或 $32767<\triangle PV$）	
	6743	偏差溢出（$EV<-32768$ 或 $32767<EV$）	将运算数据作为最大值，继续进行运算
	6744	积分计算值溢出（$-32768\sim32767$ 以外）	
	6745	因微分增益（K_P）溢出导致微分值溢出	
	6746	微分计算值溢出（$-32768\sim32767$ 以外）	
	6747	PID 运算结果溢出（$-32768\sim32767$ 以外）	

17. 出错定时检查

FX_{2N} 的错误按下述定时检查，前项的出错代码存入特殊数据寄存器 D8060～8068。

出错项目	电源 OFF→ON	电源 ON 后第一次 STOP→RUN 时	其他
M8060 I/O 地址号构成出错	检查	检查	运算中
M8061 PC 硬件出错	检查	—	运算中
M8063 链接、通信错误	—	—	接收来自对方站信号时

续表

出错项目	电源 OFF→ON	电源 ON 后第一次 STOP→RUN 时	其他
M8064 参数错误 M8065 语法错误 M8066 回路错误	检查	检查	程序变更时（STOP） 程序传送时（STOP）
M8067 运算出错 M8088 运算出错锁存	—	—	运算中（RUN）

D8061～D8068 中各存入一个出错内容，相同的出错项目如发生多次的话，尽管逐个排除出错的原因但发生中的错误代码仍然被保存。另外，无错误时存入"0"。

参 考 文 献

[1] 三菱电机. FX$_{1S}$、FX$_{1N}$、FX$_{2N}$、FX$_{2NC}$编程手册. 2001.
[2] 三菱电机. GX Developer（第八版）操作手册. 2005.
[3] 三菱电机. 三菱通用变频器 FR-A800 使用手册. 2014.
[4] 三菱电机. CC-link 系统主站本地站模块用户手册. 2006.
[5] 三菱电机. FX 系列通讯手册. 2001.
[6] 三菱电机. FX 系列特殊功能模块用户手册. 2001.
[7] 三菱电机. FX-30P 操作手册. 2014.
[8] 三菱电机. GX Simulator（第七版）操作手册. 2005.
[9] 三菱电机. 可编程控制器应用 101 例. 2005.
[10] 张还，李胜多. 三菱 FX 系列 PLC 原理、应用与实训. 北京：机械工业出版社，2017.
[11] 威伦通公司. EB8000 使用手册. 2012.
[12] 廖常初. 可编程序控制器应用技术（第五版）. 重庆：重庆大学出版社，2007.
[13] 钟肇新，范建东. 可编程控制器原理及应用（第三版）. 广州：华南理工大学出版社，2004.
[14] 张万忠. 可编程控制器应用技术（第二版）. 北京：化学工业出版社，2005.
[15] 史国生. 电气控制与可编程控制器术（第二版）. 北京：化学工业出版社，2004.
[16] 宫淑贞，王冬青，徐世许. 可编程控制器原理及应用. 北京：人民邮电出版社，2002.
[17] 李建兴. 可编程控制器应用技术. 北京：机械工业出版社，2004.
[18] 高勤. 可编程控制器原理及应用（三菱机型）. 北京：电子工业出版社，2006.
[19] 岳庆来. 变频器、可编程序控制器及触摸屏综合应用技术. 北京：机械工业出版社，2007.
[20] 陈伯时. 电力拖动控制系统——运动控制系统（第三版）. 北京：机械工业出版社，2004.
[21] 北京亚控科技发展有限公司. 组态王 KingView 使用手册. 2004.
[22] 高金源. 计算机控制系统. 北京：高等教育出版社，2004.
[23] 阳宪惠. 工业数据通信与控制网络. 北京：清华大学出版社，2003.
[24] 邱公伟. 可编程控制器网络通信及应用. 北京：清华大学出版社，2001.
[25] 周明. 现场总线控制系统. 北京：中国电力出版社，2002.